ALLE ZEIT WACH
1842

Analytiker-Taschenbuch

11

Herausgegeben von

H. Günzler · R. Borsdorf · K. Danzer
W. Fresenius · W. Huber · I. Lüderwald
G. Tölg · H. Wisser

Mit 67 Abbildungen und zahlreichen Tabellen

Springer-Verlag
Berlin Heidelberg New York
London Paris Tokyo
HongKong Barcelona Budapest

Dr. Helmut Günzler
Bismarckstr. 4
D-6940 Weinheim

Prof. Dr. Rolf Borsdorf
Karl-Marx-Universität Leipzig
Sektion Chemie
Talstr. 35, O-7010 Leipzig

Prof. Dr. Klaus Danzer
Institut für anorganische
und analytische Chemie
Chemische Fakultät
Friedrich-Schiller-Universität
Steiger 3, O-6900 Jena

Prof. Dr. Wilhelm Fresenius
Institut Fresenius
Im Maisel, D-6204 Taunusstein

Dr. Walter Huber
Weimarerstr. 69
D-6700 Ludwigshafen

Prof. Dr. Ingo Lüderwald
Dr. Karl Thomae GmbH
Analytik/Qualitätskontrolle
Postfach 1755
D-7950 Biberach

Prof. Dr. Günter Tölg
Institut für Spektrochemie
und angewandte Spektroskopie
Postfach 10 13 52
D-4600 Dortmund 1

Prof. Dr. Dr. Hermann Wisser
Robert-Bosch-Krankenhaus
Auerbachstr. 110
D-7000 Stuttgart 50

ISBN 3-540-55487-4 Springer-Verlag Berlin Heidelberg New York
ISBN 0-387-55487-4 Springer-Verlag New York Berlin Heidelberg

CIP-Kurztitelaufnahme der Deutschen Bibliothek

Analytiker-Taschenbuch Bd. 11
Berlin, Heidelberg, New York: Springer, 1993

Satz: Thomson Press, New Delhi, Indien

Druck: Saladruck, Berlin

Bindearbeiten: Lüderitz & Bauer, Berlin
2152/3020-543210 – Gedruckt auf säurefreiem Papier

Vorwort zu Band 11

Mit dem vorliegenden Band beginnt die zweite Dekade des Analytiker-Taschenbuchs, das sich in der Vergangenheit als wertvolle Informationsquelle für den Praktiker bewährt hat. Die zahlreichen, sehr positiven Rezensionen der vorausgegangenen Bände spiegeln die hohe Qualität des Inhaltes und die große Beliebtheit dieser Taschenbuchreihe wieder.

Die Herausgeber sind bemüht, die thematische Gestaltung jedes neuen Bandes nach modernen Gesichtspunkten mit dem Ziel ausgeprägter Aktualität und betonter Lebendigkeit weiterzuentwickeln, ohne dabei auch die Preisgestaltung aus den Augen zu verlieren. Eine Fokussierung der Themen einzelner Ausgaben auf abgegrenzte Sachgebiete wird zugunsten dieser Zielvorgabe bewußt vermieden. So hat der Inhalt der zuletzt erschienenen Bände 9 und 10 ein besonders breites Feld grundlegender, methodischer und anwendungsbezogener Themen geboten.

Im vorliegenden Band sind die Beiträge von Ebel über *Fehler und Vertrauensbereiche analytischer Ergebnisse* und von Lüderwald über *Instrumentelle Analytik in der industriellen pharmazeutischen Qualitätskontrolle* hinsichtlich ihres Inhaltes wie auch ihres Umfanges als ein solches Zeichen für die Flexibilität der thematischen Gestaltung zu verstehen. Angesichts eines zugunsten der geschlossenen Darstellung dieser Themen größeren Umfanges wurde die Gesamtzahl der Titel gering gehalten, – und dies nicht zuletzt auch mit Blick auf den Preis. Die verstärkte inhaltliche Aktualität wird aber auch durch eine ansprechende und in der Herstellung preisgünstige Neugestaltung von Umschlag und Format unterstrichen.

Die Herausgeber danken der Redaktion, vor allem Herrn Peter Enders, für die Bemühungen um eine moderne Aufmachung des Analytiker-Taschenbuches, die dazu beitragen soll, eine große Zahl neuer Leser hinzuzugewinnen.

Die Herausgeber

Autoren

Prof. Dr. S. Ebel
Institut für Pharmazie und
Lebensmittelchemie der Universität
Am Hubland
D-8700 Würzburg

Prof. Dr. E.G. Klesper
Prof. Dr. S. Küppers
Lehrstuhl f. Makromolekulare Chemie
d. Rheinisch-Westfälischen
Technischen Hochschule Aachen
Sammelbau Chemie
Worringerweg 1
D-5100 Aachen

Prof. Dr. V. Krivan
Universität Ulm
Sektion Analytik und Höchstreinigung
Oberer Eselsberg N 26
D-7900 Ulm

Prof. Dr. I. Lüderwald
Dr. M. Müller
Dr. Karl Thomae GmbH
Analytik/Qualitätskontrolle
Postfach 17 55
D-7980 Biberach/Riß

Inhaltsverzeichnis

I. Grundlagen

Fehler und Vertrauensbereiche analytischer Ergebnisse

S. Ebel

Institut für Pharmazie und Lebensmittelchemie, Am Hubland, D-8700 Würzburg

Alle Betrachtungen und Ableitungen in diesem Beitrag gehen von folgenden Grundvoraussetzungen aus:

1. Die gefundenen Meßdaten oder Ergebnisse gehorchen einer geschätzten Normalverteilung oder bei kleineren Datenzahlen einer geschätzten t-Verteilung.
2. Der geschätzte Mittelwert $\bar{y}$ ist ein geeigneter Punktschätzer für den wahren Wert μ_y.
3. Die berechnete Varianz var(y) ist ein geeigneter Punktschätzer für das wahre Streuungsmaß σ_y^2.
4. Das allgemeine Fehlerfortpflanzungsgesetz nach Gauss berechnet geeignete Punktschätzer für das Streuungsmaß eines aus fehlerbehafteten Daten berechneten Ergebnisses.

1 Einführung

1.1 Übliche Angabe von Analysenergebnissen

In vielen Analysenprotokollen und auch analytischen Veröffentlichungen werden die Analysenergebnisse – insofern überhaupt eine Aussage über ein Streuungsmaß erfolgt – in der Form $\bar{x}_a \pm \mathrm{sdv}(x_a)$ angegeben. Der *Mittelwert* $\bar{x}_a$ wird dabei als Schätzwert (Schätzgröße, *Punktschätzer*) für den *wahren Wert* μ_x und die *geschätzte Standardabweichung* $\mathrm{sdv}(x_a)$ als Punktschätzer für die Wurzel aus der wahren *Varianz* σ_x^2 angesehen. Beide Schätzgrößen setzen voraus, daß die vorliegende *Stichprobe* der Analysenergebnisse x_a innerhalb einer definierten Irrtumswahrscheinlichkeit α von einer normalverteilten Stichprobe nicht unterscheidbar ist. In der Regel wird dies nicht überprüft. Bei den oftmals kleinen Datenzahlen wäre diese Überprüfung allerdings auch nur wenig aussagekräftig. Da in diesem Falle allenfalls geschätzt t-verteilte Daten vorliegen, ist die Ergebnis-Angabe $\bar{x}_a \pm \mathrm{sdv}(x_a)$ nur beschränkt aussagekräftig und sollte deshalb grundsätzlich in der Form $\bar{x}_a \pm \mathrm{sdv}(x_a)$; n_a erfolgen, also mit einer Angabe der Datenzahl verknüpft sein. Hieraus sind dann weitere statistische Kenngrößen berechenbar.

1.2 Übliche Fehlerrechnung

In der Regel wird bei der Berechnung so vorgegangen, daß die einzelnen Analysenmessungen ausgewertet werden – sei es über die Methode des externen Standards (1-1) oder über eine Kalibrierung (1-2) – und anschließend der Mittelwert (1-3) und die Standardabweichung (1-4) berechnet werden.

$$x_{a,i} = x_s \frac{y_{a,i}}{\bar{y}_s} \qquad (1\text{-}1)$$

$y_{a,i}$ Meßwert der Analysenprobe
$\bar{y}_s$ Mittelwert der Meßwerte des externen Standards

x_s Zustandsgröße
$x_{a,i}$ Analysenergebnis

$$x_{a,i} = \frac{y_{a,i} - \bar{y}_c}{a_1} + \bar{x}_c \qquad (1\text{-}2)$$

$\bar{x}_c/\bar{y}_c$ Datenschwerpunkt der Kalibrierung
a_1 Empfindlichkeit

$$x_a = \frac{1}{n_a}\sum x_{a,i} \qquad (1\text{-}3)$$

$$\mathrm{sdv}(x_a) = \sqrt{\frac{\sum (x_{a,i} - \bar{x}_a)^2}{n_a - 1}} \qquad (1\text{-}4)$$

Die hier verwendeten Formeln sind zwar prinzipiell richtig, aber trotzdem ist im ersten Falle das Ergebnis und in beiden Fällen die Fehlerrechnung nicht richtig! So muß z.B. in (1-1) bei $\bar{y}_s$ vom harmonischen – und nicht vom arithmetischen – Mittel ausgegangen werden. Bei der Fehlerrechnung wird in beiden Fällen übersehen, daß außer $x_{a,i}$ auch $\bar{y}_s$ bzw. $\bar{y}_c$ und a_1 fehlerbehaftete Größen sind.

In diesem Zusammenhang sei darauf hingewiesen, daß bei der Methode des externen Standards ein *Bezugspunkt* y_s bei der Vermessung des Standards bestimmt und festgelegt wird. Es liegt kein Kalibrierexperiment vor, da jede Kalibrierung mindestens zwei Kalibrierpunkte voraussetzt, da die einfachste Kalibrierfunktion, eine Kalibriergerade, durch zwei Größen definiert ist: Punkt und Richtung oder zwei Punkte. Die Methode des externen Standards ist somit auch keine Einpunktkalibrierung (*single level calibration*) wie oftmals behauptet wird, denn es wird der Punkt [0/0] zwar mit unendlich großem Gewicht einbezogen, aber weder experimentell bestätigt noch validiert.

Ähnliches gilt auch für andere Berechnungen von Analysenergebnissen. So ist z.B. bei der Berechnung des Ergebnisses einer Titration nach (1-5) der sog. Faktor der Maßlösung f fehlerbehaftet, was in der Regel nicht berücksichtigt wird.

$$x_{a,i} = \frac{V_E \mathrm{f}}{m_e}\frac{c_R}{zM_r} \qquad (1\text{-}5)$$

V_E Endpunktvolumen
m_e Einwaage
c_R Nennkonzentration der Maßlösung
z stöchiometrischer Faktor
M_r relative Molmasse

In der Regel resultieren aus diesem üblichen Vorgehen zu kleine Punktschätzer für das Streuungsmaß $\mathrm{sdv}(x_a)$, da Fehlerquellen unberücksichtigt bleiben. Die Erfahrung zeigt, daß es sich zumeist um den Faktor 1,5 bis 2,5 handelt.

Noch problematischer ist die Angabe von Vertrauensbereichen von Analysenergebnissen, da hier in der Regel unbewußt – allerdings vielleicht auch manchmal mit falsch verstandener Statistik bewußt – noch größere Fehler gemacht werden können.

Üblicherweise geht man so vor, daß man wie oben aus den vorliegenden n_a Daten das Ergebnis $\bar{x}_a$ mit der zugehörigen geschätzten Standardabweichung $sdv(x_a)$ ermittelt und anschließend über (1-6) den Vertrauensbereich (1-7) berechnet und angibt.

$$sdv(\bar{x}_a) = \frac{sdv(x_a)}{\sqrt{n}} \tag{1-6}$$

$$cnf(\bar{x}_a) = \bar{x}_a \pm t_{\alpha,n-1} \frac{sdv(x_a)}{\sqrt{n}} \tag{1-7}$$

Diese Angabe wäre für einen *Mittelwert von Meßwerten* richtig, *nicht* aber für ein *berechnetes Ergebnis*, da wie oben die Unsicherheit der Standards oder Kalibrierdaten nicht berücksichtigt werden.

Manchmal geht man aber auch so vor, daß man sagt, man hat n_c Kalibrierproben vermessen. Aus diesen kennt man die statistischen Kenndaten – also $\bar{y}_c$ als Schätzer für μ_y, a_1 als Schätzer für die Empfindlichkeit des Analysenverfahrens und $var(y_c)$ als Schätzer für das wahre Streuungsmaß σ_y^2 – mit $n_c - 2$ Freiheitsgraden. Kommen nun Analysenmessungen hinzu, so gehören diese derselben Grundgesamtheit an, denn der Meßprozeß ist ja derselbe. Demzufolge gilt also $\bar{y}_a$ als Schätzer für μ_a und $var(y_c) = var(y_a)$, also gilt auch $f = n_a + n_c - 2$ Freiheitsgrade. Im Extremfall würde folglich *ein* Analysenmeßwert genügen. Dieses Vorgehen ist aber grundsätzlich falsch und ein Musterbeispiel falsch verstandener Statistik. Hier wird Vertrauensbereich und Vorhersagebereich verwechselt, da eine falsche Zuordnung der Meßwerte zu Stichproben und weiterhin eine falsche Zuordnung von Stichproben zu Grundgesamtheiten erfolgt ist. Kalibriermessungen und Analysenmessungen gehören nür im Hinblick auf den eigentlichen Meßprozeß derselben Grundgesamtheit an. Grundsätzlich setzt die statistische Beschreibung von Analysenergebnissen mehrere Analysenproben voraus, d.h. man hat es grundsätzlich mit *Stichproben* zu tun.

Für Einzeldaten gibt es in der Regel keine statistischen Aussagen.

Eine Stichprobe läßt sich als *Datenvektor* **y** von *Meßwerten* in der *Signaldomäne* (abhängige Variable y) oder als Datenvektor **x** von *Ergebnissen* in der analytisch relevanten Domäne der *Zustandsgröße* (unabhängige Variable x) auffassen. Ein Datenvektor besteht aus einer Folge von Meßwerten y_i oder Ergebnissen x_i in der zeitlichen Reihenfolge ihrer Gewinnung (Erstellung). Jede Stichprobe **y** oder **x** ist Bestandteil (*Teilmenge*) einer näher zu definierenden *Grundgesamtheit* $\bar{\bar{\mathbf{y}}}$ oder $\bar{\bar{\mathbf{x}}}$. Oftmals werden jedoch die Zuordnung von Stichproben zu Grundgesamtheiten nicht richtig vorgenommen.

Die beiden folgenden Abschnitte beschäftigen sich zunächst mit dem Problem der Abgrenzung von Grundgesamtheiten und der Zuordnung von Stichproben zu Grundgesamtheiten sowie mit der Definition und Beschreibung von Datenvektoren. Dabei ist die Beschreibung eines Datenvektors in der Regel problemlos. Dies gilt auch für den *Vergleich von Datenvektoren* und für das *Zusammenfassen von Datenvektoren.* Eigenartigerweise werden in den üblichen Lehrbüchern der Statistik die Probleme des *Verrechnen von Datenvektoren* nicht abgehandelt. Diesen Problemen sind die letzten Abschnitte für unterschiedliche Anwendungen gewidmet.

2 Grundgesamtheiten und Stichproben

Ein in der Statistik oftmals übersehenes Problem ist die eindeutige Zuordnung von Stichproben zu Grundgesamtheiten.

2.1 Grundgesamtheit

Ein pharmazeutischer Unternehmer produziert über Jahre hinweg einen pharmazeutischen Wirkstoff – z.B. Metronidazol (1) – nach einem wohl eingeführten und langjährig bewährten technischen Verfahren. Dabei entsteht in geringen Mengen eine isomere Verbindung (2). Das gereinigte Rohprodukt enthält zudem eine definierte Restfeuchte.

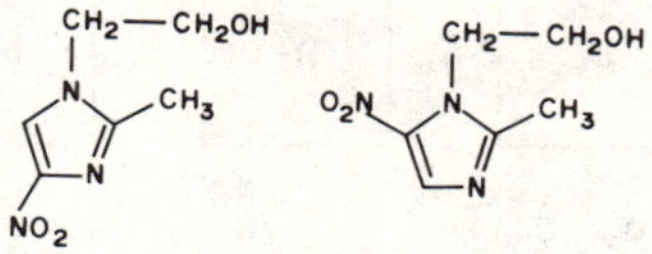

CH_2—CH_2OH, N, CH_3, N, NO_2 (1)

CH_2—CH_2OH, O_2N, N, CH_3, N (2)

Aufgrund des eingefahrenen Prozesses werden im Gehalt der Haupt- und Nebenkomponente sowie bei der Feuchte Schwankungen in einem eingegrenzten Bereich auftreten. Betrachtet man folglich über Jahre hinweg alle Chargen, so lassen sich diese als Teile einer *Grundgesamtheit des Produktes* $\bar{\bar{\mathbf{p}}}$ auffassen und durch Gl. (2-1) beschreiben. Hierin bedeuten μ *wahre Werte* mit dem jeweils zugehörigen *wahren Streuungsmaß* (*wahre Varianz*) σ^2, wobei sich die Indices M auf das Hauptprodukt Metronidazol, I auf die isomere Verbindung und W auf den Wassergehalt beziehen. Die Schreibsweise $N[\mu, \sigma^2]$ symbolisiert das Vorliegen einer Normalverteilung.

$$\bar{\bar{\mathbf{p}}} = N[\mu_M, \sigma_M^2; \mu_I, \sigma_I^2; \mu_W, \sigma_W^2]. \quad (2\text{-}1)$$

2.2 Stichprobe

Werden nun aus einer Charge – oder auch aus mehreren Chargen randomisiert – n_p Proben gezogen, so entsteht eine *Stichprobe* $\mathbf{p}$. Diese Stichprobe sollte wegen der kleineren Datenzahl geschätzt einer *t-Verteilung* entsprechen, was durch die Schreibweise $N_t[,;]$ symbolisiert wird. Diese Stichprobe läßt sich durch den Punktschätzer *Mittelwert* $\bar{p}$ und der *geschätzten Varianz* var(p) beschreiben, wobei darauf zu achten ist, daß solche Punktschätzer sowohl für die Haupt- wie auch für die Nebenkomponente und die Feuchte existieren (2-2).

$$\mathbf{p} \overset{\alpha}{=} N_t[\bar{p}_M, \mathrm{var}(p_M); \bar{p}_I, \mathrm{var}(p_I); \bar{p}_W, \mathrm{var}(p_W); n_p] \quad (2\text{-}2)$$

Die Schreibweise $\overset{\alpha}{=}$ symbolisiert dabei die Aussage, daß die vor und hinter dem $\overset{\alpha}{=}$-Zeichen stehenden Größen zwar mathematisch nicht (numerisch) gleich, aber statistisch nicht unterscheidbar sind. In diesem Falle heißt dies, die Stichprobe **p** ist innerhalb einer definierten *Irrtumswahrscheinlichkeit* α von einer t-verteilten Stichprobe nicht unterscheidbar. Zu beachten ist, daß die Stichprobe **p** Bestandteil der Grundgesamtheit $\bar{\bar{\mathbf{p}}}$ ist.

Das folgende Diagramm soll in diesem Zusammenhang symbolisieren: Aus der Grundgesamtheit $\bar{\bar{\mathbf{p}}}$ und den Kenndaten μ und σ^2 für drei Kenngrößen resultieren die Stichproben **p** mit den Schätzern $\bar{p}$ und var(p), die in der Dimension *mehrerer Gehalte* oder Anteile definiert sind. In dieser symbolischen Darstellung sollen die Zeichen = und & andeuten, daß die Stichproben **p** Teile der Grundgesamtheit $\bar{\bar{\mathbf{p}}}$ sind. Diese Stichproben sind demzufolge ebenfalls in der Dimension mehrerer Gehalte oder Anteile definiert. Dieser Teilschritt entspricht also dem Übergang $\bar{\bar{\mathbf{p}}} \rightarrow \mathbf{p}$.

$(\bar{\bar{\mathbf{p}}} \rightarrow \mathbf{p})$ | $\bar{\bar{\mathbf{p}}}$ | = | $\mathbf{p}_1$ | & | $\mathbf{p}_2$ | & | $\mathbf{p}_3$ | & | $\mathbf{p}_4$ | &

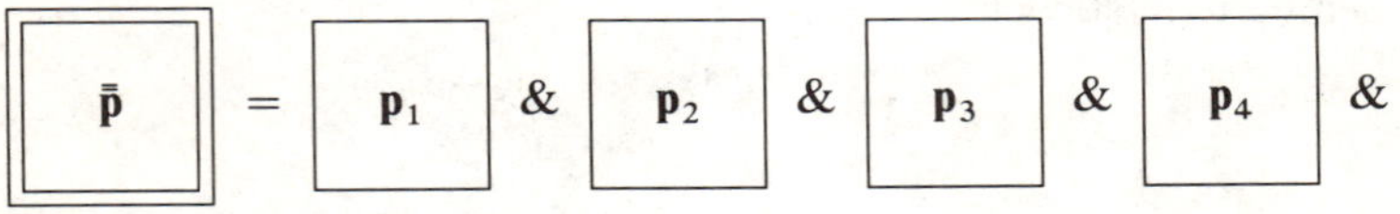

$$\bar{\bar{\mathbf{p}}} = N[\mu_M, \sigma_M^2; \mu_I, \sigma_I^2; \mu_W, \sigma_W^2]$$

$$\mathbf{p} \overset{\alpha}{=} N_t[\bar{p}_M, \mathrm{var}(p_M); \bar{p}_I, \mathrm{var}(p_I); \bar{p}_W, \mathrm{var}(p_W); n_p]$$

2.3 Laborstandard

Nun wird aus einer beliebigen Charge ein Teil entnommen und dieser Teil speziell aufgereinigt und speziell getrocknet. Durch aufwendige Analytik wird validiert festgestellt, daß das Isomere (2) mit einem Massenanteil von < 1 ppm praktisch nicht nachweisbar ist und daß die Restfeuchte von < 0,01% ebenfalls vernachlässigbar ist. Dieses aufgereinigte Metronidazol (1) wird als Laborstandard speziell aufbewahrt. Dieser Laborstandard gehört damit nicht mehr zur zuerst aufgeführten Grundgesamtheit, sondern stellt eine neue *Grundgesamtheit der Laborstandards* $\bar{\bar{\mathbf{s}}}$, also aller späteren Stichproben aus diesem Laborstandard dar und läßt sich durch (2-3) beschreiben.

$$\bar{\bar{\mathbf{s}}} = N[\mu_s, \sigma_s^2] \quad (2\text{-}3)$$

Durch Vergleich von (2-3) und (2-1) ergibt sich sofort und einsichtig: $\bar{\bar{\mathbf{s}}}$ ist *nicht* Bestandteil (Teilmenge) von $\bar{\bar{\mathbf{p}}}$, sondern eine neue Grundgesamtheit, denn es gilt eindeutig $\mu_s \neq \mu_M$ und $\sigma_s^2 \neq \sigma_M^2$. Außerdem sind die beiden anderen Bestandteile nicht enthalten. Der Pfeil ⇒ soll andeuten, daß durch einen tieferen Eingriff die Zuordnung der Stichprobe zu einer Grundgesamtheit neu definiert wird.

$$\bar{\bar{p}} = p_1 \;\&\; p_2 \;\&\; p_3 \;\&\; p_4 \;\&$$

$(\mathbf{p} \Rightarrow \bar{\bar{\mathbf{s}}})$

p_2 ⇓ Aufreinigen ⇓ $\bar{\bar{s}}$

$$\bar{\bar{s}} = N[\mu_s, \sigma_s^2]$$

Die Grundgesamtheit $\bar{\bar{s}}$ und die daraus entnommenen Stichproben s sind in der Dimension *eines Gehaltes* definiert.

2.4 Stichproben der Kalibrierpunkte

Die Routineanalytik der Qualitätssicherung der Produktion des Wirkstoffes Metronidazol (1) und die Bestimmung des Isomeren (2) erfolgt einmal UV-spektrometrisch in 0,1 M-HCl und zum anderen durch differentielle Pulspolarographie in 0,02 M-NaOH [Ebel, Ledermann, Mümmler (1989)]. Beide Analysenverfahren bedürfen einer Kalibrierung. Hierzu wird aus der Grundgesamtheit des Laborstandards $\bar{\bar{s}}$ eine Stichprobe **s** (2-4) gezogen. Es sei vorausgesetzt, daß diese Stichprobe geschätzt t-verteilt ist. Selbstverständlich ist **s** Bestandteil (Teilmenge) von $\bar{\bar{s}}$.

$$\mathbf{s} \stackrel{\alpha}{=} N_t[\bar{s}, \mathrm{var}(s); n_s] \tag{2-4}$$

$$\bar{\bar{p}} = p_1 \;\&\; p_2 \;\&\; p_3 \;\&\; p_4 \;\&$$

p_2 ⇓

$(\bar{\bar{\mathbf{s}}} \rightarrow \mathbf{s})$

$$\bar{\bar{s}} = s_1 \;\&\; s_2 \;\&$$

$$\mathbf{s} \stackrel{\alpha}{=} N_t[\bar{s}, \mathrm{var}(s); n_s]$$

Hieraus werden durch Wägen, Lösen und Verdünnen die Daten $x_{c,1}, x_{c,2}, x_{c,3}, \ldots$ einmal für die UV-Spektrometrie und einmal für die Polarographie erzeugt. Diese Daten sind in der Dimension des Grundzustandes – also in z.B. µg/100 mL – definiert. Es entstehen somit zwei Stichproben $\mathbf{x}_{UV}$ (2-5) und $\mathbf{x}_{pol}$ (2-6). Die in den beiden Gleichungen angeführten geschätzten Varianzen enthalten die Streuung der Wägung und des Volumens, d.h. prinzipiell sind diese in der Dimension der Zustandsgröße definierten Daten fehlerbehaftet.

$$\mathbf{x}_{UV} \stackrel{\alpha}{=} N_t[\bar{s}_{UV}, \mathrm{var}(s_{UV}); n_{s,UV}] \tag{2-5}$$

$$\mathbf{x}_{pol} \stackrel{\alpha}{=} N_t[\bar{s}_{pol}, \mathrm{var}(s_{pol}); n_{s,pol}] \tag{2-6}$$

Hier entstehen durch die Operationen *Wägen* und *Verdünnen* neue Einheiten, in diesem Falle *Stichproben der Kalibrierproben* $\mathbf{x}_c$. Dabei ist übrigens zu beachten, daß die Stichproben $\mathbf{x}_c$ nicht aus einer gemeinsamen Grundgesamtheit $\bar{\bar{\mathbf{x}}}_c$ entsprungen sind und auch eine Vereinigung zu einer solchen praktisch ohne Sinn wäre, denn es interessiert weder ein gepoolter Mittelwert noch eine gepoolte Varianz. Es wird deshalb auch bewußt zunächst nur *eine* Stichprobe symbolisch aufgeführt und/oder es fehlt das verbindende &-Symbol. Diese Stichproben sind in der Dimension einer *Konzentration* und nicht eines Gehaltes definiert. Dieser analytische Schritt entspricht einem Übergang $\mathbf{s} \Rightarrow \mathbf{x}_c$.

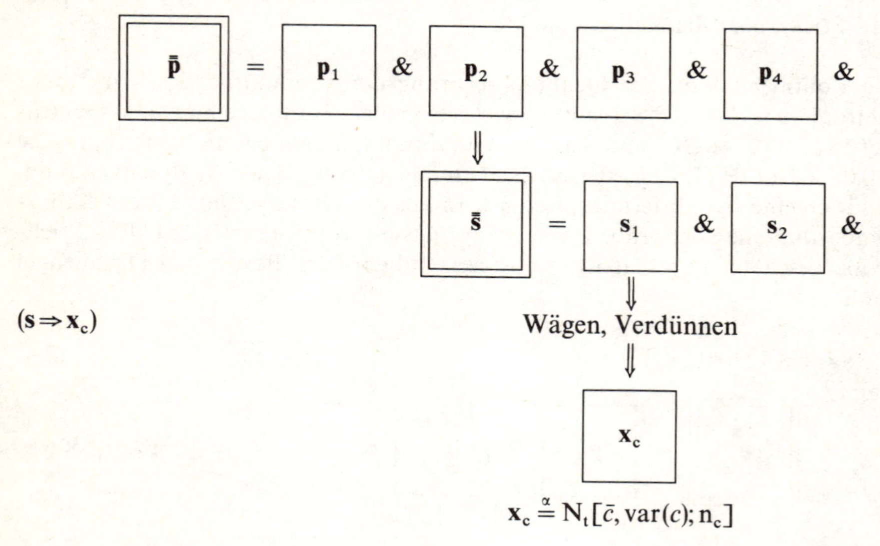

2.5 Stichproben der Meßpunkte

Durch die Operation *Messen* entstehen aus $\mathbf{x}_c$ abgeleiteten Stichproben $\mathbf{y}_c$, die in der *Signaldimension* definiert sind. Die beiden Stichproben $\mathbf{y}_{UV}$ und $\mathbf{y}_{pol}$ besitzen unterschiedliche Dimensionen, gehören folglich auch verschiedenen Grundgesamtheiten an. Allerdings sind hier die Grundgesamtheiten uninteressant, es interessiert lediglich, daß das auf dem Meßprozeß und der Fehlerfortpflanzung aus var(x) basierende Streuungsmaß var(y_c) für alle Kalibrierstichproben statistisch nicht unterscheidbar sein darf. Dieser Schritt entspricht einem Übergang $\mathbf{x} \Rightarrow \mathbf{y}_c$. Aus den *Meßgrößen* $\mathbf{y}_{c,UV}$ und den *Zustandsgrößen* (Konzentration) $\mathbf{x}_{UV}$ – und analog für die Polarographie – wird z.B. mit Hilfe der *linearen Regression* die *Kalibrierfunktion* $\hat{y}(x)_{UV}$ ermittelt. Aufgrund der verwendeten Rechenalgorithmen der linearen Regression wird das Streuungsmaß der Stichprobe $\mathbf{x}_c$ – also die geschätzte Varianz var(x) – als Fehler in y interpretiert und somit in das geschätzte Streuungsmaß var(d) bzw. var(y) überführt.

$$\mathbf{y}_c(x)_{UV} \stackrel{\alpha}{=} N_t[\hat{y}(x)_{UV}, \mathrm{var}(d_{UV}); n_{UV}] \quad (2\text{-}7)$$

$$\mathbf{y}_c(x)_{pol} \stackrel{\alpha}{=} N_t[\hat{y}(x)_{pol}, \mathrm{var}(d_{pol}); n_{pol}] \quad (2\text{-}8)$$

Letzter Schritt beim Kalibrierexperiment ist die *Berechnung der Kalibrierfunktion* $\hat{y}(x)$, also der Übergang $\mathbf{y}_c \Rightarrow \mathbf{y}(x)$. Dabei gilt aber wiederum, daß $\mathbf{y}_c(x)_{UV}$ eine Stichprobe einer für die UV-Spektroskopie aufgearbeiteten Grundgesamtheit $\bar{\bar{\mathbf{y}}}_{UV}$ (2-9) repräsentiert. Ähnliches gilt für die erhaltene Kalibrierfunktion der differentiellen Pulspolarographie.

$$\bar{\bar{\mathbf{y}}}_{UV} = N[\varphi(x)_{UV}, \sigma^2_{UV}] \quad (2\text{-}9)$$

$$\bar{\bar{\mathbf{y}}}_{pol} = N[\varphi(x)_{pol}, \sigma^2_{pol}] \quad (2\text{-}10)$$

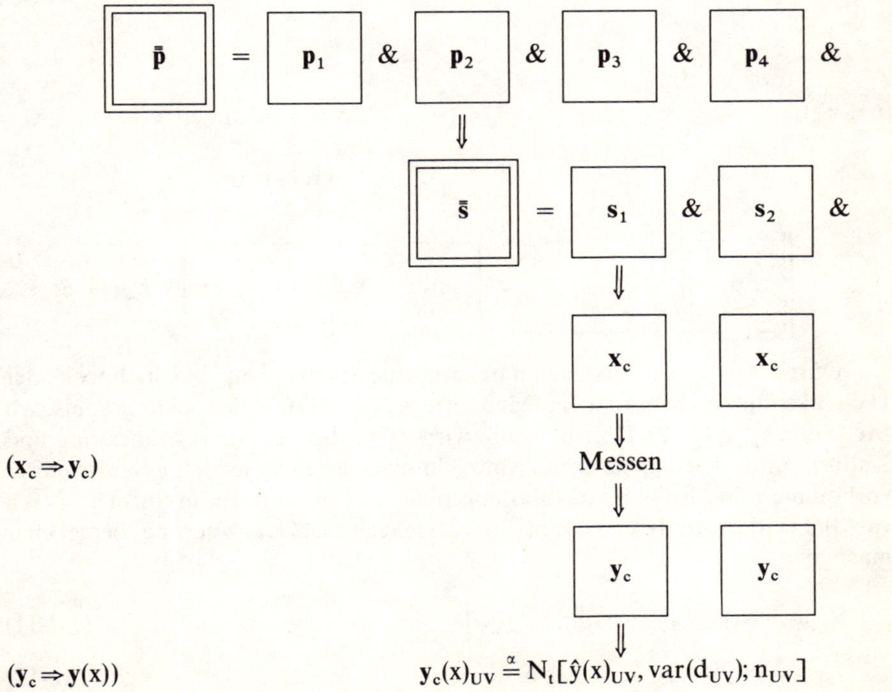

$\bar{\bar{\mathbf{p}}}$ = $\mathbf{p}_1$ & $\mathbf{p}_2$ & $\mathbf{p}_3$ & $\mathbf{p}_4$ &

⇓

$\bar{\bar{\mathbf{s}}}$ = $\mathbf{s}_1$ & $\mathbf{s}_2$ &

⇓

$\mathbf{x}_c$ $\mathbf{x}_c$

⇓

$(\mathbf{x}_c \Rightarrow \mathbf{y}_c)$ Messen

⇓

$\mathbf{y}_c$ $\mathbf{y}_c$

⇓

$(\mathbf{y}_c \Rightarrow \mathbf{y}(x))$ $\mathbf{y}_c(x)_{UV} \stackrel{\alpha}{=} N_t[\hat{y}(x)_{UV}, \mathrm{var}(d_{UV}); n_{UV}]$

Damit ist aber auch eindeutig festgelegt, daß $\mathbf{y}_{C,UV}$ bzw. $y_{c,pol}$ mit den zugehörigen Dimensionen der Signalgröße weder Bestandteil (Teilmenge) von $\bar{\bar{\mathbf{s}}}$ noch von $\bar{\bar{\mathbf{p}}}$ mit den Dimensionen eines oder mehrerer Gehalte sind.

Somit existieren drei unterschiedliche Definitionsräume mit den entsprechenden Grundgesamtheiten $\bar{\bar{\mathbf{p}}}$, $\bar{\bar{\mathbf{s}}}$ sowie bedingt $\bar{\bar{\mathbf{x}}}$ und $\bar{\bar{\mathbf{y}}}$. Alle Grundgesamtheiten sind jeweils in einer anderen Dimension – Masse, Gehalt, Signal – angesiedelt.

2.6 Stichprobe der Analysenmeßwerte

Bei der Qualitätskontrolle wird aus einer produzierten Charge des pharmazeutischen Wirkstoffes – diese Charge ist Bestandteil (Teilmenge) von $\bar{\bar{\mathbf{p}}}$ – eine *Analysenstichprobe* **p** gezogen. Selbstverständlich ist diese Stichprobe Bestandteil der Grundgesamtheit $\bar{\bar{\mathbf{p}}}$. Zunächst wird jede *Einzelprobe* gewogen und getrocknet und damit die Feuchte bestimmt. Jede Einzelprobe ist jetzt in der Dimension einer Masse definiert. Durch entsprechendes Aufarbeiten (Abwägen eines Aliquots, Lösen im definierten Lösemittel) wird die Einzelprobe zur *Meßprobe* $x_{m,i}$. Diese gehört zur Stichprobe $\mathbf{x}_m$ und besitzt wiederum die Dimension µg/100 mL. Von der Stichprobe der Kalibrierung $\mathbf{x}_c$ unterscheidet sich $\mathbf{x}_m$ z.B. darin, daß außer dem Wirkstoff Metronidazol (1) noch das Isomere (2) enthalten ist.

$$\mathbf{x}_m \stackrel{\alpha}{=} N_t[\bar{c}, \mathrm{var}(c); n_m]$$

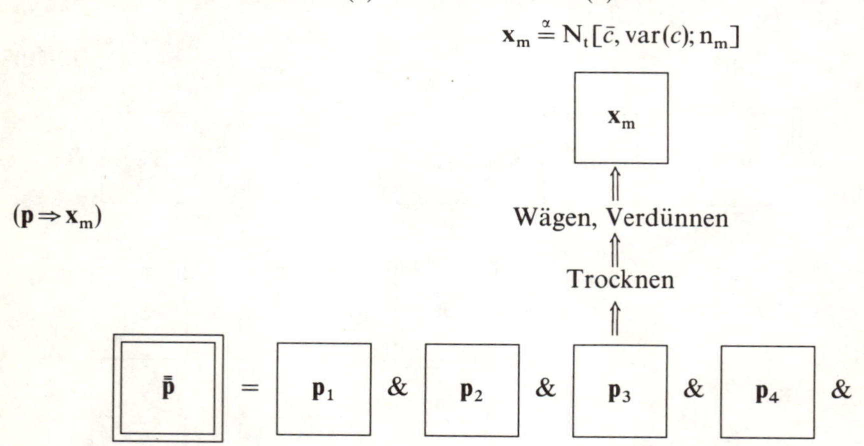

Durch Vermessen entstehen nun zwei neue Stichproben: Die Stichprobe der UV-spektrometrischen Analysen-Meßwerte $\mathbf{y}_{a,UV}$ (2-11) und der polarographischen Meßwerte $\mathbf{y}_{a,pol}$ (2-12). Üblicherweise wird var(d) bei der Analysenmessung und Kalibrierung gleich groß sein. Abweichungen können jedoch ohne weiteres vorkommen. So wird sich eine Inhomogenität der Gesamtprobe in einem größeren var(d) bei der Analysenmessung im Vergleich zur Kalibrierung bemerkbar machen.

$$\mathbf{y}_{a,UV} \stackrel{\alpha}{=} N_t[\hat{y}(x)_{UV}, \mathrm{var}(d_{UV}); n_{a,UV}] \qquad (2\text{-}11)$$

$$\mathbf{y}_{a,pol} \stackrel{\alpha}{=} N_t[\hat{y}(x)_{pol}, \mathrm{var}(d_{pol}); n_{a,pol}] \qquad (2\text{-}12)$$

Diese beiden Stichproben sind Teilmengen der meßtechnisch definierten Grundgesamtheiten $\bar{\bar{\mathbf{y}}}_{UV}$ und $\bar{\bar{\mathbf{y}}}_{pol}$ (2-13), nicht aber der Grundgesamtheiten $\bar{\bar{\mathbf{s}}}$ oder $\bar{\bar{\mathbf{p}}}$.

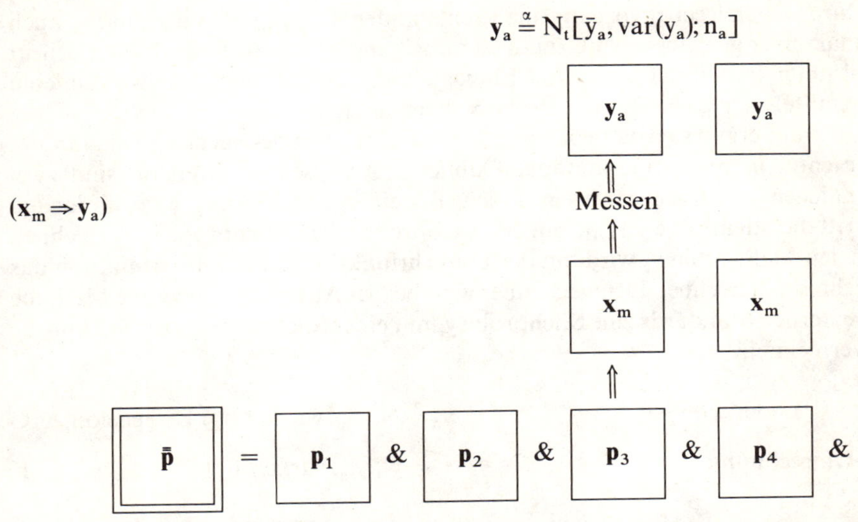

Als letzter Schritt erfolgt die Berechnung der gesuchten Analysenergebnisse über die beim Kalibrierexperiment ermittelte Kalibrierfunktion mit Hilfe deren Umkehrfunktion (Analysenfunktion).

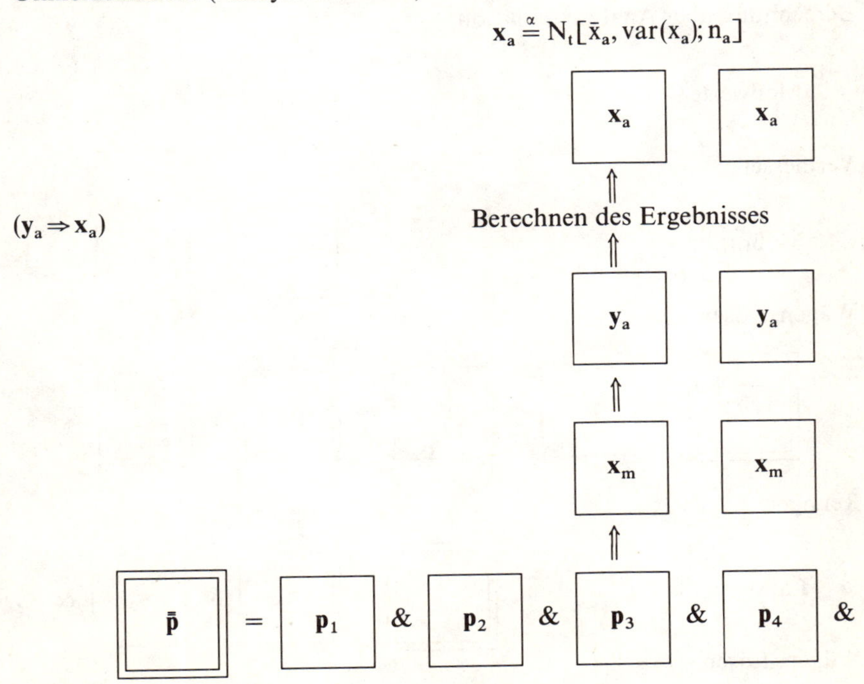

Zwar sind $\mathbf{x}_a$ und $\mathbf{x}_c$ in derselben Dimension – z.B. µg/100 mL – definiert, trotzdem gehören sie jedoch nicht zu einer *gemeinsamen Grundgesamtheit*. Die Stichprobe $\mathbf{x}_c$ ist originär aus einer Stichprobe **s** entstanden. Die Stichprobe $\mathbf{x}_a$ ist durch einen Rechenvorgang aus $\mathbf{y}_a$ entstanden. Damit können $\mathbf{x}_a$ und $\mathbf{x}_c$ auch niemals einer gemeinsamen Grundgesamtheit angehören. In einem letzten Schritt wird unter Berücksichtigung der Einwage und des Volumens des verwendeten Lösemittels der Gehalt in der Probe $\mathbf{x}_a$ berechnet.

Daraus ergibt sich dann das gesamte Ablaufschema des nächsten Diagramms. Betrachtet man den Gesamtablauf üblicher Analysenverfahren, so sind zwei grundlegende Vorgehensweisen üblich: Bei einer Kalibrierung wird im letzten Schritt die Stichprobe $\mathbf{y}_c(x)_{UV}$ mit der Stichprobe $\mathbf{y}_a$ zur Stichprobe $\mathbf{x}_a$ verrechnet. Aus den Meßwerten $\mathbf{y}_a$ wird mit der Umkehrfunktion der Kalibrierfunktion das Ergebnis $\mathbf{x}_a$ berechnet. Demgegenüber wird bei der Auswertung über die Methode des externen Standards eine Stichprobe $\mathbf{y}_c$ mit einer Stichprobe $\mathbf{y}_a$ zur Stichprobe $\mathbf{x}_a$ verrechnet.

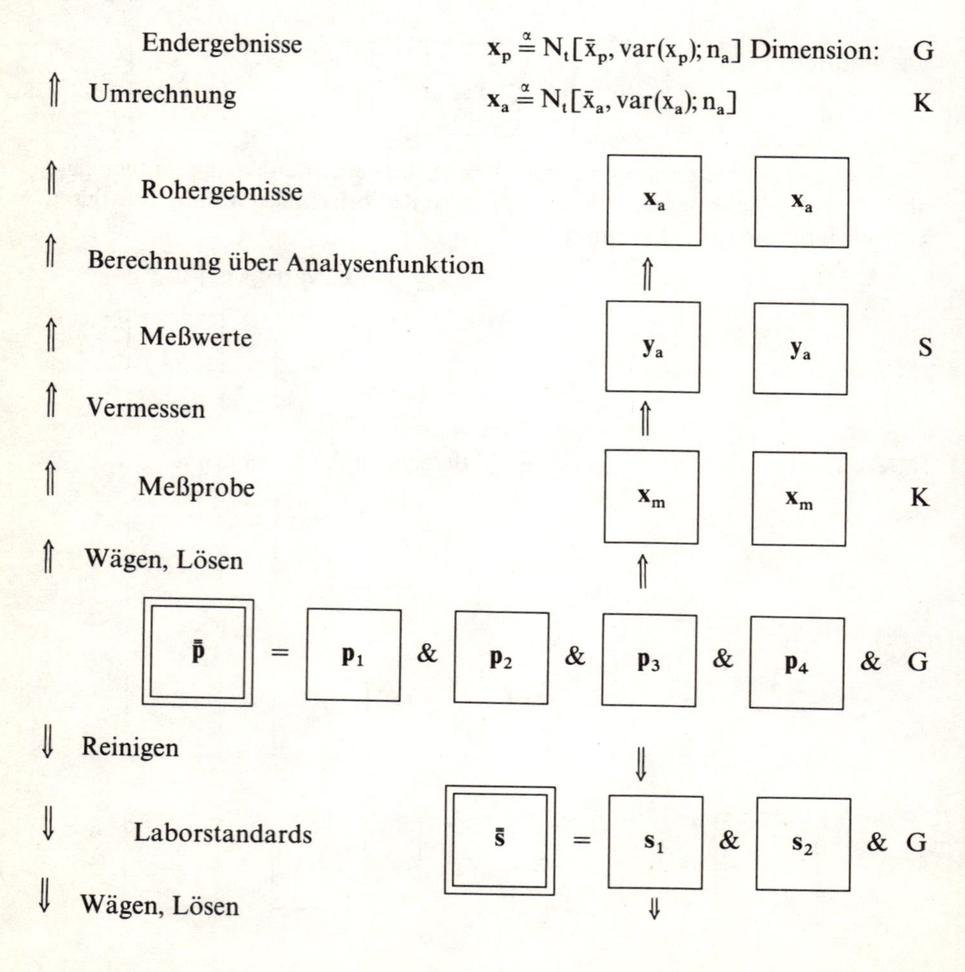

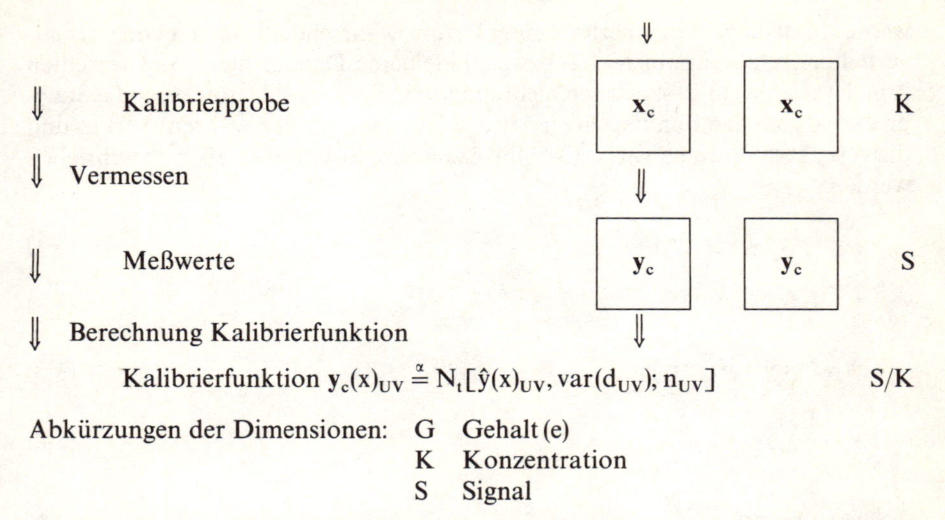

Die Kalibrierung und die Berechnung eines Analysenergebnisses sind zwei grundsätzlich verschiedene Operationen und können demzufolge auch nicht zu einer gemeinsamen statistisch definierten Grundgeamtheit gehören. Einzige gemeinsame Basis ist die Meßstandardabweichung $\mathrm{var}(y_m)$ und die Kalibrierfunktion $\hat{y}(x)$ mit ihrer Umkehrfunktion (Analysenfunktion).

Es soll noch einmal ausdrücklich betont werden, daß die Meßwerte einer Kalibrierprobe und einer Analysenprobe im Hinblick auf den eigentlichen Meßvorgang *dieselbe* durch das Meßverfahren bedingte Streuung aufweisen. Sind auch die statistischen Fehlerquellen bei der Probenvorbereitung gleich und existieren keine Homogenitätsunterschiede bei der Probenziehung, dann sind die geschätzten Streuungsmaße insgesamt gleich. Demzufolge müssen alle im Verlaufes dieses Beitrages aufgeführten Gleichungen für beide Fälle gelten.

Eine Sonderstellung nehmen Kontrollanalysen zur internen oder externen Qualitätskontrolle oder Qualitätssicherung ein. Hier werden Stichproben $\mathbf{x}_s$ aus der Grundgesamtheit der Laborstandards $\bar{\bar{\mathbf{s}}}$ als Kontrolle wie Analysen bearbeitet, d.h. Meßwerte y_s und über die Analysenfunktion als Umkehrfunktion der Kalibrierfunktion in Ergebnisse $\mathbf{x}_s^*$ umgerechnet. Im Idealfall gilt dabei $\mathbf{x}_s = \mathbf{x}_s^*$, in der Regel wird bei Erfüllung der analytischen Qualität $\mathbf{x}_s \overset{\alpha}{=} \mathbf{x}_s^*$ gelten, d.h. die gefundenen Ergebnisse sind innerhalb der Irrtumswahrscheinlichkeit α von dem Sollwert nicht unterscheidbar.

3 Datenvektoren

Eine statistische Stichprobe entspricht einem Datenvektor $\mathbf{y}$ (3-1) oder auch $\mathbf{x}$ mit den in der Reihenfolge der Datengewinnung geordneten *Meßwerten* (Zufallsvariable) y_i oder *Ergebnissen* x_i. Im weiteren Verlauf soll davon ausgegangen werden, daß die Daten innerhalb einer Irrtumswahrscheinlichkeit α von normalverteilten Zufallsvariablen (3-2) bzw. bei kleineren Datenzahlen von t-verteilten Zufallsvariablen (3-3) statistisch nicht unterscheidbar sind. Damit kann die Stichprobe **y** durch den Punktschätzer Mittelwert $\bar{y}$ (3-4) für den wahren Wert μ_y und die geschätzte Varianz var(y) (3-5) für das wahre Streuungsmaß σ_y^2 beschrieben werden.

$$\mathbf{y} = |y_1, y_2, y_3 \ldots y_n| \tag{3-1}$$

$$\mathbf{y} \overset{\alpha}{=} N[\bar{y}, \mathrm{var}(y)] \tag{3-2}$$

$$\mathbf{y} \overset{\alpha}{=} N_t[\bar{y}, \mathrm{var}(y); n] \tag{3-3}$$

$$\bar{y} = \frac{1}{n} \sum y_i \tag{3-4}$$

$$\mathrm{var}(y) = \frac{\sum (y_i - \bar{y})^2}{n - 1} \tag{3-5}$$

Der Erwartungsbereich der Einzelwerte cnf(y) (3-6) bzw. (3-7) gibt an, innerhalb welcher Grenzen $1 - \alpha$ aller Einzelwerte liegen würden. Für $2\alpha/2 = 0{,}1$ würden also innerhalb dieser Schranken 90% aller Daten zu erwarten sein (helle Fläche in der breiteren Dichtefunktion in Abb. 3-1).

$$\mathrm{cnf}(y) = \bar{y} \pm t_{\alpha,n-1}\, \mathrm{sdv}(y) \tag{3-6}$$

$$\bar{y} - t_{\alpha,n-1}\, \mathrm{sdv}(y) < y < \bar{y} + t_{\alpha,n-1}\, \mathrm{sdv}(y) \tag{3-7}$$

Für den Anwender spielt die geschätzte Standardabweichung sdv(y) (3-8) eine größere Rolle als die Varianz var(y), da sdv(y) dieselbe Dimension wie der Mittelwert $\bar{y}$ besitzt. Oftmals wird auch die relative Standardabweichung relsdv(y) (3-9) oder deren mit 100 multiplizierter Wert als prozentuale relative Standardabweichung – oftmals unzulässigerweise als Variationskoeffizient bezeichnet – angegeben.

$$\mathrm{sdv}(y) = \sqrt{\mathrm{var}(y)} \tag{3-8}$$

$$\mathrm{relsdv}(y) = \frac{\mathrm{sdv}(y)}{\bar{y}} \tag{3-9}$$

Die geschätzte Varianz des Mittelwertes ergibt sich aufgrund des allgemeinen Fehlerfortpflanzungsgesetzes zu (3-10). Daraus folgt für die geschätzte Standardabweichung des Mittelwertes unmittelbar (3-11). In diesem Zusammenhang sei darauf hingewiesen, daß die Bezeichnung Standardfehler durch nichts gerechtfertigt ist und daß dieser Wert oftmals unzulässigerweise zum „Schönen“ statistischer Ergebnisse verwendet wird. Es ist somit problemlos möglich, eine Stichprobe durch die geschätzten Werte $\bar{y}$, sdv(y) und die Datenzahl n zu beschreiben.

$$\mathrm{var}(\bar{y}) = \frac{\mathrm{var}(y)}{n} \tag{3-10}$$

$$\mathrm{sdv}(\bar{y}) = \frac{\mathrm{sdv}(y)}{\sqrt{n}} \tag{3-11}$$

Der Vertrauensbereich des Mittelwertes $\mathrm{cnf}(\bar{y})$ (3-12) gibt an, innerhalb welcher Grenzen der wahre Wert μ_y liegt, falls keine systematischen Fehler auftreten (3-13).

$$\mathrm{cnf}(\bar{y}) = \bar{y} \pm t_{\alpha,n-1}\,\mathrm{sdv}(\bar{y}) \tag{3-12}$$

$$\bar{y} - t_{\alpha,n-1}\,\mathrm{sdv}(\bar{y}) < \mu_y < \bar{y} + t_{\alpha,n-1}\,\mathrm{sdv}(\bar{y}) \tag{3-13}$$

In Abb. 1 ist für eine Stichprobe mit $\bar{y}$ und $\mathrm{sdv}(y)$ der Verlauf der Dichtefunktion der t-Verteilung für die Einzelwerte (flache Kurve) und für den Mittelwert (steile Kurve). Eingetragen ist bei der Dichtefunktion des Mittelwertes der Vertrauensbereich (hell markierte Flächen) für $2\alpha/2 = 0{,}1$ (entspricht $\alpha = 0{,}05$, zweiseitig) und bei der Dichtefunktion der Verteilung der Einzelwerte der Erwartungsbereich für 90% der Einzelwerte (nicht markierte Fläche).

In diesem Zusammenhang sei noch auf den *Vorhersagebereich* (*prediction interval*, *Prognosebereich*) (3-14) hingewiesen der angibt, innerhalb welcher Grenzen ein weiterer Mittelwert einer Stichprobe *derselben* Grundgesamtheit angehört, wenn n_n neue Daten gewonnen werden.

$$\mathrm{prd}(\bar{y}_m) = \bar{y}_m \pm t_{\alpha,n_m-1}\,\mathrm{sdv}(y_m)\sqrt{\frac{1}{n_n} + \frac{1}{n_m}} \tag{3-14}$$

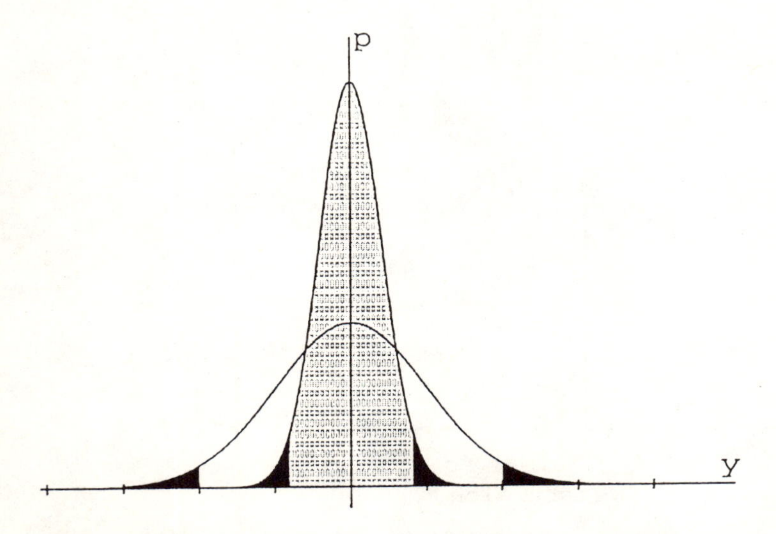

Abb. 1. Dichtefunktion der t-Verteilung der Einzelwerte und der Mittelwerte

Es ist zu beachten, daß sich alle mit dem Index $_m$ versehenen Daten auf die bis hier vorliegenden Daten beziehen. Der Vorhersagebereich ist also einer der ganz wenigen statistischen Aussagen für $n_n = 1$ – also auch für einen einzelnen neuen Wert *derselben* Stichprobe – definiert.

Besondere Beachtung im Hinblick auf das Vorliegen von Datenvektoren bedarf die Kalibrierung. An mehreren Kalibrierpunkten $x_1, x_2, x_3 \ldots x_c$, die primär in der Domäne der Zustandsgröße (unabhängige Variable x) definiert sind, wird die Stichprobe der Zustandsgröße $\mathbf{x}_c$ durch die Probenvorbereitung erzeugt. Es handelt sich bei validiertem Vorgehen um randomisierte Kalibrierproben x_i. Diese werden anschließend aufgearbeitet und vermessen. Es entsteht somit eine Stichprobe von Meßwerten $\mathbf{y}_c$ in der Signaldomäne (abhängige Variable y). Dabei ist über die Platzziffer (*Rangzahl*, Laufvariable) i jedem Wert x_i genau und eindeutig ein Wert y_i zugeordnet, d.h. es existieren definierte Wertepaare $[x_i/y_i]$. Aus diesen Wertepaaren wird die *geschätzte Kalibrierfunktion* $\hat{y}(x)$ – z.B. als geschätzte *Kalibriergerade* (3-15) – nach den Rechenregeln der *linearen Regression* ermittelt.

$$\hat{y}(x) = \bar{y}_c + a_1(x - \bar{x}_c) \tag{3-15}$$

$$a_1 = \frac{\sum(x_i - \bar{x}_c)(y_i - \bar{y}_c)}{\sum(x_i - \bar{x}_c)^2} = \frac{S_{xy}}{S_{yy}} \tag{3-16}$$

Für diese Kalibriergerade gelten einige wichtige Aussagen zur Fehlerrechnung und Statistik. Eine Kalibriergerade ist statistisch immer nur im Bereich x_{min}

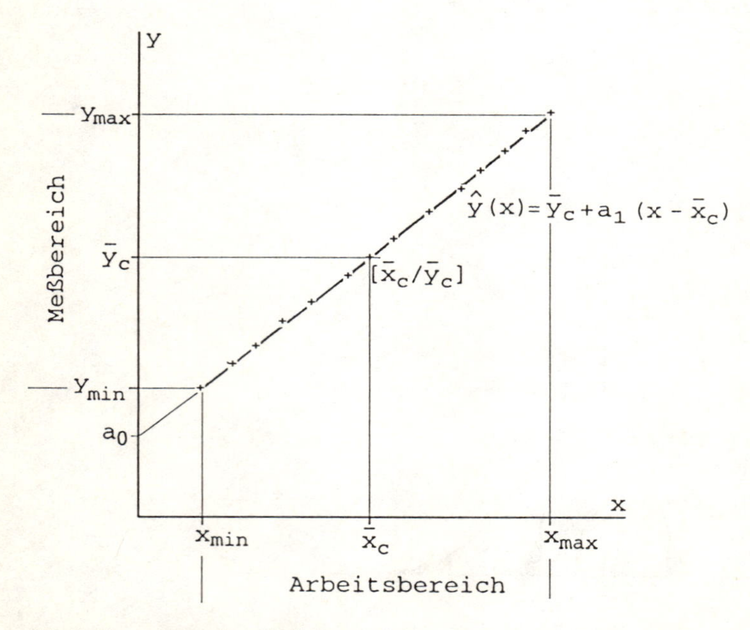

Abb. 2. Darstellung einer Kalibriergerade

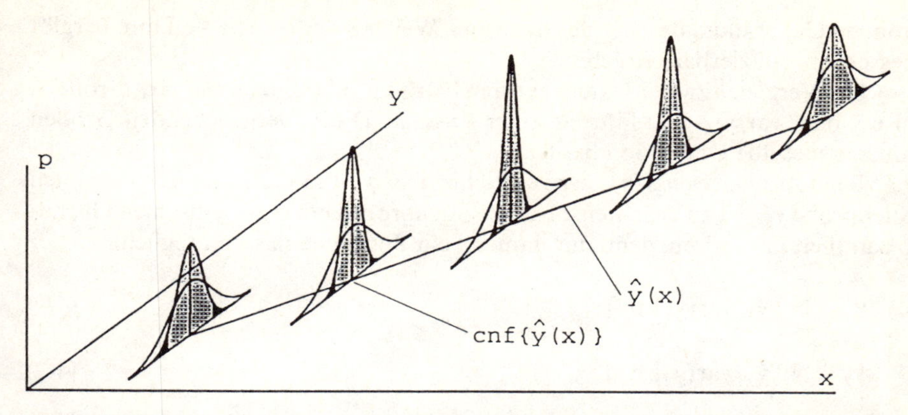

Abb. 3. Kalibriergerade mit den Dichtefunktionen der Verteilung der Einzelwerte (hell) und des Vertrauensbereiches (dunkel)

bis x_{max} als *Arbeitsbereich* und y_{min} bis y_{max} als *Meßbereich* definiert (Abb. 2). Extrapolationen sind unzulässig.

Im gesamten Meßbereich muß *Homogenität der Varianzen* (*Homoskedaszitität*) gelten. Dies bedeutet, daß die Dichtefunktionen der Verteilung der Einzelwerte überall gleich groß sind (flachere Fehlerkurven in Abb. 3). Für die Kalibriergerade (3-17) ergibt sich aus der Anwendung des allgemeinen Fehlerfortpflanzungsgesetzes der *Vertrauensbereich* $\mathrm{cnf}\{\hat{y}(x)\}$. Die Dichtefunktion dieses Vertrauensbereiches (*confidence intervall*) ist in Abb. 3 – allerdings ohne eine Sigifikanzgrenze – ebenfalls eingezeichnet. Die Dichtefunktion und der daraus durch eine festgelegte Signifikanzschranke definierte Vertrauensbereich ist im Datenschwerpunkt am schmalsten und weitet sich zu den Grenzen des Meßbereiches auf.

$$\mathrm{cnf}\{\hat{y}(x)\} = \hat{y}(x) \pm t_{\alpha,n-2}\,\mathrm{sdv}(y)\sqrt{\frac{1}{n_c} + \frac{(x - \bar{x}_c)^2}{S_{xx}}} \qquad (3\text{-}17)$$

4 Verarbeiten von Datenvektoren

Grundsätzlich gibt es bei der statistischen Verarbeitung von zwei – oder auch mehreren – Datenvektoren drei gänzlich unterschiedliche Aufgaben.

Bei einem *Vergleich der Meßdaten* zweier Stichproben $\mathbf{y}_1$ und $\mathbf{y}_2$ geht es z.B. um die Fragestellung „sind die beiden geschätzten Mittelwerte $\bar{y}_1$ und $\bar{y}_2$ statistisch unterscheidbar oder nicht". Bei einem Vergleich zweier Analysenverfahren, deren Ergebnisse als Datenvektoren $\mathbf{x}_1$ bzw. $\mathbf{x}_2$ vorliegen, lautet die entsprechende Fragestellung (Nullhypothese) „führen beide Verfahren zu vergleichbaren Ergebnissen". Aber auch die beiden geschätzten Streuungsmaße $\mathrm{sdv}(x_1)$ und $\mathrm{sdv}(x_2)$

können Gegenstand des Vergleiches sein: „Welches der beiden Verfahren ergibt besser reproduzierbare Ergebnisse?“

Der Vergleich zweier Datenvektoren betrifft primär immer nur *eine* Größe – also $\bar{y}$ oder var(y) – und führt zu einer *Aussage*. Die zu vergleichenden Größen müssen dieselbe Dimension besitzen.

Beim *Zusammenfassen* von zwei Stichproben $\mathbf{y}_1$ und $\mathbf{y}_2$ zu einer gemeinsamen Stichprobe $\mathbf{y}_{ges}$ ist zu beachten, ob beide Stichproben einer gemeinsamen Grundgesamtheit angehören, denn nur dann ist ein Zusammenfassen möglich.

$$\mathbf{y}_1 \overset{\alpha}{=} N_t[\bar{y}_1, \mathrm{var}(y_1); n_1] \tag{4-1}$$

$$\mathbf{y}_2 \overset{\alpha}{=} N_t[\bar{y}_2, \mathrm{var}(y_2); n_2] \tag{4-2}$$

$$\mathbf{y}_{ges} = \mathbf{y}_1 \,\&\, \mathbf{y}_2 \tag{4-3}$$

So müssen beim Zusammenfassen Varianzenhomogenität und Homogenität der Mittelwerte vorliegen, d.h. die beiden Mittelwerte dürfen sich statistisch nicht unterscheiden. Prüfkriterien sind z.B. der F-Test und der t-Test.

$$\mathrm{var}(y_1) \overset{\alpha}{=} \mathrm{var}(y_2) \tag{4-4}$$

$$\bar{y}_1 \overset{\alpha}{=} \bar{y}_2 \tag{4-5}$$

Sind diese beiden Bedingungen erfüllt, so dürfen die beiden Stichproben *vereinigt* (zusammengefaßt) werden. Die beiden ursprünglichen Stichproben besitzen $f_1 = n_1 - 1$ bzw. $f_2 = n_2 - 1$ Freiheitsgrade, die neue Stichprobe besitzt $f_{ges} = n_1 + n_2 - 1$ Freiheitsgrade. Der neu zu berechnende Mittelwert und Varianz besitzen aufgrund der größeren Datenzahl eine größere Aussagekraft.

Die Vereinigung setzt die Nichtunterscheidbarkeit von *zwei* Größen – nämlich $\bar{y}$ und var(y) – voraus und führt zu einer *neuen* erweiterten *Stichprobe*. Alle zu vereinigenden Größen müssen dieselbe Dimension besitzen.

Ganz anders sieht das aus, wenn zwei Stichproben $\mathbf{y}_1$ und $\mathbf{y}_2$ miteinander *verrechnet* werden, also z.B. die geschätzten Mittelwerte $\bar{y}_1$ und $\bar{y}_2$ addiert (4-6) oder multipliziert oder dividiert werden (4-7).

$$\bar{y}_R = \bar{y}_1 + \bar{y}_2 \tag{4-6}$$

$$\bar{y}_R = \bar{y}_1 \bar{y}_2 \tag{4-7}$$

Hierbei entsteht *keine neue Stichprobe*, sondern ein *Ergebnis*. Sind beide Stichproben $\mathbf{y}_1$ und $\mathbf{y}_2$ gleichmächtig – d.h. $f_1 = f_2$ – so besitzt das Ergebnis ebenfalls $f_{ges} = f_1 = f_2$ Freiheitsgrade, d.h. es entspricht $n_{ges} = n_1 = n_2$. Sind die beiden Stichproben nicht gleichmächtig, so wäre dem Ergebnis eine effektive Datenzahl n_{eff} zuzuordnen. Dabei sollte n_{eff} größer als das kleinere n, aber kleiner als das größere n sein.

Die Verrechnung von zwei charakteristischen Werten – also z.B. $\bar{y}_1$ mit $\bar{y}_2$ oder $\bar{u}$ mit $\bar{v}$ – ist weder an eine statistische Nichtunterscheidbarkeit der charakteristischen Werte noch deren Streuungsmaße gebunden. Bei einer Multiplikation oder Division brauchen auch die Dimensionen nicht übereinzustimmen.

5 Vergleich von Datenvektoren

Eine ganz andere Fragestellung als die Beschreibung oder Beurteilung eines Datenvektors ergibt sich durch den Vergleich von zwei Datenvektoren, z.B. im Hinblick auf eine innerhalb einer vorgegebenen Irrtumswahrscheinlichkeit statistische Nichtunterscheidbarkeit der Mittelwerte – also das Ergebnis $\bar{y}_1 \overset{\alpha}{=} \bar{y}_2$ – oder Varianzen – also $\mathrm{var}(y_1) \overset{\alpha}{=} \mathrm{var}(y_2)$. Hiermit kann die Fragestellung der Vereinigung von zwei Stichproben $\mathbf{y}_1$ und $\mathbf{y}_2$ zu einer neuen (größeren) Stichprobe $\mathbf{y}$ verknüpft sein. Aber auch der Vergleich eines Punktschätzers $\bar{y}$ bzw. var(y) mit einem Sollwert kann von Interesse sein.

Alle hier besprochenen Tets sind auf *zwei* Datenvektoren beschränkt. Es wird deshalb auch immer von einem Vergleich zweier Parameter gesprochen. Vergleiche und Tests für mehr als zwei Datenvektoren werden bei der Auswertung von Ringversuchen benötigt [W_SA 1.9.2 (1992)].

5.1 Vergleich der Varianzen

5.1.1 F-Test

Gegeben sind zwei Stichproben, die n_A bzw. n_B Zufallsvariablen enthalten und geschätzt einer t-Verteilung gehorchen.

$$\mathbf{y}_A = N_t[\bar{y}_A, \mathrm{var}(y_A); n_A]$$
$$\mathbf{y}_B = N_t[\bar{y}_B, \mathrm{var}(y_b); n_B]$$

Die statistische Fragestellung lautet: Ist $\mathrm{var}(y_A) \overset{?}{=} \mathrm{var}(y_B)$, d.h. sind die beiden numerisch nicht gleichgroßen Varianzen $\mathrm{var}(y_A)$ und $\mathrm{var}(y_B)$ statistisch unterscheidbar oder nicht. Der Quotient zweier Varianzen folgt der Fisher'schen F-Verteilung. Als Testgröße wird folglich von (5-1) ausgegangen. Hierbei ist zu beachten, daß $T_F > 1$ ist, d.h. die größere der zu vergleichenden Varianzen steht im Zähler. Diese Festlegung erfolgt lediglich, um den Aufwand der Vertafelung der Grenzen zu halbieren und stellt keinerelei Einschränkung dar.

$$T_F = \frac{\mathrm{var}(y_A)}{\mathrm{var}(y_B)} \tag{5-1}$$

Diese Prüfgröße wird direkt mit den Schranken der F-Verteilung mit f_A und f_B Freiheitsgraden bei der vorgegebenen Irrtumswahrscheinlichkeit $2\alpha/2$ verglichen. Gilt dabei $T_F > F(f_A, f_B, \alpha)$ so ist die Nullhypothese $H_0[\mathrm{var}(y_A) \overset{\alpha}{=} \mathrm{var}(y_B)]$ zu verwerfen.

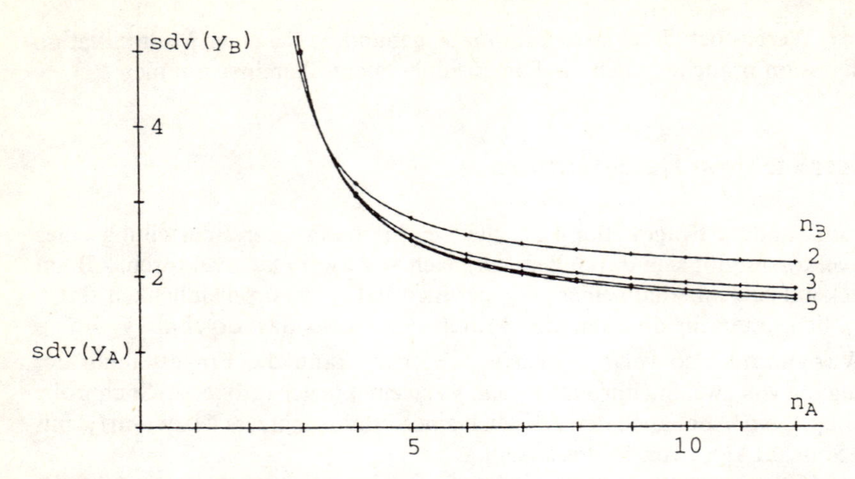

Abb. 4. Testschärfe des F-Test für $2\alpha/2 = 0{,}1$: Aufgezeichnet ist, wieviel mal größer sdv (y_B) sein darf, damit die Varianzen unterscheidbar sind

Hat der F-Test ergeben, daß $\mathrm{var}(y_A) \overset{\alpha}{\neq} \mathrm{var}(y_B)$ ist – also keine Varianzenhomogenität besteht –, folgen hieraus je nach Fragestellung die Konsequenzen:

1. Die beiden Stichproben dürfen *nicht* zusammengefaßt werden. Dies ist vor allem bei Regressionsrechnungen von immenser Bedeutung.
2. Das Verfahren mit der kleineren Varianz ist reproduzierbarer als das andere. Dies bedeutet jedoch nicht, daß dieses Verfahren richtiger als das andere ist!

Für die Praxis stellt sich somit sofort die Frage, wieviel mal größer darf die größere Varianz in Bezug auf die kleinere sein bzw. wieviel mal größer darf die größere Standardabweichung in Bezug auf die kleinere Standardabweichung sein. Die Antwort auf diese Frage hängt von den beiden Datenzahlen ab und natürlich von der vorgegebenen Irrtumswahrscheinlichkeit α. In Abb. 4 ist dieser Zusammenhang für die den Analytiker mehr interessierende Standardabweichung graphisch dargestellt.

5.2 Vergleich von Mittelwerten

5.2.1 t-Test

Der üblicherweise durchgeführte t-Test auf statistische Nichtunterscheidbarkeit von zwei Mittelwerten $\bar{y}_A$ und $\bar{y}_B$ setzt voraus, daß die zugehörigen geschätzten Varianzen statistisch nicht unterscheidbar sind, d.h. es muß $\mathrm{var}(\bar{y}_A) \overset{\alpha}{=} \mathrm{var}(\bar{y}_B)$ gelten. Zunächst werden die Varianzen oder Standardabweichungen gepoolt. Für die gepoolte Varianz gilt Gl. (5-2) bzw. (5-3)

$$\overline{\mathrm{var}}(y) = \frac{(n_A - 1)\mathrm{var}(y_A) + (n_B - 1)\mathrm{var}(y_B)}{n_A + n_B - 2} \tag{5-2}$$

$$\overline{\mathrm{var}}(y) = \frac{f_A \,\mathrm{var}(y_A) + f_B \,\mathrm{var}(y_B)}{f_A + f_B} \tag{5-3}$$

Die gepoolte Standardabweichung $\overline{\mathrm{sdv}}(y)$ berechnet sich nach Gl. (5-4) oder nach (5-5).

$$\overline{\mathrm{sdv}}(y) = \sqrt{\overline{\mathrm{var}}(y)} \tag{5-4}$$

$$\overline{\mathrm{sdv}}(y) = \sqrt{\frac{(n_A - 1)\mathrm{var}(y_A) + (n_B - 1)\mathrm{var}(y_B)}{n_A + n_B - 2}} \tag{5-5}$$

Bei der Überprüfung geht man von einem dieser Mittelwerte aus und überprüft die Lage des anderen innerhalb der Standardnormalverteilung, d.h. man bildet die z-Transformation (5-6).

$$z = \frac{\bar{y}_A - \bar{y}_B}{\overline{\mathrm{sdv}}(y)} \tag{5-6}$$

Aus rechentechnischen Gründen wählt man $\bar{y}_A > \bar{y}_B$ oder man ersetzt $\bar{y}_A - \bar{y}_B$ durch $|\bar{y}_A - \bar{y}_B|$. Aus dem nach (5-6) errechneten Wert für z wird die Prüfgröße T_t nach Gl. (5-7) oder nach (5-8) berechnet.

$$T_t = \frac{|\bar{y}_A - \bar{y}_B|}{\overline{\mathrm{sdv}}(y)} \sqrt{\frac{n_A n_B}{n_A + n_B}} \tag{5-7}$$

$$T_t = \sqrt{\frac{(\bar{y}_A - \bar{y}_B)^2}{\overline{\mathrm{var}}(y)} \frac{n_A n_B}{(n_A + n_B)}} \tag{5-8}$$

Für gleichmächtige Datenvektoren – d.h. es gilt $n_A = n_A = n$ – vereinfachen sich (5-7) und (5-8) zu (5-9) und (5-10).

$$T_t = \frac{|\bar{y}_A - \bar{y}_B|}{\overline{\mathrm{sdv}}(y)} \sqrt{\frac{n}{2}} \tag{5-9}$$

$$T_t = \sqrt{\frac{n(\bar{y}_A - \bar{y}_B)^2}{2\,\overline{\mathrm{var}}(y)}} \tag{5-10}$$

Die Prüfgröße T_t wird mit den Schranken der t-Verteilung verglichen. Ergibt sich dabei $T_t > t_{2\alpha/2,n+n-2}$ so ist die Nullhypothese $H_0[\bar{y}_A \stackrel{\alpha}{=} \bar{y}_B]$ zu verwerfen, d.h. die Mittelwerte sind statistisch unterscheidbar.

Auch hier stellt sich für die Praxis die Frage, wie stark dürfen zwei Mittelwerte voneinander abweichen, damit sie statistisch gerade nicht unterscheidbar sind. Außer von der Irrtumswahrscheinlichkeit α und von der gepoolten Varianz ist die Abweichung von den beiden Datenzahlen abhängig.

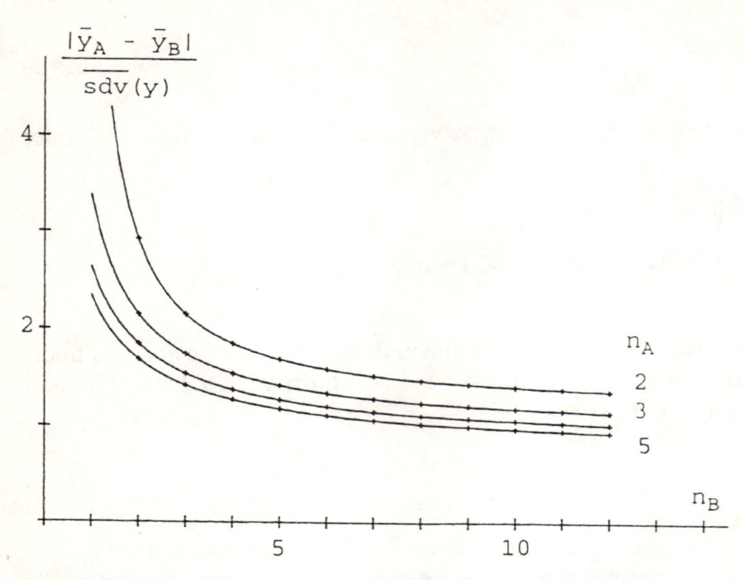

Abb. 5. Testschärfe für den t-Test bei $2\alpha/2 = 0{,}1$: Aufgezeichnet ist, wieviel mal größer $|\bar{y}_A - \bar{y}_B|$ verglichen mit der gepoolten Standardabweichung sein darf, damit die beiden Mittelwerte gerade nicht unterscheidbar sind

5.2.2 Allgemeiner t-Test

Der übliche t-Test setzt Varianzenhomogenität voraus, da die geschätzten Varianzen im Verlaufe der Testdurchführung gepoolt werden. Liegen jedoch geschätzte und statistisch unterscheidbare Varianzen vor, so ist der t-Test zunächst nicht anwendbar. Erste Ansätze zur Lösung dieses Problems stammen von Behrens (1929) und Fisher (1936). Welch (1937) konnte durch Betrachtungen von Verteilungen zeigen, daß die allgemeine Testgröße (5-11) anwendbar ist.

$$T_z = \frac{|\bar{y}_A - \bar{y}_B|}{\sqrt{\dfrac{\mathrm{var}(y_A)}{n_A} + \dfrac{\mathrm{var}(y_B)}{n_B}}} \tag{5-11}$$

Durch Verteilungsbetrachtungen konnte Welch (1937) weiterhin zeigen, daß die Testgröße T_z geschätzt t-verteilt ist. Die berechnete Zahl der dieser Größe zuzuordnenden Freiheitsgrade f_{ber} ergibt sich zu (5-12).

$$f_{ber} = \frac{\left(\dfrac{\mathrm{var}(y_A)}{n_A} + \dfrac{\mathrm{var}(y_B)}{n_B}\right)^2}{\dfrac{\left(\dfrac{\mathrm{var}(y_A)}{n_A}\right)^2}{n_A - 1} + \dfrac{\left(\dfrac{\mathrm{var}(y_B)}{n_B}\right)^2}{n_B - 1}} \tag{5-12}$$

Dieser Ansatz zeigt, daß der Vergleich zweier Mittelwerte ganz allgemein lösbar ist. Es ist deshalb mehr als bedauerlich, daß selbst DIN-Vorschriften immer noch eine Varianzenhomogenität voraussetzen und somit 1992 den Wissensstand von 1936 repräsentieren.

5.2.3 Fehlerfortpflanzungsrechnung

Die Frage der Nichtunterscheidbarkeit von zwei Mittelwerten kann man auch über eine Fehlerfortpflanzungsrechnung betrachten. Gebildet wird die Differenz d (5-13). Sind beide Mittelwerte $\bar{y}_A$ und $\bar{y}_B$ statistisch nicht unterscheidbar, so ist auch d von 0 nicht unterscheidbar, d.h. es gilt (5-14)

$$d = \bar{y}_A - \bar{y}_B \tag{5-13}$$

$$d \stackrel{\alpha}{=} 0 \quad \text{für } \bar{y}_A \stackrel{\alpha}{=} \bar{y}_B \tag{5-14}$$

Wendet man auf Gl. (5-13) das allgemeine Fehlerfortpflanzungsgesetz an, so resultiert (5-15) bzw. (5-16). Es tritt kein Covarianzterm auf, da die beiden Datenvektoren $\mathbf{y}_A$ und $\mathbf{y}_B$ voneinander stochastisch unabhängig sind.

$$\mathrm{var}(d) = \mathrm{var}(\bar{y}_A) + \mathrm{var}(\bar{y}_B) \tag{5-15}$$

$$\mathrm{var}(d) = \frac{\mathrm{var}(y_A)}{n_A} + \frac{\mathrm{var}(y_B)}{n_B} \tag{5-16}$$

Überführt man die Verteilung von d aus der Normalverteilung in die Standardnormalverteilung gemäß dem allgemeinen Ansatz (5-17), so resultiert zunächst d_z (5-18). Hieraus folgt mit (5-13) und (5-15) letztlich der Ausdruck (5-19).

$$z = \frac{|y - \mu_y|}{\sqrt{\mathrm{var}(y)}} \tag{5-17}$$

$$d_z = \frac{d}{\sqrt{\mathrm{var}(d)}} = \frac{d}{\mathrm{sdv}(d)} \tag{5-18}$$

$$d_z = \frac{|\bar{y}_A - \bar{y}_B|}{\sqrt{\mathrm{var}(\bar{y})_A + \mathrm{var}(\bar{y})_B}} \tag{5-19}$$

$$d_z = \frac{|\bar{y}_A - \bar{y}_B|}{\sqrt{\dfrac{\mathrm{var}(y)_A}{n_A} + \dfrac{\mathrm{var}(y)_B}{n_B}}} \tag{5-20}$$

Betrachtet man die Dichtefunktion der Verteilung von d_z, so folgt daraus der Schluß: Liegt der Wert 0 innerhalb der Grenzen $d_z \pm z_\alpha$, so schließt d_z innerhalb der vorgegebenen Irrtumswahrscheinlichkeit α den Wert 0 ein. Dies wiederum besagt, daß d_z von 0 statistisch nicht unterscheidbar ist. Somit ist auch $\bar{y}_A$

statistisch von $\bar{y}_B$ nicht unterscheidbar. Der Ansatz (5-4) bzw. (5-5) gilt – da außer des Vorliegens von Normalverteilungen keine weiteren Voraussetzungen gemacht wurden – ganz allgemein, also auch für den Fall, daß $var(y_A)$ und $var(y_B)$ statistisch nicht unterscheidbar sind. Somit lassen sich alle Gleichungen für den t-Test wie auch für den allgemeinen t-Test hieraus herleiten. Allgemein berechnet sich die Testgröße T_z für den anzuwendenden Test über die Standardnormalverteilung nach Gl. (5-21). Es gilt folglich $T_z = d_z$.

$$T_z = \frac{|\bar{y}_A - \bar{y}_B|}{\sqrt{\frac{var(y)_A}{n_A} + \frac{var(y)_B}{n_B}}} \tag{5-21}$$

Zu beachten ist, daß die Verwendung der Standardnormalverteilung (z-Verteilung) große Datenzahlen voraussetzt. In der Regel wird man in der Analytik aber immer nur begrenzte Datenzahlen vermessen haben. Demzufolge muß von der t-Verteilung anstelle der z-Verteilung ausgegangen werden. Dies setzt aber voraus, daß die Zahl der Freiheitsgrade bekannt ist. Man könnte nun mit dem über die geschätzten Varianzen gewichteten harmonischen Mittel der Freiheitsgrade f_w (5-22) [Ebel (1990)] ausgehen oder aber die von Welch (1937) angegebene Formel für eine berechnete Zahl von Freiheitsgraden f_{ber} (5-12). Beide Wege führen bei den analytisch üblichen Datenzahlen zu sehr ähnlichen Ergebnissen. Dies wird auch verständlich, wenn man Gl. (5-12) in (5-23) umformt und mit (5-22) vergleicht. Unterschiede bestehen jedoch, wenn ein Datenvektor sehr groß wird, da dann in (5-12) wegen der Division durch n jeweils ein Term im Zähler und Nenner gegen Null läuft.

$$f_w = \frac{f_A f_B [var(y_A) + var(y_B)]}{f_B\, var(y_A) + f_A\, var(y_B)} \tag{5-22}$$

$$f_{ber} = \frac{\left(\frac{var(y_A)}{n_A} + \frac{var(y_B)}{n_B}\right)^2}{\frac{\left(\frac{var(y_A)}{n_A}\right)^2}{n_A - 1} + \frac{\left(\frac{var(y_B)}{n_B}\right)^2}{n_B - 1}} \tag{5-23}$$

$$f_{ber} = \frac{f_A f_B [var(\bar{y}_A) + var(\bar{y}_B)]^2}{f_B [var(\bar{y}_A)]^2 + f_A [var(\bar{y}_B)]^2} \tag{5-24}$$

Da f_w wie auch f_{ber} nicht ganzzahlig sind, muß bei Verwendung einer Tabelle der Schranken der t-Verteilung entsprechend interpoliert werden. Bei Rechenprogrammen wird man von Lösungswegen ausgehen, die von vornherein nicht der Einschränkung durch Ganzzahligkeit unterliegen.

6 Zusammenfassen von Datenvektoren

In der Praxis steht man öfter vor der Fragestellung, ob zwei oder mehrere Stichproben zu einer gemeinsamen Stichprobe zusammengefaßt werden können. Voraussetzung ist, daß die Stichproben zu einer gemeinsamen Grundgesamtheit gehören. Statistisch bedeutet dies, daß die Punktschätzer Mittelwerte und die geschätzten Streuungsmaße innerhalb einer vorgegebenen Irrtumswahrscheinlichkeit α nicht unterscheidbar sein dürfen. Gilt folglich $\mathrm{var}(y_A) \stackrel{\alpha}{=} \mathrm{var}(y_B)$ *und* $\bar{y}_A \stackrel{\alpha}{=} \bar{y}_B$, so können die beiden Stichproben $\mathbf{y}_A$ und $\mathbf{y}_B$ zu einer gemeinsamen Stichprobe vereinigt werden.

Der neue gemeinsame Mittelwert errechnet sich dabei nach (6-1).

$$\bar{y} = \frac{n_A \bar{y}_A + n_B \bar{y}_B}{n_A + n_B} \tag{6-1}$$

Nach dem Zusammenfassen muß die Varianz nach dem üblichen Ansatz neu berechnet werden. Bei größeren Datenzahlen ist es oftmals günstiger, Gl. (6-2) zu verwenden. Aufgrund der geänderten Zahl der Freiheitsgrade ist die nach (6-2) berechnete geschätzte Varianz var(y) *nicht* mit der bei der Durchführung des t-Tests notwendigen und nach (5-3) berechneten gepoolten Varianz $\overline{\mathrm{var}}(y)$ identisch.

$$\mathrm{var}(y) = \frac{(n_A - 1)\mathrm{var}(y_A) + (n_B - 1)\mathrm{var}(y_B)}{n_A + n_B - 1} + \frac{n_A n_B (\bar{y}_A - \bar{y}_B)^2}{(n_A + n_B)(n_A + n_B - 1)} \tag{6-2}$$

$$\overline{\mathrm{var}}(y) = \frac{(n_A - 1)\mathrm{var}(y_A) + (n_B - 1)\mathrm{var}(y_B)}{n_A + n_B - 2} \tag{6-3}$$

Das Zusammenfassen von Stichproben ergibt kein genaueres Ergebnis. Das Ergebnis ist jedoch statistisch zuverlässiger und aussagekräftiger.

7 Verrechnen von Datenvektoren: Addition/Subtraktion

7.1 Darstellung der Problematik

Werden zwei Mittelwerte $\bar{y}_1$ und $\bar{y}_2$ zweier Datenvektoren $\mathbf{y}_1$ und $\mathbf{y}_2$ zu einem neuen Ergebnis $\bar{y}_R$ durch Addition (7-1) oder Substraktion (7-2) verrechnet, so läßt sich auf diese Berechnung das allgemeine Fehlerfortpflanzungsgesetz (7-3) anwenden. In der Regel sind die Covarianzterme 0, da die Meßdaten stochastisch unabhängig sind, d.h. (7-3) vereinfacht sich zu (7-4). In beiden Fällen ergibt sich dasselbe Ergebnis (7-5)

$$\bar{y}_R = \bar{y}_1 + \bar{y}_2 \tag{7-1}$$

$$\bar{y}_R = \bar{y}_1 - \bar{y}_2 \tag{7-2}$$

$$\mathrm{var}(y_R) = \sum \left(\frac{\partial R}{\partial p_i} \right)^2 \mathrm{var}(p) + \sum_{i \neq j} \frac{\partial R}{\partial p_i} \frac{\partial R}{\partial p_j} \mathrm{cov}(p_i, p_j) \tag{7-3}$$

$$\mathrm{var}(y_R) = \sum \left(\frac{\partial R}{\partial p_i} \right)^2 \mathrm{var}(p) \tag{7-4}$$

$$\mathrm{var}(\bar{y}_R) = \mathrm{var}(\bar{y}_1) + \mathrm{var}(\bar{y}_2) \tag{7-5}$$

Dabei kommt in der praktischen Analytik dem Fall mit Gl. (7-2) die größere Bedeutung zu. Ein Beispiel aus dem Gebiete der Direktpotentiometrie mit einer ionensensitiven Elektrode soll dies erläutern. Aus einem Abwasser wurde eine Probe (*Urprobe*) gezogen und der Vorschrift entsprechend viermal aufgearbeitet (*Analysenproben*). Dabei wurde ein störendes Ion durch Zugabe eines Komplexbildners maskiert, der pH-Wert eingestellt und die Ionenstärke auf einen konstanten und definierten Wert gestellt. Anschließend wurde in diesen Analysenlösungen die Potentialdifferenz der Meßelektrode gegen eine geeignete Bezugselektrode vermessen. Die Meßwerte sind als Datenvektor $\mathbf{y}_m$ in Tabelle 7-1 mit den zugehörigen statistischen Kenndaten aufgelistet. Es entsteht statistisch gesehen eine Stichprobe $\mathbf{y}_m$ (7-6) mit dem geschätzten Mittelwert $\bar{y}_m$, und der geschätzten Varianz $\mathrm{var}(y_m)$ und der Datenzahl n_m.

$$\mathbf{y}_m \stackrel{\alpha}{=} N_t[\bar{y}_m, \mathrm{var}(y_m); n_m] \tag{7-6}$$

Aus dem gleichen Abwasser wurden vier weitere Proben gezogen und als Blindproben aufgearbeitet. Diese Aufarbeitung unterscheidet sich von den Analysenproben darin, daß zusätzlich ein Komplexbildner für das zu bestimmende Ion zugesetzt wird, sodaß dieses Ion praktisch quantitativ maskiert und nicht mehr erfaßt wird. Die Meßwerte sind als Datenvektor $\mathbf{y}_b$ (7-7) ebenfalls in Tabelle 1 aufgelistet. Als Ergebnis resultiert eine Differenz (7-8), die über eine entsprechende Kalibrierung ausgewertet wird. Die Fehlerrechnung für die Differenz

Tabelle 1. Bestimmung eines Ions mit Hilfe einer ionensensitiven Elektrode unter Berücksichtigung eines Blindwertes

$\mathbf{y}_m$ [mV]	$\mathbf{y}_b$ [mV]
126,4	216,9
130,0	205,7
122,9	209,3
125,4	206,7
$\bar{y}_m$ = 126,38 mV	$\bar{y}_b$ = 209,65 mV
$\mathrm{sdv}(y_m)$ = 3,30 mV	$\mathrm{sdv}(y_b)$ = 5,07 mV
$\mathrm{sdv}(\bar{y}_m)$ = 1.65 mV	$\mathrm{sdv}(\bar{y}_b)$ = 2.53 mV
$\bar{y}_a$ = − 83,28 mV	
$\mathrm{sdv}(y_a)$ = 6,04 mV	
$\mathrm{sdv}(\bar{y}_a)$ = 3,02 mV	

der Potentialwerte ergibt sich zu (7-9).

$$y_b \stackrel{\alpha}{=} N_t[\bar{y}_b, var(y_b); n_b] \quad (7\text{-}7)$$

$$\bar{y}_a = \bar{y}_m - \bar{y}_b \quad (7\text{-}8)$$

$$var(\bar{y}_a) = var(\bar{y}_m) + var(\bar{y}_b) \quad (7\text{-}9)$$

Aus diesen kann man entnehmen, daß $sdv(y_b)$ und $sdv(y_m)$ zwar nicht gleich groß sind, aber statistisch auch nicht unterscheidbar sind. Erwartungsgemäß ist $sdv(y_a)$ größer als die beiden anderen geschätzten Standardabweichungen. Theoretisch wäre dies der Faktor $\sqrt{2}$ einer mittleren Standardabweichung.

Die Angabe von $sdv(\bar{y}_a)$ – das geschätzte Streuungsmaß des Mittelwertes anstelle des Streuungsmaßes der Einzelwerte – ist in diesem Falle allenfalls von geringem Interesse, wird hier aber einmal der Vollständigkeit halber und zum anderen deshalb angegeben, weil es rechentechnisch vergleichbare Fälle gibt, bei denen diese Angabe durchaus sinnvoll ist.

Eine Angabe der Vertrauensbereiche ist ebenfalls problemlos. Der Vertrauensbereich erechnet sich über das geschätzte Streuungsmaß des Mittelwertes (7-10). Der Vertrauensbereich des Mittelwertes $cnf(\bar{y})$ (7-11) gibt an, innerhalb welcher Grenzen der wahre Wert μ_y liegt, falls keine systematischen Fehler auftreten.

$$sdv(\bar{y}) = \frac{sdv(y)}{\sqrt{n}} \quad (7\text{-}10)$$

$$cnf(\bar{y}) = \bar{y} \pm t_{\alpha,n-1}\, sdv(\bar{y}) \quad (7\text{-}11)$$

$$\bar{y} - t_{\alpha,n-1}\, sdv(\bar{y}) < \mu_y < \bar{y} + t_{\alpha,n-1}\, sdv(\bar{y}) \quad (7\text{-}12)$$

Die erhaltenen Ergebnisse für die beiden ursprünglichen Datenvektoren sind in Tabelle 2 aufgelistet. Es bereitet keine Schwierigkeiten, den Vertrauensbereich des Ergebnisses $\bar{y}_a$ ebenfalls anzugeben. Man kann (7-13) mit $t^2_{\alpha,f}$ multiplizieren und erhält somit über (7-14) und (7-15) das gewünschte Ergebnis (7-16).

$$var(\bar{y}_a) = var(\bar{m}_m) + var(\bar{m}_b) \quad (7\text{-}13)$$

$$t^2_{\alpha,f}\, var(\bar{y}_a) = t^2_{\alpha,f}[var(\bar{y}_m) + var(\bar{y}_b)] \quad (7\text{-}14)$$

$$t_{\alpha,f}\, sdv(\bar{y}_a) = t_{\alpha,f}\sqrt{var(\bar{y}_m) + var(\bar{y}_b)} \quad (7\text{-}15)$$

$$cnf(\bar{y}_a) = \bar{y}_a \pm t_{\alpha,f}\sqrt{\frac{var(y_m)}{n_m} + \frac{var(y_b)}{n_b}} \quad (7\text{-}16)$$

Tabelle 2. Vertrauensbereiche der Mittelwerte

$cnf(\bar{y}_m) =$	126,38 ± 3,88 mV
$cnf(\bar{y}_b) =$	209,65 ± 5,96 mV
$cnf(\bar{y}_a) =$	−83,28 ± 6,44 mV

Der nach (7-16) berechnete Vertrauensbereich ist ebenfalls in Tabelle 2 aufgelistet.

Gl. (7-16) gilt nur für den speziellen Fall $n_m = n_b$, da nur in diesem Falle die Signifikanzschranken der t-Verteilung gleich sind. Das Ergebnis y_a entsteht durch Verrechnung der beiden Stichproben. Beide besitzen $f = n - 1 = 3$ Freiheitsgrade. Damit besitzt auch das Ergebnis $\bar{y}_a$ drei Freiheitsgrade. Die beiden Stichproben sind *nicht* vereinigt worden.

Man beachte, daß in diesem Falle eine Vereinigung der Stichproben – falls diese statistisch zulässig wäre – zu einem absolut unsinnigen Wert von $\bar{y} = 336{,}03 \pm 3{,}96$ mV führen würde, der einer geradezu unsinnigen Chimäre eines Blindanalysenwertes entsprechen würde.

Das hier beschriebene Analysenverfahren für ein Abwasser wurde im Routinebetrieb leicht abgewandelt: Auch weiterhin werden regelmäßig Analysenproben gezogen und entsprechend aufgearbeitet und vermessen. Bei den Blindproben hat sich herausgestellt, daß diese nur einmal täglich bestimmt werden müssen. Da nun aber $\mathrm{sdv}(y_b) > \mathrm{sdv}(y_m)$ ist, wurde die Zahl der Blindproben auf $n_b = 8$ festgelegt. Ein typischer Datensatz – zur besseren Vergleichbarkeit wurde $\mathbf{y}_m$ hier nicht verändert – ist in Tabelle 3 aufgeführt.

Da dem Wert $\bar{y}_b = 210{,}34$ mV jetzt $n_b = 8$ Daten zugrundeliegen, ist seine statistische Aussagekraft gestiegen. Erreicht wurde durch dieses Vorgehen auch, daß $\mathrm{sdv}(\bar{y}_m)$ und $\mathrm{sdv}(\bar{y}_b)$ annähernd gleich groß sind.

Es ist jedoch nicht möglich, einen Wert für $\mathrm{sdv}(y_a)$ – also das geschätzte Streuungsmaß der Einzelwerte nach der Differenzbildung – anzugeben, da n_a nicht bekannt ist. Zwar ist es möglich, die Vertrauensbereiche von $\bar{y}_m$ (7-17) und $\bar{y}_b$ (7-18) anzugeben, doch gilt dies wiederum nicht für $\mathrm{cnf}(\bar{y}_a)$, da auch hierfür n_a

Tabelle 3. Bestimmung eines Ions mit Hilfe einer ionensensitiven Elektrode unter Berücksichtigung eines Blindwertes

y_m [mV]	y_b [mV]
126,4	216,9
130,0	205,7
122,9	209,3
125,4	206,7
	212,4
	208,2
	206,4
	217,1
$\bar{y}_m = 126{,}38$ mV	$\bar{y}_b = 210{,}34$ mV
$\mathrm{sdv}(y_m) = 3{,}30$ mV	$\mathrm{sdv}(y_b) = 4{,}61$ mV
$\mathrm{sdv}(\bar{y}_m) = 1{,}65$ mV	$\mathrm{sdv}(\bar{y}_b) = 1{,}63$ mV
$\bar{y}_a = -83{,}96$ mV	
$\mathrm{sdv}(\bar{y}_a) = 2{,}32$ mV	

bekannt sein muß.

$$\mathrm{cnf}(\bar{y}_m) = \bar{y}_m \pm t_{\alpha,n-1} \frac{\mathrm{sdv}(y_m)}{\sqrt{n_m}} \tag{7-17}$$

$$\mathrm{cnf}(\bar{y}_b) = \bar{y}_b \pm t_{\alpha,n-1} \frac{\mathrm{sdv}(y_b)}{\sqrt{n_b}} \tag{7-18}$$

Der Wert für $\bar{y}_a$ entsteht nicht durch Vereinigung von $\mathbf{y}_m$ und $\mathbf{y}_b$, sondern durch Verrechnen dieser beiden Stichproben. Damit wäre $\bar{y}_a$ eine fiktive Datenzahl zuzuordnen, die zwar größer als die kleinere, aber kleiner als die größere Datenzahl n_m bzw. n_b sein sollte.

7.2 Übertragung des Ansatzes von Welch

Im weiteren Verlauf wird von den Datenvektoren **u** (7-19) und **v** (7-20) ausgegangen und das Ergebnis mit y bezeichnet. Dies erfolgt einmal um Indizierungen zu umgehen und zum anderen wegen der weiteren Übertragung auf dem Fall der Multiplikation.

$$\mathbf{u} = N_t[\bar{u}, \mathrm{var}(u); n_u] \tag{7-19}$$

$$\mathbf{v} = N_t[\bar{v}, \mathrm{var}(v); n_v] \tag{7-20}$$

Ein möglicher Ansatz zur Lösung des Problems der zunächst unbekannten Anzahl der Freiheitsgrade bei der Verrechnung unterschiedlich mächtiger Stichproben könnte in Analogie zur Lösung des Problems des Vergleiches von Mittelwerten bei Kenntnis geschätzter Varianzen, wenn diese als verschieden große Schätzer vorliegen, d.h. statistisch unterscheidbar sind, erfolgen. Erste Ansätze einer Lösung dieses Problems finden sich bei Behrens (1929) und Fisher (1936). Der Ansatz des Vergleiches zweier Mittelwerte $\bar{u}$ und $\bar{v}$ erfolgt über die Differenz d_z (7-21), wobei bei der hier zur Diskussion stehenden Fragestellung des Vergleichs zweier Datenvektoren d gegen 0 läuft. Die Transformation in die Standardnormalverteilung führt zu dem Ansatz (7-22) bzw. (7-23). Welch (1937) konnte nun zeigen, daß auch bei unterscheidbaren geschätzten Varianzen der beiden Stichproben die Differenz d mit f_d Freiheitsgraden (7-24) geschätzt t-verteilt ist, sodaß ein allgemeiner t-Test durchführbar ist. Die Gleichung (7-24) läßt sich über (7-25) in (7-26) umformen.

$$d = \bar{u} - \bar{v} \tag{7-21}$$

$$d_z = \frac{\bar{u} - \bar{v}}{\sqrt{\mathrm{var}(\bar{u}) + \mathrm{var}(\bar{v})}} \tag{7-22}$$

$$d_z = \frac{\bar{u} - \bar{v}}{\sqrt{\dfrac{\mathrm{var}(u)}{n_u} + \dfrac{\mathrm{var}(v)}{n_v}}} \tag{7-23}$$

$$f_d = \frac{\left[\frac{\text{var}(u)}{n_u} + \frac{\text{var}(v)}{n_v}\right]^2}{\frac{\frac{\text{var}(u)^2}{n_u^2}}{f_u} + \frac{\frac{\text{var}(v)^2}{n_v^2}}{f_v}} \tag{7-24}$$

$$f_d = \frac{[\text{var}(\bar{u}) + \text{var}(\bar{v})]^2}{\frac{\text{var}(\bar{u})^2}{f_u} + \frac{\text{var}(\bar{v})^2}{f_v}} \tag{7-25}$$

$$f_d = \frac{f_u f_v [\text{var}(\bar{u}) + \text{var}(\bar{v})]^2}{f_v \,\text{var}(\bar{u})^2 + f_u \,\text{var}(\bar{v})^2} \tag{7-26}$$

Aus dieser Gleichung (7-24) erkennt man, daß die Zahl der Freiheitsgrade im Ergebnis als harmonisches Mittel der Freiheitsgrade der zu verrechnenden Stichproben aufzufassen ist, die teilweise mit dem Quadrat der zugehörigen geschätzten Varianzen gewichtet sind. Zur Vereinfachung der weiteren Diskussion wird ohne Beschränkung der Gültigkeit der Aussagen von Gl. (7-27) ausgegangen. Dies besagt, daß sich die geschätzte Varianz der Variablen v als bestimmtes Verhältnis zur geschätzten Varianz der Variablen u ausdrücken läßt. Damit geht (7-24) über (7-28) in Gl. (7-29) über.

$$\text{var}(v) = k \,\text{var}(u) \tag{7-27}$$

$$f_d = \frac{f_u f_v \left[\frac{1}{n_u} + \frac{k}{n_v}\right]^2}{\frac{f_v}{n_u^2} + \frac{k^2 f_u}{n_v^2}} \tag{7-28}$$

$$f_d = \frac{f_u f_v [n_v + k n_u]^2}{f_v n_v^2 + f_u k^2 n_u^2} \tag{7-29}$$

Wendet man diesen Ansatz auf das hier besprochene Problem der Verrechnung zweier Stichproben an, so ergeben sich die folgenden für verschiedene n_u, n_v und k tabellierten Werte für $2\alpha/2 = 0{,}1$.

Bei den Grenzwertbetrachtungen ist zu beachten, daß bei sehr großen Datenzahlen wegen der Division durch n die geschätzte Varianz des Mittelwertes $\text{var}(\bar{u})$ bzw. $\text{var}(\bar{v})$ gegen 0 läuft und gleichzeitig f sehr groß wird. Damit ergeben sich die beiden Grenzwerte (7-30) und (7-31). In den Tabellen 4 und 5 sind in der letzten Spalte die Grenzwerte für $n_u \gg n_v$ und in der letzten Zeile die für $n_v \gg n_u$ aufgelistet.

$$f_d \to f_v \quad \text{für } n_u \gg n_v \tag{7-30}$$

$$f_d \to f_u \quad \text{für } n_v \gg n_u \tag{7-31}$$

Tabelle 4. Anzahl der Freiheitsgrade f_d nach Welch für verschiedene n_u und n_v und der Voraussetzung var(v) = var(u)

n_v \ n_u	2	3	4	5	6	$n_u \gg n_v$
2	2,000	2,273	2,077	1,885	1,739	1,000
3	*2,273*	4,000	4,455	4,339	4,091	2,000
4	2,077	*4,455*	6,000	6,568	6,579	3,000
5	1,885	4,339	*6,658*	8,000	8,643	4,000
6	1,739	4,091	6,579	*8,643*	10,000	5,000
7	1,631	3,846	6,368	8,772	10,696	6,000
8	1,549	3,635	6,097	8,365	*10,924*	7,000
9	1,485	3,459	5,828	8,385	10,870	8,000
10	1,434	3,314	5,582	8,100	10,667	9,000
11	1,392	3,192	5,366	7,817	10,396	10,000
12	1,358	3,090	5,176	7,551	10,102	11,000
$n_v \gg n_u$	1,000	2,000	3,000	4,000	5,000	

Tabelle 5. Anzahl der Freiheitsgrade f_d nach Welch für verschiedene n_u und n_v und der Voraussetzung var(v) = 4 var(u)

n_v \ n_u:	2	3	4	5	6	$n_u \gg n_v$
2	1,471	1,342	1,259	1,207	1,172	1,000
3	2,951	2,941	2,756	2,616	2,516	2,000
4	3,857	4,571	4,412	4,194	4,016	3,000
5	*4,122*	5,959	6,097	5,882	5,644	4,000
6	4,016	6,923	7,658	7,596	7,353	5,000
7	3,771	7,443	8,966	9,238	9,083	6,000
8	3,500	*7,609*	9,947	10,719	10,769	7,000
9	3,247	7,538	10,593	11,972	12,347	8,000
10	3,025	7,333	10,942	12,960	13,762	9,000
11	2,834	7,063	*11,057*	13,680	14,976	10,000
12	2,670	6,769	11,000	14,151	15,968	11,000
$n_v \gg n_u$	1,000	2,000	3,000	4,000	5,000	

Beide Tabellen sind wie folgt zu interpretieren: In den Zeilen nimmt die Datenzahl der reproduzierbareren Meßwerte – also des Datenvektors **u** –, in den Spalten dagegen die Datenzahl des Datenvektors **v** mit der größeren Varianz zu.

Den Analytiker interessiert aber mehr die Breite des Vertrauensbereiches. In diesem Falle ist die Berechnung der halben Breite sehr einfach, da lediglich t_{α,f_d} aus den erhaltenen Werten aus f_d ermittelt werden muß.

$$b = t_{\alpha,f_d}\,\mathrm{sdv}(\bar{y}) \tag{7-32}$$

$$b = t_{\alpha,f_d}\sqrt{\frac{1}{n_u} + \frac{k}{n_v}} \tag{7-33}$$

Die folgenden Darstellungen der halben Breite des Vertrauensbereiches sind in Einheiten von sdv(u) skaliert und wie folgt zu interpretieren: Die Datenzahl des

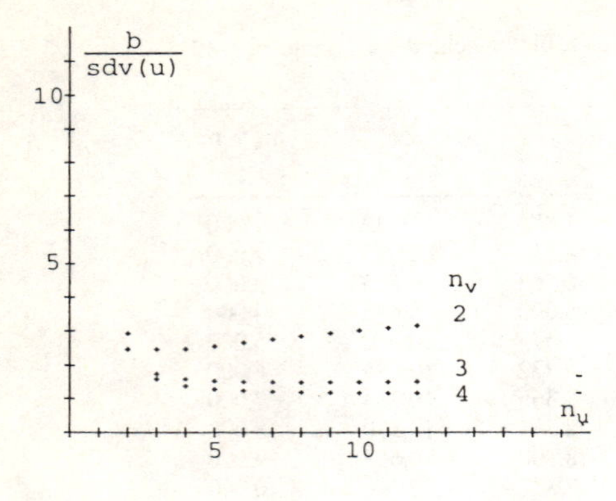

Abb. 6. Halbe Breite des Vertrauensbereiches bei der Anwendung des Ansatzes nach Welch für var(v) = var(u)

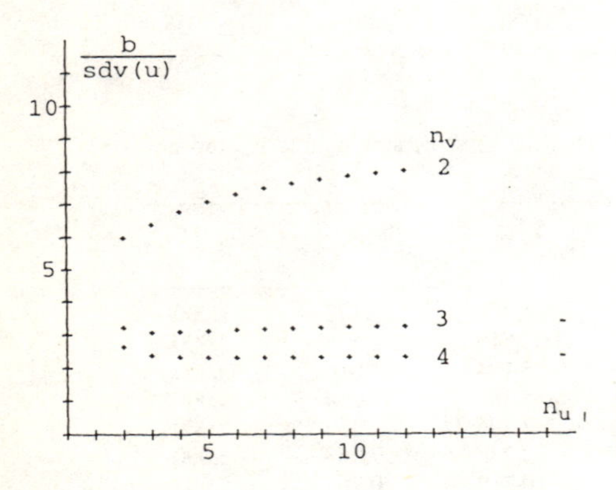

Abb. 7. Halbe Breite des Vertrauensbereiches bei der Anwendung des Ansatzes nach Welch für var(v) = 4 var(u)

Datenvektors mit der größeren Varianz n_v ist festgelegt, die Datenzahl der reproduzierbararen Meßwerte nimmt zu (s. Abb. 6 und 7).

Dieses Modell kann für *diesen* Anwendungsfall nicht richtig sein, da bei feststehender Datenzahl eines Datenvektors eine Erhöhung der Datenzahl des anderen Datenvektors zunächst wie erwartet eine Einengung des Vertrauensbereiches nach sich zieht, aber eine weitere Erhöhung dann eine Aufweitung des Vertrauensbereiches ergibt. Im Extremfall bedeutet dies, daß ein großer Meßaufwand der Komponente mit der besseren Reproduzierbarkeit zu einer schlechteren Reproduzierbarkeit im Ergebnis führt. Unlogisch erscheint auch die Aufweitung des Vertrauensbereiches mit zunehmender Datenzahl.

7.3 Effektive Datenzahl

Wendet man auf die Addition oder Subtraktion von $\bar{u}$ und $\bar{v}$ zum Ergebnis y Gl. (7-34) das allgemeine Fehlerfortpflanzungsgesetz an, so ergibt sich zunächst Gl. (7-35)

$$\bar{y} = \bar{u} - \bar{v} \tag{7-34}$$

$$\mathrm{var}(\bar{y}) = \mathrm{var}(\bar{u}) + \mathrm{var}(\bar{v}) \tag{7-35}$$

Die Anwendung des Fehlerfortpflanzungsgesetzes auf die Einzelwerte führt zu Gl. (7-36).

$$\mathrm{var}(y) = \mathrm{var}(u) + \mathrm{var}(v) \tag{7-36}$$

Unter Berücksichtigung der Datenzahlen läßt sich (7-35) in (7-37) überführen, wobei allerdings die effektive Datenzahl n_{eff} zunächst nicht bekannt ist.

$$\frac{\mathrm{var}(y)}{n_{eff}} = \frac{\mathrm{var}(u)}{n_u} + \frac{\mathrm{var}(v)}{n_v} \tag{7-37}$$

Diese Unbekannte läßt sich wie folgt berechnen: Durch Umformen von (7-37) in die Form (7-38) erhält man durch Einsetzen von (7-36) die Gleichung (7-39), die sich nach der effektiven Datenzahl n_{eff} auflösen läßt (7-40) [Ebel (1991)].

$$\frac{\mathrm{var}(y)}{n_{eff}} = \frac{n_v\,\mathrm{var}(u) - n_u\,\mathrm{var}(v)}{n_u n_v} \tag{7-38}$$

$$\frac{\mathrm{var}(u) + \mathrm{var}(v)}{n_{eff}} = \frac{n_v\,\mathrm{var}(u) - n_u\,\mathrm{var}(v)}{n_u n_v} \tag{7-39}$$

$$n_{eff} = \frac{n_u n_v [\mathrm{var}(u) + \mathrm{var}(v)]}{n_v\,\mathrm{var}(u) + n_u\,\mathrm{var}(v)} \tag{7-40}$$

Damit ist n_{eff} das mit den geschätzten Varianzen gewichtete harmonische Mittel der beiden Datenzahlen n_u und n_v. Da bei beiden Datenvektoren aber $f = n - 1$ gilt, muß mit $f_{eff} = n_{eff} - 1$ bei der Ermittlung des Vertrauensbereiches weitergerechnet werden.

Für $\mathrm{var}(u) = \mathrm{var}(v)$ vereinfacht sich (7-40) zu (7-41). Setzt man nun $n_u = n_v = n$, so gilt selbstverständlich $n_{eff} = n$, d.h. es gelten die oben in Tabellen 2 und 1 gemachten Angaben für die Vertrauensbereiche.

$$n_{eff} = \frac{2 n_u n_v}{n_u + n_v} \quad \text{für } \mathrm{var}(u) = \mathrm{var}(v) \tag{7-41}$$

In diesem Zusammenhang soll zunächst Gl. (7-41) noch diskutiert und erläutert werden. In Tabelle 6 sind die effektiven Datenzahlen n_{eff} für verschiedene n_u und n_v aufgelistet. In der Diagonale ist kursiv der Spezielfall $n_u = n_v = n_{eff}$ hervorgehoben. Man erkennt ferner, daß es sich nicht einfach um eine "mittlere Datenzahl" handelt. Ist eine der beiden Zahlen klein (z.B. $n_u = 2$), so macht sich eine fortwährende Vergrößerung von n_v immer weniger bemerkbar (vgl. z.B. erste Spalte in Tabelle 6). Tabelle 6 ist zu den Diagonalelementen symmetrisch, da Gl. (7-41) gegen Vertauschen von n_u und n_v invariant ist.

Wird eine Datenzahl dominierend – also z.B. für den Grenzfall $n_v \to \infty$, real also für $n_v \gg n_u$ – so strebt die effektive Datenzahl (7-42) gegen einen Grenzwert (7-43).

$$n_{eff} \to 2 n_u \quad \text{für } n_v \gg n_u \tag{7-42}$$

Tabelle 6. Effektive Datenzahl n_{eff} für verschiedene n_u und n_v und der Voraussetzung $var(v) = var(u)$

n_v \ n_u:	2	3	4	5	6	$n_u \gg n_v$
2	*2,000*	2,400	2,667	2,857	3,000	4,000
3	2,400	*3,000*	3,429	3,750	4,000	6,000
4	2,667	3,429	*4,000*	4,444	4,800	8,000
5	3,857	3,750	4,444	*5,000*	5,455	10,000
6	3,000	4,000	4,800	5,455	*6,000*	12,000
7	3,111	4,200	5,091	5,833	6,462	14,000
8	3,200	4,364	5,333	6,154	6,857	16,000
9	3,273	4,000	5,538	6,429	7,200	18,000
10	3,333	4,615	5,714	6,667	7,500	20,000
11	3,385	4,714	5,867	6,875	7,765	22,000
12	3,429	4,800	6,000	7,059	8,000	24,000
$n_v \gg n_u$	4,000	6,000	8,000	10,000	12,000	

Tabelle 7. Effektive Datenzahl n_{eff} für verschiedene n_u und n_v und der Voraussetzung $var(v) = 4\,var(u)$

n_v \ n_u:	2	3	4	5	6	$n_u \gg n_v$
2	*2,000*	2,143	2,222	2,273	2,308	2,500
3	2,727	*3,000*	3,158	3,261	3,333	3,750
4	3,333	3,750	*4,000*	4,167	4,286	5,000
5	3,846	4,412	4,762	*5,000*	5,172	6,250
6	4,286	5,000	5,455	5,769	*6,000*	7,500
7	4,667	5,526	6,087	6,481	6,774	8,750
8	5,000	6,000	6,667	7,143	7,500	10,000
9	5,294	6,439	7,200	7,759	8,182	11,250
10	5,556	6,818	7,692	8,333	8,824	12,500
11	5,789	7,174	8,148	8,871	9,429	13,750
12	6,000	7,500	8,751	9,375	10,000	15,000
$n_v \gg n_u$	10,000	15,000	20,000	25,000	30,000	

$$n_{eff} \rightarrow 2n_v \quad \text{für } n_u \gg n_v \tag{7-43}$$

In den Tabellen 6 und 7 sind in der letzten Spalte die Grenzwerte für $n_u \gg n_v$ und in der letzten Zeile die für $n_v \gg n_u$ aufgelistet.

Zur Vereinfachung der weiteren Diskussion wird ohne Beschränkung der Gültigkeit der Aussagen wiederum von Gl. (7-27) ausgegangen. Dies besagt, daß sich die geschätzte Varianz der Variablen v als bestimmtes Verhältnis zur geschätzten Varianz der Variablen u ausdrücken läßt. Damit geht (7-40) über (7-44) in (7-45) über.

$$var(v) = k\,var(u) \tag{7-27}$$

$$n_{eff} = \frac{n_u n_v [var(u) + var(v)]}{n_v\,var(u) + n_u\,var(v)} \tag{7-40}$$

$$n_{eff} = \frac{n_u n_v (1+k) \operatorname{var}(u)}{n_v \operatorname{var}(u) + k n_u \operatorname{var}(u)} \tag{7-44}$$

$$n_{eff} = \frac{n_u n_v (1+k)}{n_v + k n_u} \tag{7-45}$$

Aus Gl. (7-45) kann man entnehmen – da der Zähler schneller zunimmt als der Nenner –, daß mit zunehmender var(v) auch n_{eff} anwächst. Dies hat wiederum zur Konsequenz, daß bei gleichem var($\bar{y}$) das geschätzte Streuungsmaß der Einzelwerte var(y) größer wird. Hieraus lassen sich weiterhin für den allgemeinen Fall folgende Grenzbetrachtungen ableiten: Die effektive Datenzahl n_{eff} ist gegen ein Vertauschen von n_v und n_u nicht invariant. Ist var(u) = var(v), so ist k = 1 und (7-45) geht in die bereits diskutierte Gl. (7-25) über. Für große Datenzahlen des Datenvektors mit der kleineren geschätzten Varianz – im betrachteten Falle wäre dies **u**, falls k > 1 ist – geht (7-45) in (7-46) über. Für dominierende Datenzahlen des Datenvektors **v** strebt (7-45) gegen den Grenzwert (7-47). Der Grenzwert (7-46) ist in den Tabellen in der letzten Spalte und der Grenzwert (7-47) jeweils in der letzten Zeile ausgedruckt.

$$n_{eff} \to n_v \frac{1+k}{k} \quad \text{für } n_u \gg n_v \tag{7-46}$$

$$n_{eff} \to n_u (1+k) \quad \text{für } n_v \gg n_u \tag{7-47}$$

Den Einfluß der Varianzen auf die effektive Datenzahl n_{eff} kann man der Tabelle 7 entnehmen. Dabei ist angenommen, daß var(u) = 4 var(v) ist.

Auch hierbei gilt für die Diagonalelemente $n_u = n_v = n_{eff}$. Je größer eine Varianz im Vergleich zur anderen wird, desto geringer wird der Einfluß der anderen Datenzahl auf die effektive Datenzahl. Dies geht z.B. auf einem Vergleich der jeweils ersten Spalte hervor: Bei gleicher Varianz steigt n_{eff} für $n_v = 10$ auf 3,333, bei doppelter Varianz nur noch auf 2,727 und bei vierfacher Varianz nur noch auf 2,381 an.

Abschließend sei darauf hingewiesen, daß Gl. (7-40) nur dann definiert ist, wenn bei Datenzahlen n_u und n_v größer 1 sind, da sonst eine Varianz nicht definiert ist. Für eine Einzelmessung gilt in der Regel keine Statistik.

Interessant ist außer der effektiven Datenzahl der Einfluß auf den Vertrauensbereich. Geht man von (7-35) aus und verwendet die Vereinfachung var(v) = k var(u), so ergibt sich Gl. (7-48).

$$\operatorname{var}(\bar{y}) = \operatorname{var}(\bar{u}) + \operatorname{var}(\bar{v}) \tag{7-35}$$

$$\operatorname{var}(\bar{y}) = \frac{1}{n_u} + \frac{k}{n_v} \tag{7-48}$$

Setzt man weiterhin für die Zahl der Freiheitsgrade $f_{eff} = n_{eff} - 1$, so gilt für den Vertrauensbereich (7-49).

$$\operatorname{cnf}(\bar{y}) = \bar{y} \pm t_{\alpha, n_{eff}-1} \sqrt{\frac{1}{n_u} + \frac{k}{n_v}} \tag{7-49}$$

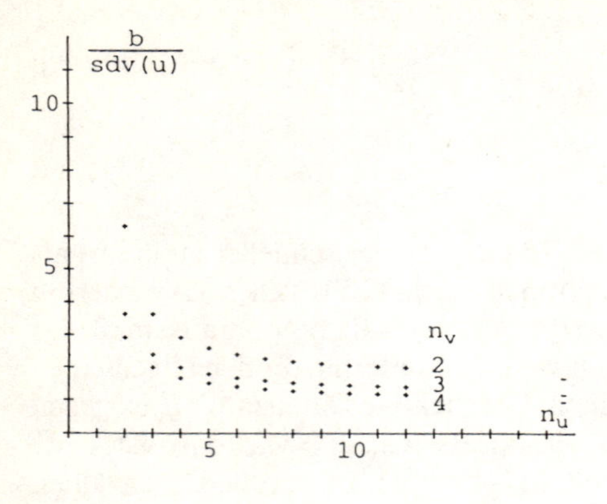

Abb. 8. Abhängigkeit der halben Breite des Vertrauensbereiches von den Datenzahlen n_u und n_v für var(u) = var(v)

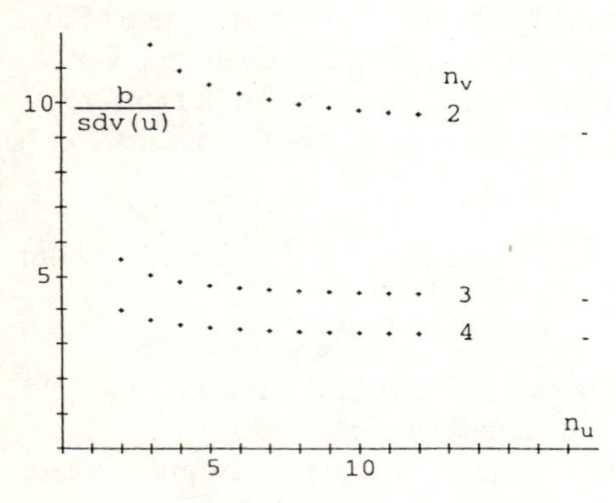

Abb. 9. Abhängigkeit der halben Breite des Vertrauensbereiches von den Datenzahlen n_u und n_v für var(u) = 8 var(v)

In den Abbildungen 8 und 9 ist die halbe Breite b des Vertrauensbereiches für verschiedene n_u, n_v und k dargestellt.

$$b = t_{\alpha, n_{eff} - 1} \, sdv(\bar{y}) \qquad (7\text{-}50)$$

Diese Abbildungen sind wie folgt zu interpretieren: Die Datenzahl n_v des Datenvektors mit der größeren Varianz ist festgelegt, die Datenzahl der reproduzierbareren Meßwerte nimmt zu. Man erkennt sehr gut, daß der Vertrauensbereich mit zunehmender Datenzahl schmaler wird und einem Grenzwert zustrebt.

Das Problem des Berechnungsweges über n_{eff} stellt sich dann, wenn die beiden zu verrechnenden Datenvektoren einmal $f_u = n_u - 1$ und zum anderen $f_v = n_v - 2$ Freiheitsgrade aufweisen, wie dies bei der Auswetung von Analysenmeßwerten über eine lineare Kalibrierung der Fall ist.

7.4 Geometrische Deutung der Fehlerfortpflanzung

Innerhalb einer Stichprobe geschätzt normalverteilter Meßdaten definieren die Schranken $\bar{y} \pm z_\alpha$ eine Wahrscheinlichkeit $p = 1 - 2\alpha/2$, innerhalb der ein bestimmter Anteil der Meßdaten zu erwarten ist. So liegen z.B. innerhalb von

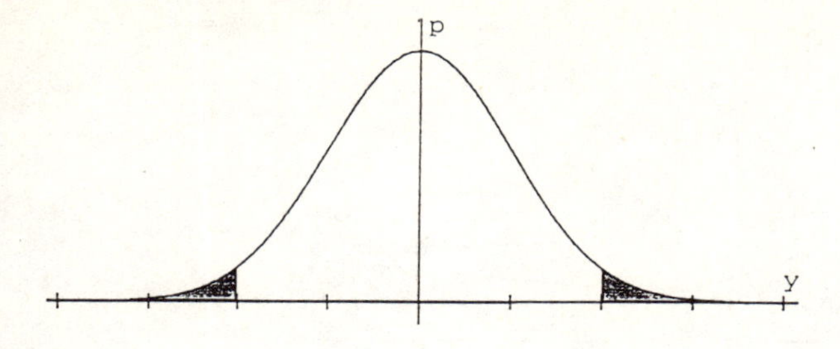

Abb. 10. Schranken einer Normalverteilung

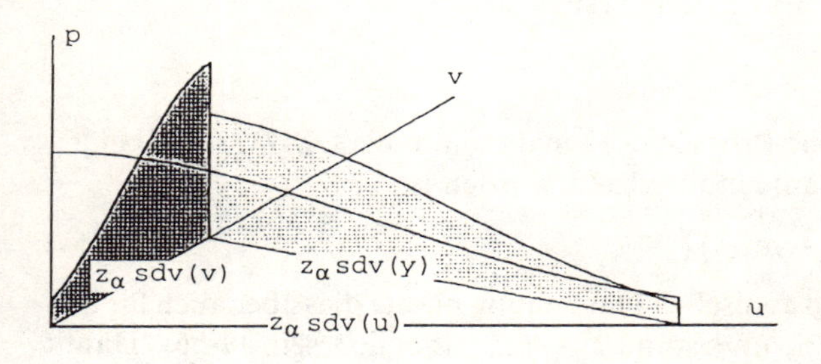

Abb. 11. Trigonometrische Deutung von Gl. (7-53) (Satz des Pythagoras)

$\bar{y} \pm 1{,}645\,\mathrm{sdv}(y)$ bei einer Irrtumswahrscheinlichkeit von $\alpha = 0{,}1$ 90% aller gefundenen Meßwerte, s. Abb. 10.

Betrachtet man für die Addition (7-51) – für die Subtraktion ergibt sich dasselbe Ergebnis – die Fehlerfortpflanzung (7-52) and führt die Schranke z_α ein, so folgt (7-53). Diesen Zusammenhang kann man trigonometrisch deuten (Satz des Pythagoras) (Abb. 11) [Ebel (1987)].

$$y = u + v \qquad (7\text{-}51)$$

$$\mathrm{var}(y) = \mathrm{var}(u) + \mathrm{var}(v) \qquad (7\text{-}52)$$

$$z_\alpha^2\,\mathrm{var}(y) = z_\alpha^2\,\mathrm{var}(u) + z_\alpha^2\,\mathrm{var}(v) \qquad (7\text{-}53)$$

An den beiden Katheten sind die Dichtefunktion der Normalverteilung von **u** und **v** in den Grenzen von $z_\alpha\,\mathrm{sdv}(u)$ bis $\bar{u}$ bzw. $\bar{v}$ bis $z_\alpha\,\mathrm{sdv}(u)$ aufgetragen. Auf der Hypothenuse entsteht damit die Dichtefunktion der geschätzten Normalverteilung von **y** in den Grenzen von $\bar{y}$ bis $z_\alpha\,\mathrm{sdv}(u)$.

Gl. (7-53) läßt sich aber ebensogut als Vektorprodukt auffassen Abb. (12). In dieser Abbildung ist die Dichtefunktion nicht mit eingezeichnet. Die beiden orthogonalen Vektoren haben die Länge $z_\alpha\,\mathrm{sdv}(u)$ und $z_\alpha\,\mathrm{sdv}(v)$. Die Resultierende besitzt die Länge $z_\alpha\,\mathrm{sdv}(y)$. Diese Darstellung läßt sich auf einen mehrdimensionalen Raum erweitern.

Diese beiden geometrischen Deutungen und Darstellungen legen es nahe, von der Normalverteilung zur t-Verteilung überzugehen, d.h. anstelle der Schranke z_α die Schranke $t_{\alpha,f}$ einzusetzen. Es würde dann Gl. (7-54) resultieren. Insoweit beide Datenvektoren **u** and **v** gleich mächtig sind – d.h. auf gleichen Datenzahlen

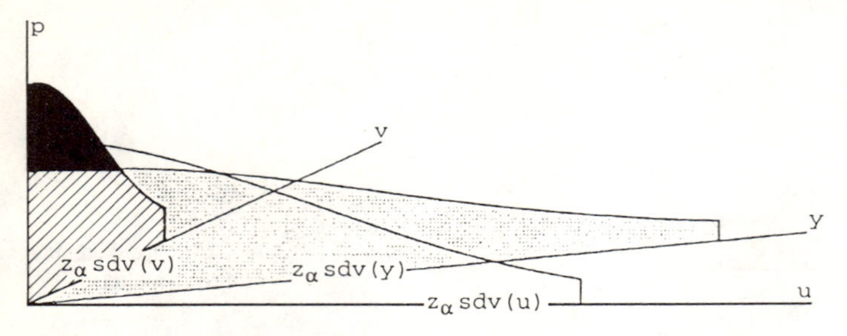

Abb. 12. Darstellung der Fehlerfortpflanzung als Vektorprodukt

basieren –, ergeben sich keine Probleme, da in diesem Falle Gl. (7-52) auf beiden Seiten mit derselben Konstante multipliziert worden ist.

$$t_{\alpha,f}^2 \operatorname{var}(y) = t_{\alpha,f}^2 [\operatorname{var}(u) + \operatorname{var}(v)] \tag{7-54}$$

In reiner Analogie zur graphischen Darstellung müßte dies aber auch für den allgemeinen Fall mit $n_u \neq n_v$ und somit $t_{\alpha,u} \neq t_{\alpha,v}$ möglich sein (7-55). Damit ergäbe sich die Schranke des Ergebnisses $t_{\alpha,y}$ zu (7-56).

$$t_{\alpha,y}^2 \operatorname{var}(y) = t_{\alpha,u}^2 \operatorname{var}(u) + t_{\alpha,v}^2 \operatorname{var}(v) \tag{7-55}$$

$$t_{\alpha,y} = \sqrt{\frac{t_{\alpha,u}^2 \operatorname{var}(u) + t_{\alpha,v}^2 \operatorname{var}(v)}{\operatorname{var}(y)}} \tag{7-56}$$

7.5 Überführung von Verteilungen

Grundidee der folgenden Überlegungen ist die Tatsache, daß die üblichen Verteilungen – Normalverteilung, t-Verteilung, F-Verteilung und χ^2-Verteilung – ineinander überführbar sind oder aber untereinander als Spezialfälle aufzufassen sind. So gilt z.B. folgende Hierarchie [Sachs (1984) S. 127]:

$$t_f = \sqrt{F_{1,f}} \quad z = \sqrt{F_{1,\infty}} \quad \chi_f^2 = f F_{f,\infty}$$

Wendet man auf die allgemeine Gleichung (7-57) das allgemeine Fehlerfortpflanzungsgesetz an, so folgt zunächst (7-58). Bei großen Datenzahlen soll von einer Normalverteilung ausgegangen werden. Damit gilt (7-58) auch für eine durch eine Irrtumswahrscheinlichkeit α definierte Schranke z_α (7-59).

$$y = u + v \tag{7-57}$$

$$\operatorname{var}(y) = \operatorname{var}(u) + \operatorname{var}(v) \tag{7-58}$$

$$z_\alpha^2 \operatorname{var}(y) = z_\alpha^2 \operatorname{var}(u) + z_\alpha^2 \operatorname{var}(v) \tag{7-59}$$

Geht man zu kleineren Datenzahlen über, so ist anstelle von der Normalverteilung von einer t-Verteilung auszugehen. Der Zusammenhang zwischen den

Grenzen (Signifikanzschranken) beider Verteilungen ist durch Gl. (7-60) gegeben [Sachs (1984) S. 127], d.h. es gilt ebenso (7-61) bzw. die Auflösung (7-62).

$$t_{\alpha,f} = \frac{z_\alpha}{\sqrt{\frac{\chi_f^2}{f}}} \tag{7-60}$$

$$t_{\alpha,f}^2 = \frac{z_\alpha^2 f}{\chi_f^2} \tag{7-61}$$

$$z_\alpha^2 = \frac{t_{\alpha,f}^2 \chi_f^2}{f} \tag{7-62}$$

Setzt man (7-62) in (7-59) ein, so resultiert zunächst (7-63).

$$\frac{t_{\alpha,y}^2 \chi_{f_y}^2}{f_y} \operatorname{var}(y) = \frac{t_{\alpha,u}^2 \chi_{f_u}^2}{f_u} \operatorname{var}(u) + \frac{t_{\alpha,v}^2 \chi_{f_v}^2}{f_v} \operatorname{var}(v) \tag{7-63}$$

Zwischen der geschätzten Varianz var(y) und dem wahren Streuungsmaß σ_y^2 besteht der Zusammenhang (7-64) [Sachs (1984) S. 128]. Damit folgt aber aus (7-63) die Gleichung (7-65).

$$\frac{\chi_{f_y}^2}{f_y} = \frac{\operatorname{var}(y)}{\sigma_y^2} \tag{7-64}$$

$$t_{\alpha,y}^2 \frac{\operatorname{var}^2(y)}{\sigma_y^2} = t_{\alpha,u}^2 \frac{\operatorname{var}^2(u)}{\sigma_u^2} + t_{\alpha,v}^2 \frac{\operatorname{var}^2(v)}{\sigma_v^2} \tag{7-65}$$

Liegen keine systematischen Fehler vor oder treten sonst keine signifikanten zusätzlichen statistischen Fehler auf, so sollte var(y) ein Punktschätzer für das wahre Streuungsmaß σ_y^2 sein. Somit vereinfacht sich für „gute" Daten Gl. (7-65) zu Gleichung (7-55). Damit entspricht dieser Ansatz im Ergebnis der oben gebrachten geometrischen Deutung.

$$\sigma_u^2 \approx \operatorname{var}(u)$$

$$\sigma_v^2 \approx \operatorname{var}(v)$$

$$t_{\alpha,y}^2 \operatorname{var}(y) = t_{\alpha,u}^2 \operatorname{var}(u) + t_{\alpha,v}^2 \operatorname{var}(v) \tag{7-55}$$

$$t_{\alpha,y} = \sqrt{\frac{t_{\alpha,u}^2 \operatorname{var}(u) + t_{\alpha,v}^2 \operatorname{var}(v)}{\operatorname{var}(u) + \operatorname{var}(v)}} \tag{7-66}$$

Es sei nich verschwiegen, daß „wunde Punkt" dieser Ableitung in Gl. (6-36) mit der Annahme $\operatorname{var}(y) \approx \sigma_y^2$ bei guten Daten liegt, da der Quotient $\chi_{f_y}^2/f_y$ erst für große Datenzahlen gegen 1 konvergiert, da var(y) kein besonders erwartungstreuer Punktschätzer für das wahre Streuungsmaß σ_y^2 ist.

Auch für diesen Fall lassen sich Konvergenzbetrachtungen anstellen. Für den Fall var(u) = var(v) vereinfacht sich (6-43) zu Gl. (7-67). Für dominierende

Datenzahlen eines Datenvektors strebt diese Gleichung dem Grenzwert (7-68) zu, d.h. anstelle eines t-Faktors steht z_α.

$$t_{\alpha,y} = \sqrt{\frac{t_{\alpha,u}^2 + t_{\alpha,v}^2}{2}} \quad \text{für } \operatorname{var}(u) = \operatorname{var}(v) \tag{7-67}$$

$$t_{\alpha,y} \rightarrow \sqrt{\frac{t_{\alpha,u}^2 + z_\alpha^2}{2}} \quad \text{für } n_v \gg n_u \tag{7-68}$$

Führt man wiederum wie im vorangegangenen Diskussionsbeispiel die Beziehung $\operatorname{var}(v) = k \operatorname{var}(u)$ ein, so vereinfacht sich (7-66) zu Gl. (7-69). Für $n_u \gg n_v$ strebt (7-69) gegen den Grenzwert (7-70) und für $n_v \gg n_u$ gegen (7-71).

$$t_{\alpha,y} = \sqrt{\frac{t_{\alpha,u}^2 + k\,t_{\alpha,v}^2}{1+k}} \tag{7-69}$$

$$t_{\alpha,y} \rightarrow \sqrt{\frac{z_\alpha^2 + k\,t_{\alpha,v}^2}{1+k}} \quad \text{für } n_u \gg n_v \tag{7-70}$$

$$t_{\alpha,y} \rightarrow \sqrt{\frac{t_{\alpha,u}^2 + k\,z_\alpha^2}{1+k}} \quad \text{für } n_v \gg n_u \tag{7-71}$$

Die Tabellen 8 und 9 enthalten Werte für $t_{\alpha,y}$ in Abhängigkeit von n_u, n_v und k für $2\alpha/2 = 0{,}1$. Die Grenzwerte sind jeweils in der letzten Zeile der beiden Tabellen ausgewiesen.

Auch hier läßt sich die Breite b der Vertrauensbereiches angeben. Bekannt ist zunächst $t_{\alpha,f}$. Hieraus läßt sich die Größe f_y berechnen. Damit ergibt sich die halbe Breite zu (7-72).

$$b = t_{\alpha,y} \sqrt{\frac{1}{n_u} + \frac{t}{n_v}} \tag{7-72}$$

Tabelle 8. Berechneter t-Faktor nach Gl. (7-67) für verschiedene n_u und n_v und der Voraussetzung $\operatorname{var}(v) = \operatorname{var}(u)$

n_v \ n_u:	2	3	4	5	6	$n_u \gg n_v$
2	6,314	4,919	4,765	4,712	4,687	4,614
3	4,919	2,920	2,652	2,557	2,509	2,370
4	4,765	2,652	2,353	2,245	2,191	2,030
5	4,712	2,557	2,245	2,132	2,074	1,904
6	4,687	2,509	2,191	2,074	2,015	1,839
7	4,671	2,480	2,158	2,040	1,979	1,800
8	4,661	2,461	2,136	2,017	1,956	1,775
9	4,654	2,448	2,121	2,001	1,939	1,756
10	4,649	2,438	2,109	1,988	1,926	1,742
11	4,465	2,430	2,100	1,978	1,916	1,731
12	4,642	2,424	2,093	1,971	1,909	1,722
$n_v \gg n_u$	4,614	2,370	2,030	1,904	1,839	

Tabelle 9. Berechneter t-Faktor nach Gl. (7-67) für verschiedene n_u und n_v und der Voraussetzung var(v) = 4 var(u)

n_v \ n_u:	2	3	4	5	6	$n_u \gg n_v$
2	6,314	5,796	5,745	5,727	5,719	5,678
3	3,846	2,910	2,816	2,780	2,763	2,707
4	3,522	2,477	2,353	2,310	2,289	2,285
5	3,407	2,311	2,178	2,132	2,109	2,084
6	3,350	2,226	2,087	2,039	2,015	1,977
7	3,316	2,174	2,032	1,982	1,958	1,912
8	3,293	2,140	1,995	1,945	1,920	1,869
9	3,277	2,115	1,969	1,917	1,892	1,837
10	3,265	2,096	1,948	1,897	1,871	1,813
11	3,256	2,081	1,932	1,880	1,854	1,794
12	3,249	2,070	1,920	1,868	1,842	1,780
$n_v \gg n_u$	3,184	1,967	1,809	1,753	1,725	

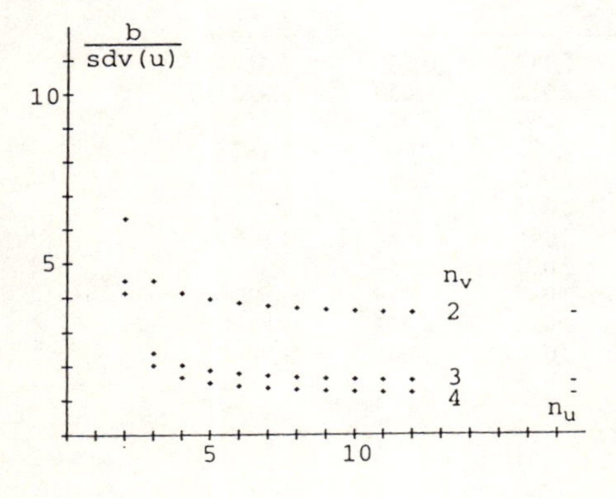

Abb. 13. Abhängigkeit der halben Breite des Vertrauensbereiches von den Datenzahlen für var(v) = var(u)

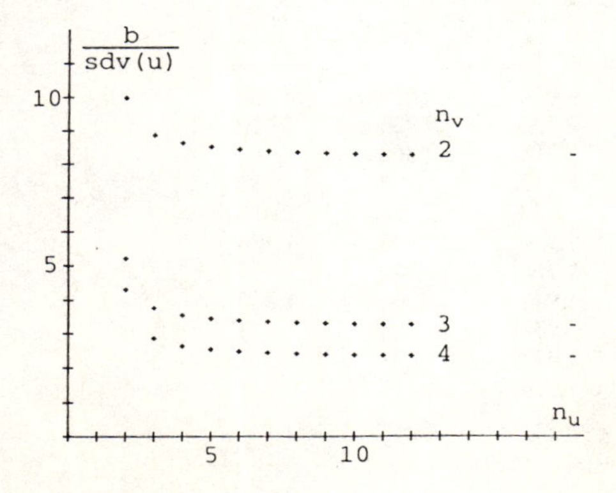

Abb. 14. Abhängigkeit der halben Breite des Vertrauensbereiches von den Datenzahlen für var(v) = 4 var(u)

Prinzipiell könnte man anstelle von Gl. (7-57) auch von Gl. (7-73) ausgehen.

$$y = u + v \qquad (7\text{-}57)$$

$$\bar{y} = \bar{u} + \bar{v} \qquad (7\text{-}73)$$

Bei diesem Ansatz ändert sich (7-55) in Gl. (7-74) bzw. (7-75), wenn man die Herleitung ganz entsprechend durchführt.

$$t_{\alpha,y}^2 \operatorname{var}(\bar{y}) = t_{\alpha,u}^2 \operatorname{var}(\bar{u}) + t_{\alpha,v}^2 \operatorname{var}(\bar{v}) \qquad (7\text{-}55)$$

$$t_{\alpha,y} = \sqrt{\frac{t_{\alpha,u}^2 \operatorname{var}(\bar{u}) + t_{\alpha,v}^2 \operatorname{var}(\bar{v})}{\operatorname{var}(\bar{u}) + \operatorname{var}(\bar{v})}} \qquad (7\text{-}74)$$

$$t_{\alpha,\bar{y}} = \sqrt{\frac{n_v t_{\alpha,u}^2 + n_u k t_{\alpha,v}^2}{n_v + k n_u}} \qquad (7\text{-}75)$$

Tabelle 10. Berechneter t-Faktor nach Gl. (7-75) für verschiedene n_u und n_v und der Voraussetzung var(v) = var(u)

n_v \ n_u:	2	3	4	5	6	$n_u \gg n_v$
2	6,314	5,228	5,331	5,457	5,560	6,314
3	*5,228*	2,920	2,692	2,652	2,653	2,920
4	5,331	2,692	2,353	2,257	2,224	2,353
5	5,457	*2,652*	2,257	2,132	2,080	2,132
6	5,560	2,653	2,224	2,080	2,015	2,015
7	5,643	2,665	2,213	2,055	1,982	1,943
8	5,711	2,680	*2,211*	2,044	1,964	1,895
9	5,766	2,694	2,213	2,039	1,954	1,860
10	5,812	2,709	2,217	2,037	1,949	1,833
11	5,851	2,271	2,222	*2,037*	1,946	1,812
12	5,885	2,732	2,227	2,039	1,945	1,796
$n_v \gg n_u$	6,314	2,920	2,352	2,132	2,015	

Tabelle 11. Berechneter t-Faktor nach Gl. (7-75) für verschiedene n_u und n_v und der Voraussetzung var(v) = 4 var(u)

n_v \ n_u:	2	3	4	5	6	$n_u \gg n_v$
2	6,314	5,949	6,004	6,054	6,092	6,314
3	4,132	2,920	2,838	2,830	2,834	2,920
4	*4,121*	2,507	2,353	2,318	2,308	2,353
5	4,258	2,391	2,187	2,132	2,112	2,132
6	4,405	2,356	2,113	2,043	2,015	2,015
7	4,541	*2,351*	2,076	1,994	1,959	1,943
8	4,661	2,359	2,059	1,966	1,926	1,895
9	4,768	2,373	2,051	1,948	1,904	1,860
10	4,862	2,389	*2,049*	1,938	1,888	1,833
11	4,946	2,406	2,050	1,932	1,878	1,812
12	5,021	2,424	2,053	*1,929*	1,872	1,796
$n_v \gg n_u$	6,314	2,920	2,353	2,132	2,015	

In diesem Falle ergeben sich jedoch ganz andere Grenzwerte, da mit sehr großem n wegen der Division durch n die Varianz der Mittelwerte var($\bar{u}$) bzw. var($\bar{v}$) gegen 0 läuft. Somit strebt für sehr große n_u der Wert für $t_{\alpha,y}$ gegen $t_{\alpha,u}$ und für sehr große n_v läuft $t_{\alpha,v}$ gegen $t_{\alpha,u}$.

Die Tabellen 10 & 11 enthalten die nach in diesem Modell errechneten Werte für $t_{\alpha,y}$ für verschiedene n_u, n_v und k für $2\alpha/2 = 0{,}1$ einschließlich der berechneten Grenzwerte. Die Abbildungen enthalten die halbe Breite des Vertrauensbereiches.

7.6 Diskussion und Beispielrechnung

Es wurden vier Modelle zur Berechnung des Vertrauensbereiches von Ergebnissen der Verrechnung und nicht Vereinigung von Analysenergebnissen vorgestellt und begründet. Alle vier Modelle basieren auf einer bestimmten „Philosophie". Dies ist das typische Vorgehen in der Statistik. Es gibt mehrere statistische Tests auf Vorliegen einer geschätzten Normalverteilung oder auf Trendfreiheit der Daten, die unterschiedliche Grundlagen nutzen. Hier wurden unterschiediche Grundlagen genutzt, Aussagen über den Vertrauensbereich zu machen. Auffälligster Unterschied sind die jeweiligen Grenzwerte für den Fall, daß einer der beiden Datenvektoren im Hinblick auf die Datenzahl wirklich dominiert. Aus diesem Grunde wurden die Grenzwertbetrachtungen jeweils mit angeführt.

Die Tabelle 12 enthält die nach den verschiedenen Modellen berechneten Vertrauensbereiche. Die verwendeten Gleichungen sind:

$$n_{eff} = \frac{n_u n_v [\mathrm{var}(u) + \mathrm{var}(v)]}{n_v \mathrm{var}(u) + n_u \mathrm{var}(v)} \quad (7\text{-}40)$$

$$f_d = \frac{f_u f_v [\mathrm{var}(\bar{u}) + \mathrm{var}(\bar{v})]^2}{f_v \mathrm{var}(\bar{u})^2 + f_u \mathrm{var}(\bar{v})^2} \quad (7\text{-}24)$$

Tabelle 12. Bestimmung eines Ions mit Hilfe einer ionensensitiven Elektrode unter Berücksichtigung eines Blindwertes (Daten vgl. Tabelle).

y_m		y_b	
$\bar{y}_m =$	126,38 mV	$\bar{y}_b =$	210,34 mV
sdv(y_m) =	3,30 mV	sdv(y_b) =	4,61 mV
sdv($\bar{y}_m$) =	1,65 mV	sdv($\bar{y}_b$) =	1,63 mV
$n_m =$	4	$n_b =$	8
$\bar{y}_a = \bar{y}_m - \bar{y}_b$			
$\bar{y}_a =$	− 83,96 mV		
sdv($\bar{y}_a$) =	2,32 mV		
n_{eff}:	cnf($\bar{y}_a$) = − 83,96 ± 4,67 mV		$n_{eff} = 5{,}98$
f_d:	cnf($\bar{y}_a$) = − 83,96 ± 4,29 mV		$f_d = 8{,}31$
$t_{\alpha,y}$:	cnf($\bar{y}_a$) = − 83,96 ± 4,78 mV		$t_{\alpha,f} = 2{,}06$
$t_{\alpha,\bar{y}}$:	cnf($\bar{y}_a$) = − 83,96 ± 4,96 mV		$t_{\alpha,f} = 2{,}14$

$$t_{\alpha,y} = \sqrt{\frac{t^2_{\alpha,u}\,\mathrm{var}(u) + t^2_{\alpha,v}\,\mathrm{var}(v)}{\mathrm{var}(y)}} \tag{7-56}$$

$$t_{\alpha,\bar{y}} = \sqrt{\frac{n_v t^2_{\alpha,u} + n_u k t^2_{\alpha,v}}{n_v + k n_u}} \tag{7-75}$$

Bedenkt man, daß alle vier Modelle, die nicht erwartungstreuen Schätzer var( ) für das jeweilige wahre Streuungsmaß σ^2 in unterschiedlicher Weiterrechnung verwenden, so ist es eigentlich erstaunlich, wie gut die Übereinstimmung der Modelle über die effektive Datenzahl and über die – zugegebenermaßen unkonventionelle – Verwendung von zwei t-Faktoren ist. Lediglich die Übertragung der Berechnung der Freiheitsgrade nach Welch (1937) weicht erwartungsgemäß etwas stärker ab und ist nicht so konservativ wie die anderen Modelle.

8 Verrechnen von Datenvektoren: Multiplikation/Division

Es wurde die durchschnittliche Leistungsaufnahme eines elektronischen Bauteils während des Betriebes vermessen. Während die hier angelegt Spannung U nur geringfügig schwankte, war der Strom I je nach zufälligem Betriebszustand größeren Schwankungen unterworfen. Die Meßwerte für Strom und Spannung U_i und I_i werden von einem geeigneten Meßgerät gleichzeitig gemessen und unmittelbar in die jeweilige Leistung W_i (8-1) umgerechnet. Die Daten mit der statistischen Auswertung sind in Tabelle 13 aufgelistet.

$$W_i = U_i I_i \tag{8-1}$$

Tabelle 13. Leistungsaufnahme einer elektronischen Baugruppe und statistische Auswertung

i	U_i [V]	I_i [mA]	W_i [W]
1	9,84	104,0	1,04336
2	9,99	106,2	1,06094
3	10,03	110,4	1,10731
4	9,90	103,1	1,02069
5	10,12	115,6	1,16987
6	9,88	104,6	1,03345
7	9,96	104,0	1,03584
8	10,00	110,7	1,07000

$\bar{W} = 1{,}0698$ W
$\mathrm{sdv}(W) = 0{,}0534$ W
$\mathrm{relsdv}(W) = 0{,}0490$ [–]

$\mathrm{cnf}(W) = 1{,}0698 \pm 0{,}0357$ W

Der Vertrauensbereich des Mittelwertes cnf$(\bar{y})$ (8-2) bzw (8-3) gibt an, innerhalb welcher Grenzen der wahre Wert μ_y liegt (8-4), wenn systematische Fehler ausgeschlossen werden können.

$$\mathrm{cnf}(\bar{y}) = \bar{y} \pm t_{\alpha,n-1}\,\mathrm{sdv}(\bar{y}) \tag{8-2}$$

$$\mathrm{cnf}(\bar{y}) = \bar{y} \pm t_{\alpha,n-1}\frac{\mathrm{sdv}(y)}{\sqrt{n}} \tag{8-3}$$

$$\bar{y} - t_{\alpha,n-1} < \mu_y + t_{\alpha,n-1}\,\mathrm{sdv}(\bar{y}) \tag{8-4}$$

Verbleibt man bei demselben Datensatz, so läßt sich $\bar{W}$ nach Gl. (8-5) berechnen.

$$\bar{W} = \bar{U}\,\bar{I} \tag{8-5}$$

Wendet man auf (8-5) das allgemeine Fehlerfortpflanzungsgesetz nach Gauss an, so ergibt sich die geschätzte Varianz var$(\bar{W})$ über (8-6) nach Gl. (8-7) aus den beiden geschätzten Varianzen var(U) und var(I).

$$\mathrm{var}(\bar{W}) = \left(\frac{\partial\bar{W}}{\partial\bar{U}}\right)^2 \mathrm{var}(\bar{U}) + \left(\frac{\partial\bar{W}}{\partial\bar{I}}\right)^2 \mathrm{var}(\bar{I}) \tag{8-6}$$

$$\mathrm{var}(\bar{W}) = \bar{I}^2\,\mathrm{var}(\bar{U}) + \bar{U}^2\,\mathrm{var}(\bar{I}) \tag{8-7}$$

$$\mathrm{var}(\bar{W}) = \bar{I}^2\frac{\mathrm{var}(U)}{n_U} + \bar{U}^2\frac{\mathrm{var}(I)}{n_I} \tag{8-8}$$

$$\mathrm{sdv}(\bar{W}) = \sqrt{\bar{I}^2\frac{\mathrm{var}(U)}{n_U} + \bar{U}^2\frac{\mathrm{var}(I)}{n_I}} \tag{8-9}$$

Bei diesem Beispiel ist es ganz selbstverständlich, daß aus einem Datenvektor in der Dimension einer Spannung auf $f_U = 7$ Freiheitsgraden durch Verrechnen mit einem Datenvektor in der Dimension einer Stromstärke mit $f_I = 7$ Freiheitsgrade ein Ergebnis in der Dimension einer Leistung mit $f_U = 7$ Freiheitsgraden resultiert. Die Anzahl der Freiheitsgrade kann niemals 14 oder gar 15 betragen!

Ähnliches gilt ganz allgemein für die Berechnung eines analytischen Ergebnisses über eine Multiplikation oder Division. Ohne Beschränkung der Allgemeinheit kann man folglich von (8-10) ausgehen.

$$\mathrm{var}(r) = \sum k_p\,\mathrm{var}(\bar{p}) \tag{8-10}$$

Damit gelten alle im Kapitel Verrechnen von Datenvektoren: Addition/Subtraktion angegebenen Formeln mit geringfügigen Änderungen.

$$n_{eff} = \frac{n_u n_v[k_u\,\mathrm{var}(u) + k_v\,\mathrm{var}(v)]}{n_v k_u\,\mathrm{var}(u) + n_u k_v\,\mathrm{var}(v)} \tag{8-11}$$

$$f_d = \frac{f_u f_v[k_u\,\mathrm{var}(\bar{u}) + k_v\,\mathrm{var}(\bar{v})]^2}{f_v k_u\,\mathrm{var}(\bar{u})^2 + f_u k_v\,\mathrm{var}(\bar{v})^2} \tag{8-12}$$

$$t_{\alpha,y} = \sqrt{\frac{t_{\alpha,u}^2 k_u \operatorname{var}(u) + t_{\alpha,v}^2 k_v \operatorname{var}(v)}{\operatorname{var}(y)}} \tag{8-13}$$

$$t_{\alpha,y} = \sqrt{\frac{n_v k_u t_{\alpha,u}^2 + n_u k_v t_{\alpha,v}^2}{k_u n_v + k_v n_u}} \tag{8-14}$$

9 Verrechnen von Datenvektoren: Kalibrierung

9.1 Einführung

Zum besseren Verständnis sei ausdrücklich noch einmal auf das Kapitel Grundgesamtheiten und Stichproben verwiesen.

Bei einer Kalibrierung werden in einem Kalibrierexperiment aus einer von x abhängigen Stichprobe von x abhängige Meßwerte gewommen. Es entsteht eine von x abhängige zweidimensionale Stichprobe $\mathbf{y}_c(x)$. Aus dieser Stichprobe wird die Kalibrierfunktion $\hat{y}(x)$ berechnet. Diese ist im einfachsten Fall der üblichen linearen Regression durch die statistisch definierte Geradengleichung mit den Regressionskoeffizienten a_1 und $\bar{y}_c$ sowie den per definitionem fehlerfreien Term $\bar{x}_c$ sowie das geschätzte Streuungsmaß beschreibbar.

Bei der Analysenmessung muß nun eine Stichprobe von Meßdaten $\mathbf{y}_a$, die zunächst zu einem unbekannten Wert x_a in der Zustandsgröße gehört, zu einem Analysenergebnis mit der Kalibrierfunktion verrechnet werden. Hierzu wird die Umkehrfunktion – im weiteren als Analysenfunktion bezeichnet – herangezogen. Die Koeffizienten a_1 und $\bar{y}_c$ sind bei der Kalibrierfunktion und Analysenfunktion selbstverständlich mit allen Konsequenzen identisch.

Diese Vorgehensweise ist ein ganz üblicher Weg in der Mathematik. Kennt man einen Winkel α, so errechnet sich die Steigung als $\tan(\alpha)$, kennt man eine Mantisse (z.B. Aktivität des H_3O^+-Ions), so errechnet sich der Logarithmus zu $-\log(a)$. Kennt man eine Steigung a_1, so errechnet sich der zugehörige Winkel α aus der Umkehrfunktion $\operatorname{atan}(a_1)$, kennt man einen pH-Wert, so errechnet sich die zugehörige Aktivität aus der Umkehrfunktion $10\,\hat{}\,(-\mathrm{pH})$.

9.2 Kalibrierfunktion

Grundlage eines Kalibrierexperimentes ist eine Stichprobe der Kalibrierpunkte $\mathbf{x}_c$ aus denen durch Messungen die Daten der Stichproben $\mathbf{y}_c$ gewonnen werden und eine Kalibrierfunktion $\hat{y}(x)$ ermittelt wird, die letztlich einer Stichprobe $\mathbf{y}_c(x)$ entspricht.

Als Kalibrierfunktion soll auf den einfachen Fall einer Kalibriergerade eingegangen werden. Als Ergebnis der Berechnung nach den Ansätzen der linearen Regression ergibt sich $\hat{y}(x)$ zu (9-1). Über die Fehlerfortpflanzungsrechnung läßt sich der Vertrauensbereich $\operatorname{cnf}\{\hat{y}(x)\}$ angeben (9-2).

$$\hat{y}(x) = \bar{y}_c + a_1(x - \bar{x}_c) \tag{9-1}$$

$$\text{cnf}\{\hat{y}(x)\} = \hat{y}(x) \pm t_{\alpha,n-2}\,\text{sdv}(y)\sqrt{\frac{1}{n_c} + \frac{(x - \bar{x}_c)^2}{S_{xx}}}\ . \tag{9-2}$$

Als Beispiel sei hier eine Kalibrierung angeführt. Die zugrundeliegenden Daten finden sich in Tabelle 14, das Ergebnis der linearen Regression in Tabelle 15. In Abb. 15 ist die resultierende Regressionsgerade mit ihrem Vertrauensbereich wiedergegeben.

Tabelle 14. Daten einer Kalibrierung

i	x_i	y_i	$\hat{y}_i$	Δy	rel Δy [%]
1	36,0	74,07	74,33	−0,26	−0,35
2	43,4	86,28	89,26	−2,98	−3,45
3	40,2	80,90	82,80	−1,90	−2,35
4	40,2	83,60	82,80	0,80	0,96
5	48,8	100,79	100,15	0,64	0,63
6	36,0	76,99	74,33	2,66	3,46
7	48,8	102,16	100,15	2,01	1,97
8	43,4	88,28	89,26	−0,98	−1,11

Tabelle 15. Ergebnisse der Kalibrierung

$\text{sdv}(y_c) = 2{,}068$
$\text{sdv}(\bar{y}_c) = 0{,}731$
$a_1 = 2{,}0176 \pm 0{,}1564$
$y[x = 0) = 1{,}69 \pm 12{,}87$
$r = 0{,}9824$
$r_u = 0{,}9257$

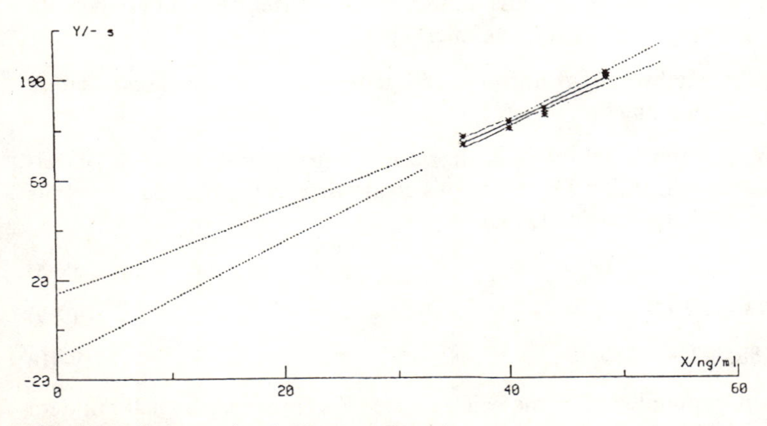

Abb. 15. Kalibriergerade mit Vertrauensbereich

In diesem Zusammenhang sei ausdrücklich auf den Vorhersagebereich hingewiesen. Der Vorhersagebereich (9-3) sagt aus, innerhalb welcher Grenzen eine weitere Stichprobe von Kalibrierdaten einer Kalibrierprobe mit dem Gehalt x_n liegt. Dabei ist es unerheblich, ob x_n ein bereits vermessener Kalibrierpunkt ist oder ein neuer.

$$\mathrm{prd}[\hat{y}(\bar{x}_n)] = \hat{y}[\bar{x}_n] \pm t_{\alpha, n_c - 2}\, \mathrm{sdv}(y_c) \sqrt{\frac{1}{n_n} + \frac{1}{n_c} + \frac{(\bar{x}_n - \bar{x}_c)^2}{S_{xx}}} \tag{9-3}$$

Hierbei ist zu beachten, daß mit $\mathrm{sdv}(y_c)$ und n_c die entsprechenden Daten des vorangegangenen Kalibrierexperimentes bezeichnet sind. Der Vorhersagebereich ist ein wertvolles Hilfsmittel bei der Validierung von Kalibrierungen und bei der referenzbezogenen Richtigkeit.

Aus den Analysenstichproben $\mathbf{p}$ entstehen letztlich Meßwerte der Stichprobe $\mathbf{y}_a$ als Informationsgröße. Aus der Verrechnung der Stichprobe $\mathbf{y}_a$ mit der Stichprobe $\mathbf{y}_c(x)$ resultieren die Analysenergebnisse $\mathbf{x}_a$.

Somit gilt für die Stichprobe der Analysenmeßwerte die Definition (9-4) mit dem geschätzten Mittelwert $\bar{y}_a$ (9-5), dem geschätzten Streuungsmaß $\mathrm{var}(y_a)$ (9-6) und der Vertrauensbereich des Mittelwertes $\mathrm{cnf}(\bar{y}_a)$ Gl. (9-7).

$$\bar{y}_a \overset{\alpha}{=} N_t[\bar{y}_a, \mathrm{var}(y_a); n_a] \tag{9-4}$$

$$\bar{y}_a = \frac{1}{n_a} \sum y_{a,i} \tag{9-5}$$

$$\mathrm{var}(y_a) = \frac{\sum (y_{a,i} - \bar{y}_a)^2}{n_a - 1} \tag{9-6}$$

$$\mathrm{cnf}(\bar{y}_a) = \bar{y}_a \pm t_{\alpha, n_a - 1} \frac{\mathrm{sdv}(y_a)}{\sqrt{n_a}} \tag{9-7}$$

Eine Analysenstichprobe muß aus mindestens zwei Meßwerten bestehen, da sonst weder $\bar{y}_a$, $\mathrm{sdv}(y_a)$ noch $\mathrm{cnf}(\bar{y}_a)$ definiert sind.

Ein einzelner Meßwert sagt nur aus, daß gemessen wurde; jegliche weitere Aussagen sind unzulässig!

Innerhalb der oben angeführten Kalibrierung wurde eine Analyse als Dreifachbestimmung durchgeführt. Dabei ergibt sich aus den Daten (9-8) das Ergebnis (9-9) mit dem Vertrauensbereich (9-10).

$$\mathbf{y}_a = |89{,}46,\ 87{,}27,\ 87{,}55| \tag{9-8}$$

$$\bar{y}_a = 88{,}093 \pm 1{,}192 \tag{9-9}$$

$$\mathrm{cnf}(\bar{y}_a) = 88{,}093 \pm 2{,}010 \tag{9-10}$$

Berücksichtigt man lediglich die beiden ersten Werte, so ergibt sich mit dem Mittelwert $\bar{y}_a = 88{,}36 \pm 1{,}54$ wegen des wesentlich ungünstigeren t-Faktors ein

Vertrauensbereich von 88,36 ± 6,87, d.h. es tritt aufgrund der geringen Datenzahl eine sehr starke Aufweitung ein. Bei nur einer Analysenmessung ist kein Vertrauensbereich mehr definiert.

9.3 Analysenfunktion

Aus dem Mittelwert $\bar{y}_a$ läßt sich das Analysenergebnis $\bar{x}_a$ über die Analysenfunktion (9-11) berechnen (9-12).

$$\hat{x}_a(y) = \frac{\bar{y}_a - \bar{y}_c}{a_1} + \bar{x}_c \tag{9-11}$$

$$\bar{x}_a = \frac{\bar{y}_a - \bar{y}_c}{a_1} + \bar{x}_c \tag{9-12}$$

Die rein formale Auswertung über die Einzelergebnisse mit der üblichen Berechnung von Mittelwert und geschätzter Standardabweichung führt zu dem Ergebnis (9-13).

$$\bar{x}_a = 42{,}977 \pm 0{,}591 \tag{9-13}$$

Die Analysenfunktion ist mathematisch die Umkehrfunktion der Kalibrierfunktion und graphisch mit der Kalibrierfunktion identisch. Die Analysenfunktion enthält somit alle Information der Kalibrierfunktion, also a_1, $\bar{y}_c$, $\bar{x}_c$ und ebenso $\hat{y}[x = 0]$, also die übliche Schätzgröße a_0. Statistisch unterscheidet sich die Analysenfunktion von der Kalibrierfunktion dadurch, daß sie zusätzlich zu $\bar{y}_c$ und a_1 einen weiteren fehlerbehafteten Term – den Mittelwert $\bar{y}_a$ der Meßwerte der Analysenstichprobe $\mathbf{y}_a$ – enthält. Auch für die Analysenfunktion läßt sich zunächst ein Vertrauensbereich $\text{cnf}\{x_a(y)\}_c$ angeben, der lediglich auf der Streuung der Kalibriermessungen beruht (9-14), also die eigentliche Analysenmessung außer Betracht läßt. Im Gegensatz zum Vertrauensbereich der Kalibrierfunktion geht bei der Analysenfunktion die Empfindlichkeit a_1 ein. Der Vertrauensbereich der Analysenfunktion ist in der Dimension der Zustandsgröße definiert (Abb. 16).

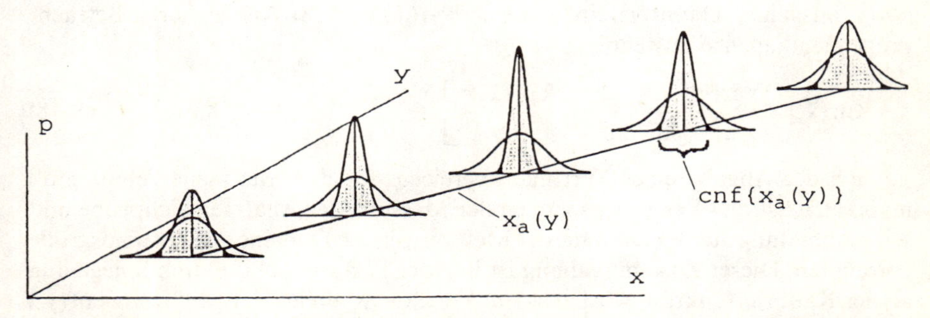

Abb. 16. Vertrauensbereich der Analysenfunktion als Umkehrfunktion der Kalibrierfunktion aus den Daten der Kalibrierung

$$\mathrm{cnf}\{x_a(x)\} = x_a(y) \pm t_{\alpha,n_c-2}\frac{\mathrm{sdv}(y_c)}{a_1}\sqrt{\frac{1}{n_c}+\frac{(x-\bar{x}_c)^2}{S_{xx}}} \tag{9-14}$$

9.4 Gesamtfehler

Für die geschätzte Varianz im Analysenergebnis $\mathrm{var}(\bar{x}_a)$ ergibt sich durch die Anwendung des allgemeinen Fehlerfortpflanzungsgesetzes auf Gl. (9-12) – also unter Berücksichtigung des Kalibrierexperimentes *und* der Analysenmessung – der Ausdruck (9-15) bzw. (9-16) und letztlich (9-17)

$$\mathrm{var}(\bar{x}_a) = \frac{1}{a_1^2}\left[\mathrm{var}(\bar{y}_a) + \mathrm{var}(\bar{y}_c) + \frac{(\bar{y}_a-\bar{y}_c)^2}{a_1^2}\mathrm{var}(a_1)\right] \tag{9-15}$$

$$\mathrm{var}(\bar{x}_a) = \frac{1}{a_1^2}\left[\mathrm{var}(\bar{y}_a) + \mathrm{var}(\bar{y}_c) + \frac{(\bar{x}_a-\bar{x}_c)^2\,\mathrm{var}(y)}{S_{xx}}\right] \tag{9-16}$$

$$\mathrm{var}(\bar{x}_a) = \frac{1}{a_1^2}\left[\frac{\mathrm{var}(y_a)}{n_a} + \mathrm{var}(y_c)\left\{\frac{1}{n_c}+\frac{(\bar{x}_a-\bar{x}_c)^2}{S_{xx}}\right\}\right] \tag{9-17}$$

In Gl. (9-17) ist bewußt zwischen $\mathrm{var}(y_a)$ und $\mathrm{var}(y_c)$ unterschieden worden. Zwar gilt in der Regel ab der Probenvorbereitung, daß die Varianzen gleich bzw. statistisch nicht unterscheidbar sein sollen. In $\mathrm{var}(y_a)$ gehen im Gegensatz zu $\mathrm{var}(y_c)$ noch die Inhomogenität der Urprobe, die Probenziehung, Probenteilung usw. als fehlerbehaftete Schritte ein, sodaß in der Regel $\mathrm{var}(y_a) > \mathrm{var}(y_c)$ sein wird. Die Analysenstichprobe $\mathbf{y}_a$ und die Kalibrierstichprobe $\mathbf{y}_c(x)$ gehören nur bezüglich der eigentlichen Messung einer gemeinsamen Grundgesamtheit an. Die Meßdaten der Analysenstichprobe sind ein Datenvektor, die Meßdaten der Kalibrierstichprobe dagegen ein zweidimensionales Datenarray.

Selbstverständlich gelten alle Gleichungen auch für den Fall, daß bei der Aufarbeitung der Analysenprobe keine zusätzlichen Fehler auftreten, d.h. für den Fall $\mathrm{var}(y_c) \stackrel{\alpha}{=} \mathrm{var}(y_a)$. Man kann somit von einem für Kalibrierung und Analysenmessung gleichermaßen gültigen geschätzten Streuungsmaß $\mathrm{var}(y_c) \stackrel{\alpha}{=} \mathrm{var}(y_a) = \mathrm{var}(y)$ ausgehen. Damit vereinfacht sich (9-16) zu (9-18). Alle weiteren Betrachtungen sind ebenso anwendbar.

$$\mathrm{var}(\bar{x}_a) = \frac{\mathrm{var}(y)}{a_1^2}\left[\frac{1}{n_a}+\frac{1}{n_c}+\frac{(\bar{x}_a-\bar{x}_c)^2}{S_{xx}}\right] \tag{9-18}$$

Bei der Angabe eines Vertrauensbereiches für das Analysenergebnis muß man zunächst den Vertrauensbereich der Messung der Analysenstichprobe und seine Abbildung aus der Domäne der Meßwerte in die Domäne der Zustandsgröße betrachten. Dieser Zusammenhang ist in Abb. 17 dargestellt. Durch Spiegelung an der Kalibrierfunktion wird aus dem Vertrauensbereich der Meßwerte $\mathrm{cnf}(\bar{y}_a)$ der auf der Messung basierende Anteil des Vertrauensbereiches $\mathrm{cnf}(\bar{x}_a)_m$ (9-19) in der Dimension der Zustandsgröße (9-20).

$$\mathrm{cnf}(\bar{x}_a)_m = \frac{\mathrm{cnf}(\bar{y}_a)}{\alpha_1} \tag{9-19}$$

$$\mathrm{cnf}(\bar{x}_a)_m = \bar{x}_a \pm t_{\alpha,n_a-1} \frac{\mathrm{sdv}(y_a)}{n_a \alpha_1} \tag{9-20}$$

Hierbei ist zu beachten, daß die Kalibrier- bzw. Analysenfunktion im Hinblick auf die beiden Regressionskoeffizienten $\bar{y}_c$ und a_1 als fehlerfrei angesehen wird, d.h. Abb. 17 gilt für den Fall $\varphi(x) = \mu_y \alpha_1 (x - \mu_x)$ bzw. $\varphi(x) = \alpha_0 + \alpha_1 x$. Die Verwendung von α_1 anstelle von a_1 in Gl. (9-19) soll verdeutlichen, daß mit der – real nicht bekannten – wahren Kalibrierfunktion gerechnet wurde. Es ist somit eindeutig eine Breite des Vertrauensbereiches in der Dimension der Zustandsgröße anzugeben, dessen Wert unmittelbar auf der Breite in der Signaldomäne basiert. Deutlich wird in diesem Falle, daß die Breite des Vertrauensbereiches in der Domäne der Zustandsgröße von der Empfindlichkeit abhängt. Im vorliegenden Falle ist $a_1 > 1$ und somit wird der Vertrauensbereich schmaler.

Für das gewählte Beispiel ergibt sich der lediglich auf der Analysenmessung basierende Vertrauensbereich zu (9-21). Zu demselben Ergebnis gelangt man, wenn man von der üblichen Rechnung mit dem Ergebnis (9-13) ausgeht.

$$\mathrm{cnf}(\bar{x}_a)_m = 42{,}977 \pm 0{,}966 \tag{9-21}$$

Geht man auch hier wiederum lediglich von den beiden ersten Daten der Analysenmessung aus, so ergibt sich $\mathrm{cnf}(\bar{x}_a)_m = 43{,}79 \pm 3{,}41$. Für einen Einzelwert ist $\mathrm{cnf}(\bar{x}_a)_m$ nicht definiert.

Die übliche Berechnung von Analysenergebnissen mit Mittelwert, Standardabweichung und Vertrauensbereich berücksichtigt nicht die Unsicherheit des Kalibrierexperimentes und ist somit schlichtweg falsch.

Genauso kann man nun eine zweite Aufweitung des Vertrauensbereiches, diesesmal durch die geschätzte Kalibierfunktion angeben. Gefunden sei der wahre Wert $\mu_{y,a}$, d.h. bei dieser Berechnung werden die Meßwerte als fehlerfrei angesehen. Durch die statistische Unsicherheit der Kalibrierfunktion – ausgedrückt als Vertrauensbereich in der Domäne der Zustandsgröße (9-14) – ergibt

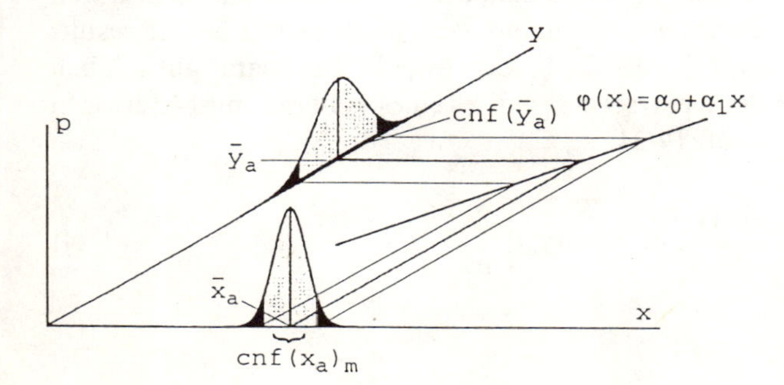

Abb. 17. Übertragung des Vertrauensbereiches aus der Signaldomäne in die Domäne der Zustandsgröße durch eine wahre Analysenfunktion

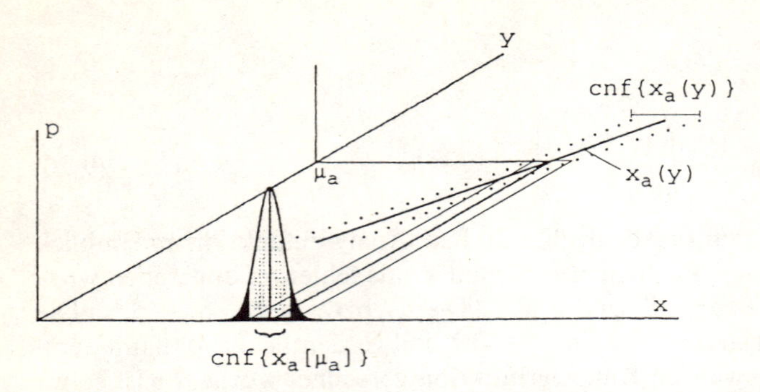

Abb. 18. Fehlerfortpflanzung für einen wahren Wert aus der Signaldomäne durch eine geschätzte Analysenfunktion

sich aus einem wahren Wert $\mu_{y,a}$ ein Vertrauensbereich in x_a (9-22), der lediglich auf der Kalibriermessung basiert. Dieser Sachverhalt ist in Abb. 18 wiedergegeben.

$$\mathrm{cnf}(\bar{x}_a)_c = \bar{x}_a \pm t_{\alpha,n_c-2} \frac{\mathrm{sdv}(y_c)}{a_1} \sqrt{\frac{1}{n_c} + \frac{(\mu_a - \bar{x}_c)^2}{S_{xx}}} \qquad (9\text{-}22)$$

Hier wird deutlich, daß ein wahrer Wert in der Signaldimension durch eine geschätzte Funktion bei der Umrechnung zu einem fehlerbehafteten Folgewert wird.

Für das gewählte Beispiel ergibt sich der lediglich auf dem Kalibrierexperiment basierende Vertrauensbereich zu (9-23).

$$\mathrm{cnf}(\bar{x}_a)_c = 42{,}977 \pm 0{,}699 \qquad (9\text{-}23)$$

Der in der Dimension der Zustandsgröße definierte Vertrauensbereich des Analysenergebnisses muß sich folglich aus den beiden Anteilen, dem der Analysenmessung und dem der Kalibrierung zusammensetzen. Insgesamt ergibt sich der Vertrauensbereich des Analysenergebnisses aus den beiden Ansätzen (9-20) und (9-22). Da der Ansatz (9-20) t_{α,n_a-1} und der andere Ansatz (9-22) dagegen t_{α,n_c-1} enthält, muß folglich der Gesamtansatz beide t-Faktoren enthalten. Daraus folgt aber wiederum, daß sich der Vertrauensbereich eines Analysenergebnisses $\mathrm{cnf}(\bar{x}_a)$ stochastisch unabhängig voneinander aus dem durch Messung und dem durch die Kalibrierung bedingten Anteil zusammensetzen muß. Damit ist der resultierende Vertrauensbereich größer als die beiden Anteile. Insgesamt gilt folglich für der Vertrauensbereich des Analysenergebnisses eines kalibrierungsbedürftigen Analysenverfahrens der Ansatz (9-24).

$$\mathrm{cnf}(\bar{x}_a) = \bar{x}_a \pm \frac{1}{a_1} \sqrt{\frac{t_a^2\,\mathrm{var}(y_a)}{n_a} + t_c^2\,\mathrm{var}(y_c)\left[\frac{1}{n_c} + \frac{(\bar{x}_a - \bar{x}_c)^2}{S_{xx}}\right]} \qquad (9\text{-}24)$$

mit $t_a = t_{\alpha,n_a-1}$
$t_c = t_{\alpha,n_c-2}$

Damit ergibt sich für das gewählte Beispiel der auf der Analysenmessung und dem Kalibrierexperiment basierende Vertrauensbereich nach Gl. (9-24) zu (9-25).

$$\mathrm{cnf}(\bar{x}_a) = 42{,}977 \pm 1{,}272 \tag{9-25}$$

Verringert man die Datenzahl auf $n_a = 2$ – es wird nur mit den beiden ersten Analysenmeßwerten gerechnet –, so erweitert sich der Vertrauensbereich wegen des relativ großen t-Faktors der Analysenmessung auf $\mathrm{cnf}(\bar{x}_a) = 43{,}79 \pm 3{,}49$.

Zugegebenermaßen ist ein Vertrauensbereich mit zwei Signifikanzschranken t_a und t_c ungewöhnlich. In diesem Zusammenhang sei nochmals darauf hingewiesen, daß die Meßwerte der Analysenstichprobe mit dem Ergebnis der Kalibrierung zum eigentlichen Analysenergebnis *verrechnet* werden und nicht zu einer Analysenstichprobe *vereinigt* werden. Es gibt kein Chimäre einer *„Anal-cal-“* oder *„Cal-anal-Stichprobe“*.

Selbstverständlich ist auch die Verwendung eines gewichteten harmonischen Mittels der Freiheitsgrade f_w denkbar. Es würde für die Fehlerfortpflanzung Gl. (9-26) gelten. Die Berechnung von f_w erfolgt über Gl. (9-27). Der Vertrauensbereich ist dann durch Gl. (9-28) definiert.

$$\mathrm{var}(\bar{x}_a) = \frac{1}{a_1^2}\left\{\frac{\mathrm{var}(y_a)}{n_a} + \mathrm{var}(\bar{y}_c)\left[\frac{1}{n_c} + \frac{(\bar{x}_a - \bar{x}_c)^2}{S_{xx}}\right]\right\} \tag{9-26}$$

$$f_w = \frac{f_A f_B[\mathrm{var}(y_A) + \mathrm{var}(y_B)]}{f_B\,\mathrm{var}(y_A) + f_A\,\mathrm{var}(y_B)} \tag{9-27}$$

$$\mathrm{cnf}\{x_a\} = \frac{t_{\alpha,f_w}}{a_1}\sqrt{\frac{\mathrm{var}(y_a)}{n_a} + \mathrm{var}(\bar{y}_c)\left[\frac{1}{n_c} + \frac{(\bar{x}_a - \bar{x}_c)^2}{S_{xx}}\right]} \tag{9-28}$$

Im Blickpunkt des Problems Stichprobe/Grundgesamtheit gilt: $\mathbf{y}_a$ und $\mathbf{y}_c$ sind Bestandteile von $\bar{\bar{\mathbf{y}}}$, die zugrundeliegende Stichprobe $\mathbf{x}_a$ ist aus $\mathbf{x}_p$ entstanden und damit von $\bar{\bar{\mathbf{p}}}$ abgeleitet. Die dem Datenarray $\mathbf{y}_c$ zugrundeliegende Stichprobe $\mathbf{x}_c$ ist dagegen aus $\mathbf{x}_s$ entstanden und damit von $\mathbf{s}$ abgeleitet.

Als letztes sei noch auf folgende Mißinterpretation hingewiesen: Aus n_c Meßdaten einer Kalibrierung entsteht eine Kalibrierfunktion $\hat{y}(x)$ und $n_c - 2$

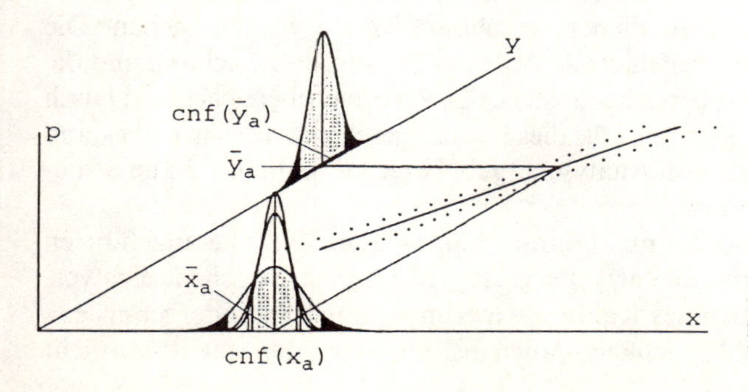

Abb. 19. Gesamtfehlerfortpflanzung und Vertrauensbereich einer Analysenmessung

Freiheitsgraden (richtig!). Es wird *eine* Analysenmessung y_a durchgeführt und das Ergebnis x_a berechnet. Der Vertrauensbereich ergibt sich dann zu (9-29) mit $n_a = 1$. Es würde sich dabei für die beiden ersten Daten des gewählten Beispiels mit $\mathrm{cnf}(\bar{x}_a)_p = 43{,}79 \pm 1{,}55$ ein Vertrauensbereich ergeben, der gerade halb so breit ist wie der lediglich auf der Analysenmessung beruhende Anteil!

$$\mathrm{cnf}\{x_a(y)\} = \bar{x}_a \pm t_{\alpha, n_c - 2} \frac{\mathrm{sdv}(y_c)}{a_1} \sqrt{\frac{1}{n_a} + \frac{1}{n_c} + \frac{(x_a - \bar{x}_c)^2}{S_{xx}}} \tag{9-29}$$

Diese Gleichung ist in jedem Falle falsch, da hier eine unzulässige Übertragung des Vorhersagebereiches der Kalibrierfunktion (9-30) auf der Analysenfunktion erfolgt ist.

$$\mathrm{prd}\{\hat{y}(x)\} = \hat{y}(x) \pm t_{\alpha, n_c - 2}\, \mathrm{sdv}(y_c) \sqrt{\frac{1}{n_n} + \frac{1}{n_c} + \frac{(x - \bar{x}_{nc})^2}{S_{xx}}} \tag{9-30}$$

Der Vorhersagebereich gilt für n_n neue Kalibriermessungen *derselben* Stichprobe – also von aufgearbeiteten Kalibrierstandards (!) – an der Stelle x_n. Die Verwendung dieser Gleichung ist also vor allem deshalb nicht zulässig, weil hier aus einer Stichprobe $\mathbf{y}(x)$ eine Vorhersage auf eine Stichprobe $\mathbf{x}_a$ gemacht wird. Auch eine Vorhersage auf eine Stichprobe $\mathbf{y}_a$ ist nicht möglich, da $\bar{y}_a$ im gesamten Kalibrierbereich liegen kann.

10 Schlußbemerkung

Der Vertrauensbereich eines analytischen Ergebnisses gibt an, innerhalb welcher Grenzen zu einem gefunden Mittelwert $\bar{x}$ oder $\bar{y}$ – Achtung, es gibt folglich keinen Vertrauensbereich für einen Einzelwert – der wahre Wert μ_x oder μ_y liegt, wenn die Voraussetzung erfüllt ist, daß keine zusätzlichen systematischen Fehler das Ergebnis verfälschen. Werden zwei Stichproben – also z.B. ein Kalibrierexperiment mit n_c Daten und eine Analysenmessung mit n_a Daten – verrechnet, so muß ein angegebener Vertrauensbereich die Unsicherheit des Kalibrierexperimentes und der Analysenmessung einschließlich der jeweiligen zugehörigen Datenzahlen widerspiegeln. Eine statistische Angabe muß unbedingt alle Streuungsmaße enthalten und darf nicht dazu dienen, geschönte Werte wiederzugeben. Die Verwendung des sog. Standardfehlers anstelle der Standardabweichung und die Verwendung des Vorhersagebereiches anstelle des Vertrauensbereiches sind falsch verstandene Statistik oder grenzen, falls dies bewußt geschieht, an den Tatbestand der bewußten Verfälschung von Analysenergebnissen, da in diesem Falle Streuungsmaße bewußt geschönt werden.

Es sei abschließend noch einmal darauf hingewiesen, daß alle angeführten Gliederungen auch für den Fall $\mathrm{var}(y_a) = \mathrm{var}(y_c)$ gültig sind. Es gehen selbstverständlich alle Informationen des Kalibrierexperimentes in das Endergebnis ein. Allerdings gibt es keine Möglichkeit – auch bei gleicher oder statistisch nicht unterscheidbarer Varianz – für eine *Einzelmessung* einer Analysenprobe einen Vertrauensbereich anzugeben. Für eine Einzelmessung gibt es keine geschätzte Varianz und somit auch keine Möglichkeit einer Entscheidung, ob Varianzenhomogenität vorliegt. Eine Einzelmessung sagt nur aus, daß gemessen wurde, es sind keinerlei statistische Rückschlüsse und erst recht keine Validierung möglich.

Dank. Diese Arbeit entstand aus einer Reihe von Diskussionen im Arbeitskreis und in den von uns durchgeführten GDCh-Kursen Validierte Kalibrierung. Mein Dank gilt all denen, die dieses Problem erkannt und diskutiert haben. In die vorliegende Fassung gingen noch Anregungen der Herausgeber Dr. Huber und Prof. Dr. Danzer ein, für die ich mich ausdrücklich bedanken möchte, da diese Anmerkungen zur Klärung des vorliegenden und mit an Sicherheit grenzender Wahrscheinlichkeit nicht trivialen Problems der Vertrauensbereiche analytischer Ergebnisse beigetragen haben.

11 Abkürzungen und Symbole

Wahre Werte

α wahrer Koeffizient (Parameter)
α Irrtumswahrscheinlichkeit
μ wahrer Wert
φ wahre Funktion
σ^2 wahres Streuungsmmaß

Geschätzte Werte

$\bar{y}$ Mittelwert
sdv(y) geschätzte Standardabweichung
var(y) geschätzte Varianz
cnf($\bar{y}$) Vertrauensbereich eines Mittelwertes
T Statistische Testgröße (steht immer mit dem zugehörigen Index T_t, T_p)
V Statistische Vergleichsgröße

Geschätzte Funktionen

$\hat{y}(x)$ Kalibrierfunktion
$x_a(y)$ Analysenfunktion (Umkehrfunktion der Kalibrierfunktion)
var$\{\hat{y}(x)\}$ Varianzfunktion der Kalibrierfunktion
cnf$\{\hat{y}(x)\}$ Vertrauensbereich der Kalibrierfunktion
prd$\{\hat{y}(x)\}$ Vorhersagebereich der Kalibrierfunktion

Beschreibung von Datenvektoren

$\mathbf{p}, \mathbf{s}, \mathbf{x}, \mathbf{y}$ Stichproben
$\bar{\mathbf{p}}, \bar{\mathbf{s}}, \bar{\mathbf{x}}, \bar{\mathbf{y}}$ Grundgesamtheiten
Im statistischen Schrifttum finden sich zwei Schreibweisen für Grundgesamtheiten: In diesem Falle wäre dies π und $\bar{\mathbf{p}}$. Wegen der leichteren

Verknüpfbarkeit einer Stichprobe p wurde die Schreibweise $\bar{\bar{p}}$ bevorzugt. Hinzu kommt die Schwierigkeit, zu den Stichproben **x** und **y** entsprechende griechische Symbole zuzuordnen. Bei der Grundgesamtheit $\bar{\bar{s}}$ würde die Schreibweise σ leicht zu Verwechslungen Anlaß geben.

$N[\mu, \sigma^2]$ Normalverteilung
$N[\bar{y}, var(y)]$ geschätzte Normalverteilung bei sehr großen Datenzahlen
$N_t[\bar{y}, var(y); n]$ geschätzte t-Verteilung bei kleinen Datenzahlen

Mathematische Funktion

ln( ) natürlicher Logarithmus (Basis: e)
log( ) dekadischer Logarithmus (Basis: 10)
exp( ) Exponentialfunktion (Basis: e)
10 ^ ( ) Exponentialfunktion (Basis: 10)

Symbole

$=$ mathematisch gleich
$\stackrel{\alpha}{=}$ innerhalb der Irrtumswahrscheinlichkeit α statistisch nicht unterscheidbar
$\stackrel{\alpha}{\neq}$ innerhalb der Irrtumswahrscheinlichkeit α statistisch unterscheidbar

Variablen

x unabhängige Variable (Zustandsgröße)
y abhängige Variable (Signalgröße)
n Datenzahl
f Zahl der Freiheitsgrade
$t_{\alpha,f}$ Schranke der t-Verteilung
z_α Schranke der Standardnormalverteilung (z-Verteilung)
F_{α,f_1,f_2} Schranke der F-Verteilung

Indizes

a Analyse
b Blindwert
c Kalibrierung
i Laufindex in der Reihenfolge der Datengewinnung
j Laufindex einer geordneten Datenfolge
k Kalibrierpunkt, Klassierung
m Messung
s Standard

12 Literatur

Grundlagen der verwendeten Statistik finden sich in den gängigen Lehrbüchern der Statistik [Sachs (1984), Doerffel (1984), (1990), Hartung, Elpelt, Klösener (1982)].

Eine Publikation über die Bestimmungs- und Nachweisgrenze [Ebel, Kamm (1983)] wurde in Diskussionen, niemals aber in der Literatur, angegriffen, weil dort zwei t-Faktoren verwendet wurden. Als der Autor 1987 sich mit der Fehlerfortpflanzung als Basis des t-Testes auseinandersetzte, mußte er bei längerem Literaturstudium feststellen, daß der Ansatz von Welch (1937) fast identisch war. Es besteht somit der begründete Verdacht, daß bereits an anderer Stelle auch für das Problem des Vertrauensbereiches analytischer Ergebnisse ebenfalls ein ähnlicher Ansatz diskutiert wurde. Der Autor wäre deshalb für eventuelle Literaturhinweise sehr dankbar.

Behrens WV (1929) Landw Jahrb 68: 822
Doerffel K (1984): Statistik in der Analytischen Chemie; VCH Verlagsgesellschaft Weinheim
Doerffel K (1990): Statistik in der Analytischen Chemie; VEB Deutscher Verlag für Grundstoffindustrie, Leipzig
Ebel S, Kamm U (1983) Fresenius Z Anal Chem 316: 382–385
Ebel S, Ledermann M, Mümmler B (1989) Arch Pharmaz 323: 195–200
Ebel S (1990) unveröffentlichte Ergebnisse
Ebel S (1991) unveröffentlichte Ergebnisse
Ebel S (1987) unveröffentlichte Ergebnisse
Fisher RA (1936) Ann Eugen 6(4): 396
Hartung J, Elpelt B, Klösener KH (1982): Statistik; Oldenbourg Verlag, München
Sachs L (1984): Angewandte Statistik; Springer Verlag, Berlin uaO
Welch BL (1936) Biometrika 29: 350–361
WsA Würzburger Skripten zur Analytik, Reihe 1 Statistik
(1992) 1.3 Datenvektoren
(1992) 1.4 Lineare Kalibrierfunktion
(1992) 1.8.3 Auswertung von Ringversuchen

II. Methoden

Chromatographie mit überkritischen dichten mobilen Phasen (SFC)

E. Klesper und S. Küppers

Lehrstuhl für Makromolekulare Chemie, RWTH Aachen, Worringer Weg 1, D-5100 Aachen

1 Einleitung

1.1 Geschichte

Die Entwicklung der modernen Chromatographie hat sich seit 1952, dem Jahr der ersten Veröffentlichung einer Arbeit über die Gaschromatographie (GC) [1], rasch und weitverzweigt vollzogen. Seit Einführung der Kapillargaschromatographie durch *Golay* [2] im Jahre 1958 steht die Gaschromatographie prinzipiell schon in der heute bekannten Leistungsfähigkeit zur Verfügung. Im Laufe der folgenden 60er Jahre wurden vor allem die Entwicklungen auf dem Gebiet der Hochleistungsflüssigkeitschromatographie (HPLC) vorangetrieben. Die die beiden chromatographischen Methoden GC und HPLC verbindende Chromatographie mit überkritischen verdichteten mobilen Phasen, SFC (*S*upercritical *F*luid *C*hromatography), hat seit ihrer ersten Vorstellung im Jahre 1962 [3] zunächst keine breite Bearbeitung erfahren und dementsprechend auch keine schnellen Fortschritte gemacht. Die SFC verwendet statt Niederdruckgasen (GC) oder Flüssigkeiten (HPLC) verdichtete mobile Phasen mit Lösefähigkeit, die sich im allgemeinen oberhalb ihrer kritischen Temperatur T_c und ihrem kritischen Druck p_c befinden. Ein typisches Beispiel ist CO_2 oberhalb $T_c = 31{,}3\,°C$ und $p_c = 72{,}9$ bar. Kennzeichnend ist, daß die Grenzen zwischen SFC und GC einerseits und SFC und HPLC andererseits fließend sind mit einem kontinuierlichen Übergang vom Niederdruckgas zur Flüssigkeit, einfach durch Veränderung von Temperatur und Druck. Dies hat zur Voraussetzung, daß die Dampfdruckkurve entsprechend einem direkten Übergang von der GC zur HPLC nicht durchschritten wird, d.h. es dürfen nicht zwei koexistierende Phasen gebildet werden. Die Entwicklung der SFC zu einer allgemein eingeführten chromatographischen Methode begann erst zu Anfang der 80er Jahre, als nach der weithin erfolgreichen Kapillar-GC und der HPLC sich die Erkenntnis verbreitete, daß vor allem thermisch labile Substanzen, hochmolekulare Stoffe und Substanzen ohne Chromophore oft nicht, oder nicht mit genügender Effizienz, durch die bereits gut entwickelten Methoden der GC und HPLC analysiert werden konnten. Nicht weniger wichtige Faktoren stellten die Einführung der Kapillarsäulen in der SFC [4] und die Modifizierung kommerzieller HPLC-Systeme für den Einsatz in der SFC [5–7] dar. Von großer Bedeutung war auch die Einführung der Druckgradientenprogrammierung [8, 9] und die Gradientenprogrammierung von Modifikatoren [6, 10], d.h. von Zweitkomponenten in der mobilen Phase. Einen Überblick über die geschichtliche Entwicklung der Chromatographie allgemein geben zwei Monographien [11, 12], die Entwicklung speziell der SFC ist ebenfalls beschrieben worden [13].

Das zunehmende Interesse an Methode und Anwendung der SFC dokumentiert sich seit Beginn der 80er Jahre durch eine stark ansteigende Zahl von Publikationen und eine größere Anzahl von Tagungen und Symposien. Mindestens 7 Bücher [13–19] sind erschienen, diese gehen überwiegend auf Symposien zurück. Die Bibliographie der SFC bis 1986 ist in einer Broschüre [20] zusammengefaßt worden, eine Habilitationsschrift ist erschienen [21], und zwei umfangreiche Applikationssammlungen [22, 23] mit mehr als 600 Chromatogrammen stellen eine Auswahl von Anwendungen der SFC vor. Eine Reihe von neueren kurzen Artikeln gibt eine erste Übersicht über die Methode [24–38]. Darüber hinaus befassen sich auch umfangreichere, meist zeitlich weiter zurückliegende Übersichtsartikel mit der SFC [39–47]. In der Theorie der SFC sind ebenfalls deutliche Fortschritte erzielt worden, wobei insbesondere die Retention (Kapazitätsverhältnis) [48–52] sowie Bodenhöhe und Auflösung [53, 54] im Vordergrund des Interesses standen. Die Notwendigkeit einer Theorie für die SFC hat zur Entwicklung einer universellen Theorie der Chromatographie geführt, die GC und HPLC einschließt [55–57].

1.2 Physikalische Grundlagen

Überkritische Fluide für die Chromatographie sind verdichtete Phasen mit Eigenschaften, die sie zwischen Gase bei niedrigem Druck und Flüssigkeiten stellen. Die Definition, daß nur die drei Aggregatzustände *gasförmig*, *flüssig* und *fest* existieren, wird hierdurch jedoch nicht berührt. Überkritische Fluide stellen also einen Übergangszustand zwischen Gasen bei niedrigem Druck und Flüssigkeiten dar, ähnlich wie flüssige Kristalle mit ihren breitgefächerten, stark unterschiedlichen Ordnungs- und Mobilitätszuständen einen Übergang zwischen typischen kristallinen Festkörpern und Flüssigkeiten darstellen. Als für den chromatographischen Prozess wichtige Größen sind insbesondere der binäre Diffusionskoeffizient, die Viskosität, sowie die Löse- und Solvatationsfähigkeit zu nennen. Der Diffusionskoeffizient tendiert bei steigender Dichte von Gasen, insbesondere im Gebiet weit oberhalb vom kritischen Druck, p_c, mehr zu dem von Flüssigkeiten, während die Viskosität auch bei höheren Dichten mehr der von Niederdruckgasen entspricht [43], wie aus Tabelle 1 hervorgeht. Das Lösevermögen ist ebenso wie der Diffusionskoeffizient stark dichteabhängig und liegt bei den in der SFC häufig verwendeten Dichten unter, aber auch über, dem des entsprechenden flüssigen Lösungsmittel, es ist aber außerordentlich viel größer als bei Niederdruckgasen der GC, die praktisch kein Lösevermögen aufweisen. Hervorzuheben ist auch, daß das Lösevermögen von verdichteten Gasen ebenso wie das von Flüssigkeiten stark von der Struktur des Moleküls abhängig ist. Unpolare und nicht polarisierbare Moleküle, z.B. He, H_2, N_2 und SF_6, zeigen auch im stark verdichteten Zustand nur eine vernachlässigbare Lösefähigkeit für unpolare und polare Substanzen.

Erhöhter Diffusionskoeffizient und erniedrigte Viskosität führen dazu, daß mit Hilfe von überkritischen verdichteten Fluiden als mobiler Phase eine chromatographische Trennung in der SFC schneller als mit den flüssigen Phasen in der HPLC durchzuführen sein wird. Tritt man jedoch durch weitere Erhöhung des Druckes in den Bereich der flüssigkeitsähnlichen Dichten ein, so wird zwar die Lösekraft und ggf. die Solvatation maximal, aber der Vorteil des höheren Diffusionskoeffizienten geht zu einem Teil verloren. Ein anderer Vorzug der SFC gegenüber der HPLC ist darin begründet, daß mit einigen mobilen Phasen der SFC, wie z.B. CO_2, SF_6 und Xenon, der in der Gaschromatographie universell einsetzbare Flammenionisationsdetektor (FID) Verwendung finden kann. Dies ist bei der HPLC wegen der fast ausschließlichen Verwendung von organischen Phasen nicht möglich. Dennoch ist der FID wegen seines Ansprechens

Tabelle 1. Kenndaten von Gasen, überkritischen Fluiden und Flüssigkeiten

		gasförmig	überkritisch	flüssig	Einheit
Dichte	ρ	1×10^{-3}	3×10^{-1}	1×10^{0}	$g\,cm^{-3}$
Viskosität	η	1×10^{-4}	5×10^{-4}	1×10^{-2}	$g\,cm^{-1}\,s^{-1}$
Diffusionskoeffizient	D	1×10^{-1}	1×10^{-4}	5×10^{-6}	$cm^2\,s^{-1}$

auf organische Substanzen auch bei der SFC kein universeller Detektor, denn es ist deutlich, daß die SFC auf Dauer ohne organische mobile Phasen entweder als Hauptkomponente oder als Zweitkomponente (Modifikatoren) nicht auskommen wird. Dies ist auch bei der Betrachtung neuerer Entwicklungen sichtbar [18]. Ein universeller Detektor für die SFC und HPLC ist das Massenspektrometer (MS), das schon jetzt häufig und mit Erfolg in der SFC eingesetzt wird [58–69]. Die Vorteile der SFC-MS Hybridtechnik gegenüber HPLC-MS bestehen wesentlich aus der leichteren Entfernung der mobilen Phase und der dadurch erleichterten Abtrennung des Analyts im Einlaßteil des Massenspektrometers. Bei den höhersiedenden mobilen Phasen der HPLC ist die Entfernung der mobilen Phase mittels Verdampfung und die notwendige nicht-diskriminierende Rückhaltung des zu detektierenden Analytes schwieriger. Der in neuerer Zeit entwickelte universelle Lichtstreudetektor (LSD) arbeitet unter Vernebelung des Eluats bei Austritt aus der Säule, gleichzeitiger Verdampfung der mobilen Phase und Detektion der übrigbleibenden, zerstäubten Analytpartikel durch Lichtstreuung. Allerdings ist die Streuintensität bei gleicher Analytmenge von vielen Faktoren, wie z.B. dem verwendeten Gradienten abhängig und außerdem in der Regel nichtlinear. Diese neue SFC-LSD Kombination hat aber gegenüber SFC-MS den Vorteil, wesentlich billiger zu sein [70–72].

1.3 Stellung der SFC zwischen GC und HPLC

Die SFC hat gegenüber der GC und HPLC eine größere Flexibilität in der Einstellung der physikalischen Parameter für die mobile Phase aufzuweisen, da alle Parameter, wie Druck (Dichte), Zusammensetzung (bei binären oder ternären mobilen Phasen), Temperatur, Lineargeschwindigkeit und Druckabfall über der Säule oft von großem Einfluß auf das Trennergebnis sind. Dies führt zu einer hohen Programmierfähigkeit für die SFC [73–75]. Während bei der GC hauptsächlich die Programmierung von Temperaturgradienten und bei der HPLC die der Zusammensetzungsgradienten mit Erfolg eingesetzt werden, sind bei der SFC sowohl mit Temperatur- [76–79] als auch mit Zusammensetzungsgradienten [80–82] sehr verbesserte Trennungen erzielt worden. Hierbei ist das einfach durchzuführende negative Temperaturprogramm häufig eingesetzt worden. Dabei führen die mit sinkender Temperatur ansteigenden Dichten zu kürzeren Elutionszeiten für die langsam eluierenden Komponenten des Substrats. Auch werden seit Anbeginn der SFC die Druck- oder Dichtegradienten mit Erfolg eingesetzt [83–91]. Die Programmierung der Dichte führt über einen weiten Bereich zu einem annähernd linearen Zusammenhang zwischen dem Logarithmus des Kapazitätsverhältnisses ($\lg k'$) und der Dichte, während bei der Programmierung des Druckes der Zusammenhang zwischen $\lg k'$ und dem Druck umso stärker nichtlinear ist, je mehr man sich T_c nähert. Die technische Durchführung der Dichte- oder Druckprogrammierung für gepackte Säulen größeren Durchmessers hat sich seit der Einführung von Ventilen, die durch einen Regelkreis kontrolliert werden, stark vereinfacht [89, 90]. Die von anderen physikalischen Parametern und Gradienten unabhängige und beabsichtigte Programmierung der Lineargeschwindigkeit hat dagegen bislang – weder als Einzelprogrammierung noch als Programmierung in Kombination mit der anderer Parameter, z.B. der Dichte – viel Beachtung gefunden. Dies steht im Gegensatz zu der Voraussage, daß z.B. bei einer positiven Dichteprogrammierung eine laufende und optimal gewählte Verminderung der Lineargeschwindigkeit wegen der Verkleinerung des binären Diffusionskoeffizienten mit ansteigender Dichte von wesentlichem Interesse ist [73].

Die zahlreichen Möglichkeiten zur Programmierung von Gradienten gestatten, ein Trennproblem ohne Wechsel von mobiler oder stationärer Phase partiell zu optimieren. Hierbei dürfte auch die Anwendung von simultanen multiplen Gradienten zunehmen, zu denen die erwähnte simultane Programmierung von Dichte und Lineargeschwindigkeit auch gehören würde. Außerdem eröffnen zeitlich hintereinander (in Serie) geschaltete Gradienten die interessante Möglichkeit, GC, SFC und HPLC in einem chromatographischen Lauf miteinander zu verbinden [87, 92, 93]. So können diejenigen Komponenten eines Substrats, die einen ausreichenden Dampfdruck besitzen, zunächst bei niedrigen Drucken mit der gleichen Säule und der gleichen oder verschiedenen mobilen Phasen unter Temperaturprogrammierung im GC Modus getrennt werden, während dann erst die Komponenten, die keinen Eigendampfdruck besitzen, durch Druck- oder Dichteprogrammierung bis hin ins überkritische Gebiet ($T > T_c; p > p_c$) einer

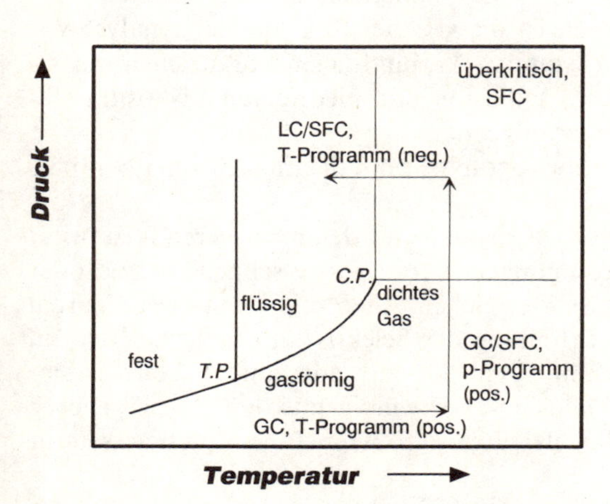

Abb. 1. Phasendiagramm einer reinen mobilen Phase (C.P. = kritischer Punkt; T.P. = Tripelpunkt; pos. = positiv = ansteigend; neg. = negativ = abfallend). Von T.P. bis C.P. verläuft die Dampfdruckkurve, die das Gebiet der Gaschromatographie (GC) von dem der Flüssigkeitschromatographie (LC) trennt. Die Grenzen zwischen LC und SFC, ebenso wie zwischen GC und SFC, können per Konvention bei T_c (T_c = kritische Temperatur = senkrechte dünne Linie) bzw. bei p_c (p_c = kritischer Druck = waagerechte dünne Linie) gesehen werden. Die Änderung der physikalischen Eigenschaften der mobilen Phase erfolgt aber bei Überqueren der beiden dünnen Linien in stetiger Weise. Dies erlaubt einen kontinuierlichen Übergang der Art GC-SFC-LC, z.B. durch eine Sequenz von Programmen: positives T-Programm, positives p-Programm und negatives T-Programm [87]

SFC Trennung unterworfen werden. In einer sich daran anschließenden negativen Temperaturprogrammierung wird auch noch der Bereich der HPLC mit einbezogen. Eine derartige Folge von zeitlich aufeinanderfolgenden Gradienten ist in Abb. 1 mittels eines Phasendiagramms für eine reine mobile Phase schematisch dargestellt. Die Programmfolge ergibt gute Trennungen für Gemische von kondensierten Aromaten und Styrololigomeren, und sie demonstriert auch die Bindegliedfunktion der SFC zwischen GC und HPLC. Da hierbei mit Durchschreiten T_c oder p_c kein Phasenwechsel gasförmig/flüssig auftritt, ergibt sich, daß die physikalischen Eigenschaften, wie Diffusionskoeffizient, Viskosität und Dichte, sich auch bei T_c oder p_c nur kontinuierlich ändern, im Gegensatz zum direkten Durchschreiten der Dampfdruckkurve, die den GC- und HPLC-Bereich voneinander trennt (vgl. Abb. 1).

Als Vorteile der Fluidchromatographie gegenüber der Gaschromatographie können u.a. gelten:

- lösungsbedingtes Transportvermögen für schwerflüchtige oder nichtflüchtige Komponenten des Substrats, einschließlich von Oligomeren und Polymeren.
- Analysierbarkeit von thermisch labilen Verbindungen wegen der Möglichkeit zur Trennung bei niedrigen Temperaturen,
- eluentenbedingte Steigerung der Selektivität infolge von Wechselwirkungen zwischen mobiler Phase und Substratmolekülen,
- deutliche Reduzierung der Notwendigkeit zur Derivatisierung.

Zudem kann in Spezialfällen, z.B. bei Einsatz von flüssigkristallinen stationären Phasen, die Trenneffizienz der SFC höher sein als die, die mittels GC erreichbar ist [94]. Generell jedoch ist die GC der SFC bei der Analyse von leichter flüchtigen und thermisch stabilen Verbindungen vorzuziehen, da sie aufgrund der wesentlich schnelleren Diffusion und niedrigeren Viskosität effizientere und raschere Trennungen ermöglicht.

Gegenüber der Flüssigkeitschromatographie weist die Fluidchromatographie u.a. folgende Vorteile auf:

- Infolge des größeren Diffusionskoeffizienten und der niedrigeren Viskosität lassen sich – vergleichbare Bedingungen vorausgesetz-schnellere und/oder effizientere Trennungen mittels SFC erreichen. Allerdings kann dieser Vorteil in manchen Fällen durch eine Erhöhung der Selektivität durch die Vielzahl von in der HPLC verwendbaren mobilen Phasen wieder aufgehoben werden.
- Ebenfalls als Folge der höheren Diffusionsgeschwindigkeit können – bei gleicher Effizienz und Analysenzeit – Kapillarsäulen größeren Innendurchmessers in der SFC eingesetzt werden.
- Der Einsatz hochentwickelter GC-typischer Detektoren mit entweder universeller (z.B. FID) oder elementspezifischer oder sonstwie spezifischer Detektion ist bei Verwendung geeigneter mobiler Phasen (z.B. CO_2) möglich oder leichter möglich.
- Bei on-line IR-Detektion bieten verschiedene mobile Phasen breite Fenster an [95–97]. Das teure Edelgas Xe z.B. ist über den gesamten spektralen Bereich IR-inaktiv.

- Die Kombination mit massenspektrometischer „on-line" Detektion ist wegen des größeren Dampfdrucks der mobilen Phase leichter zu bewerkstelligen.
- Ist für die Detektion die Entfernung der mobilen Phase notwendig (z.B. bei off-line und on-line IR- und MS-Kopplungen sowie bei evaporativer Lichtstreudetektion), so läßt sich dies auch mit typischen SFC-Eluenten leichter durchführen.
- die SFC ist auf einfachere Weise mit der Extraktion mit überkritischen dichten Fluiden, SFE (*supercritical fluid extraction*), zu kombinieren; Extraktionen mit überkritischen Medien dürften für die Probenaufbereitung und Injektion verstärkte Bedeutung erlangen [98–102].

Andererseits steht der Flüssigkeitschromatographie gegenüber der Fluidchromatographie jetzt und wahrscheinlich auch in Zukunft eine wesentlich breitere Palette mobiler Phasen zur Verfügung, was vor allem für die Trennung von polaren und schwerlöslichen Verbindungen von Bedeutung ist. Es kann allerdings auch der Fall auftreten, daß mit einem überkritischen Medium Löslichkeiten erhalten werden, die die der gleichen Phase im flüssigen Zustand – bei notwendigerweise niedrigeren Temperaturen – übersteigt [103]. Generell kann man für die Wahl des geeigneten chromatographischen Verfahrens wie folgt vorgehen:
- GC für alle thermisch stabilen, relativ leichtflüchtigen Verbindungen,
- SFC dann, wenn GC nicht zum Einsatz kommen kann und die Löslichkeit der Probe in einer der SFC zur Verfügung stehenden mobilen Phasen gegeben ist;
- LC für alle Trennungen, die weder mit GC noch mit SFC bearbeitet werden können, z.B. dadurch, daß nur im flüssigen Bereich, ggfs. bei tiefen Temperaturen, die für die Trennung erforderliche Selektivität erreichbar ist oder weil weder Eigendampfdruck für die GC noch Löslichkeit für die SFC ausreichen.

Das Lösungsmittel, in dem das Substrat in gelöster Form in die Säule injiziert wird, muß sorgfältig ausgewählt werden, um Artefakte und beeinträchtigte Auflösungen in den Chromatogrammen zu vermeiden; sowohl bei SFC als auch bei LC können ungeeignete Kombinationen von Lösungsmittel und Substrat Probleme verursachen. Man ist daher bemüht, als Lösungsmittel die mobile Phase selbst zu verwenden. Bei der SFC macht das, da „verflüssigte Gase" wie CO_2, N_2O, Ethan, Propan etc. in der Regel den Hauptbestandteil der mobilen Phase darstellen, eine druckbeständige Extraktionskammer notwendig, die „on line" durch ein Mehrwegeventil mit der Trennsäule sowie der Pumpe für die mobile Phase verbunden wird.

2 Apparative Aspekte

Der Grund für die bereits erwähnte späte Entwicklung der SFC zu einer routinemäßig anwendbaren chromatographischen Methode ist in den für die Jahre 1962 bis etwa 1980 beschränkten Möglichkeiten für eine relativ aufwendige apparative Technik zu sehen. Bis etwa 1982 wurde keine kommerzielle SFC-Apparatur auf dem Markt angeboten. Die SFC-Apparaturen mußten im Eigenbau erstellt werden, und auch heute noch ist ein wichtiges Hindernis für die größere Verbreitung der SFC als Routinemethode der Mangel an Apparaturen, die allen Anforderungen – z.B. der flexiblen Druckkontrolle bei Kapillarsäulen – entsprechen. Benötigt werden SFC-Geräte, die die gesamte Breite der Methodenentwicklung erlauben, angefangen von der unabhängigen Programmierung der physikalischen Parameter Druck, Dichte, Temperatur, Lineargeschwindigkeit und Zusammensetzung der mobilen Phase, über die simultane und aufeinanderfolgende Programmierung der obigen Parameter, der präzisen Förderung von mehreren Komponenten einer mobilen Phase auch in kleinsten Mengen – wie für die Kapillar-SFC benötigt – bis hin zu generell und speziell anwendbaren sowie informationsreichen Detektoren. Eine Reihe weiterer Konstruktionsmerkmale müßte gegeben sein, z.B. solche, die eine befriedigende Injektion einschließlich Peakkompression ermöglichen.

Die relativ weit fortgeschrittene Entwicklung auf dem GC- und HPLC-Gebiet legte schon Ende der siebziger Jahre die Verwendung von modifizierten und unmodifizierten GC- und HPLC-Bauteilen oder von ganzen Apparaturen nahe. Hierdurch wurde der Zugang zur SFC für die Forschungslaboratorien zwar erleichtert, eine breitere Anwendung der SFC ergab sich jedoch erst, als komplette kommerzielle Geräte auf den Markt gebracht wurden, auch wenn diese die oben gestellten Forderungen bislang noch nicht alle erfüllen. Da aufgrund der hohen apparativen Anforderungen bei der SFC nicht erwartet werden kann, daß alle Probleme bereits in Kürze der Vergangenheit angehören werden, erscheint es sinnvoll, auf die einzelnen Bestandteile einer SFC-Apparatur einzugehen.

2.1 Pumpen

Zur Förderung der mobilen Phase können auch die aus der HPLC bekannten Hochdruckpumpen vom Kolben-, Kolbenmembran- und Spritzenpumpentyp eingesetzt werden. Bei Einsatz von Kolben- bzw. Kolbenmembranpumpen müssen flußabwärts hinter der Pumpe oft Pulsationsdämpfer eingesetzt werden, da diese Pumpen „stoßweise" arbeiten, also Füll- und Fördertakte aufweisen, die mit mehr oder weniger starken Druckschwankungen einhergehen. Im Gegensatz dazu arbeiten Spritzenpumpen kontinuierlich [103]. Ihr Nachteil besteht aber darin, daß sie nur ein limitiertes Verdrängungsvolumen aufweisen und somit entweder die Volumenförderrate oder die Chromatogrammdauer begrenzt ist. Diese Aussagen prädestinieren die Spritzenpumpe für den Einsatz mit offenen Kapillarsäulen (OTC-Säulen), da bei diesen nur mit sehr kleinen Flüssen gearbeitet wird und außerdem keine Selbstdämpfung von Pumpenpulsationen durch eine Packung von feinkörnigem Trägermaterial stattfinden kann. Jedoch haben sich z.B. bei der Anwendung von Zusammensetzungsgradienten, bzw. der Kombination von Zusammensetzungs- und Druckgradienten, auch für Kapillarsäulen die Kolbenpumpen in Verbindung mit einem Splitter als vorteilhaft erwiesen. Eine gepackte Vorsäule kann hier als Pulsationsdämpfer dienen. Die Dichte der mobilen Phase, die eine Funktion von Druck, Temperatur und Zusammensetzung der mobilen Phase darstellt, ist in der SFC von besonderem Interesse, da sich mit der Dichte die Lösekraft der mobilen Phase stark ändert. Es darf dabei aber nicht übersehen werden, daß bei Vergleich von zwei reinen mobilen Phasen oder bei Vergleich von zwei verschiedenen Zusammensetzungen der gleichen binären mobilen Phase weniger die gleiche Dichte als das gleiche freie Volumen [104] angestrebt werden sollte. Dies ermöglicht einen sinnvollen Vergleich, da neben dem freien Volumen zwischen den Molekülen nur die chemische Natur dieser Moleküle die Lösefähigkeit bestimmt. Die Genauigkeit in der Einstellung der Lösekraft ist bei einer „on-line" gemischten mobilen Phase von der Präzision der Pumpen abhängig. Bei Pumpen für Kapillarsäulen und Mikroboresäulen sollten Fehler von 1 μl/min möglichst nicht überschritten werden, während Druck und Temperatur innerhalb 0,1 bar und 0,1 °C liegen sollten.

2.2 Injektionssysteme

In der SFC ist das Injektionssystem von ähnlicher Art wie in der HPLC, da in Analogie zur HPLC die Injektion in ein Hochdrucksystem hinein erfolgen muß. Es werden modifizierte HPLC-Schleifeninjektionssysteme mit Probenschleifeninhalten von 60 nl bis ca. 100 μl eingesetzt. Für gepackte Säulen größeren Durchmessers und Mikrosäulen sind diese Schleifeninjektionssysteme unmittelbar geeignet. Für Kapillarsäulen, insbesondere für offene Kapillarsäulen mit Durchmessern, die für die SFC üblicherweise unter 100 μl liegen, sind jedoch diese Probenvolumina noch zu groß und führen zum Fluten der Kapillarsäule mit Lösungsmittel und ggfs. auch zum Überladen mit Substrat. Um dies zu verhindern, müssen zusätzliche Maßnahmen getroffen werden [105, 106]. Eine Übersicht über die Injektionsmethoden bei Kapillaren wäre:

a) Injektion ohne Lösungsmittel
b) Injektion mit Lösungsmittel, aber unter Splitting
c) Injektion unter unmittelbar folgender Entfernung des Lösungsmittels (venting)
d) Injektion mit Retentionslücke (retention gap)
e) Injektion unter Bandenkompression durch Druck-, Temperatur oder Verdünnungseffekte
f) Injektion mit der mobilen Phase als Lösungsmittel.

Die Injektion ohne Lösungsmittel (a) hat den Vorteil, daß die Substratmenge ohne Rücksicht auf die mögliche Übersättigung eines schlechten, aber sonst wünschenswerten Lösungsmittels beliebig gewählt werden kann. Die Probe wird „off-line" vorbereitet, in die SFC-Apparatur eingebracht und durch die mobile Phase unter Auflösung auf die Säule gespült. Die Vorbereitung kann u.a. darin bestehen, daß das gelöste Substrat in ein kurzes Stück Kapillare eingebracht, das

Lösungsmittel verdampft und die Kapillare dann als Injektionsschleife in die SFC-Apparatur eingesetzt wird [107]. Statt in eine Kapillare kann das Substrat auch auf einen Draht [108] oder Sinterglas [109] aufgebracht und in die Apparatur überführt werden. Für den Fall, daß für das Aufbringen des Substrats auf die verschiedenen Träger ein anderes Lösungsmittel als die mobile Phase verwendet wurde, liegt ein Phasenwechsel (phase switching) vor, der dann zu einer Notwendigkeit wird, wenn das ursprüngliche Lösungsmittel nicht in der mobilen Phase löslich ist. So sind die Extrakte von biologischen Matrizes oft wässriger Natur. Um dennoch z.B. CO_2 als mobile Phase für die SFC verwenden zu können, werden die Inhaltsstoffe der wässrigen Extrakte zunächst an einer Vorsäule adsorbiert, die Vorsäule nach Waschen mittels Gasdurchleiten getrocknet und dann die Inhaltsstoffe mit CO_2 auf die Trennsäule gespült [110, 111].

Um das Fluten von Kapillarsäulen durch ein zu großes Volumen an externen Lösungsmittel zu vermeiden, werden die üblichen Splittingverfahren angewendet, wobei die von der GC bekannten Nachteile – wie eine mögliche Abhängigkeit des Splitverhältnisses und der absoluten Mengen von der chemischen Struktur der Komponenten des Substrats – noch zusätzlich durch die Druckabhängigkeit des Splitting vergrößert werden können [112, 113]. Es wird deshalb zunehmend das Splitting mittels Abzweigung durch das „timed" Splitting ersetzt. Bei dieser Art Splitting wird keine Abzweigung mehr verwendet, sondern das Schleifeninjektionsventil wird maschinell und präzise kurzzeitig geöffnet, um nur einen Teil des Schleifeninhaltes auf die Trennsäule zu geben. Dies hat wie das ursprüngliche Splitting jedoch den Nachteil, daß auch die auf die Säule gegebene Substratmenge verringert wird, was insbesondere für Spurenanalysen von Nachteil ist. Dieser Nachteil wird bei einer Injektion ohne Splitting vermieden, wobei eine Abzweigung erst hinter einem „retention gap" oder einer Vorsäule liegt. Das dem Substrat durch „retention gap" oder Vorsäule vorauslaufende Lösungsmittel kann zu einem großen Teil mittels der kurzzeitig geöffneten Abzweigung separat ins Freie geleitet werden, bevor es auf die Trennsäule gelangen kann. Diese Vorabentfernung des Lösungsmittels erlaubt wesentlich größere Probenvolumina als das Splitting oder das „timed" Splitting [114, 115].

Eine Anzahl anderer Injektionsmethoden beruht im Prinzip auf einer Peakkompression, wobei das ursprünglich in einem größeren Probenvolumen gelöste Substrat an der stationären Phase des Säulenanfangs als verschmälerte Bande fokussiert und gleichzeitig das von Substrat befreite externe Lösungsmittel durch die Säule vorwärts – oder in einigen Fällen auch rückwärts – eluiert wird. Die Peakfokussierung kann auf einfache Weise dadurch erfolgen, daß nach Öffnen des Schleifeninjektionsventils die Substratlösung auf dem Wege zur Trennsäule durch ein T-Stück mit seitlich eingeschleuster, zusätzlicher mobiler Phase verdünnt wird. Falls die mobile Phase ein schlechteres Lösungsmittel ist als das, in dem das Substrat in der Probenschleife gelöst vorlag, dann verschiebt sich die Verteilung des Substrats zwischen mobiler und stationärer Phase am Säulenanfang zugunsten der letzteren Phase. Es bildet sich am Anfang der Säule eine Bande aus, die schmäler ist als die Bande, die sich ohne die Verdünnung der Probenlösung mit mobiler Phase ergeben hätte [116, 117]. Als Resultat können größere Probenvolumina eingespritzt werden. Eine andere Möglichkeit der Peakkompression besteht darin, den Säulenanfang unter so niedrigem Druck zu halten, daß das Substrat gerade noch gelöst ist, um dadurch das Substrat zu einer schmäleren Bande zu fokussieren [118]. In manchen Fällen ergibt eine Temperaturerhöhung bei unverändertem Druck ein ähnliches Resultat.

Statt Auflösung des Substrats in einem externen Lösungsmittel ist es systemgerechter, die Lösung in der mobilen Phase vorzunehmen, die auch für die anschließende Trennung Verwendung findet. Dies erspart die Entfernung des externen Lösungsmittels und vermeidet Artefakte und die mit dem Fluten der Säule verbundenen Nachteile. Durch das Fluten mit externem Lösungsmittel können sich die Retentionseigenschaften der stationären Phase durch Quellung mit größeren Mengen des Lösungsmittels für einige Zeit verändern. Nach wie vor sind jedoch Techniken von Interesse, die zu Peakkompression führen, um auch hierdurch größere Probenvolumina auf Mikrosäulen injizieren zu können.

Die Injektion nach Auflösen des Substrats in der mobilen Phase wird schon vielfach angewendet, sowohl für gepackte Säulen größeren Durchmessers [119–122] als auch für kapillare Säulen [123–125]. Statt eines einfachen Auflösens von Substrat sind auch Extraktionen aus verschiedenartigen Matrizes vorgenommen worden. So sind Nahrungs- und Genußmittel zunächst der überkritischen Fluidextraktion (SFE) unterworfen worden, um die Extrakte dann „on-line“ durch SFC zu chromatographieren [102, 103, 126, 127].

2.3 Druckregelung und Restriktoren

Für erfolgreiche SFC-Trennungen ist die Druckregelung von großer Bedeutung, denn der Druck bestimmt Dichte und freies Volumen. Diese wiederum sind unmittelbar mit Diffusionskoeffizient, Viskosität und Lösefähigkeit verknüpft. Bei der Dichte und dem freien Volumen handelt es sich also um die wichtigsten Parameter der mobilen Phase, wenn man von der chemischen Struktur absieht. Da die mobile Phase bei niederen Temperaturen und Drücken eine hohe Kompressibilität aufweist, läßt sich in diesem Gebiet über eine relativ kleine Druckänderung die Dichte der mobilen Phase, und damit auch ihre chromatographischen Eigenschaften, stark variieren. In Abb. 2 ist für CO_2 der reduzierte Druck gegen die reduzierte Dichte mit der Temperatur als Parameter wiedergegeben. Da für die Auftragung die reduzierten Größen verwendet wurden, gelten ganz ähnliche Diagramme auch für andere mobile Phasen. Druck-Dichtegradienten stellen das in der SFC am häufigsten angewandte Gradientenverfahren dar. Um aber Programmierungen von Druck und Dichte zu erreichen, müssen flußabwärts von der Säule geeignete Druckkontrollsysteme vorhanden sein. Im Laufe der nunmehr fast 30 Jahre seit der ersten Erwähnung der SFC in der Literatur [3] ist eine Vielzahl von Druckkontroll-Systemen in der SFC eingesetzt worden. Die wichtigsten davon sollen im folgenden kurz beschrieben werden.

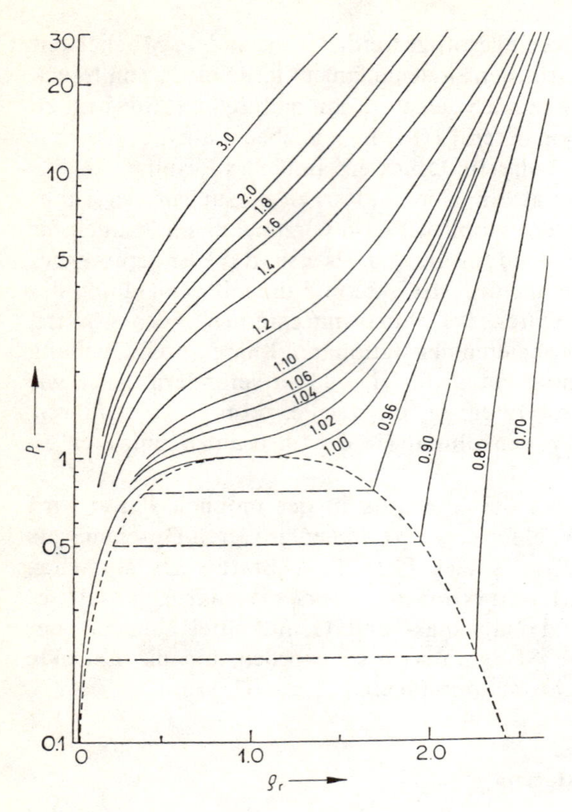

Abb. 2. Reduzierter Druck p_r, aufgetragen gegen die reduzierte Dichte ρ_r mit der reduzierten Temperatur als Parameter. Der Zweiphasenbereich ist durch die gestrichelte Kurve begrenzt [40] (Nachdruck gestattet durch VCH Verlagsgesellschaft)

Vor allem bei älteren Arbeiten mit gepackten Säulen größeren Durchmessers sind manuelle Regulierventile, insbesondere feine Nadelregulierventile, zur Druckkontrolle verwendet worden. Mittels Verstellung dieser Ventile ist der Flußwiderstand und damit der Druck einstellbar. Alternativ kann bei konstanter Ventileinstellung der Druck auch durch Änderung der Flußrate verändert werden. Regulierventile kamen etwas später auch als Bestandteil von Regelkreisen und Steuereinrichtungen für Druckkontrolle und Druckprogrammierung zum Einsatz [5, 40, 128–130], wobei das Ventil über einen Stellmotor betätigt wurde. Vorteilhaft bei der Druckeinstellung mittels Regulierventil ist, daß der Druck unabhängig vom Fluß eingestellt werden kann. Negativ ist, daß sich die Ventilcharakteristik durch in der mobilen Phase mitgeschwemmte Partikel und durch Ablagerungen stark ändern kann und daß deswegen sowohl eine ausreichende Regelgüte als auch die manuelle Einstellung oft schwierig sind. Ferner stehen Miniaturisierungen von Regulierventilen, wie sie z.B. für Kapillarsäulen notwendig sind, obwohl in der Entwicklung, bislang kommerziell noch nicht zur Verfügung.

Ebenfalls bei gepackten Säulen mit ihren größeren Volumenflüssen werden Ventile vom mechanischen Überdruck-Typ (Vordruckregler, *back-pressure valves*) häufig verwendet. Auch hier ist der Druck unabhängig vom Fluß regelbar; im Gegensatz zu den obigen, nicht-selbsttätigen Regulierventilen bleibt aber der Druck bei Flußänderung konstant. Dieser Ventiltyp wurde schon im ersten kommerziell verfügbaren SFC-Gerät eingesetzt [7]. Druckprogrammierungen lassen sich mit diesem Ventiltyp recht einfach dadurch realisieren, daß der eingestellte Vordruck mittels einer mechanischen Kopplung zwischen der Einstellschraube und einem Motor vergrößert wird. Im einfachen Falle ist also nur eine Steuerung, aber keine Regelung, notwendig. Nach einem anderen Prinzip arbeiten die elektromagnetisch kontrollierten Ventile mit schnell aufeinanderfolgenden Auf/Zu-Phasen zur Flußregulierung (*high speed flow switching*), deren Verwendung in den SFC kürzlich in einigen Arbeiten [88–90] beschrieben wurde. Diese Ventile weisen den Vorteil auf, daß sie sich leicht als Teil eines Regelkreises elektrisch einbinden lassen; dabei kann z.B. die Kontrolleinheit des Chromatographen gleichzeitig als Programmgeber, der den Solldruck vorgibt, für das Ventil fungieren. Nachteilig sind bei diesen elektromagnetischen Ventilen zum einen der höhere Preis, zum anderen ein bislang zu großes Totvolumen. Das Totvolumen macht ihren Einsatz stromaufwärts vor einem Detektor (z.B. FID, UV- oder MS-Detektor) sowie vor einem Fraktionssammler bisher noch unmöglich. In einem Fall jedoch wurde eine Miniaturisierung beschrieben [88], die noch nicht auszureichen scheint, um das Ventil vor einem Detektor zu betreiben, aber zu einer Erhöhung der Ansprechgeschwindigkeit auf Druck- und Zusammensetzungsänderungen der mobilen Phase führen sollte.

Die bei gepackten und offenen Kapillarsäulen mit kleinen Volumenflüssen am häufigsten angewandte Form der Druckkontrolle bedient sich eines unveränderlichen Flußwiderstands, eines sogenannten Restriktors. Restriktoren sind im Prinzip kleine Öffnungen und werden üblicherweise aus einem Kapillarrohr hergestellt. Bei Metallkapillaren kann der erwünschte Flußwiderstand dadurch erhalten werden, daß das Kapillarrohr an seinem Ende entsprechend stark zusammengedrückt wird. Bei Quarz- oder Glaskapillaren kann die Öffnung durch Ziehen auf den gewünschten Innendurchmesser reduziert werden. Eine Reihe von Varianten ist vorgestellt worden; die gebräuchlichsten wurden kürzlich beschrieben und diskutiert [103, 131–133], weitere finden sich in der neueren Literatur [134, 135]. Die Theorie des Strömungsverhaltens und die Optimierung von Restriktoren war Gegenstand mehrerer Studien [136–140]. Während sich die verschiedenen Varianten in ihren spezifischen Eigenschaften stark unterscheiden – z.B. in ihrer Neigung zu irregulären Signalspitzen (*spiking*) und zur Verstopfung – so haben sie eines gemeinsam: Sie bilden in der Regel einen festen, nicht variierbaren Widerstand, wie es auch bei einem eingestellten Nadelventil der Fall ist. Im Gegensatz zu letzterem weisen sie jedoch ein außerordentlich geringes Totvolumen auf. Druckänderungen und Druckprogrammierungen sind bei Restriktoren allerdings nur durch Änderung der Volumenförderrate der Pumpe zu erreichen und werden damit durch eine Änderung der Lineargeschwindigkeit in der Säule erkauft. Das zeitliche Profil der Änderung der Lineargeschwindigkeit hängt von der Geometrie des Restriktors, der Art der mobilen Phase, sowie von den Änderungen von Druck und

Temperatur ab. Wünschenswert ist jedoch, daß die Änderung der Lineargeschwindigkeit unabhängig von einer Änderung bzw. Programmierung von Druck und Temperatur ist, daß also z.B. ein bestimmtes Druckprogramm von dem für die Qualität der Trennung günstigsten Lineargeschwindigkeitsprogramm begleitet werden kann. Neuerdings ist dazu ein variabler Restriktor beschrieben worden, der die gewünschte Entkopplung von Druck und Lineargeschwindigkeit erlaubt [141]. Zu diesem Zweck wird am Ende des Restriktors mittels eines Gases (Argon) ein Gegendruck erzeugt, der den Druck der mobilen Phase in der Säule unabhängig von der Lineargeschwindigkeit zu regeln gestattet. Ein älterer Vorschlag veränderte den Druck durch Temperaturänderung des Restriktors, wobei dieser Restriktor sowohl im „Trennstrom" als auch in einem Nebenschluß zur Säule liegen konnte.

Ein ähnlicher Weg zur Druckprogrammierung mittels Hilfsstrom wurde auch bei gepackten Säulen beschritten [83, 142, 143]. Hierbei wird stromabwärts vom Detektor ein flüssiger Hilfsstrom eingespeist, wobei dieser Hilfsstrom auch gegen einen Restriktor geführt werden kann. Durch Änderung der Flußrate dieses Hilfsstroms werden, bei unveränderter Lineargeschwindigkeit des eigentlichen chromatographischen „Trennstroms" in der Trennsäule, Druckänderungen in diesem „Trennstrom" erzeugt. Das bedeutet, daß auch hierbei Druck- und Lineargeschwindigkeitsprogrammierungen unabhängig voneinander durchgeführt werden können. Eine Apparatur mit Hilfsstrom-Einrichtung wurde auch mit einem Ventil vom Überdruck-Typ statt eines Restriktors betrieben [97]. Hier kann die Hilfsstrom-Technik auch dazu dienen, Probleme zu überwinden, die sich aus dem relativ großen Totvolumen des Überdruckventils bei kleineren Flüssen in der Säule und direktem Anschluß des Überdruckventils an die Säule oder an den Detektor ergeben.

Die Notwendigkeit einer unabhängigen Kontrolle von Fluß und Druck folgt aus der Abhängigkeit des Bodenzahlenminimums (H_{min}) vom Diffusionskoeffizienten in der *van-Deemter*-Kurve. Bei niedrigen Dichten, also niedrigem Druck, sind die Diffusionskoeffizienten relativ hoch und daher liegt – verglichen mit der LC – das H_{min} bei deutlich höheren, mittleren Lineargeschwindigkeiten $\bar{u}$. Bei höheren Dichten, wie sie im Zuge einer Dichteprogrammierung erreicht werden, nehmen aber auch die Diffusionskoeffizienten im überkritischen Fluid laufend ab, und damit verlagert sich H_{min} wieder zu kleineren $\bar{u}$-Werten. Bis zu welchem Grade man tatsächlich die Lineargeschwindigkeit bei ansteigenden Druck-/Dichtegradienten absenken sollte, un die Bodenhöhe zu optimieren, werden weitere Untersuchungen in Zukunft zeigen müssen. Die Forderung nach einer voneinander unabhängigen Kontrolle von Druck und Lineargeschwindigkeit, einschließlich ihrer Programmierungen, bleibt davon jedoch unberührt. Bei der simultanen Programmierung der Lineargeschwindigkeit ist außerdem zu berücksichtigen, daß neben dem Druck und der Volumenförderrate der Pumpe auch die Temperatur die Lineargeschwindigkeit bestimmt.

2.4 Detektoren

Einen wichtigen Vorzug der SFC gegenüber der HPLC stellt die größere Anzahl der einsetzbaren Detektoren dar [144–146]. Allgemein können bei entsprechender Wahl der mobilen Phase in der SFC alle Detektoren der GC und der HPLC eingesetzt werden. Der meist verwendete GC-Detektor in der SFC ist in Verbindung mit nichtorganischen mobilen Phasen der FID. Der FID hat neben hoher Empfindlichkeit den Vorteil, für nahezu alle Analyte einsetzbar zu sein [147–150], einschließlich einer Detektion von Metallen in Metall-enthaltenden Verbindungen [151]. Der wichtigste Nachteil des FID ist, daß mit Ausnahme von Ameisensäure und einigen wenigen anderen Substanzen keine organischen Lösungsmittel als mobile Phasen verwendet werden können. Dies beschränkt den FID auf Phasen, wie CO_2, N_2O, SF_6 und Xe und damit auch auf die Trennung von Substraten, die unpolar oder von mittlerer Polarität sind und auch auf solche, die kein sehr hohes Molekulargewicht haben. Bei Verwendung von mobilen Phasen, die aus organischen Lösungsmitteln und organischen Flüssiggasen ohne Chromophore bestehen oder diese enthalten, ist der UV-Detektor bis heute noch das Standarddetektionssystem der SFC geblieben [152–157].

Das Problem, daß relativ viele Analyte sowie viele Fragestellungen nicht mit diesen beiden Detektoren detektiert bzw. gelöst werden können, wird analog zur GC und HPLC mit einer breiten Palette an weiteren und z.T. sehr speziellen, aber auch mit informationsreichen Detektionssystemen angegangen. So ist die Kopplung der SFC mit einem Massenspektrometer (SFC-MS) als Detektor sowohl in Hinblick auf das Substrat informationsreicher als auch in Hinblick auf die mobile Phase allgemeiner anwendbar als die Kopplungen SFC/FID und SFC/UV. Die Möglichkeit zur Aufnahme eines vollen Massenspektrogramms bietet einen großen Informationsgehalt [66, 69, 158]. Als weitere informationsreiche Hybridtechnik ist die Kopplung mit der Fouriertransforminfrarotspektroskopie (SFC/FTIR) anzusehen [96, 159–161], die in zwei stark unterschiedlichen Ausführungsformen angewandt wird. Die direkte FTIR-Spektroskopie mittels Durchflußzellen benötigt mobile Phasen mit genügend breiten Bereichen an spektraler Durchlässigkeit, z.B. Xe und CO_2. Selbst für CO_2 müssen für Dichte- oder Zusammensetzungsprogrammierungen Basislinienkorrekturen durchgeführt werden [162–165]. Die Alternative zur Durchflußzelle ist die Entfernung der mobilen Phase vor der Detektion mit der Möglichkeit zur Aufnahme der vollen Spektren. Dazu wird bei Austritt aus dem Restriktor unter Verdampfen der mobilen Phase auf einen IR-durchlässigen glatten oder körnigen Untergrund gesprüht und dann erst mittels eines Infrarotmikroskops oder durch diffuse Reflexion das FTIR-Spektrum aufgenommen. Der Untergrund wird im Laufe des Chromatogramms fortbewegt, um unbesprühte Fläche anzubieten [166–169].

Eine Neuentwicklung ist ein Lichtstreudetektor, der auf der Streuung von Licht an Substratpartikeln nach Verdampfung der mobilen Phase bei Entspannung des Druckes beruht. Obwohl der Detektor weitgehend unabhängig ist von der Natur des Substrats und der mobilen Phase, ist die Intensität der Streuung aber überwiegend nichtlinear und außerdem von den Trennbedingungen, wie Zusammensetzungsgradient und Lineargeschwindigkeit abhängig [70–72]. Kürzlich ist auch die Spektroskopie an mit Überschallgeschwindigkeit aus Düsen expandierenden Gasen in Form der Fluoreszenzspektroskopie (*supersonic jet spectroscopy*) im Zusammenhang mit der SFC beschrieben worden. Aufgrund der starken adiabatischen Kühlung bei der Expansion werden rotatorische und vibratorische Energieniveaus weniger besetzt. Es entstehen hochaufgelöste Fluoreszenzspektren, auch bei sehr kleinen Substratmengen [170–172].

Der seit über 25 Jahren bekannte Photoionisationsdetektor (PID) ist ebenfalls in die SFC eingeführt worden. Der PID ist nach ersten Ergebnissen empfindlicher als der FID [173–175]. Zu den elementempfindlichen Detektoren zählen die induktiv gekoppelten Plasma-Atomemissionsspektrometer, die auf die metallischen Elemente in metallorganischen Verbindungen ansprechen [176, 177]. Analoges gilt für die Mikrowellenplasmadetektoren [178–180]. Neben dem durch induktive Kopplung oder durch Mikrowellen induzierten Plasma ist auch noch durch Radiowellen induziertes Plasma verwendet worden [181]. Der hochempfindliche Elektroneneinfangdetektor wurde unmodifiziert für organische Nitro- und Halogenverbindungen eingesetzt, wobei die Nachweisgrenze im Pico- und hohen Femtogrammbereich lag [182]. Die Stickstoff und Phosphor enthaltenden Verbindungen können auch durch thermionische Anregung detektiert werden, wobei Zugabe von Modifikator und Anwendung der Druckprogrammierung möglich sind [183, 184]. Der flammenphotometrische Detektor, der für die Detektion von Schwefel und Phosphor in organischen Verbindungen geeignet ist, kann ebenfalls in der SFC eingesetzt werden [185, 186]. Selektive Detektion von Schwefel durch Chemilumineszenz ist auch wiederholt durchgeführt worden [187, 188]. Mit dem Ziel, einen universell einsetzbaren Detektor zu entwickeln, der unabhängig von der Zugabe von polaren organischen Lösungsmitteln als Modifikatoren zu CO_2 ist, wurden Detektoren auf Basis der Ionenwanderung (*ion mobility detector*) geprüft. Es war sowohl die Zugabe von Modifikatoren als auch die Druckprogrammierung mit Restriktor möglich [189–191]. Daneben ist die Voltammetrie als Detektionsmethode in der SFC eingesetzt worden [192–193].

3 Mobile Phasen

3.1 Einkomponentenphasen

In der SFC sind im Laufe ihrer Entwicklung eine Vielzahl mobiler Phasen verwendet worden [194, 195]. Eine Auswahl dieser mobilen Phasen wird in Tabelle 2 wiedergegeben [24, 39, 40, 103]. Von allen anorganischen und organischen mobilen Phasen wird CO_2 bei der überwiegenden Anzahl der Trennungen eingesetzt. Der Grund dafür ist ein niedriger Preis, Inertheit, Ungiftigkeit, Reinheit, gute Lösefähigkeit und insbesondere die Möglichkeit, verschiedene generelle Detektoren einschließlich des FID- und des FTIR-Detektors benutzen

Tabelle 2. Physikalishe Daten gebräuchlicher Eluenten in der SFC [103]

Fluid	T_c(°C) [396]	P_c(atm) [396]	ρ_c(g/ml) [396]	$\rho_{400\,atm}$(g/ml) [395]
CO_2	31,3	72,9	0,47	0,96
N_2O	36,5	72,5	0,45	0,94
NH_3	132,5	112,5	0,24	0,40
n-C_5	196,6	33,3	0,23	0,51
n-C_4	152,0	37,5	0,23	0,50
SF_6	45,5	37,1	0,74	1,61
Xe	16,6	58,4	1,10	2,30
CCl_2F_2	111,8	40,7	0,56	1,12
CHF_3	25,9	46,9	0,52	–

zu können. Aliphatische Kohlenwasserstoffe – wie Butan, Pentan und Hexan – werden ebenfalls häufiger verwendet, während dies bei fluorierten Kohlenwasserstoffen nur seltener der Fall ist, obwohl z.B. CHF_3 günstige chromatographische Eigenschaften aufweisen dürfte [196]. Ähnliches könnte für $CHClF_2$ mit einem Dipolmoment von 1,4 *Debeye* gelten, mit dem auch polare Verbindungen wie Phenole und Steroide getrennt werden konnten [197, 198]. Ein Teil der Halogenkohlenwasserstoffe ist jedoch von ungenügender thermischer Stabilität [194] oberhalb der kritischen Temperatur. Dies trifft insbesondere dann zu, wenn katalytisch wirksame stationäre Phasen wie Al_2O_3 oder SiO_2 zugegen sind. Xenon und andere höhere Edelgase sind teuer bis extrem teuer und müssen schon aus diesem Grunde als Exoten angesehen werden, die nur selten in der SFC zum Einsatz kommen [95, 199]. Xenon als mobile Phase steht in der Lösefähigkeit allerdings dem CO_2 nahe und ist als monoatomisches Gas auch nicht IR-absorbierend, wohingegen CO_2 bereits Wellenlängenregionen aufweist, die wegen ihrer starken, druckabhängigen Eigenabsorption für eine Detektion nicht in Frage kommen.

Allgemein kann man sagen, daß in der SFC aufgrund ihrer Bedeutung als schonende Analysemethode mobile Phasen mit niedriger kritischer Temperatur, z.B. CO_2. N_2O, CHF_3 und Propan, häufig Verwendung finden werden. Allerdings fehlt der SFC noch eine mobile Phase mit relativ niedriger kritischer Temperatur, die aber gleichzeitig genügend polar ist, um auch stark polare Substrate zu lösen. Am aussichtsreichsten für diesen Zweck ist Ammoniak, über dessen chromatographische Eigenschaften wegen seiner Aggressivität, u.a. gegen die Polysiloxanbeschichtungen von Kapillarsäulen und gegen die Dichtungsmaterialien der Apparatur, bislang noch nicht sehr häufig berichtet wurde. Das Ammoniak ist aber eine der wenigen hochpolaren Phasen, die nach Überwindung der Korrosionsprobleme für viele Anwendungen geeignet sein sollten [200]. Ein Chromatogramm mit NH_3 als mobiler Phase, für das ein Rußextrakt auf einer mit n-Nonylpolysiloxan beschichteten offenen Kapillarsäule getrennt wurde, ist in Abb. 3 gezeigt [200]. Erste Ergebnisse sind ebenfalls an mit Polymeren gepackten Säulen erzielt worden [201]. Andere hochpolare Substanzen, wie die Halogenwasserstoffsäuren, Alkylbromide und höhere Stickoxyde sind aufgrund

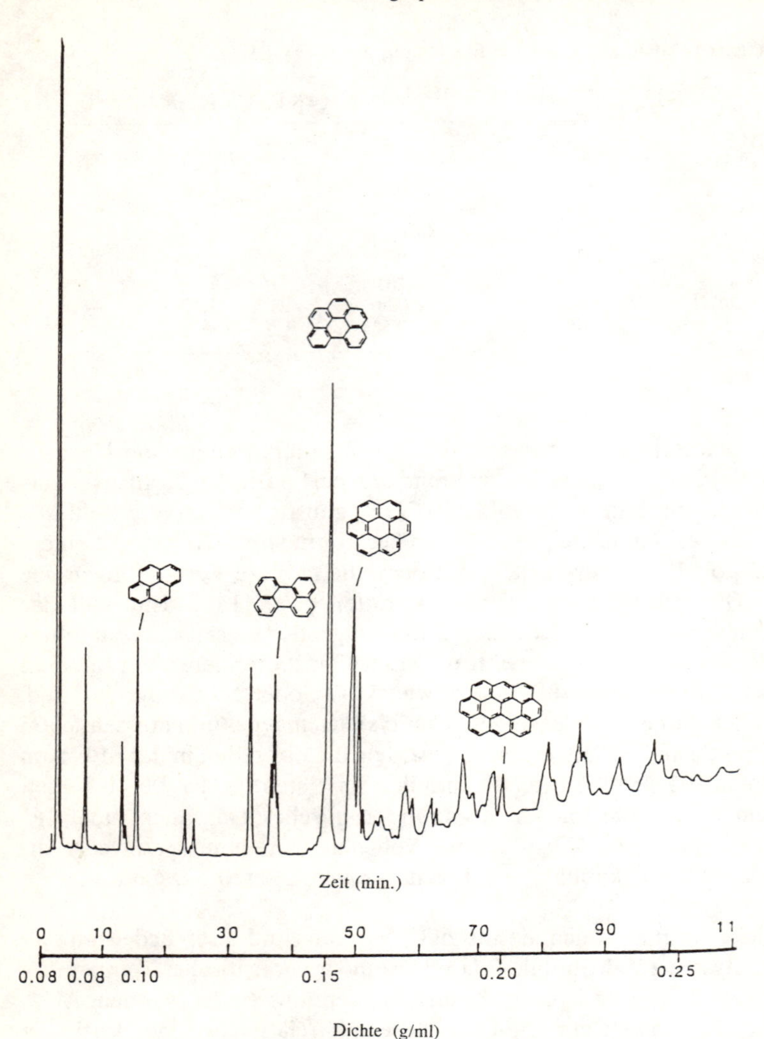

Abb. 3. SFC Trennung eines Rußextrakts auf einer OTC-Säule. Säule: 10 m × 50 μm i.D. Quarzkapillare, belegt mit 0,25 μm Film von 50% n-Nonylpolysiloxan. Mobile Phase: Überkritisches NH_3 bei 145 °C und 0,08 g ml^{-1} für 3 Min., anschließend linear programmiert bis 0,28 g ml^{-1} mit 0,002 g ml^{-1} Min^{-1}. Detektor: UV-Extinktion bei 254 nm [200] (Nachdruck gestattet durch: A. Hüthig Verlag)

ihrer extremen Aggressivität, Instabilität und auch wegen ihrer physiologischen Eigenschaften als mobile Phasen in der SFC weniger oder gar nicht geeignet [195].

Die chromatographischen Eigenschaften von mobilen Phasen lassen sich für ein gegebenes Substrat (bestehend aus mindestens zwei Komponenten) durch das Kapazitätsverhältnis, k′, die Selektivität, α, und die Bodenzahl, n, charakterisieren. Da alle derartigen Parameter auch von den anderen Gegebenheiten des chromatographischen Systems abhängen, wie stationäre Phase, Druck, Temperatur, Lineargeschwindigkeit und Säulenart, lassen sich Aussagen von allgemeiner Gültigkeit über die Güte einer mobilen Phase nur in sehr qualitativer Weise machen. Da die Kapazitätsverhältnisse den relativen Zeitbedarf für die Elution eines Substrats gegenüber der Totzeit angeben, hängen sie stark von der dichteabhängigen Lösefähigkeit der mobilen Phase ab. Diese Lösefähigkeit wiederum kann charakterisiert werden durch den dichteabhängigen Löslichkeitsparameter. Da aber polare Kräfte, H-Brückenbindung und spezifische Wechselwirkungen zwischen mobiler Phase und Substrat durch den Löslichkeitsparameter nur ungenau berücksichtigt werden, kann die Löse- und Solvatationsfähigkeit mittels dieses Parameters nur abgeschätzt werden. Eine mobile Phase, deren Löslichkeitsparameter dem einer Komponente des Substrats am nächsten kommt, wird also aus diesem Grunde und auch wegen der Wechselwirkung dieser Komponente mit der stationären Phase nicht immer zum vergleichsweise kleinsten Kapazitätsverhältnis, und damit zur kürzesten Analysezeit dieser Komponente führen. Hinsichtlich der für die erzielbare Auflösung sehr wichtigen Selektivität ist die Voraussage noch schwieriger, da die Selektivität das Verhältnis von zwei Kapazitätsverhältnissen darstellt. Die experimentellen Ergebnisse in der SFC lassen jedoch die Aussage zu, daß die Verminderung der Dichte einer gegebenen mobilen Phase in aller Regel zu einer Erhöhung von k' und öfter auch von α führt.

Die Bodenzahl, n, ist über die *van Deemter*- und *Golay*-Gleichungen und deren Weiterentwicklungen mit dem binären Diffusionskoeffizienten $D_{1,2}$ verknüpft. Da man davon ausgehen kann, daß die praktisch verwendeten Lineargeschwindigkeiten, $\bar{u}$, größer sind als die optimale Lineargeschwindigkeit, die zu einer minimalen Bodenhöhe führt, ergibt ein größerer Diffusionskoeffizient eine höhere Bodenzahl. Der Diffusionskoeffizient, $D_{1,2}$, in der überkritischen Phase steigt mit sinkender Dichte und höherer Temperatur. In Abb. 4 ist in schematischer Form die Abhängigkeit des binären Diffusionskoeffizienten $D_{1,2}$ der mobilen Phase von der Dichte dargestellt [24]. Zusätzlich zur Abhängigkeit des $D_{1,2}$ von ρ im SFC-Gebiet sind auch die Gebiete von GC und HPLC gezeigt. Der SFC-Region sind in Abb. 4 auch teilweise Dichten $\rho < \rho_c$ zugeordnet, da auch dort schon eine, wenn auch schwächere Lösefähigkeit der mobilen Phase als bei $\rho \geqq \rho_c$ eintreten kann. Durch Abb. 4 wird die Bindegliedfunktion der SFC zwischen GC und HPLC auch in Hinblick auf den Diffusionskoeffizienten und die Dichte deutlich.

Die Stellung der SFC zwischen GC und HPLC zeigt sich ebenfalls in den schematischen *van Deemter*-Auftragungen der Bodenhöhe, h, gegen den Logarithmus der Lineargeschwindigkeit, $\bar{u}$, für Kapillarsäulen in Abb. 5 [26]. Die relative Lage der SFC-Kurve zwischen den HPLC- und GC-Kurven ist dabei von der Dichte und der Temperatur der überkritischen mobilen Phase abhängig. Je geringer die Dichte und je höher die Temperatur, desto mehr verschiebt sich die Kurve der SFC hin zur GC-Kurve. Für ein gegebenes Substrat und eine gegebene Elutionszeit ist eine Vergrößerung des freien Volumens der mobilen Phase neben der Verringerung der Dichte auch zu erreichen durch die Wahl

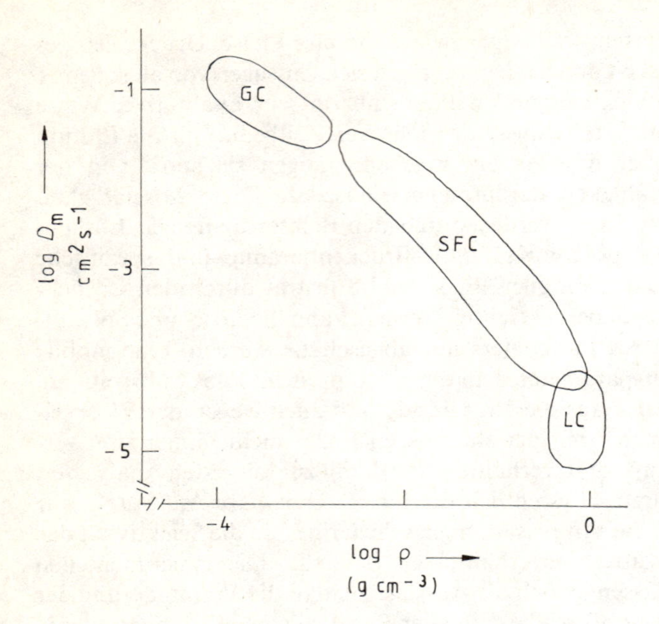

Abb. 4. Schematische Darstellung der Gebiete von GC, SFC und LC, definiert durch den Interdiffusionskoeffizient D_m ($D_{1,2}$) für Substratmoleküle in der überkritischen mobilen Phase und der Dichte ρ der mobilen Phase [24] Nachdruck gestattet durch: John Wiley & Sons, Ltd.

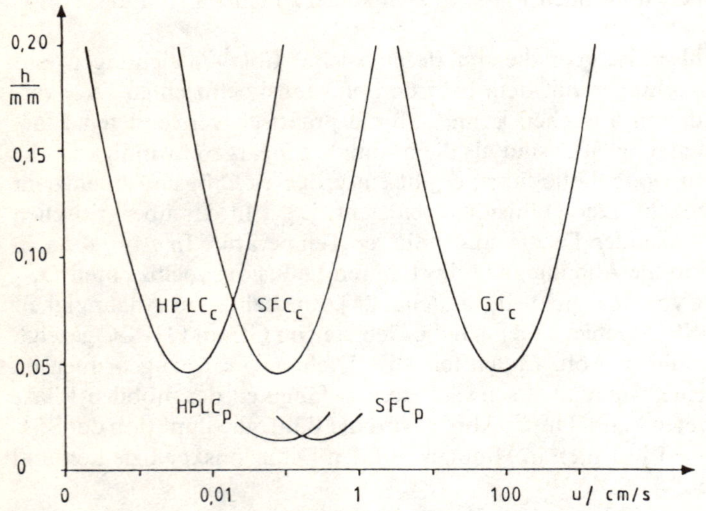

Abb. 5. Schematische *van Deemter*-Kurven. Bodenhöhe h gegen Lineargeschwindigkeit ū für HPLC, SFC und GC auf OTC - (OTC = Subskript c) und gepackten (gepackt = p) Säulen [26] (Nachdruck gestattet durch: GIT Verlag)

einer mobilen Phase, die aufgrund ihrer chemischen Struktur zu höherer Lösekraft befähigt ist. Naheliegenderweise bedürfen Substrate mit einem höheren Eigendampfdruck im allgemeinen auch nur einer mobilen Phase von größerem freien Volumen. Der Annäherung der SFC-Region an die Region der GC sind aber insofern Grenzen gesetzt, als die Dichten von SFC-Phasen erheblich größer sein müssen als die von GC-Trägergasen, um zu wesentlichen Löseeigenschaften führen zu können. Die Kurven in Abb. 5 für die offenen Kapillarsäulen (Subskript c) liegen oberhalb denen für die gepackten Säulen (p). Dies erklärt sich daraus, daß der jetzige Standard für die sog. charakteristischen Abstände bei offenen und gepackten Säulen ca. $d_c = 50\,\mu m$ und $d_p = 5\,\mu m$ beträgt.

3.2 Mehrkomponentenphasen

Durch Zumischung eines sogenannten Modifikators – wie z.B. Methanol – zu einer Grundkomponente – wie CO_2 – kann die Lösekraft der überkritischen mobilen Phase für ein bestimmtes Substrat erheblich gesteigert werden [202]. Dabei bilden sich Aggregate (*cluster*) von Modifikator- und CO_2-Molekülen um die Substratmoleküle. Diese Aggregate sind angereichert an Modifikator [203]. Leider sind die kritischen Daten von nicht allzu vielen für die SFC relevanten binären und ternären Mischungen (ohne Substrat) gemessen und tabelliert worden [204]. Es wurden jedoch Solvatochromie-Studien durchgeführt, um die Polarität von CO_2-Modifikator-Mischungen charakterisieren zu können [205]. Auch der Einfluß von Art und Menge des Modifikators auf die Kapazitätsverhältnisse, k', ist sehr häufig untersucht worden, wobei meistens eine starke Reduktion von k' durch den Modifikator angestrebt wurde. Hierbei wird die Reduktion von k' bei gepackten Säulen [206–208] größer als in offenen Kapillarsäulen [209–211] gefunden, da bei gepackten Säulen der Einfluß des Modifikators auf die stationäre Phase größer ist, falls die stationäre Phase stark polare Oberflächen besitzt, wie dies bei Kieselgel oder Aluminiumoxid der Fall ist. Über die notwendigen Äquilibrierungszeiten bei Änderung von Zusammensetzung, Druck oder Temperatur in gemischten mobilen Phasen mit CO_2 als Grundkomponente in offenen Kapillarsäulen [212] sowie über den Einfluß von Wasser in wassergesättigtem CO_2 bei gepackten Säulen [213] ist berichtet worden. Die Äquilibrierungszeiten sind viel kürzer als bei der HPLC. Eine spezielle Variation des Modifikatorprinzips stellen die mobilen Phasen mit Mizellen eines Modifikators dar, die ebenfalls die Elution von polaren Substraten – wie Phenolen – zu steigern gestatten [214–216]. Ähnliches gilt auch für die Ionenpaarchromatographie [217].

4 Säulen

In der SFC können sowohl gepackte Säulen als auch Kapillarsäulen verwendet werden, während für die HPLC zum jetzigen Zeitpunkt fast ausschließlich gepackte und für die GC zunehmend offene Säulen Verwendung finden. Bei den gepackten Säulen der HPLC können die Durchmesser erheblich sein (1–5 mm), während bei den offenen Säulen der GC etwa 500 μm die obere Grenze darstellen dürfte. Zusätzlich zu den klassischen HPLC Säulen (etwa 250 mm × 4,6 mm) sind für die HPLC und SFC weitere gepackte Säulen mit Säulenlängen von 100–250 mm und Innendurchmessern von 0,1–2 mm eingesetzt worden, wobei eine Tendenz zu kleineren Innendurchmessern zu beobachten ist, da u.a. für kleinere Mikrosäulen eine Kombination mit dem FID als universellem Detektor ohne Splitting möglich ist.

4.1 Gepackte Säulen

Als Packungsmaterialien für die Säulen finden unmodifizierte Silicagele, Silicagele an deren Oberfläche organische Reste wie Octadecylgruppen über Silanolgruppen gebunden sind, polymerbeschichtete Silicagele oder seit kurzem druckfeste Partikel von vernetzten Polymeren, z.B. Styrol-Divinylbenzol Copolymere, Verwendung. Die Entwicklung der gepackten Mikrosäulen einschließlich der gepackten Kapillaren ist noch nicht beendet [218], während Beispiele für Säulen größeren Durchmessers schon zahlreich sind [7, 219–221]. Die Aufmerksamkeit wendet sich dabei auch neuen stationären Phasen zu [222–225].

4.2 Offene Kapillarsäulen

Die SFC mit offenen Kapillarsäulen ging von den GC-Kapillarsäulen aus, die durch Vernetzung des Beschichtungsfilms gegenüber der Lösekraft des überkritischen Fluids stabilisiert wurden. Es werden oft Säulen mit Längen von ca. 15–20 m eingesetzt, wobei für schnellere Analysen auch kürzere Säulen verwendet werden. Als Beschichtungsmaterialien dienen weit überwiegend Polysiloxane mit verschiedenen Gruppen in den Seitenketten. Auch wurden im Zuge der Entwicklung von stationären Phasen für die gesamte Chromatographie chirale Phasen zur Enantiomerentrennung [226–229], sowie flüssigkristalline Phasen für strukturell nahe verwandte Substanzen [230, 231], z.B. für Stellungsisomere, eingesetzt. Eine Entwicklung von stationären Phasen speziell für die SFC steht im engeren Sinne noch aus.

4.3 Säulenwahl

Die Frage, ob gepackte Säulen oder offene Kapillarsäulen (OTC-Säulen) für die SFC einzusetzen sind, muß abhängig von der Zielsetzung beantwortet werden [232–234]. Offensichtlich können für präparative Trennungen aufgrund der größeren Beladbarkeit nur gepackte Säulen Anwendung finden. Darüber hinaus ist der vertretbare Zeitaufwand und die notwendige Auflösung für die Trennung zu berücksichtigen [235]. Die charakteristische Dimension der Packungsmaterialien von gepackten Säulen in der SFC liegt gegenwärtig zwischen 3 und 10 µm Partikeldurchmesser, während der Innendurchmesser von offenen Kapillarsäulen eine Größenordnung darüber, d.h. bei ca. 30 bis 100 µm, liegt. Durch die deshalb kleineren Diffusionswege in gepackten Säulen können unter sonst ähnlichen Bedingungen die Trennungen schneller durchgeführt werden als in offenen Kapillaren. Andererseits führt der kleinere Kanalquerschnitt zwischen den Partikeln der gepackten Säulen zu einem wesentlich größeren Druckabfall pro Längeneinheit der Säule und pro Einheit der Lineargeschwindigkeit als bei offenen Kapillaren. Ein hoher Druckabfall über der gepackten Säule kann u.a. die Retention zu Anfang der Säule reduzieren und damit auch die Länge der Säule, die an der Trennung wesentlich beteiligt ist. Bei Kapillarsäulen ist das wegen der größeren Strömungsdurchmesser in vergleichbarer Weise erst bei sehr großen Längen und sehr kleinen Durchmessern der Fall. Der größere Durchmesser bei Kapillarsäulen ermöglicht eine größere Säulenlänge, so daß die über die Gesamtlänge erzielbaren Bodenzahlen bei Kapillarsäulen sehr viel größer sind als bei gepackten Säulen. Für schnelle Analysen, für die eine maximale Bodenzahl, n, von 10000 bis 20000 ausreicht, d.h. also für Proben mit nicht zu vielen Komponenten und nicht zu geringer Selektivität, sind gepackte Säulen gut geeignet. Für komplexe Proben mit einer großen Zahl von Komponenten und geringerer Selektivität sind hingegen längere offene Kapillarsäulen und auch längere Analysenzeiten notwendig. In der Praxis werden zur Zeit gepackte und kapillare Säulen etwa gleich häufig eingesetzt.

Die jetzt schon weite Verbreitung der offenen Kapillarsäulen in der SFC begann 1981 mittels der vorteilhaften Dreierkombination OTC- Säule/CO_2 als mobile Phase/generell einsetzbarer FID Detektor [236]. Außerdem kamen etwas später HPLC-Geräte auf dem Markt, die die SFC mit gepackten Säulen leichter zugänglich machten [6, 7]. Ferner ging die erste stürmische Entwicklung der HPLC ihrem Ende zu. Die historische Entwicklung, die Grundlagen und Anwendungen der SFC mit OTC-Säulen sind kurz beschrieben worden [13, 85]. Da die Kapillarsäulen generell zu höchster Effizienz führen, interessiert für die Trennung eines gegebenen Substrats ein Vergleich zwischen einer SFC-OTC-Säule und einer GC-OTC-Säule unter sonst etwa vergleichbaren Bedingungen. Hierzu werden in Abb. 6 die Chromatogramme der flüchtigen Inhaltsstoffe eines Kohlenteers gezeigt. Während – wie erwartet – die SFC-Trennung in Abb. 6 bereits gut ist, dürfte wie in der Abbildung – und auch allgemein – die Bodenzahl, die Auflösung und/oder der Zeitbedarf bei einer GC-Trennung günstiger liegen. Wenn jedoch die Selektivität aufgrund der größeren Möglichkeiten zur Variation von Natur, Dichte und Zusammensetzung der mobilen Phase bei der SFC-Trennung größer ist, oder wenn der häufige Fall eintritt, daß der Dampfdruck oder die thermische Beständigkeit der Komponenten eines Substrats für eine GC-Trennung nicht ausreicht, so ist die SFC im Vorteil.

Der Einfluß des Durchmessers der OTC-Säule und der Dicke des als stationäre Phase dienenden vernetzten Polysiloxanfilms zeigen sowohl experimentell als auch via *Goley*-Gleichung den zu erwartenden Trend. Die Steigung des Hochgeschwindigkeitsastes der *van Deemter*-Kurve wird sehr viel kleiner bei Verkleinerung des Säulendurchmessers von 100 auf 25 μm [237], während der Einfluß der Filmdicke bis herauf zu 1,0 μm nur einen geringeren Einfluß auf die Bodenhöhe ausübt [238]. Für die Belegung der OTC-Säulen wird in der Regel

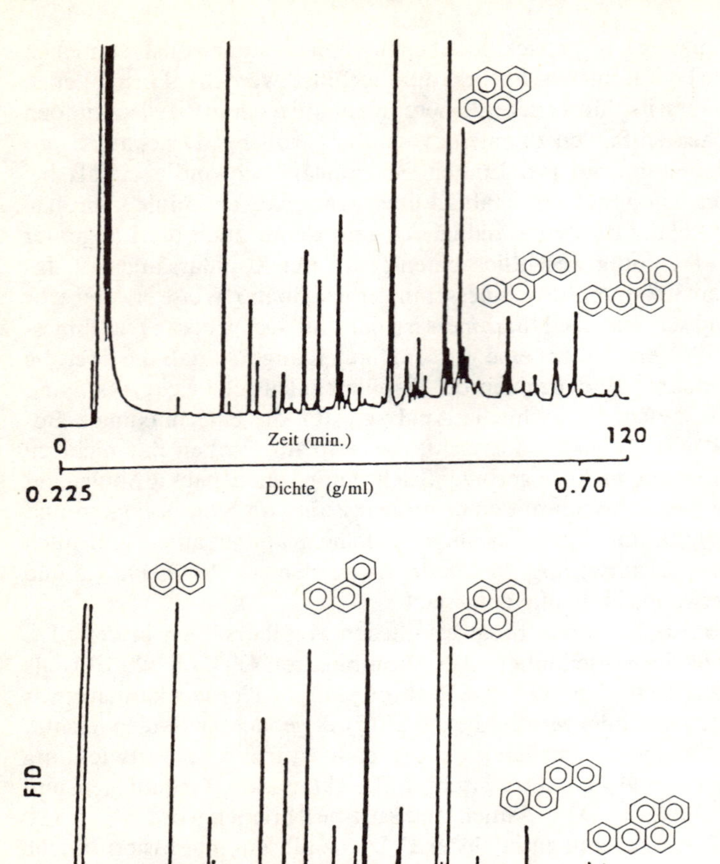

Abb. 6. Chromatogramme eines Kohlenteers, erhalten mit (oben) Kapillar-SFC und CO_2 als mobile Phase, (unten) Kapillar-GC und H_2 als Trägergas. SFC an OTC-Säule (50 µm), GC an OTC-Säule (300 µm), beide Säulen mit 5% Phenylmethylpolysiloxan beschichtet, FID [85] (Nachdruck gestattet durch: Aster Publishing Corporation)

die Methode der „statischen" Beschichtung eingesetzt [239, 240]. Der Einfluß einer durch enges Aufwinden (*coiling*) der Säule erzielbaren Sekundärströmung auf die Bodenhöhe und das Kapazitätsverhältnis wurde untersucht [241]. Eine Reduktion der Bodenhöhe durch die dabei auftretende erhöhte laterale Durchmischung hatte jedoch sehr hohe Lineargeschwindigkeiten zur Voraussetzung.

Im Zuge einiger Vergleiche zwischen SFC und HPLC wurden Anwendungen auf Herbizide und Pestizide [241] vorgestellt, auch wurden SFC und Hochtemperatur-GC für Detergentien und Schmierstoffe [243] verglichen. Es zeigte sich, daß die SFC mit gepackten Säulen zu kürzeren Analysezeiten, niedrigeren

Nachweisgrenzen und besserer Reproduzierbarkeit führte, während die SFC mit Kapillarsäulen erwartungsgemäß zu höheren Bodenzahlen führte, jeweils im Vergleich zur HPLC. Die SFC mit Kapillarsäulen war andererseits der Hochtemperatur Kapillar-GC in der Auflösung pro Zeiteinheit unterlegen, während sie im Vorteil war im Hinblick auf einen höheren zugänglichen Molekulargewichtsbereich und eine niedrigere Temperaturbelastung für die Substrate. Innerhalb der SFC wurden in Anwendung auf chlorierte Bi- und Terphenyle Vergleiche angestellt zwischen gepackten Mikrosäulen und offenen Kapillarsäulen [244].

5 Gradientenprogramme

In der SFC sind neben der Programmierung der Gradienten für die Temperatur, analog zur GC, und der Programmierung der Gradienten für die Zusammensetzung, analog zur HPLC, auch die Programmierung von Druck- oder Dichtegradienten und die der Lineargeschwindigkeit von großem Einfluß auf das Trennergebnis. Die Bezeichnung Gradient bezieht sich hierbei nicht – wie üblich – auf eine örtliche sondern eine zeitliche Veränderung. Eine örtliche Veränderung wäre hingegen der bekannte Druckabfall über SFC-Säulen. Die unabhängigen Programme der Einzelgradienten können zusätzlich in verschiedener Weise zu Mehrfachprogrammen kombiniert werden. In Tabelle 3 sind die bislang öfter angewendeten Einzel- und Mehrfachprogramme aufgeführt. Derartige Gradientenprogramme wurden in einigen Übersichtsartikeln dargestellt [73, 74, 80, 245]. Um einen Überblick über die Ergebnisse zu erhalten, die mit den verschiedenen Programmen einzeln oder in Kombination erwartet werden können, wurden in Serienversuchen sogenannte Isochromatogramme an einigen typischen chromatographischen Systemen erstellt. Diese Isochromatogramme sind dadurch gekennzeichnet, daß für ein gegebenes Chromatogramm Druck, Temperatur, Zusammensetzung und wünschenswerterweise auch die Lineargeschwindigkeit der mobilen Phase nicht verändert werden. Die genannten drei oder vier Größen wurden dann von Chromatogramm zu Chromatogramm einzeln und nacheinander variiert, um ein Gesamtbild über ihren Einfluß zu

Tabelle 3. Gradientenprogrammierungen in der SFC

Druck-Dichte-Gradienten
Temperaturgradienten
Zusammensetzungsgradienten
Lineargeschwindigkeitsgradienten
Mehrfachgradientenprogrammierungen
– Druck-Dichte und Fluß
– Zusammensetzung und Druck
– Druck-Dichte und Temperatur
– Zusammensetzung und Temperatur

erhalten. Als typisches chromatographisches System wurde eine Säule von 4,6 mm Innendurchmesser, gepackt mit ungebundenem Silikagel, und u.a. einer Mischung von kondensierten Aromaten als zu trennendem Substrat, verwendet [z.B. 246–249]. Über die Programmierungen hinaus geben die Isochromatogramme Auskunft darüber, ob und unter welchen Bedingungen ausreichende Trennergebnisse ohne Programmierung bei bestimmten Typen von chromatographischen Systemen aussichtsreich erscheinen. Eine kurze Übersicht über die Wahl der geeigneten Bedingungen und Programmierungen von Druck, Dichte und Temperatur, sowie Art und Zusammensetzung der mobilen und stationären Phase wurde gegeben [75].

5.1 Druck- bzw. Dichtegradienten

Insbesondere die Programmierungen von Druck- oder Dichtegradienten sind inzwischen zu einem Standardverfahren der SFC geworden. Ein Gradient von Druck und Dichte gestattet es bei geeigneter Wahl des zeitlichen Verlaufs des Programmes, das Chromatogramm gleichmäßiger mit Peaks zu „belegen", d.h. sowohl die schneller als auch die langsamer eluierenden Bestandteile des Substrats mit ähnlichen Bandenabständen und Bandenbreiten zu eluieren. Dies ist in etwa vergleichbar dem Effekt, den eine Temperaturprogrammierung in der GC und eine Zusammensetzungsprogrammierung in der HPLC hervorruft.

Erhöht man den Druck in einem überkritischen Fluid, so vergrößert man die Dichte des Systems, was vor allem dann ausgeprägt der Fall ist, wenn die Ausgangsdichte niedrig liegt. So weisen Niederdruckgase eine hohe Kompressibilität auf, wohingegen Flüssigkeiten nur wenig kompressibel sind. Oberhalb der kritischen Temperatur und oberhalb des kritischen Druckes läßt sich die Dichte stufenlos zwischen gasähnlichen und flüssigkeitsähnlichen Werten variieren. Generell gilt, daß eine höhere Dichte wegen des geringeren freien Volumens auch ein höheres Lösevermögen nach sich zieht, von Ausnahmen bei sehr hohen Drücken abgesehen. Da mehr Moleküle pro Volumeneinheit vorliegen, werden die Wechselwirkungen zwischen den Molekülen der mobilen Phase und des Substrats vergrößert. Erhöht man also während einer SFC-Trennung den Druck in der Säule, so steigt die Dichte und die Lösekraft der mobilen Phase, und auch schwerer lösliche Bestandteile der Probe werden schneller eluiert. Die ansteigende Löslichkeit bei höherer Dichte ist in Hinblick auf die SFC in Übersichtsartikeln beschrieben worden [250–252]. Wie bereits unter 2.3 erwähnt, kann der Druck am Ende einer Säule durch eine Rückstauvorrichtung, die laufend verstellt wird, programmiert werden.

Zahlreiche Veröffentlichungen befassen sich mit Druckprogrammierungen unter Verwendung von verschiedenen mobilen Phasen an gepackten Säulen. So wurde z.B. eine Druckprogrammierung mit Hexan, mit oder ohne Ethanol als Modifikator, auf einer gepackten Mikrosäule durchgeführt, wobei als stationäre Phase sowohl gebundenes als auch ungebundenes Silikagel und als Substrate Oligomere und niedermolekulare Verbindungen untersucht wurden [253, 254].

In einer Arbeit wurde CO_2 als mobile Phase und flüssigkristalline Verbindungen als Substrat eingesetzt [255]. Druckprogrammierungen an offenen Kapillarsäulen mit CO_2 als mobiler Phase und Polysiloxanen als stationärer Phase sind ebenfalls Routine. So wurden Lipide [256, 257] und Wachse [258] getrennt. OTC-Säulen besitzen aufgrund des relativ großen Innendurchmessers die Eigenschaft einer schnellen Druckeinstellung, was bei schnellen Druckprogrammen von Bedeutung ist [259, 260]. Neben den meistens verwendeten Polysiloxanen als Beschichtung von OTC-Säulen sind auch in einer Reihe von Arbeiten spezielle stationäre Phasen wie chirale Medien zur Enantiomerentrennung an OTC-Säulen [227] oder flüssig-kristalline Phasen für die Trennung von strukturell eng verwandten Stoffen [231] bearbeitet worden.

Die Dichte ρ ist oft als der eigentliche Schlüssel-Parameter für die singulären mobilen Phasen der SFC bezeichnet worden. Dies ist auf die über einen weiten Dichtebereich gültige Gleichung für das Kapazitätsverhältnis $\ln[k'] = a - b\rho$ mit den für individuelle Substrate, stationäre und mobile Phase, sowie für eine bestimmte Temperatur gültigen Konstanten a und b zurückzuführen. Eine Änderung von ρ führt nach dieser Gleichung zu einer linearen Änderung von $\ln k'$. Bei homologen Reihen, z.B. Oligomeren, kann man davon ausgehen, daß a und b für die individuellen Glieder der homologen Reihe sich in stetiger Weise verändern. Dazu hat sich experimentell herausgestellt, daß eine bei ansteigenden Dichten abflachende Dichteprogrammierung zu etwa äquidistanten Peaks führt [261]. Angepaßte Dichte- oder Druckprogrammierungen sind daher für Oligomerentrennungen von großer Bedeutung. Eine Oligomerentrennung ist in Abb. 7

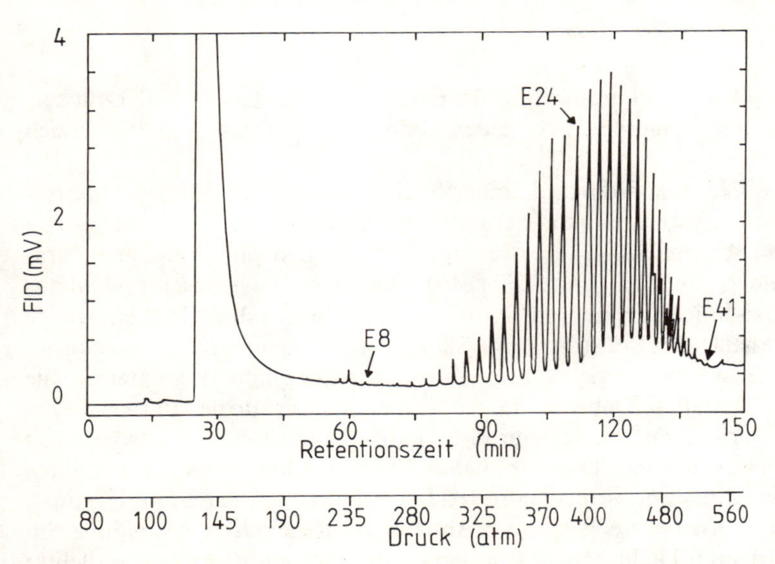

Abb. 7. SFC-Trennung eines oligomeren Trimethylsilylderivats von ethoxyliertem Allylalkohol auf einer OTC-Säule (10 m × 50 μm I.D.) und CO_2 als mobiler Phase mit FID als Detektor bei 100 °C und Drücken bis zu 560 bar (E = Ethoxylierungsgrad) [91] (Nachdruck gestattet durch: American Chemical Society)

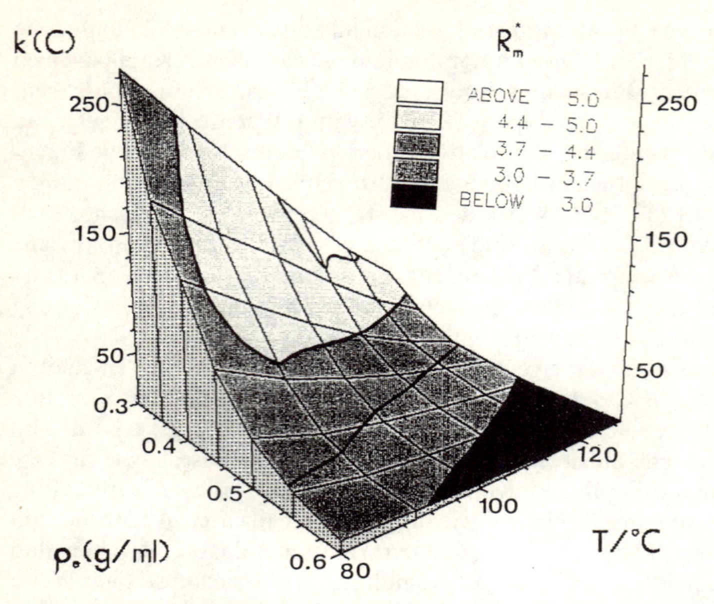

Abb. 8. Kapazitätsverhältnis von Chrysen, k'(C), und mittlere Auflösung der vier kondensierten Aromaten Naphthalin, Anthracen, Pyren und Chrysen, R_m^*, erhalten durch Serien von isobar-isothermen Chromatogrammen auf einer gepackten Säule mit ungebundenem Silicagel (25 cm × 4, 6 mm, Lichrosorb Si 100, 10 μm) und CO_2 als mobiler Phase (1 ml/Min Pumpenförderrate). Die k'(C) sind unmittelbar als z-Achse aufgetragen, während die R_m^* als Schraffur auf der k'(C)-Oberfläche dargestellt sind [246] (Nachdruck gestattet durch: Polymer Research Associates)

gezeigt [91]. Das Druckprogramm führt hier zu besonders hohen Drücken, wobei noch eine bemerkenswert gute Auflösung oberhalb 400 bar erzielt wurde.

In Abb. 8 findet man die dreidimensionale Darstellung des Kapazitätsverhältnisses von Chrysen, k'(C) und der mittleren Auflösung eines Gemisches von kondensierten Aromaten, R_m, in Abhängigkeit von den physikalischen Parametern Dichte, ρ, und Temperatur, T [246]. Das Aromatengemisch besteht aus Naphthalin, Anthracen, Pyren und Chrysen, wobei Chrysen die zuletzt eluierende Komponente ist. Dieses Substrat wurde Serien von Isochromatogrammen unterworfen, um ausreichend viele Daten für die vorliegende dreidimensionale Darstellung zu erhalten. Dabei wurde die Volumenförderrate der Pumpe für die mobile Phase nicht verändert, was zur Folge hatte, daß die Lineargeschwindigkeit in der Säule mit steigender Dichte abnahm. Die Abbildung zeigt die Abnahme von k' mit der Zunahme von ρ und/oder T. Bei höheren Dichten und Temperaturen ergibt sich neben der genannten Abnahme von k' auch eine Abnahme von R_m. Bei niedrigeren Dichten und Temperaturen hingegen ist diese Parallelität von k' und R_m insofern nicht gegeben, als daß die Maxima von k' und R_m nicht zusammenfallen. In Hinblick auf Folgerungen aus der Abbildung für Dichteprogramme läßt sich unschwer erkennen, daß ein Programm ansteigender Dichte mit einem negativen Temperaturprogramm kombiniert werden könnte, um in Bereichen von größeren R_m zu bleiben.

Die Retentionszeiten und Peakbreiten während Dichteprogrammierungen wurden theoretisch abgeleitet und mit experimentellen Ergebnissen verglichen [262, 263]. In einer weiteren theoretisch-experimentellen Studie wurden Dichteprogrammierungen bei verschiedenen Temperaturen, sowie simultane Dichte-Temperaturprogrammierungen, untersucht. Die höheren Temperaturen erwiesen sich als günstig zur Erzielung von geringen Bodenhöhen und höheren Auflösungen, wobei OTC-Säulen in Verbindung mit Restriktoren zum Einsatz kamen. Bei dieser experimentellen Anordnung steigt die Lineargeschwindigkeit während der Dichteprogrammierung in der Regel an [86]. Aus den zahlreichen Anwendungen von Dichteprogrammierungen auf die verschiedensten Substrate sollen einige Trennungen von Oligomeren angeführt werden. So wurden 2-Vinylnaphthalin Oligomere auf OTC-Säulen mit CO_2 getrennt [264], ebenso Oligosiloxane [265] und oligoethoxylierte Alkohole [266].

5.2 Temperaturgradienten

Programme von Temperaturgradienten in der SFC können negativ oder positiv, d.h. abfallend oder ansteigend sein, und sie können sowohl bei konstantem Druck als auch bei konstanter Dichte ausgeführt werden. Ein negatives Temperaturprogramm bei konstantem Druck führt in der Nähe von T_c in der Regel zu einer größeren Dichte der überkritischen mobilen Phase und damit zu einer schnelleren Elution [76, 83]. Generell hängt die Wirkung von Temperaturprogrammen bei konstantem Druck von der Form der k' vs T Kurve und der R vs T Kurve ab. Ein Kurventyp, wie er in der SFC bei konstantem Druck oft auftritt, ist in schematischer Weise in Abb. 9 gezeigt. Diese Kurven zeigen sowohl für k' als auch für R_m ein Maximum oberhalb T_c, wobei die Maxima von k' und R_m nicht bei der gleichen Temperatur auftreten müssen, sondern gegeneinander verschoben sein können [267–269]. Es ist auch möglich, daß die k' Werte mit steigender Temperatur zu einem flachen Maximum führen oder auch überhaupt kein Maximum mehr ausbilden.

Für den Fall, der in Abb. 9 vorgestellt wird, sind zwei Arten von Temperaturprogrammen im Prinzip sinnvoll. Im Bereich A führt ein negatives Temperaturprogramm zu der oft gewünschten Erniedrigung von k' für die langsamer eluierenden Bestandteile des Substrats, während im Bereich B ein positives T-Programm ebenfalls zur Erniedrigung von k' führt. Für den Fall, daß das Maximum von R_m bei höheren Temperaturen liegt als das Maximum von k', ist bei einem positiven T-Programm mit einer höheren Auflösung zu rechnen. Ein negativer Temperaturgradient ergibt eine Erhöhung der Dichte, und damit einen indirekten Dichtegradienten [79], wohingegen ein positiver Temperaturgradient den Dampfdruck und ggfs. auch die Extraktion des Substrates von oder aus der stationären Phase fördert. Negative Temperaturgradienten sind häufig beschrieben worden [6, 78, 270, 271]. Sie sind auch deshalb von Interesse, weil das Substrat

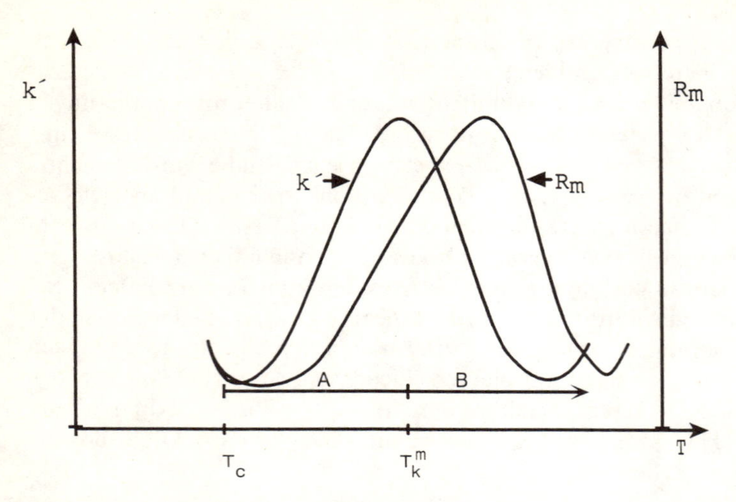

Abb. 9. Schematische Darstellung des Verlaufs von k' und R_m mit der Temperatur bei konstantem Druck von verschiendenen Substraten von mäßiger Polarität und Dampfdruck. Die Maxima von k' und R_m fallen nicht zusammen. Im Bereich A nimmt k' mit fallender Temperatur ab, im Bereich B hingegen mit steigender Temperatur (T_c = kritische Temperatur; T_k^m = Temperatur des maximalen k')

unter sehr schonenden Bedingungen, d.h. bei niedrigen Temperaturen, eluiert wird. Positive Temperaturprogramme haben bis heute nur gelegentlich Anwendung gefunden, sie sind allerdings häufiger zur Unterstützung von gleichzeitig laufenden Druck- oder Dichtegradienten eingesetzt worden [265, 272–275]. Bei positiven Druck- und Dichtegradienten erfolgt eine Verminderung des Interdiffusionskoeffizienten, die durch ein überlagertes positives Temperaturprogramm im Prinzip kompensiert werden kann. Die Änderung von Interdiffusionskoeffizienten und Viskosität in mobilen überkritischen Phasen in Abhängigkeit von Dichte, Temperatur und Substrat ist experimentell untersucht [276–278] und berechnet worden [277, 278].

5.3 Zusammensetzungsgradienten

Für die SFC wird von dem in der HPLC regelmäßig angewendeten Verfahren Gebrauch gemacht, während einer Trennung den Anteil einer besser lösenden Komponente (Modifikator) in der mobilen Phase zur Beschleunigung der Elution zu erhöhen. Die programmierte Erhöhung einer solchen Komponente führt in der SFC zu ähnlichen Ergebnissen wie in der HPLC [5, 80, 81]. Zum Unterschied gegenüber der Druckprogrammierung mit relativ unpolaren, singulären mobilen Phasen – wie CO_2, N_2O und Pentan – werden auch Substanzen, die bis hin zu flüssigkeitsähnlichen Dichten nicht oder nur schwierig eluiert werden können, bei Zusatz einer besser lösenden Komponente bei konstantem

Druck eluieren, sofern deren Lösefähigkeit im Vergleich zur Grundkomponente groß genug ist. Bei sehr schwer eluierbaren Proben kann ein kombiniertes Druck-Zusammensetzungsprogramm Anwendung finden [279].

Ohne oder mit Zusammensetzungsgradient sind als besser lösende Komponenten u.a. Dioxan, Acetonitril, Dimethylsulfoxid, H_2O, Ameisensäure, Methanol und Propanol verwendet worden, also eine Auswahl von Lösungsmitteln, die z.T. zu polaren Wechselwirkungen und Wasserstoffbrückenbindungen befähigt sind [206, 207, 209, 211, 212, 247, 249, 280–282]. Die Grundkomponente ist in den meisten Fällen CO_2 [207, 209, 211, 212, 249, 281, 282], aber auch die Alkane Pentan und Ethan [247, 249, 280] sind u.a. als Grundkomponente verwendet worden. Obwohl Zusammensetzungsgradienten in der SFC schon recht lange verwendet werden [5, 10], hat sich ihre breitere Anwendung nur langsam durchsetzen können. Dies ist neben dem Mangel an Apparaturen, die zwei unabhängige Pumpeneinheiten für die programmierte Förderung der beiden Komponenten der mobilen Phase aufweisen, auch auf zu beachtende Nebenbedingungen bei Zusammensetzungsgradienten zurückzuführen. Insbesondere sind zu nennen:

- der universelle Detektor der GC, der FID, ist bei einem Zusammensetzungsgradienten meistens nicht verwendbar; es sei denn, keine der Komponenten der mobilen Phase ist organischer Natur. Es müssen deshalb je nach Trennproblem andere Detektionsmethoden angewandt werden.
- Die beiden Komponenten der mobilen Phase müssen über einen weiten Bereich von Zusammensetzung, Druck and Temperatur, angefangen bei Normaldruck und Raumtemperatur, mischbar sein.
- Bei der Programmierung des Zusammensetzungsgradienten sollte beachtet werden, daß sich der kritische Druck, p_c, und die kritische Temperatur, T_c, mit der Zusammensetzung ändern.

Bei Erfüllung dieser Bedingungen erweitern Zusammensetzungsgradienten die Möglichkeiten zur Verbessergung der Löslichkeit und der Selektivität über die Möglichkeiten hinaus, die durch Druckund Temperaturgradienten gegeben sind. Dies beruht sowohl auf der Änderung der Zusammensetzung der mobilen Phase selbst als auch auf der differenzierten Sorption der beiden Komponenten an oder in der stationären Phase. Wie erwähnt, ist die durch Zugabe einer besser lösenden Komponente erreichbare Lösefähigkeit größer als die Steigerung der Lösefähigkeit, die durch Dichtegradienten mit der Grundkomponente der mobilen Phase allein erreichbar ist. Dies gilt immer dann, wenn die Grundkomponente der mobilen Phase allein keine allzu hohe Lösefähigkeit aufweist. So war für Polystyrol vom Molekulargewicht bis zu 600000 eine Elution durch Druckprogrammierung mit reinem Pentan als mobiler Phase an ungebundenem Silikagel als stationärer Phase nicht möglich. Wenn jedoch eine Zusammensetzungsprogrammierung mit der binären mobilen Phase Pentan/1.4-Dioxan durchgeführt wurde, war eine Auftrennung in Polystyrole verschiedenen durchschittlichen Molekulargewichtes möglich [283]. Mittels Zusammensetzungsgradienten sind neben einer größeren Anzahl von Oligomeren [82, 279, 284, 285] auch

Indol-Alkaloide [286], polare Pharmazeutika, die sich von Purin und Pyridinbasen ableiten [287], und Phenylthiohydantoin-Aminosäuren, die bei der Sequenzanalyse von Polyaminosäuren auftreten, getrennt worden [288].

Da während Zusammensetzungsgradienten mit einer Zweitkomponente von gutem Lösevermögen eine zunehmende Quellung und Solvatisierung der stationären Phase durch Ab- oder Adsorption stattfinden kann, ist auch die Wechselwirkung von binären mobilen Phasen mit stationären Phasen von Wichtigkeit. An mit ungebundenem Silikagel gepackten Säulen wurde durch Messung von k′ festgestellt, daß bei einer Durchspülung mit CO_2/Methanol (98:2 v/v) und anschließendem Weglassen des Methanols etwa 10–20 Säulenfüllungen notwendig waren, bis das Gleichgewicht wieder neu eingestellt ist. Bei einer Druckänderung wurden weniger als 2 Säulenfüllungen bis zur Gleichgewichtseinstellung benötigt [289]. Außerdem wurden die Adsorptionsisothermen für Ethylacetat in CO_2 an Silikagel in Abhängigkeit von Zusammensetzung und Druck der mobilen Phase bestimmt [290]. Die Menge des adsorbierten Ethylacetats steigt mit höherer Ethylacetatkonzentration in der mobilen Phase und mit niedrigerem Druck. Ein ähnliches Ergebnis wurde auch mit 2-Propanol in CO_2 und einer aus Polysiloxan bestehenden stationären Phase in einer OTC-Säule erhalten [291].

5.4 Lineargeschwindigkeitsgradienten

Die Lineargeschwindigkeit ist faktisch der wohl am häufigsten angewandte Gradient der SFC. Dies ist jedoch weniger beabsichtigt, als vielmehr die Folge der Tatsache, daß die Lineargeschwindigkeit in der Säule eine Funktion von Volumenförderrate der Pumpe, sowie von Druck, Zusammensetzung und Temperatur der mobilen Phase ist. So führt eine Druckprogrammierung in Kapillarsäulen mit einem invariablen Restriktor am Säulenende notwendigerweise zu einer sich ändernden Lineargeschwindigkeit in der Trennsäule. Gleiches gilt auch, wenn die prozentuale Zusammensetzung der mobilen Phase geändert wird, selbst wenn das durch die Pumpen geförderte Gesamtvolumen unverändert bleibt. Ebenfalls ändert unter dieser Bedingung die Temperatur die Lineargeschwindigkeit. Selbst wenn, wie es bei gepackten Säulen mit ihren höheren Durchflüssen leicht möglich ist, Vordruckregler als Druckkonstanthalteventile am Säulenende eingesetzt werden und gleichzeitig das durch die Pumpen geförderte Gesamtvolumen unverändert bleibt, ergibt sich eine Änderung der Lineargeschwindigkeit bei Änderung von Druck, Zusammensetzung und Temperatur. Es kann aber davon ausgegangen werden, daß zur Erzielung eines Trennergebnisses, das für einen bestimmten Zweck in Hinblick auf Auflösung und Zeitbedarf optimal ist, eine unabhängige Programmierung der Lineargeschwindigkeit an Stelle der genannten abhängigen und meistens ungewollten Änderungen der Lineargeschwindigkeit notwendig ist.

Bislang sind nur wenige Chromatogramme in der Literatur gezeigt worden, bei denen die Lineargeschwindigkeit in gepackten Säulen im Sinne eines unabhängigen Programms geändert wurde [292]. Es war jedoch bei einer höheren

Lineargeschwindigkeit eine erhebliche Verkürzung der Analysenzeit zu erreichen, ohne daß eine starke Verschlechterung der Auflösung eintrat. Der Einfluß der Veränderung der Lineargeschwindigkeit geht auch aus *van Deemter*-Auftragungen hervor, und diese Auftragungen sind bereits häufiger erstellt worden. Danach ist die Verwendung kleinerer Partikelgrößen für die stationäre Phase in gepackten Säulen [7, 293] und von kleineren Säulendurchmessern in OTC-Säulen [294] erwartungsgemäß günstig für höhere Bodenzahlen und/oder kürzere Analysezeiten. Einen Einfluß in gleicher Richtung kann man auch in *van Deemter*-Auftragungen für höhere Temperaturen und niedrigere Drucke erwarten, obwohl die experimentellen Daten bislang nicht zahlreich sind [86]. Selbstverständlich ist auch die Art der stationären Phase von Einfluß, ebenso wie die Art und prozentuale Zusammensetzung der mobilen Phase [295].

In Abb. 10 ist der Einfluß der Zusammensetzung einer binären mobilen Phase aus CO_2 und Methanol gezeigt. Die *van Deemter*-Auftragung Bodenhöhe,

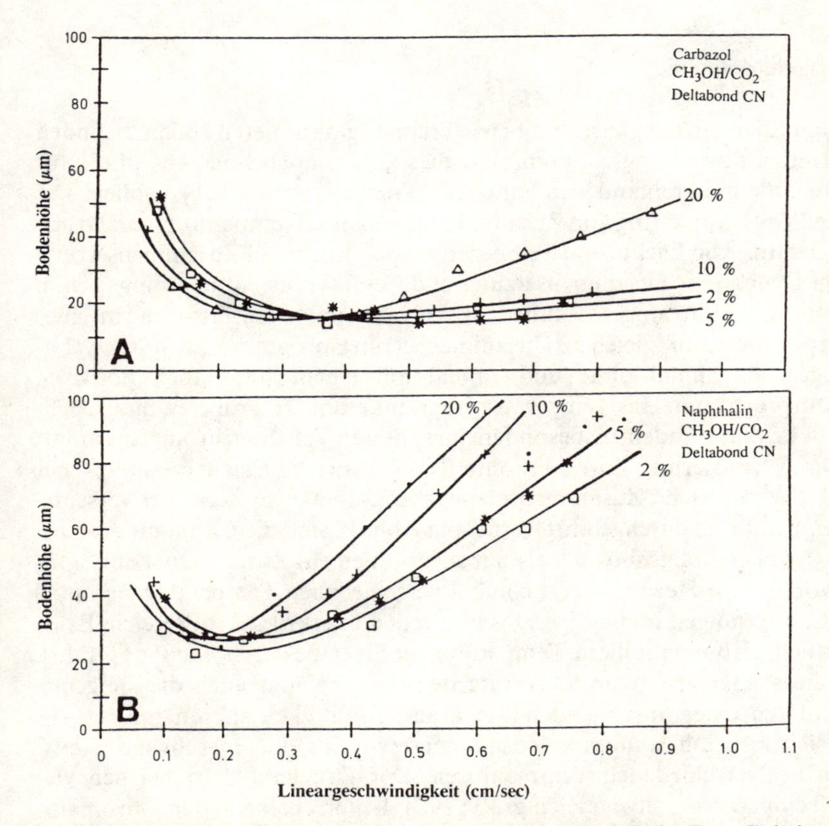

Abb. 10. *Van Deemter*-Auftragungen für Carbazol (A) und Naphthalin (B) an Deltabond (Cyanogebundenem) Silikagel (Keystone Scientific) in gepackten Säulen (25 cm × 4,6 mm ID, 5 μm) mit CO_2-Methanol-Mischungen als mobilen Phasen (2–20% Methanol). Druck 3000 psi, Temperatur 80 °C [295] (Nachdruck gestattet durch: American Chemical Society)

h = HETP gegen durchschnittliche Lineargeschwindigkeit, ū, ergibt für die beiden Substrate Carbazol und Naphthalin mit CO_2 an gepackten Säulen eine größere Steigung des Hochgeschwindigkeitsastes mit höherem Methanolgehalt. Außerdem ergibt sich – wenn auch weniger deutlich – eine Verschiebung des HETP-Minimums zu niedrigeren Lineargeschwindigkeiten mit ansteigendem Methanolgehalt. Bemerkenswert ist auch die Verschiebung der Kurven zu größeren Bodenhöhen, übergehend vom Carbazol zum Naphthalin. Eine entgegengesetzte Tendenz zur Vergrößerung der Bodenhöhe mit steigender Molekülgröße fand sich bei OTC-Säulen [86]. Ein in Hinblick auf den Einfluß des Molekulargewichtes gleichlaufender Befund ergab sich bei CO_2 an gepackten Säulen für die Auftragung der reduzierten Größen von Bodenhöhe und Lineargeschwindigkeit [296]. Für die Praxis kann als Regel festgestellt werden, daß der Einfluß der Lineargeschwindigkeit bei der Druck-/Dichteprogrammierung besonderer Beachtung bedarf, da diese Programmierungen am ehesten zu großen unbeabsichtigten Änderungen der Lineargeschwindigkeit führen.

5.5 Mehrfachgradienten

Mehrfachgradienten, die gleichzeitig eine Trennung optimieren sollen, befinden sich noch im Entwicklungsstadium, und dies gilt in noch höherem Maße für Gradienten, die hintereinander in Serie eine Trennung ermöglichen sollen. Die simultane Programmierung von Zusammensetzung und Temperatur, von Druck und Temperatur, von Dichte und Temperatur, von Druck und Zusammensetzung sowie von Druck und Zusammensetzung und Temperatur hat allerdings schon zu verbesserten Auflösungen geführt. In Abb. 11 sind zwei Trennungen eines Oligostyrols mit dem gleichen Zusammensetzungsprogramm von CO_2/1.4-Dioxan gezeigt, einmal ohne und einmal mit einem simultanen positiven Temperaturprogramm. Das Temperaturprogramm führt zu größeren und gleichmäßigeren Peakabständen, insbesondere im späteren Teil des Chromatogramms [297]. Die Verbesserung durch erhöhte Temperatur läßt sich besonders gut feststellen, wenn gleiche Zusammensetzungsprogramme isotherm bei verschiedenen Temperaturen durchgeführt werden. In Abb. 12 sind die Chromatogramme eines Methylphenyloligosiloxans als Substrat mit einem Zusammenetzungsgradienten von CO_2/n-Hexan gezeigt bei fünf verschiedenen Temperaturen von 30 bis 180 °C, angefangen im flüssigen bis hin in den überkritischen Bereich. Es ist offensichtlich, daß eine höhere Temperatur zu einer besseren Trennung führt, obwohl die steigende Gesamtförderrate der Pumpen und auch die steigende Temperatur zu einer ansteigenden Lineargeschwindigkeit führen müssen. Es handelt sich also um simultane Zusammensetzungs-/Lineargeschwindigkeitsradienten bei verschiedenen Temperaturen. Der Druckabfall ist bei den vier höheren Temperaturen etwa gleich groß [298]; Unterschiede in den Chromatogrammen können also nicht auf einen unterschiedlichen Druckabfall zurückgeführt werden.

Über die Auswirkungen einer simultanen Programmierung von Zusammensetzung, Druck, Dichte oder Temperatur auf der einen Seite und der Linear-

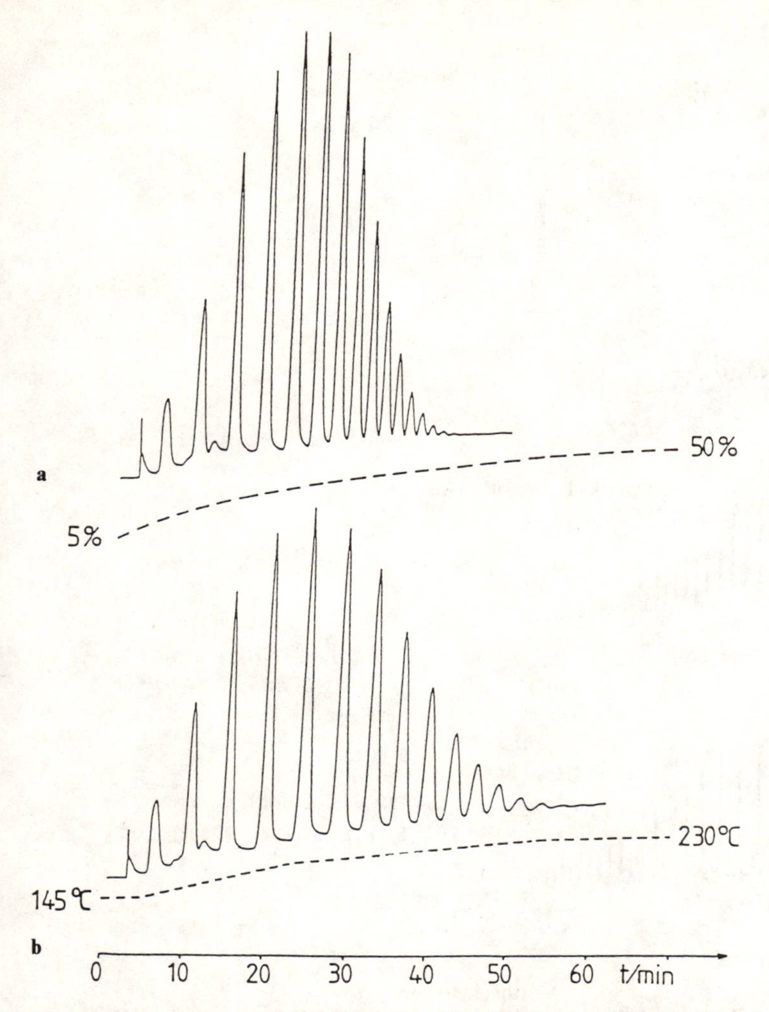

Abb. 11. Trennung eines Styrololigomeren (PS 800) durch (a) isothermen Zusammensetzungsgradienten bei 145 °C und (b) simultanen Zusammensetzungs- und Temperaturgradienten an einer 25 cm × 4,6 mm Säule, gepackt mit ungebundenem Silikagel LiChrosorb Si 60, 10 μm. Der sowohl für (a) als auch für (b) geltende Zusammensetzungsgradient (Vol% Dioxan in CO_2 als Grundkomponente) ist unter (a) eingezeichnet. Der simultane Temperaturgradient bei (b) ist ebenfalls gezeigt. Die Drucke sind 250 und 295 bar zu Anfang bzw. Ende des Laufs [297] (Nachdruck gestattet durch: Elsevier Science Publishers)

geschwindigkeit auf der anderen liegen bislang kaum experimentelle Untersuchungen vor. Da die Erhöhung des Gehaltes an besser lösender Komponente in einer binären mobilen Phase ebenso wie die Erhöhung von Druck oder Dichte zu einer Erhöhung der Elutionskraft der mobilen Phase führt, liegt es nahe, eine simultane Druck-/Zusammensetzungsprogrammierung auf schlecht eluierbare Substrate anzuwenden. Entsprechende Erwartungen wurden auch erfüllt, die Elution wurde tatsächlich stark beschleunigt [90, 245, 299]. Darüber hinaus

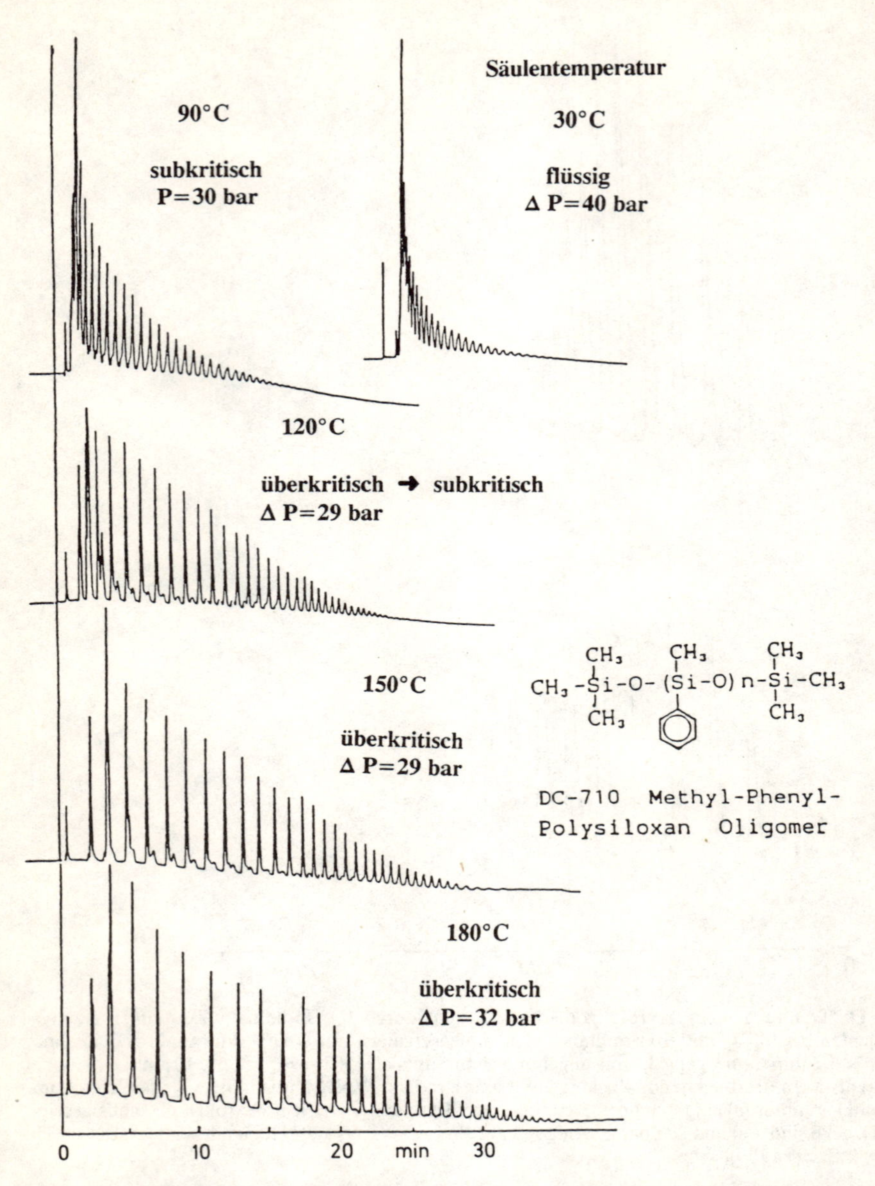

Abb. 12. Trennung von Methylphenyloligosiloxanen auf einer ODS-Silicagel (5 µm) gepackten Mikrosäule und einem Zusammensetzungsgradienten (Mobile Phase: CO_2 300 µl/Min., n-Hexan, ansteigend von 75 bis 299 µl/Min.) Druck am Säulenende zu Anfang $\approx 212\,kg/cm^2$, Druckabfall über der Säule △ P änderte sich nicht stark bei Veränderung der Säulentemperatur auf jeweils 90°, 120°, 150° und 180 °C. Der Aggregatzustand der mobilen Phase ist mit flüssig, subkritisch und überkritisch angegeben [396] (Nachdruck gestattet durch: Elsevier Science Publishers)

scheint die Überlagerung mit einem T-Programm für die Auflösung günstig zu sein, also die Durchführung eines ternären Programmes p-%-T (% = prozentuales Verhältnis bei Zusammensetzungsgradienten) [274].

Ungewollte und unkontrollierte Simultangradienten ergeben sich bei gepackten Säulen mit Druckreglern bei %-, p- oder ρ-Gradienten, wenn die Volumenförderrate der Pumpen konstant gehalten wird, da sich dann auch die Lineargeschwindigkeit ändert. Bei Verwendung von gepackten und offenen Kapillarsäulen mit einem invariablen Restriktor treten bei %-, p- oder ρ-Gradienten ebenfalls Änderungen der Lineargeschwindigkeit auf. Gleiches gilt bei simultanen p-T- [275, 300] oder ρ-T-Programmierungen [265, 272, 301, 302].

Aufgrund der Stellung der SFC zwischen GC und HPLC ist es naheliegend, die SFC mit der GC und/oder der HPLC zu verbinden. Dies könnte u.a. dadurch geschehen, daß ein bestimmtes Substrat, das sowohl Substanzen mit als auch ohne Eigendampfdruck enthält, auf der gleichen Säule nacheinander und kontinuierlich mittels GC, SFC und HPLC aufgetrennt wird. Die mobile Phase würde während dieses einen chromatographischen Laufs von einem Niederdruckgas zu einem dichten Gas der gleichen oder auch anderer chemischer Struktur und danach – falls notwendig – zu einer Flüssigkeit übergehen. Hierzu ist es wünschenswert, daß bei Ersatz der einen mobilen Phase durch eine andere, Mischbarkeit der beiden Phasen gegeben ist. Die Kombination GC mit SFC wurde zunächst in der Weise vorgeschlagen, daß eine OTC-Säule nach Aufbringen des Substrats nacheinander in eine GC und in eine SFC-Apparatur gebracht wurde [303]. Die GC-Trennung wurde mit Niederdruck-Helium und die SFC-Trennung mit dichtem, überkritischen CO_2 durchgeführt [303]. Unmittelbar danach wurde eine Trennung eines Substrats, bestehend aus Substanzen mit und ohne Dampfdruck, auf einer Säule, mit nur einer mobilen Phase und im gleichen Chromatographen ausgeführt, wobei ausgehend von GC über SFC das HPLC-Gebiet erreicht wurde [87, 92, 93, 304, 305]. Dabei folgte z.B. auf ein T-Programm im GC-Bereich ein p-Programm, um weit in den SFC-Bereich zu gelangen, und dann ein negatives T-Programm oder evtl. auch ein Zusammensetzungsprogramm, um den HPLC-Bereich zu erreichen. Solche Verfahrensweisen können von Bedeutung sein für komplex zusammengesetzte Substrate, die sowohl niedermolekulare als auch hochmolekulare, hochpolare und nahe verwandte Substanzen enthalten. Es kann jedoch keinem Zweifel unterliegen, daß die Optimierung von derartigen Trennungen eine nicht-triviale Aufgabe darstellen kann. Es sind dazu weitergehende experimentelle und theoretische Arbeiten notwendig, neben der Verfügbarkeit von Chromatographen, deren Konstruktion die Merkmale von GC, SFC und HPLC gleichermassen abdeckt.

6 Anwendungen

Wenn man davon ausgeht, daß die GC der SFC in Hinblick auf Auflösung und Zeitbedarf wegen des größeren Diffusionskoeffizienten und der niedrigeren Viskosität überlegen ist, so kann man auch folgern, daß die SFC der HPLC gegenüber aus dem gleichen Grund Vorteile aufweisen wird. Wichtig für Auflösung und Zeitbedarf ist jedoch neben Diffusionskoeffizient und Viskosität insbesondere auch die Selektivität. Die Möglichkeiten für eine Optimierung der Selektivität durch eine entsprechende Auswahl an mobilen Phasen sind bei der HPLC größer als bei der SFC und hier wiederum größer als bei der GC. Die weitaus größte Auswahl an mobilen Phasen hat die HPLC, gefolgt – in erheblichem Abstand – von der SFC, während die verschiedenen Trägergase der GC aufgrund ihres niedrigen Druckes und ihrer chemischen Natur praktisch keinen Einfluß auf die Selektivität ausüben. Es ist jedoch damit zu rechnen, daß die Auswahl der mobilen Phasen in der SFC im Laufe der Zeit zunehmen wird, insbesondere nach der Entwicklung von generellen Detektoren, die mit organischen mobilen Phasen verträglich sind und deren Preis sich im Rahmen von FID und UV-Detektor bewegt. Die auch dann noch geringere Anzahl der mobilen Phasen in der SFC im Vergleich zur HPLC wird durch die Möglichkeit der Einstellung und Programmierung der Dichte zu einem Teil kompensiert. Bei allen chromatographischen Verfahren ist die Auswahl an stationären Phasen erheblich und zumindestens im Prinzip von vergleichbarem Umfang.

Aufgrund der die SFC kennzeichnenden Lösekraft der mobilen Phase können – im Gegensatz zur GC – auch thermolabile Substrate oder solche mit geringem oder nicht vorhandenem Eigendampfdruck chromatographiert werden. Die inzwischen schon umfangreiche Literatur bestätigt dies, beschränkt sich aber nicht auf diese beiden Stoffklassen. Eine große Anzahl von Anwendungsbeispielen findet sich in den Applikationssammlungen zweier Konferenzen [22, 23] und einer Zeitschrift [306] sowie mehreren zusammenfassenden Artikeln [307–309]. Einige in letzter Zeit veröffentlichte Beispiele betreffen thermisch labile oder sehr reaktive Verbindungen, u.a. Isocyanate [310, 311]. Vielfach untersucht wurden Erdöl- und Kohleprodukte, so Dieseltreibstoffe und Mitteldestillate [312–314], Benzine [315], Crackprodukte [316], Koksofenteeröle [317] und polycyclische Aromate [94]; letztere an smektischen stationären Phasen. Pharmazeutika sind auch Gegenstand einer Reihe von neueren Untersuchungen [134, 318], u.a. Steroide [319], Benzodiazepine [320], Barbiturate [321, 322] und Truxilline in Kokain [323]. Viele Substanzen biologischen Ursprungs sind bearbeitet worden, z.B. Oligo- und Polysaccharide [324, 325], Glyceride [84, 326, 327], ungesättigte Fettsäureester [328], Cyclosporin A [329] und Porphyrine [330].

In manchen Fällen ging der chromatographischen Trennung ein Extraktionsschritt voraus, wobei der Extraktionsschritt nicht als Teil der Probeninjektion „on-line“ d.h. in der gleichen Apparatur mit der mobilen Phase durchgeführt wurde, sondern „off-line“ in einem örtlich und evtl. auch zeitlich getrennten Extraktionsschritt mit gegebenenfalls einem externen Lösungsmittel. Biologische Materialien wurden so durch Extraktion und anschließende SFC getrennt, z.B. Lipide aus Pilzen [331] und Bakterien [256, 332], Thymian-, Pfefferminz- und Basilikumöl aus aromatischen Pflanzen [333], Carotenoide aus Möhren und Tomaten [334] und Cholesterin aus Nahrungsmitteln [335]. Einige dieser biologischen Substanzen waren wirksame Toxine von der Art der Trichotecen

Mycotoxine [336] und der Pyrrolizidin Alkaloide [337] oder natürliche Insektizide [338, 339]. An Pharmazeutika wurde Phenobarbital [340] und das Antimalariamittel Mefloquine [341] aus Blut isoliert. Opiumalkaloide wurden aus Mohn extrahiert und getrennt [342]. Nach Vorkonzentration wurde die SFC auch für die Analyse von Wasser [343, 344] eingesetzt.

Die Trennung von Antipoden durch SFC mittels Verwendung von chiralen stationären Phasen sowohl in gepackten als auch in OTC-Säulen wird durch niedrige Temperaturen begünstigt [345–347]. Es wurden sowohl Pirkle-Typ stationäre Phasen als auch Cyclodextrine und andere chirale Phasen mit Erfolg eingesetzt [345–350]. Polymeradditive wie Antioxidantien und Lichtstabilisatoren in Polyolefinen wurden abgetrennt und identifiziert [351–353]. Die Trennungen von Oligomeren sind sehr zahlreich, während die der Polymeren selbst bislang wenig Interesse gefunden haben. Die Ergebnisse sind in einem Übersichtsartikel zusammengefaßt worden [354]. Beispiele für neuere Literatur sind die Bestimmung der Reaktionsgeschwindigkeit der Ethoxylierung von Alkohol [355] und die Trennung von isotaktischen und syndiotaktischen Oligomeren des Methylmethacrylats [356] sowie eine kurze Zusammenfassung der industriellen Anwendung der SFC für die Polymeranalyse [336]. Für die Analyse von polaren Verbindungen ist in einigen Fällen die chemische Modifizierung der polaren funktionellen Gruppen hilfreich. So sind Amphetamine vor der Trennung mittels SFC zunächst mit 9-Fluorenylmethylchloroformat zur Maskierung der Aminogruppen umsetzt worden [357], während Inositol-tri- und hexaphosphat trimethylsyliliert [358] und Glycosphingolipids permethyliert worden sind [359]. Anorganische Verbindungen oder Metallkomplexe mit organischen Liganden sind bislang mit etwa 15 Veröffentlichungen nur relativ wenig untersucht worden, obwohl auch hier gute Trennungen erzielt werden können. So wurden Diisobutyldithiocarbamatkomplexe einer Serie von Metallen getrennt [360], ebenso wie ß-Diketonate von Pd [361, 362], Ferrocene [362] und Porphyrine [363].

Die SFC eignet sich auch für präparative und semipräparative Trennungen. Da möglichst große Probenmengen pro Lauf getrennt werden sollen, ist die Injektionsmethode von noch größerer Wichtigkeit als bei der analytischen SFC. Das Volumen des Fremdlösungsmittels, in dem die Probe vor Injektion gelöst wird, sollte so klein wie möglich gehalten und möglichst ganz vermieden werden. Letzteres kann erreicht werden durch eine der präparativen Trennung vorgeschaltete Extraktion mit der mobilen Phase selbst [364–366] oder aber durch Abtreiben des Fremdlösungsmittels in einer Vorsäule, gefolgt vom Auflösen des zurückgebliebenen Substrats und dem Transport auf die Trennsäule [367] durch die dann erst eingelassene mobile Phase.

Die Erdölindustrie ist seit längerem an einem Verfahren interessiert, das die Durchführung der sogenannten „simulierten Destillation“ auch bei solchen Fraktionen erlaubt, die für die GC keinen ausreichenden Dampfdruck aufweisen. Hier bietet sich die SFC an, auch für die Erstellung eines standardisierten Verfahrens [368]. Für die simultierte Destillation mittels SFC ist bisher vornehmlich CO_2 als mobile Phase sowohl in Kapillarsäulen [369, 370] als auch in gepackten Säulen [371] verwendet worden. Die Prozesskontrolle durch SFC kann in Zukunft die bereits vielfach verwendete GC-Prozesskontrolle ergänzen [372], insbesondere wenn es sich um höhermolekulare oder thermisch empfindliche Substrate handelt. Eine entsprechende Apparatur wurde vorgeschlagen und ist kommerziell verfügbar [372–374].

Der höhere Diffusionskoeffizient von überkritischen Fluiden im Vergleich zu Flüssigkeiten macht die ersteren ebenfalls attraktiv für die Ausschlußchromatographie (SEC). Obwohl die Verwendung von überkritischen Fluiden für die SEC schon seit längerem bekannt ist [375], hat sich bislang nur wenig Aktivität auf diesem Gebiet entwickelt, obwohl eine übliche SFC-Apparatur für die SEC mit überkritischen Fluiden zunächst ausreichen dürfte [376, 377]. In Analogie zur Pyrolyse-GC sind auch Arbeiten begonnen worden, um eine Pyrolyse-SFC einzuführen [378]. Es ist zu erwarten, daß aufgrund der größeren Fragmente, die bei schonenderer Pyrolyse entstehen und die dann durch die SFC im Gegensatz zur GC auch transportiert und getrennt werden können, zuverlässiger auf die ursprüngliche Struktur des pyrolysierten Substrats zurückgeschlossen werden kann. Die Quantifizierung von Substraten durch SFC im Sinne von Reproduzierbarkeit und Genauigkeit ist auch mehrfach Gegenstand von Untersuchungen gewesen [379]. Für die Spurenanalyse mithilfe der SFC sind die Voraussetzungen diskutiert worden [380]. Um Schwankungen in den Kapazitätsverhältnissen, die durch kleinere Abweichungen in den Bedingungen, z.B. von Druck und Temperatur auftreten, zu vermindern, wurden mehrere Retentionsindices eingeführt [381].

Der Stand der SFC im Rahmen der multidimensionalen Chromatographie wird in zwei Übersichtsartikeln beschrieben [382, 383]. Die zweidimensionale Methodenkombination SFC/SFC insbesondere hat die Aufmerksamkeit auf sich gezogen, wobei als Säulenkombinationen OTC/OTC [384, 385], PCC (packed capillary column)/OTC [386], PCC/PCC [387] und PC (packed column)/PC [388, 389] beschrieben worden sind. Als mobile Phase wird bislang reinem CO_2 der Vorzug gegeben. Die zwei SFC-Säulen in Serie führen zu einer erheblichen Vergrößerung von Peakkapazität und Auflösung, wobei die Säulenkombination PCC/OTC besonders aussichtsreich erscheint. Für höchste Auflösung empfiehlt sich die SFC/GC unter dem Vorbehalt, daß flüchtige und thermisch stabile Substrate chromatographiert werden sollen. Bislang ist hierzu vor allem die Säulenkombination PC/OTC eingesetzt worden [390–392].

Neben der SFC hat sich die SFE, die Extraktion mit überkritischen Fluiden, entwickelt, wobei die Hersteller der Apparaturen meist auf die gleichen Pumpen, Öfen und Restriktoren wie bei der SFC zurückgreifen. Die Kopplung einer Extraktion durch überkritische Fluide (SFE) mit der Auftrennung der Extrakte durch SFC (SFE-SFC), die aufgrund ähnlicher apparativer Anforderungen in einem Gerät vereinigt ist, verspricht z.B. für die Messung der Extraktionskinetik von Nutzen zu sein [121, 122, 126, 393]. Überkritische Fluide gestatten – bedingt durch ihre stark dichteabhängige Lösefähigkeit – eine selektivere Extraktion von Komponenten aus dem zu extrahierenden Material, als dies bei Flüssigkeiten der Fall ist [394].

7 Literatur

1. James AT, Martin AJP (1952) J Biochem 50: 679
2. Golay MJE, in Coates VJ, Noebles HJ, Fagerson IS (Hrsg.) (1958) Gas Chromatography (1957 Lansing Symposium). Academic Press, New York, p. 1
3. Klesper E, Corwin AH, Turner DA (1962) J Org Chem 27: 700
4. Novotny M, Springston SR, Peaden PA, Fjeldsted JC, Lee ML (1981) Anal Chem 53: 407A
5. Schmitz FP, Hilgers H, Klesper E (1983) J Chromatogr 267: 267
6. Schmitz FP, Klesper E (1981) Polymer Bulletin 5: 603
7. Gere DR, Board R, McManigill D (1982) Anal Chem 54: 736
8. Jentoft RE, Gouw TH (1969) J Pol Sci Pol Lett 7: 811
9. Jentoft RE, Gouw TH (1970) J Chromatogr Sci 8: 138
10. Schmitz FP, Klesper E (1981) Makromol Chem Rapid Commun 2: 735
11. Laitinen HS, Ewing GW (Hrsg.) (1977) A history of analytical chemistry. Division of Analytical Chemistry, ACS
12. Ettre LS, Zlatkis A (Hrsg.) (1979) Seventy-five years of chromatography – a historical dialogue. Elsevier
13. White CM (Hrsg.) (1988) Modern supercritical fluid chromatography. Hüthig, Heidelberg
14. Charpentier BA, Sevenants MR (Hrsg.) (1988) Supercritical fluid extraction and chromatography. Techniques and applications. ACS Symposium Series 366, American Chemical Society, Washington DC
15. Squires TG, Paulaitis ME (Hrsg.) (1987) Supercritical fluids. Chemical and engineering principles and applications. ACS Symposium Series, Vol. 329 American Chemical Society, Washington DC
16. Yoshioka M, Parvez S, Miyazaki T, Parvez H (Hrsg.) (1989) Supercritical fluid chromatography and micro-HPLC. Progress in HPLC, Vol. 4, V.S.P. BV, Zeist
17. Smith RM (Hrsg.) (1988) Supercritical fluid chromatography, RSC chromatography monographs, Royal Chemical Society, London.
18. International symposium on supercritical fluid chromatography and extraction (1991) Abstracts, Park City (Utah)
19. Lee ML, Markides KE (Hrsg.) (1990) Analytical supercritical fluid chromatography and extraction, Chromatography Conferences, Provo (Utah)
20. White Associates (1987) SFaCts. A comprehensive bibliography of SFC and related articles, White Associates, Pittsburgh
21. Schmitz FP (1988) Chromatographie mit überkritischen verdichteten Gasen zur Trennung von Oligomeren und Polymeren. Profil, München
22. Markides KE, Lee ML (1988) SFC-Applications, workshop on supercritical fluid chromatography, Lee Scientific, Park City (Utah)
23. Markides KE, Lee ML (1989) SFC-Applications, workshop on supercritical fluid chromatography, Lee Scientific, Snowbird (Utah)
24. Schoenmakers PJ, Uunk LGM (1987) European Chromatogr News (3) 1: 14
25. Widmer HM (1987) Chimia 41: 402
26. Leyendecker D, Leyendecker D (1987) GIT Fachz Lab (10) S. 920
27. Leyendecker D, Leyendecker D (1988) Labor Praxis (Juni) S. 658
28. Lee ML, Markides KE (1987) Nature 327: 441
29. Klesper E (1988) Fresenius' Z Anal Chem 330: 200
30. Schoenmakers PJ, Verhoeven FCCJG (1987) Trends in analytical chemistry 6: 10
31. Klesper E, Schmitz FP (1986) Chimica oggi (November) S. 11
32. Klesper E, Leyendecker D (1986) International Laboratory (November) S. 18
33. Klesper E (1988) Nachrichten aus Chemie, Technik und Laboratorium, Sonderheft Chromatographie, S. 93
34. Novotny MV (1989) Science 246: 51
35. Scheuer F (1989) Ö Chem Z, S. 206
36. Bartle KD, Davies IL, Raynor MW (1988) Int. Labmate (4) 13: 101
37. Leyendecker D, Leyendecker D, Höfler F (1989) GIT Fachz Lab S. 465
38. Rudenko BA, Baiderovtseva MA, Agaeva MA (1975) J Anal Chem USSR, 30: 1003
39. Gouw TH, Jentoft RE (1975) Adv Chromatogr 13: 1
40. Klesper E (1978) Angew Chem 90: 785
41. Peaden PA, Lee ML (1982) J Liquid Chromatogr 5: 179

42. van Wasen U, Swaid J, Schneider GM (1980) Angew Chem 92: 585
43. Randall LG (1982) Separation science and technology 17: 1
44. Rosset R, Mourier P, Caude M (1986) L'actualité chimique (September) S. 17
45. Wright BW, Smith RD (1989) in Tuan Vo-Dinh (Hrsg.): Chemical analysis of polycyclic aromatic compounds, Wiley, S. 111
46. Chester TL, Pinkston JD (1990) Anal Chem 62: 394 R
47. Widmer MH (1991) Nachr Chem Techn Lab (4) 39: M 1
48. Yonker CR, Wright BW, Smith RD (1985) J Phys Chem 89: 5526
49. Yonker CR, Smith RD (1988) J Phys Chem 92: 1664
50. Chester TL, Jnnis DP (1985) J High Resolution Chromatogr Chromatogr Commun 8: 561
51. Roth M (1990) J Phys Chem 94: 4309
52. Roth M (1990) J Supercritical fluids 3: 108
53. Poe DP, Martire DE (1990) J Chromatogr 517: 3
54. Kelley FD, Chimowitz EH (1990) AIChE Journal 36: 1163
55. Martire DE, Boehm RE (1987) J Phys Chem 91: 2433
56. Martire DE (1987) J Liquid Chromatogr 10: 1569
57. Martire DE (1988) J Chromatogr 452: 17
58. Later DW, Bornhop DJ, Lee ED, Henion JD, Wieboldt RC (1987) LC-GC International 1: 36
59. Arpino PJ, Cousin J, Higgins J (1987) Trends in Analytical Chemistry 6: 69
60. Games DE, Berry AJ, Mylchreest IC, Perkins JR, Pleasance S (1987) Laboratory Practice, (February) S. 45
61. Warner M (1987) Anal Chem 59: 855A
62. Berry AJ, Games DE, Mylchreest IC, Perkins JR, Pleasance S (1988) J High Resolution Chromatogr Chromatogr Commun. 11: 61
63. Huang EC, Jackson BJ, Markides KE, Lee ML (1988) Chromatographia 25: 51
64. Blum W, Grolimund K, Jordi PE, Ramstein P (1988) J High Resolution Chromatogr. Chromatogr Commun 11: 441
65. Kalinoski HT, Smith RD (1988) Anal Chem 60: 529
66. Smith RD, Kalinoski HT, Udseth HR (1987) Mass Spectrometry Reviews 6: 445
67. Smith RD, Wright BW, Udseth HR in Nikelly JG (Hrsg.) (1986) Advances in capillary chromatography, Hüthig, Heidelberg, S. 57
68. Schmid ER (1990) Chromatographia 30: 573
69. Olesik SV (1991) J High Resolution Chromatogr 14: 5
70. Carraud P, Thiebaut D, Caude M, Rosset R, Lafosse M, Dreux M (1987) J Chromatogr Sci 25: 395
71. Nizery D, Thiebaut D, Caude M, Rosset R, Lafosse M, Dreux M (1989) J Chromatogr 467: 49
72. Hoffmann S, Greibrokk T (1989) J Microcolumn Sep 1: 35
73. Klesper E, Schmitz FP (1987) J Chromatogr 402: 1
74. Klesper E, Schmitz FP (1988) J Supercritical Fluids 1: 45
75. Leyendecker D in Smith RM (Hrsg.) (1988) Supercritical fluid chromatography RSC Chromatography Monographs, Royal Society of Chemistry, London, S. 53
76. Wenclawiak B (1988) Fresenius Z Anal Chem 330: 218
77. Wenclawiak B (1986) Fresenius Z Anal Chem 323: 492
78. Takeuchi T, Ohta K, Ishii D (1988) Chromatographia 25: 125
79. Hirata Y, Nakata F, Murata S (1987) Chromatographia 23: 663
80. Schmitz FP, Klesper E (1987) J Chromatogr 388: 3
81. Klesper E, Schmitz FP in White CM (Hrsg.) (1988) Modern supercritical fluid chromatography, Hüthig, Heidelberg, S. 1
82. Gemmel B, Lorenschat B, Schmitz FP (1989) Chromatographia 27: 605
83. Hirata Y, Nakata F, Nagasaki M (1986) J High Resolution Chromatogr Chromatogr Commun 9: 633
84. White CM, Houck RK (1985) J High Resolution Chromatogr Chromatogr Commun 8: 293
85. Later DW, Richter BE, Anderson MR (1986) LC-GC (10) Vol. 4
86. Fields SM, Lee ML (1985) J Chromatogr 349: 305
87. Gemmel B, Schmitz FP, Klesper E (1988) High Resolution Chromatogr Chromatogr Commun 11: 901.
88. Saito M, Yamauchi Y, Kashiwazaki H, Sugawara M (1988) Chromatographia 25: 801
89. Giorgetti A, Pericles N, Widmer HM, Anton K, Dätwyler P (1989) J Chromatogr Sci 27: 318
90. Küppers S, Lorenschat B, Schmitz FP, Klesper E (1989) J Chromatogr 475: 85

91. Chester TL, Bowling DJ, Innis DP, Pinkston JD (1990) Anal Chem 62: 1299
92. Gemmel B, Schmitz FP, Klesper E (1988) J Chromatogr 455: 17
93. Ishii D, Takeuchi T (1989) J Chromatogr Sci. 27: 71
94. Chang H-CK, Markides KE, Bradshaw JS, Lee ML (1988) J Chromatogr Sci 26: 280
95. French SB, Novotny M (1986) Anal Chem 58: 164
96. Jinno K (1987) Chromatographia 23: 55
97. Pichard H, Caude M, Sassiat P, Rosset R (1988) Analusis 16: 131
98. Widmer HM, in White CM (Hrsg.) (1988) Modern supercritical fluid chromatography, Hüthig, Heidelberg, S. 211
99. Saito M, Hondo T, Senda M in Cortes HJ (Hrsg.) Multidimensional chromatography, Chromatographic Science, Marcel Dekker, New York, Vol. 50, S. 331
100. King JW (1990) J Chromatogr Sci 28: 9
101. Sugiyama K, Shiokawa T, Moriya M (1990) J Chromatogr 515: 555
102. Higashidate S, Yamauchi Y, Saito M (1990) J Chromatogr 515: 295
103. Leyendecker D, Leyendecker D (1988) GIT Fachz Lab (7), S.790
104. Klesper E, Leyendecker D, Schmitz FP (1986) J Chromatogr 366: 235
105. Lee ML, Xu B, Huang EC, Djordjevic NM, Chang H-CK, Markides KE (1989) J Microcolumn Separation 1: 7
106. Richter BE, Knowles DE, Anderson MR, Porter NL, Campbell ER, Later DW (1988) J High Resolution Chromatogr Chromatogr Commun 11: 29
107. France JE, Vorhees KJ (1989) J High Resolution Chromatogr 12: 753
108. Hirata Y, Nakata F, Horihata M (1988) J High Resolution Chromatogr Chromatogr Commun 11: 81
109. Bruno TJ (1988) J Res Natl Bur Stand (US) 93: 655
110. Niessen WMA, de Kraa MAG, Verheig ER, Bergers PJM, La Vos GF, Tjaden UR, van der Greef J (1989) Rap Commun in Mass Spectrometry 3: 1
111. Niessen WMA, Bergers PJM, Tjaden UR, van der Greef J (1988) J Chromatogr 454: 243
112. Köhler J, Rose A, Schomburg G (1988) J High Resolution Chromatogr Chromatogr Commun 11: 191
113. Böhm M, Umland F, Wenclawiak B (1989) J Chromatogr 465: 17
114. Berg BE, Greibrokk T (1989) J High Resolution Chromatogr 12: 322
115. Farbrot Buskhe A, Berg BE, Gyllenhaal O, Greibrook T (1988) J High Resolution Chromatogr Chromatogr Commun 11: 16
116. Hirata Y, Tanaka M, Inomata K (1989) J Chromatogr Sci 27: 395
117. Hirata Y, Koshiba H, Maeda T (1990) J High Resolution Chromatogr 13: 619
118. Munder A, Chesler SN (1989) J High Resolution Chromatogr 12: 669
119. Skelton RJ, Johnson CC, Taylor LT (1986) Chromatographia 21: 3
120. Jahn KR, Wenclawiak B (1988) Chromatographia 26: 345
121. McNally MEP, Wheeler JR (1988) J Chromatogr 435: 63
122. Engelhardt H, Gross A (1988) J High Resolution Chromatogr Chromatogr Commun 11: 38
123. Anton K, Menes R, Widmer HM (1988) Chromatographia 26: 221
124. Xie QL, Markides KE, Lee ML (1989) J Chromatogr Sci 27: 365
125. Andersen MR, Swanson JT, Porter NL, Richter BE (1989) J Chromatogr Sci 27: 371
126. Gmuer W, Bosset JO, Plattner E (1987) J Chromatogr 388: 335
127. Wheeler JR, McNally MR (1989) J Chromatogr Sci 27: 534
128. Klesper E, Hartmann W (1977) J Polym Sci, Polym Lett Ed. 15: 9
129. Klesper E, Hartmann W (1978) Europ Polym J 14: 77
130. Jahn KR, Wenclawiak BW (1987) Anal Chem 59: 382
131. Chester TL, Jnnis DP, Owens GD (1985) Anal Chem 57: 2243
132. Guthrie EJ, Schwartz HE (1986) J Chromatogr Sci 24: 236
133. Raynor MW, Bartle KD, Davies IL, Clifford AA, Williams A (1988) J High Resolution Chromatogr Chromatogr Commun 11: 289
134. White CM, Gere DR, Boyer D, Pacholec F, Wong LK (1988) J High Resolut Chromatogr Chromatogr Commun 11: 94
135. Green S, Bertsch W (1988) J High Resolution Chromatogr Chromatogr Commun 11: 414
136. Bally RW, Cramers CA (1986) J High Resolution Chromatogr Chromatogr Commun 9: 626
137. Berger TA (1989) Anal Chem 61: 356
138. Berger TA (1989) J High Resolution Chromatogr 12: 96
139. Berger TA, Toney C (1989) J Chromatogr 465: 157

140. Smith RD, Fluton JL, Petersen RC, Kopriva AJ, Wright BW (1986) Anal Chem 58: 2057
141. Raynie DE, Markides KE, Lee ML, Goates SR (1989) Anal Chem 61: 1178
142. Rawdon MG, Norris TA (1984) Intern Lab (5) 14: 12, Am Lab (5) 16: 17
143. Hirata Y, Nakata F (1986) Chromatographia 21: 627
144. Bornhop DJ, Wangsgaard JG (1989) J Chromatogr Sci 27: 293
145. Novotny M (1986) J High Resolution Chromatogr Chromatogr Commun 9: 137
146. Richter BE, Bornhop DJ, Swanson JT, Wangsgaard JG, Andersen MR (1989) J Chromatogr Sci 27: 303
147. Chester TL (1984) J Chromatogr 299: 424
148. Richter BE (1985) J High Resolution Chromatogr Chromatogr Commun 8: 297
149. Sanagi MM, Smith RM (1987) Anal Proceedings 24: 304
150. Thiebaut D, Caude M, Rosset R (1987) Analusis 15: 528
151. Morissey M, Hill Jr. HH (1988) J High Resolution Chromatogr Chromatogr Commun 11: 375
152. Jinno K, Hoshino T, Hondo T, Saito M, Senda M (1986) Anal Chem 58: 2696
153. Jinno K, Hoshino T, Hondo T (1986) Analytical Letters 19: 1001
154. France JE, Voorhees KJ (1988) J High Resolution Chromatogr Chromatogr Commun 11: 692
155. Chervet JP, Ursem M, Salzmann JP (1989) J High Resolution Chromatogr Chromatogr Commun 12: 278
156. Weinberger SR, Bornhop DJ (1989) J Michrocolumn Sep 1: 90
157. Bruno AE, Gassmann E, Pericles N, Anton K (1989) Anal Chem 61: 876
158. Smith RD, Wright BW, Udseth HR (1986) ACS Symposium Series 297: 260
159. Raynor MW, Davies IL, Bartle KD, Williams A, Chalmers JM, Cook BW (1987) European Chromatogr News 1: 18
160. Bartle KD, Raynor NW, Clifford AA, Davies IL, Kithinji JP, Shilstone GF (1989) J Chromatogr Sci, 27: 283
161. Taylor LT, Calvey EM (1988) Chem Rev 89: 321
162. Wieboldt RC, Smith JA (1988) ACS Symp Ser ACS, Washington DC (?)
163. Shah S, Ashraf-Khorassani M, Taylor LT (1988) Chromatographia 25: 631
164. Morin PH, Beccard B, Caude M, Rosset R (1988) J High Resolution Chromatogr Chromatogr Commun 11: 697
165. Raynor MW, Clifford AA, Bartle KD, Reyner C, Williams A (1989) J Microcolumn Sep 1: 101
166. Griffiths PR, Pentoney Jr. SL, Pariente GL, Norton KL (1987) Mikrochim Acta [Wien] III: 47
167. Fuoco R, Pentoney Jr. SL, Griffiths PR (1989) Anal Chem 61: 2212
168. Griffiths PR, Haefner AM, Norton KL, Fraser DJJ, Pyo D, Makishima H, (1989) J High Resolution Chromatogr 12: 119
169. Raymer JH, Moseley MA, Pellizzari ED, Velez GR (1988) J High Resolution Chromatogr Chromatogr Commun 11: 209
170. Goates SR, Sin CH (1989) Applied Spectroscopy Reviews 25: 81
171. Simons JK, Sin CH, Zabriskie NA, Lee ML, Goates SR, Fields SM (1989) J Microcolumn Sep 1: 200
172. Goates SR, Sin CH, Simons JK, Markides KE, Lee ML (1989) J Microcolumn Sep 1: 207
173. Sim PG, Elson CM, Quilliam MA (1988) J Chromatogr 445: 239
174. Hayhurst J, Magill B (1989) Int Labmate 14: 35
175. Gmuer W, Bosset JO, Plattner E (1987) Chromatographia 23: 199
176. Olesik JW, Olesik SV (1987) Anal Chem 59: 796
177. Fujimoto C, Yoshida H, Jinno K (1989) J Microcolumn Sep 1: 19 und 2: 146
178. Jin Q, Wang F, Zhu C, Chambers DM, Hieftje GM (1990) J Anal Atomic Spec 5: 487
179. Motley CB, Long GL (1990) J Anal Atomic Spectrometry 5: 477
180. Zhang L, Carnahan JW, Winans RE, Neill PH (1991) Anal Chem 63: 212
181. Skelton Jr. RJ, Farnsworth PB, Markides KE, Lee ML (1989) Anal Chem 61: 1815
182. Karen Chang HC, Taylor LT (1990) J Chromatogr Sci 28: 29
183. West WR, Lee ML (1986) J High Resolution Chromatogr Chromatogr Commun 9: 161
184. David PA, Novotny M (1989) Anal Chem 61: 2082
185. Olesik SV, Pekay LA, Paliwoda EA (1989) Anal Chem 61: 58
186. Pekay LA, Olesik SV (1989) Anal Chem 61: 2616
187. Karen Chang HC, Taylor LT (1990) J Chromatogr 517: 491
188. Foreman WT, Shellum CS, Birks JW, Sievers RE (1989) J Chromatogr 465: 23
189. Rokushika S, Hatano H, Hill Jr. HH (1987) Anal Chem 59: 8
190. Morrissey MA, Hill Jr. HH (1989) J Chromatogr Sci 27: 529

191. Huang MX, Markides KE, Lee ML (1991) Chromatographia 31: 163
192. Michael AC, Mark Wightman R (1989) Anal Chem 61: 2193
193. DiMaso M, Purdy WC, McClintock SA (1990) J Chromatogr 519: 256
194. Asche W (1978) Chromatographia 11: 411
195. Schoenmakers PJ, Unk LGM (1989) in Giddings C (Hrsg.): Advances in chromatography, Marcel Dekker, New York, 30: 1
196. Leyendecker D, Leyendecker D, Schmitz FP, Klesper E (1987) J Liquid Chromatogr 10: 1917
197. Li SFY, Ong CP, Lee ML, Lee HK (1990) J Chromatogr 515: 515
198. Ong CP, Lee HK, Li SFY (1990) Anal Chem 62: 1389
199. Krukonis VJ, McHugh MA, Seckner AJ (1984) J Phys Chem 88: 2687
200. Kuei JC, Markides KE, Lee ML (1987) J. High Resolution Chromatogr Chromatogr Commun 10: 257
201. Raynie DE, Payne KM, Markides KE, Lee ML in International symposium on supercritical chromatography and extraction Park City (Utah), S. 25
202. Dobbs JM, Wong JM, Lahiere RJ, Johnston KP (1987) Ind Eng Chem Res 26: 56
203. Kim S, Johnston KP (1987) AIChE Journal (10) 33: 1603
204. International Data Series, Selected Data Mixtures, Thermodynamic Research Center, Texas A & M University System, College Station, TX
205. Levy JM, Ritchey WM (1987) J High Resolution Chromatogr Chromatogr Commun 10: 493
206. Levy JM, Ritchey WM (1985) J High Resolution Chromatogr Chromatogr Commun 8: 503
207. Levy JM, Ritchey WM (1986) J Chromatogr Sci 24: 242
208. Veuthey JL, Janicot JL, Caude M, Rosset R (1990) J Chromatogr 499: 637
209. Wright BW, Smith RD (1986) J Chromatogr 355: 367
210. Yonker CR, McMinn DG, Wright BW, Smith RD (1987) J Chromatogr 396: 19
211. Fields SM, Markides KE, Lee ML (1987) J Chromatogr 406: 223
212. Fields SM, Markides KE, Lee ML (1988) J High Resolution Chromatogr Chromatogr Commun 11: 25
213. Geiser FO, Yocklovich SG, Lurcott SM, Guthrie JW, Levy EJ (1988) J Chromatogr 459: 173
214. Gale RW, Fulton JL, Smith RD (1987) Anal Chem 59: 1977
215. Smith RD, Fulton JL, Jones HK (1988) Sep Sci and Technology 23: 2015
216. Smith RD, Fulton JL, Jones HK, Gale RW, Wright BW (1989) J Chromatogr Sci 27: 309
217. Steuer W, Baumann J, Erni F (1990) J Chromatogr 500: 469
218. Hirata Y (1990) J Microcolumn Sep 2: 214
219. Taylor LT, Karen Chang HC (1990) J Chromatogr Sci 28: 357
220. Schoenmakers PJ, Uunk LGM, Janssen HG (1990) J Chromatogr 506: 563
221. Dean TA, Poole CF (1989) J Chromatogr 468: 127
222. Jinno K, Mae H (1990) J High Resolution Chromatogr 13: 512
223. Engel TM, Olesik SV (1990) Anal Chem 62: 1554
224. Jinno K, Mae H, Yamaguchi M, Ohtsu Y (1991) Chromatographia 31: 239
225. Engel TM, Olesik SV (1991) J High Resolution Chromatogr 14: 99
226. Mourier PA, Eliot E, Caude MH, Rosset RH (1985) Anal Chem 57: 2819
227. Röder W, Ruffing FJ, Schomburg G, Pirkle WH (1987) J High Resolution Chromatogr Chromatogr Commun 10: 665
228. Hara S, Dobashi A, Hondo T, Saito M, Senda M (1986) J High Resolution Chromatogr Chromatogr Commun 9: 249
229. Dobashi A, Dobashi Y, Ono T, Hara S, Saito M, Higashidate S, Yamauchi Y (1989) J Chromatogr 461: 121
230. Rokushika S, Naikwadi KP, Jadhav AL, Hatano H (1985) J High Resolution Chromatogr Chromatogr Commun 8: 480
231. Rokushika S, Naikwadi PK, Jadhav AL, Hatano H (1986) Chromatographia 22: 209
232. Schwartz HE (1987) LC-GC (1) 5: 14
233. Schwartz HE, Barthel PJ, Moring SE, Lauer HH (1987) LC-GC (6) 5: 490
234. Games DE, Berry AJ, Mylchreest IC, Perkins JR, Pleasance S (1987) Europ Chromatogr News 1: 10
235. Schoenmakers PJ (1988) J High Resolution Chromatogr Chromatogr Commun 11: 278
236. Novotny M, Springston SR, Peaden PA, Fjeldsted JC, Lee ML (1981) Anal Chem 53: 407 A
237. Fields SM, Kong RC, Fjeldsted JC, Lee ML (1984) J High Resolution Chromatogr Chromatogr Commun 7: 312

238. Fields SM, Kong RC, Lee ML, Peaden PA (1984) J High Resolution Chromatogr Chromatogr Commun 7: 423
239. Kong RC, Fields SM, Jackson WP, Lee ML (1984) J Chromatogr 289: 105
240. Sumpter SR, Woolley CL, Huang EC, Markides KE, Lee ML (1990) J Chromatogr 517: 503
241. Janssen HGM, Rijks JA, Cramers CA (1990) J High Resolution Chromatogr Chromatogr Commun 13: 475
242. Wheeler JR, McNally ME (1987) J Chromatogr 410: 343
243. Sandra P, David F (1990) J High Resolution Chromatogr Chromatogr Commun 13: 414
244. Onuska FI, Terry KA, Rokushika S, Hatano H (1990) J High Resolution Chromatogr Chromatogr Commun 13: 317
245. Blilie AL, Greibrokk T (1985) J Chromatogr 349: 317
246. Hütz A, Schmitz FP, Leyendecker D, Klesper E (1990) J Supercritical Fluids 3: 1
247. Küppers S, Leyendecker D, Schmitz FP, Klesper E (1990) J Chromatogr 505: 109
248. Hütz A, Leyendecker D, Schmitz FP, Klesper E (1990) J Chromatogr 505: 99
249. Küppers S, Leyendecker D, Schmitz FP, Klesper E (1990) J Supercritical Fluids 3: 121
250. Lee C, Ellington RT (1987) Sep Sci Tech 22: 1557
251. Smith RD, Udseth HR, Wright BW, Yonker CR (1987) Sep Sci Tech 22: 1065
252. King JW (1989) J Chromatogr Sci 27: 355
253. Hirata Y (1984) J Chromatogr 315: 39
254. Hirata Y, Nakata F (1984) J Chromatogr 295: 315
255. Schoenmakers PJ, Verhoeven FCCJG, van den Bogaert HM (1986) J Chromatogr 371: 121
256. DeLuca SJ, Voorhees KJ, Langworthy TA, Holzer G (1986) J High Resolution Chromatogr Chromatogr Commun 9: 182
257. Proot M, Sandra P, Geeraert E (1986) J High Resolution Chromatogr Chromatogr Commun 9: 189
258. Hawthorne SB, Miller DJ (1987) J Chromatogr 388: 397
259. Wright BW, Smith RD (1986) J High Resolution Chromatogr Chromatogr Commun 9: 73
260. Crow JA, Foley FP (1989) J High Resolution Chromatogr Chromatogr Commun 12: 467
261. Fjeldsted JC, Jackson WP, Peaden PA, Lee ML (1983) J Chromatogr Sci 21: 222
262. Wilsh A, Schneider GM (1986) J. Chromatogr. 357: 239
263. Linnemann KH, Wilsh A, Schneider GM (1986) J Chromatogr 369: 39
264. Schmitz FP, Gemmel B, Leyendecker D, Leyendecker D (1988) J High Resolution Chromatogr Chromatogr Commun 11: 339
265. Later DW, Campbell ER, Richter BE (1988) J High Resolution Chromatogr Chromatogr Commun 11: 65
266. Geissler PR (1989) JAOCS 66: 685
267. Leyendecker D, Leyendecker D, Schmitz FP, Klesper E (1986) J Chromatogr 371: 93
268. Leyendecker D, Leyendecker D, Schmitz FP, Klesper E (1986) J High Resolution Chromatogr Chromatogr Commun 9: 566
269. Leyendecker D, Schmitz FP, Leyendecker D, Klesper E (1985) J Chromatogr 321: 273
270. Mori S, Saito T, Takeuchi M (1989) J Chromatogr 478: 181
271. Takeuchi T, Niwa T, Ishii D (1987) Chromatographia 23: 929
272. Kithinji JP, Raynor MW, Egia B, Davies IL, Bartle KD, Clifford AA (1990) J High Resolution Chromatogr 13: 27
273. Klesper E (1978) Angew Chem Int Ed Eng. 17: 738
274. Leyendecker D, Leyendecker D, Schmitz FP, Klesper E (1986) J High Resolution Chromatogr Chromatogr Commun 9: 525
275. David PA, Novotny M (1988) J Chromatogr 452: 623
276. Lauer HH, McManigill D, Board RD (1983) Anal Chem 55: 1370
277. Sassiat PR, Mourier P, Caude MH, Rosset RH (1987) Anal Chem 59: 1164
278. Olesik SV, Woodruff JL (1991) Anal Chem 63: 670
279. Schmitz FP, Hilgers H, Lorenschat B, Klesper E (1985) J Chromatogr 346: 69
280. Leyendecker D, Schmitz FP, Leyendecker D, Klesper E (1987) J Chromatogr 393: 155
281. Yonker CR, Smith RD (1986) J Chromatogr 361: 25
282. Yonker CR, McMinn DG, Smith RD (1987) J Chromatogr 396: 19
283. Schmitz FP, Klesper E (1983) Polym Commun 24: 142
284. Schmitz FP, Hilgers H, Gemmel B (1986) J Chromatogr 371: 135
285. Schmitz FP, Gemmel B (1988) Fresenius Z Anal Chem 330: 216

286. Balsevich J, Hogge LR, Berry AP, Games DE, Mylchreest IC, (1988) J Natural Products 51: 1173
287. Mulcahey LJ, Taylor LT (1990) J High Resolution Chromatogr 13: 393
288. Berger TA, Deye JF, Ashraf-Khorassani M, Taylor LT (1989) J Chromatogr Sci 27: 105
289. Steuer W, Schindler M, Erni F (1988) J Chromatogr 454: 253
290. Lochmüller CH, Mink LP (1987) J Chromatogr 409: 55
291. Yonker CR, Smith RD (1989) Anal Chem 61: 1348
292. Simpson RC, Gant JR, Brown PR (1986) J Chromatogr 371: 109
293. Novotny M, Bertsch W, Zlatkis A (1971) J Chromatogr 61: 17
294. Lee ML, Markides KE (Hrsg.): Analytical supercritical fluid chromatography and extraction chromatography conferences, Provo (Utah), 1990, S. 45
295. Ashraf-Khorassani M, Shah S, Taylor LT (1990) Anal Chem 62: 1173
296. Mourier PA, Caude MH, Rosset RH (1987) Chromatographia 23: 21
297. Schmitz FP, Leyendecker D, Leyendecker D, Gemmel B (1987) J Chromatogr 395: 111
298. Takeuchi M, Saito T (1990) J Chromatogr 515: 629
299. Yonker CR, Smith RD (1987) Anal Chem 59: 727
300. Hawthorne SB, Miller DJ (1989) J Chromatogr Sci 27: 197
301. Knowles DE, Nixon L, Campbell ER, Later DW, Richter BE (1988) Fresenius Z Anal Chem 330: 225
302. Knowles DE, Richter BE, Wygand MB, Nixon L, Anderson MR (1988) J Assoc Off Anal Chem 71: 451
303. Pentoney Jr. SL, Giorgetti A, Griffiths PR (1987) J Chromatogr Sci 25: 93
304. Ishii D, Niwa T, Ohta K, Takeuchi T (1988) J High Resolution Chromatogr Chromatogr Commun 11: 800
305. Takeuchi T, Hamanaka T, Ishii D (1988) Chromatographia 25: 993
306. J. Chromatogr. Sci. (1987) 25, (1988) 26, (1989) 27 (1989) 27, (1990) 28
307. White CM, Houck RK (1986) J High Resolution Chromatogr Chromatogr Commun 9: 4
308. Novotny M (1984) J Pharmaceutical Biomedical Analysis 2: 207
309. Doehl J, Farbrot A, Greibrokk T, Iversen B (1987) J Chromatogr 392: 175
310. Fields SM, Grether HJ, Grolimund K (1989) J Chromatogr 472: 175
311. Ridgeway Jr. RG, Bandy AR, Quay JR, Maroulis PJ (1990) Microchem J 42: 138
312. Lee SW, Fuhr BJ, Holloway LR, Reichert C (1989) Energy & Fuels 3: 80
313. Campbell RM, Djordjevic NM, Markides KE, Lee ML (1988) Anal Chem 60: 356
314. Wright BW, Udseth HR, Smith RD, Hazlett RN (1984) J Chromatogr 314: 253
315. Schwartz HE, Brownlee RG (1986) J Chromatogr 353: 77
316. Nishioka M, Whiting DG, Campbell RM, Lee ML (1986) Anal Chem 58: 2251
317. Barker JK, Kithinji JP, Bartle KD, Clifford AA, Raynor MW, Shilstone GF, Halford-Maw PA (1989) Analyst 114: 41
318. Later DW, Richter BE, Knowles DE, Andersen MR (1986) J Chromatogr Sci 24: 249
319. Shah S, Ashraf-Khorassani M, Taylor LT (1989) Chromatographia 27: 441
320. Smith RM, Sanagi MM (1989) J Chromatogr 483: 51
321. Smith RM, Sanagi MM (1988) J Pharmaceutical Biomedical Analysis 6: 837
322. Smith RM, Sanagi MM (1989) J Chromatogr 481: 63
323. Lurie IR, Moore JM, Kram TC, Cooper DA (1990) J Chromatogr 504: 391
324. Chester TL, Innis DP (1986) J High Resolution Chromatogr Chromatogr Commun 9: 209
325. Leroy Y, Lemoine J, Ricart G, Michalski J-C, Montreul J, Fournet B (1990) Anal Biochem 184: 235
326. Hinshaw Jr. JV, Seferovic W (1986) J High Resolution Chromatogr Chromatogr Commun 9: 731
327. Chester TL, Innis PD (1986) J High Resolution Chromatogr Chromatogr Commun 9: 178
328. Görner T, Perrut M (1989) LC-GC International (7) 2: 36
329. Kalinoski HT, Wright BW, Smith RD (1988) Biomedical Environmental Mass Spectrometry 15: 239
330. Wright BW, Smith RD (1989) Org Geochem 14: 227
331. Nomura A, Yamada J, Tsunoda K, Sakaki K, Yokochi T (1989) Anal Chem 61: 2076
332. Holzer GV, Kelly PJ, Jones WJ (1988) J Microbiological Methods 8: 161
333. Manninen P, Riekkola ML, Holm Y, Hiltunen R (1990) J High Resolution Chromatogr 13: 167
334. Schmitz HH, Artz WE, Poor CL, Dietz JM, Erdmann Jr. JW (1989) J Chromatogr 479: 261

335. Ong CP, Lee HK, Li SFY (1990) J Chromatogr 515: 509
336. Kalinoski HT, Udseth HR, Wright BW, Smith RD (1986) Anal Chem 58: 2421
337. Holzer G, Zalkow LH, Asibal CF (1987) J Chromatogr 400: 317
338. Huang HP, Morgan ED (1990) J Chromatogr 519: 137
339. Wieboldt RC, Kempfert KD, Later DW, Campbell ER (1989) J High Resolution Chromatogr 12: 106
340. Wong SHY, Dellafera SS (1990) J Liquid Chromatogr 13: 1105
341. Mount DL, Patchen LC, Churchill FC (1990) J Chromatogr 527: 51
342. Janicot JL, Caude M, Rosset R (1988) J Chromatogr 437: 351
343. Bruchet A, Legrand MF, Arpino P, Dilettato D (1991) J Chromatogr 562: 469
344. Borra C, Andreolini F, Novotny M (1989) Anal Chem 61: 1208
345. Nitta T, Yakushijin Y, Kametani T, Katayama T (1990) Bull Chem Soc Jpn 63: 1365
346. Lou X, Sheng Y, Zhou L (1990) J Chromatogr 514: 253
347. Schurig V, Juvancz Z, Nicholson GJ, Schmalzing D (1991) J High Resolution Chromatogr 14: 58
348. Macaudiere P, Caude M, Rosset R, Tambuté A (1989) J Chromatogr Sci 27: 383
349. Macaudiere P, Tambute A, Caude M, Rosset R, Alembik MA, Wainer IW (1986) J Chromatogr 371: 177
350. Hara S, Dobashi A, Kinoshita K, Hondo T, Saito M, Senda M (1986) J Chromatogr 371: 153
351. Kithinji JP, Bartle KD, Raynor MW, Clifford AA (1990) Analyst 115: 125
352. Wieboldt RC, Kempfert KD, Dalrymple DL (1990) Appl Spectroscopy 44: 1028
353. Arpino PJ, Dilettato D, Nguyen K, Bruchet A (1990) J High Resolution Chromatogr 13: 5
354. Schmitz FP, Klesper E (1990) J Supercritical Fluids 3: 29
355. Johnson Jr. AE, Geissler PR, Talley LD (1990) JAOCS 67: 123
356. Hatada K, Ute K, Nishimura T, Kashijama M, Saito T, Takeuchi M (1990) Polymer Bulletin 23: 157
357. Veuthey JL, Haerdi W (1990) J Chromatogr 515: 385
358. Chester TL, Pinkston JD, Innis DP, Bowling DJ (1989) J Microcolumn Separations 1: 182
359. Kuei J, Her GR, Reinhold VN (1988) Anal Biochemistry 172: 228
360. Manninen P, Riekkola M-L (1991) J High Resolution Chromatogr 14: 210
361. Jahn KR, Wenclawiak BW (1988) Fresenius' Z Anal Chem 330: 243
362. Ashraf-Khorassani M, Hellgeth JW, Taylor LT (1987) Anal Chem 59: 2077
363. Ashraf-Khorassani M, Taylor LT (1989) J Chromatogr Sci 27: 329
364. Yamauchi Y, Kuwajima M, Saito M (1990) J Chromatogr 515: 285
365. Saito M, Yamauchi Y, Inomata K, Kottkamp W (1989) J Chromatogr Sci 27: 79
366. Campbell RM, Lee ML (1986) Anal Chem 58: 2247
367. Cretier G, Majdalani R, Rocca JL (1990) Chromatographia 30: 645
368. Höfler F, Villioth O, Rynaski A (1990) Labor-Praxis (Mai) S. 392
369. Schwartz HE, Higgins JW, Brownlee RG (1986) LC-GC (7) 4: 639
370. Fuhr BJ, Holloway LR, Reichert C (1989) Fuel Science & Technology International 7: 643
371. Schwartz HE (1988) J Chromatogr Sci 26: 275
372. Levy GB (1986) American Laboratory (Dezember)
373. US-Patent 468 4465 vom 4.8.1987, Erfinder: Leaseburge EJ, Thomas JT
374. US-Patent 468 1678 vom 21.7.87, Erfinder: Leaseburge EJ, Melda KJ
375. Giddings JC, Bowman Jr. LM, Myers MN (1977) Anal Chem 49: 243
376. Fujimoto C, Watanabe T, Jinno K (1989) J Chromatogr Sci 27: 325
377. Takeuchi T, Matsuno S, Ishii D (1989) J Liquid Chromatogr 12: 987
378. Raymer JH, Smith CS, Pellizari ED, Velez G (1990) J Liquid Chromatogr 13: 1261
379. Schomburg G, Behlau H, Häusig U, Hoening B, Roeder W (1989) J High Resolution Chromatogr 12: 142
380. Lee ML, Djordjevic N, Markides KE (1988) J Res Natl Bur Stand (US) 93: 409
381. Smith RM, Sanagi MM (1988) Chromatographia 26: 77
382. Davies IL, Markides KE, Lee ML, Bartle KD, Cortes HJ (Hrsg.) Multidimensional chromatography, chromatographic science, Vol. 50, S. 301
383. Bartle KD, Davies I, Raynor MW, Clifford AA, Kithinji JP (1989) J Microcolumn Sep 1: 63
384. Davies IL, Xu B, Markides KE, Bartle KD, Lee ML (1989) J Microcolumn Sep 1: 71
385. Xie LQ, Juvancz Z, Markides KE, Lee ML (1991) Chromatographia 31: 233
386. Juvancz Z, Payne KM, Markides KE, Lee ML (1990) Anal Chem 62: 1384
387. Payne KM, Davies IL, Bartle KD, Markides KE, Lee ML (1989) J Chromatogr 477: 161

388. Christensen RG (1985) J High Resolution Chromatogr Chromatogr Commun 8: 824
389. Lundanes E, Greibrook T (1985) J Chromatogr 349: 439
390. Levy JM, Guzowski JP, Huhak WE (1987) J High Resolution Chromatogr Chromatogr Commun 10: 337
391. Levy JM, Cavalier RA, Bosch TN, Rynaski AF, Huhak WE (1989) J Chromatogr Sci 27: 341
392. Levy JM, Guzowski JP (1988) Fresenius Z Anal Chem 330: 207
393. Wright BW, Frye SR, McMinn DG, Smith RD (1987) Anal Chem 59: 640
394. Hoyer GG (1985) Chemtech (Juli) S. 440
395. Lewis GN, Randall M (revidiert von Pitzer KS u. Brewer L) Thermodynamics, McGraw-Hill, New York, 1961, S. 605
396. CRC Handbook of Chemistry and Physics, 64. Aufl., CRC Press, Boca Raton, 1984

Instrumentelle Analytik in der industriellen pharmazeutischen Qualitätskontrolle

Prof. Dr. Ingo Lüderwald und Dr. Manfred Müller

Dr. Karl Thomae GmbH, Abteilung Qualitätskontrolle, Birkendorfer Str., D 7950 Biberach/Riß

1 Einleitung

Eine Grundforderung „für die Versorgung von Mensch und Tier mit Arzneimitteln ist, deren Qualität, Wirksamkeit und Unbedenklichkeit sicherzustellen" [1].

Während der Nachweis von Wirksamkeit und Unbedenklichkeit wesentlicher Bestandteil der Entwicklung eines Arzneimittels ist, wird durch analytische Methoden vor, während und nach der Herstellung von Arzneimitteln die qualitative und quantitative Übereinstimmung mit der registrierten Rezeptur gewährleistet.

Arzneimittel werden in Apotheken und industriellen pharmazeutischen Betrieben hergestellt, wobei sich die unterschiedlichen Herstell- und Abgabemengen besonders auf die Auswahl der erforderlichen analytischen Methoden auswirken. In der Apotheke ist bei kleiner Teilmenge eines einzelnen Arzneimittels die Zahl unterschiedlicher Produkte sehr groß, während in einem pharmazeutischen Industriebetrieb bei kleinerer Produktzahl viele Chargen mit Größen von zum Beispiel mehreren Millionen Tabletten hergestellt werden. Dieses unterschiedliche Mengengerüst analytischer Fragestellungen hat besonders in der pharmazeutischen Industrie zum verstärkten Einsatz automatisierter instrumenteller Methoden geführt.

1.1 Instrumentelle Analytik

Unter der etwas unscharfen Definition „Instrumentelle Analytik" verstehen wir heute die Anwendung physikalischer Methoden in der Analytischen Chemie, wobei auch diese Beschreibung klassische Methoden wie die Bestimmung eines Schmelzpunktes noch mit einschließt.

Charakteristisch für den Einsatz physikalischer Methoden ist, daß das analytische Ergebnis primär meist in Form einer elektrischen Meßgröße anfällt. Derartige Verfahren sind damit „DV-kompatibel", Meßwerte können schnell und automatisch registriert, berechnet und bewertet werden. Sofern das instrumentelle Verfahren auf einem physikalischen Vorgang wie zum Beispiel der Wechselwirkung zwischen dem Analyten und elektromagnetischer Strahlung (Spektroskopie) oder der Verteilung zwischen zwei Phasen (Chromatographie) beruht, so lassen sich Meßvorgang und Probenzufuhr in der Regel auch DV-unterstützt automatisieren.

Für die industrielle pharmazeutische Qualitätskontrolle sind alle automatisierbaren instrumentellen Methoden von besonderem Interesse, wenn große Probenzahlen zuverlässig und in kurzer Zeit geprüft werden müssen.

1.2 Häufigkeit und Umfang analytischer Prüfungen

Gesetzliche Vorgaben [2] und internationale Vereinbarungen [3, 4] legen fest, daß alle Ausgangsstoffe (Ausgangsstoffe für die Wirkstoffsynthese, Wirkstoffe, Hilfsstoffe, Lösungsmittel und Primärpackmittel) für die Herstellung von Arzneimitteln, sowie die pharmazeutischen Zubereitungen in den einzelnen Herstellungsstufen auf die geforderte Reinheit und Qualität zu prüfen sind.

Dies beinhaltet stets die Identitätsprüfung, Prüfung auf Gehalt und Reinheit, eventuell einschließlich mikrobieller Reinheit, sowie die Prüfung auf besondere Verunreinigungen (z.B. Schwermetalle, Restlösungsmittel). Organoleptische Prüfungen wie die Prüfung auf Farbe, Geruch, Aussehen ergänzen die instrumentellen Prüfungen. In Sonderfällen ist die Bestimmung der Partikelgröße und deren Verteilung erforderlich. Bei pharmazeutischen Zubereitungen (Arzneimitteln) sind auch physikalische Eigenschaften wie äußere Maße, Härte und Abrieb (bei festen Arzneiformen) oder die Viskosität und Klarheit der Lösung (bei flüssigen und halbfesten Arzneiformen) Qualitätsmerkmale.

Für jedes im Handel befindliche Arzneimittel legen spezifische Prüfungsvorschriften Prüfpunkte und Toleranzen, Häufigkeit und Umfang der analytischen Prüfungen fest. Diese Prüfungsvorschriften sind Bestandteile der bei den Behörden

Tabelle 1. Ausgewählte physikalische und physikalisch-chemische Prüfpunkte der europäischen (deutschen), amerikanischen und japanischen Pharmakopoen

Deutsche Prüfpunktbezeichnung	Ph.Eur.II DAB10	USP XXII	Pharmacopoeia of Japan XI
Amperometrie	V.6.13		Electrometric titration
Asche[1]	V.3.2.16	⟨733⟩ loss on ignition	Loss on ignition
Atomabsorptionsspektroskopie	V.6.17	⟨851⟩ spectrophotometry and light-scattering atomic absorption	Atomic absorption spectrophotometry
Atomemissionsspektroskopie (einschließlich Flammenphotometrie)	V.6.16		
Ausschlußchromatographie	V.6.20.5		
Bestimmung von Wasser durch Destillation	V.6.10	⟨921⟩ water determination azeotropic (toluene distillation) method	
Brechungsindex	V.6.5	⟨831⟩ refractive index	Refractive index
Chromatographie	V.6.20	⟨621⟩ chromatography	
Destillationsbereich	V.6.8	⟨721⟩ distilling range	Boiling point and distilling range
Dünnschichtchromatographie	V.6.20.2	⟨621⟩ thin-layer chromatography	Thin-layer chromatography
Elektrophorese	V.6.21	⟨726⟩ electrophoresis	
Erstarrungstemperatur	V.6.12	⟨651⟩congealing temperature	Congealing point
Ethanol in flüssigen Zubereitungen	V.5.3	⟨611⟩ alcohol determination	Alcohol number
Färbung von Flüssigkeiten	V.6.2	⟨631⟩ color and achromicity	
Fluorimetrie	V.6.15	⟨851⟩ spectrophotometry and light-scattering fluorescence	Fluorometry
Flüssigchromatographie	V.6.20.4	⟨621⟩ pressurized liquid chromatography	Liquid chromatography
Gaschromatographie	V.6.20.3	⟨621⟩ gaschromatography	Gaschromatography
Gleichförmigkeit einzeldosierter Arzneiformen	V.5.2	⟨905⟩ uniformity of dosage units	Content uniformity
IR-Spektroskopie	V.6.18	⟨851⟩ spectrophotometry and light-scattering infrared	Infrared spectrophotometry
Karl-Fischer-Methode	V.3.5.6	⟨921⟩ water determination titrimetric method	Water determination (Karl Fischer method)
Kernresonanzspektroskopie	V.6.23	⟨761⟩ nuclear magnetic resonance	
Klarheit und Opaleszenz von Flüssigkeiten	V.6.1	⟨851⟩ spectrophotometry and light-scattering turbidimetry, nephelometry	

[1] Die genaunten Prüfpunkte aus DAB 10 und USPXXII sind ausführungsähulich, der Enisatzzereck unterschiedlich

Tabelle 1 (Forts.)

Deutsche Prüfpunktbezeichnung	Ph.Eur.II DAB10	USP XXII	Pharmacopoeia of Japan XI
Kristallinität		⟨695⟩ crystallinity	
Massenspektroskopie		⟨736⟩ mass spectrometry	
Optische Drehung	V.6.6	⟨781⟩ optical rotation	Optical rotation
Osmotischer Druck		⟨785⟩ osmolarity	
Papierchromatographie	V.6.20.1	⟨621⟩ paper chromatography	Paper chromatography
pH-Wert	V.6.3	⟨791⟩ pH	pH-determination
Polarographie		⟨801⟩ polarography	
Potentiometrie	V.6.14	⟨541⟩ titrimetry	Electrometric titration
Prüfung auf	V.2.1.1	⟨71⟩ sterility test	sterility test
Pyrogene	V.2.1.4	⟨151⟩ pyrogen test	Pyrogen test
Radioaktivität		⟨821⟩ radioactivity	
Ramanspektroskopie		⟨851⟩ spectrophotometry and light-scattering raman measurement	
Relative Dichte	V.6.4	⟨841⟩ specific gravity	Specific gravity
Röntgenstrahlbeugung		⟨941⟩ x-ray diffraction	
Schmelztemperatur	V.6.11	⟨741⟩ melting range or temperature	Melting point
Siebanalyse	V.5.5.1	⟨811⟩ powder fineness	
Siedetemperatur	V.6.9		Boiling point and distilling range
Teilchengrößenbestimmung	V.5.5	⟨811⟩ powder fineness	
Thermoanalyse	V.6.24	⟨891⟩ thermal analysis	
Trocknungsverlust	V.6.22	⟨731⟩ loss on drying	Loss on drying
UV-Vis-Spektroskopie	V.6.19	⟨851⟩ spectrophotometry and light-scattering ultraviolet, visible	spectrophotometry
Viskosität	V.6.7	⟨911⟩ viscosity	Viscosity
Wasserdampfdurchlässigkeit von Behältern		⟨671⟩ containers-permeation	
Wirktofffreisetzung aus festen peroralen Arzneiformen	V.5.4	⟨711⟩ dissolution ⟨724⟩ drug release	Dissolution test
Wirkstofffreisetzung transdermale Systeme		⟨724⟩ drug release	
Zerfallszeit	V.5.1	⟨701⟩ disintegration	Disintegration test

Tabelle 2. Übersicht wichtiger Prüfpunkte und angewandte Methoden

Prüfpunkt	Methoden	Ausgangsstoff	Arzneiform			Bemerkung
			fest	halbfest	flüssig	
Abmessungen	mechanisch		×			
Anomale Toxicität	biologisch	×	×	×	×	biotechn. Präparate, Antibiotika
Auflösegeschwindikgeit	UV, HPLC		×			schwerlösliche Arzneistoffe
Aufschüttelbarkeit	mechanisch				×	Suspensionen
Aussehen	organoleptisch	×	×	×	×	
Fremdpartikel	organoleptisch, optisch	×	×	×	×	insb. Parenteralia
Gleichförmigkeit d. Gehalts	UV, HPLC		×			niedrig dosierte Arzneiformen
Härte Druckfestigkeit	mechanisch		×			Inprozeß-Prüfung
Identität	HPLC, DC, GC, IR, NIR	×	×	×	×	
Keimzahl	mikrobiologisch	×	×	×	×	
Konservierungsmittelgehalt	HPLC, DC, GC, Polarographie			×	×	
Konservierungswirksamkeit	mikrobiologisch			×	×	
Konsistenz	mechanisch			×		
Lösungsmittelrückstand	GC	×	×			
Magensaftresistenz	UV, HPLC		×			
pH-Wert	potentiometrisch	×			×	
Pyrogene	Limulus Test, biologisch	×			×	Parenteralia
Relative Dichte	Wägung, Schwingungsmessung	×			×	
Restsauerstoffgehalt	GC				×	
Sterilität	bioilogisch	×	×	×	×	Parenteralia, Ophthalmika
Teilchengröße	Lichtstreuung, Mikroskopie	×		×	×	Suspensionen
Tonizität	Gefrierpunktserniedrigung				×	
Viskosität	mechanisch	×		×		
Wassergehalt	Karl-Fischer, GC, (Trocknungsverlust)	×	×	×	×	
Wirkstoffgehalt	HPLC, UV, DC, GC, Titration	×	×	×	×	
Wirkstoff-Freigabe	UV, HPLC		×			
Wirkstoffzersetzung	HPLC, DC, GC	×	×	×	×	
Zerfallszeit	mechanisch		×			

zu hinterlegenden Zulassungsdokumentation. Die verwendeten analytischen Verfahren und Methoden müssen validiert sein, das heißt, Richtigkeit, Wiederholbarkeit, Vergleichbarkeit und Störunanfalligkeit, sowie Bestimmungs- bzw. Nachweisgrenze müssen belegt sein [5].

Mit dem vorliegenden Beitrag wollen wir einen Überblick über die instrumentellen Analysenmethoden geben, die in der industriellen pharmazeutischen Qualitätskontrolle eingesetzt werden. Dem Praktiker sollen Anregungen gegeben werden, analytische Probleme in der Qualitätskontrolle auch mit Methoden anzugehen, die auf den ersten Blick vielleicht unkonventionell erscheinen.

Der Schwerpunkt der Ausführungen bleibt Anwendungsbeispielen vorbehalten, die mit einigen Meßkurven illustriert werden sollen. Diese sind meist so gewählt, daß unterschiedliche Meßtechniken, Detektionsarten oder chromatographische Trennungen beschrieben werden. Auch sollen einige alternative Analysentechniken aufgezeigt werden.

Den jeweiligen Kapiteln werden typische Anwendungen, Analysenzeiten, Analytkonzentrationen und Gerätekosten vorangestellt.

Die Vielfalt der Methoden macht eine erschöpfende Darstellung im Rahmen dieses Beitrages unmöglich, auch kann und soll dieser Beitrag Lehrbücher und Monographien nicht ersetzen. Die jeweiligen Grundlagen der Methoden werden nur knapp beschrieben und der Leser wird auf weiterführende Literratur verwiesen.

Die einführende tabellarische Übersicht soll ausgewählte Prüfpunkte aus bedeutenden Pharmakopoen zusammenfassen. Die Anforderungen der europäischen Pharmakopoe (Ph.Eur.II) werden in das Deutsche Arzneibuch (DAB 10) übernommen.

2 Chromatographie

2.1 Hochleistungsflüssigkeitschromatographie (HPLC)

In den letzten Jahren hat die HPLC [6] gegenüber allen konkurrierenden quantitativen Analysenmethoden bei der Gehaltsbestimmung der Wirkstoffe in pharmazeutischen Zubereitungen eine besondere Bedeutung erlangt. Innerhalb der HPLC dominiert dabei die Chromatographie an Umkehrphasen (reversed phase) kombiniert mit der UV-Detektion. Hierfür gibt es mehrere Ursachen:

1. Die UV-Bestimmung ist eine seit vielen Jahren gebräuchliche quantitative Bestimmungsmethode für Arzneimittel. Der Methoden entwickelnde Analytiker kann daher auf eine umfangreiche Datensammlung an Spektren von Wirk- und Hilfsstoffen zurückgreifen [7]. Aus der Kenntnis der Absorptionsmaxima und des Absorptionskoeffizienten lassen sich Detektierbarkeit und Nachweisgrenze schon vor der ersten Injektion abschätzen. Vergleichbar umfangreiche Informationen liegen für andere Detektoren, z.B. elektrochemische, nicht vor.
2. Durch die chromatographische Trennung wird die Bestimmung selektiv. Vielfach kann die HPLC-Bestimmung des Wirkstoffgehalts daher so ausgeführt

Tabelle 3. Hochdruckflüssigkeitschromatographie

typische Anwendungen	Wirkstoffgehalt in Arzneiformen Gehaltsbestimmung von Ausgangsstoffen Stabilitätsanalyse von Ausgangsstoffen und Arzneiformen chemische Reinheit von Ausgangsstoffen und Arzneiformen
typische Analyte	feste und flüssige meist organische, selten anorganische Substanzen
Detektion	UV-Vis für Substanzen mit Chromophor seltener fluorimetrische oder amperometrische Detektion
typische Analysenzeiten	quantitative Einzelanalyse inkl. Eichung: 1–3 Stunden quantitative Serienanalyse: 10 Minuten bis 1 Stunde
Probenvorbereitung	Lösen oder Extrahieren der Probe, Verdünnen, selten Derivatisieren
Eichung	gegen Referenzsubstanz oder Flächenprozentmethode
Messdauer	Einzelchromatogramm meist zwischen 5 bis 20 Minuten
Geräte	HPLC-Gerät aus Pumpe, Injektionsschleife, Trennsäule und Detektor: 25–100 TDM Autosampler ca. 10–25 TDM Integrator oder Chromatographiedatensystem 2,5–25 TDM
typischer Konzentrationsbereich	1–100 μg/ml (UV-Detektion)

werden, daß sie zugleich als Identitätsnachweis und Reinheitsbestimmung dient. Nötigenfalls können mit Hilfe der Diodenarraydetektionstechnik aufgenommene UV-Spektren der eluierenden Peaks sowohl die Identitätsaussage stützen wie die Selektivitätsaussage untermauern (Vergleich der UV-Spektren an Peakanfang, -maximum und -ende). Es sei hier angemerkt, daß bei der Reinheitsprüfung eines Fertigarzneimittels das Hauptaugenmerk arzneimittelstabilitätsrelevanten Zersetzungsprodukten gilt, weil die Begrenzung der möglichen Synthesenebenprodukte schon im Rahmen der Rohstoffkontrolle erfolgt. Sind die Arzneimittel konserviert, so kann auch das Konservierungsmittel gegebenenfalls im gleichen Chromatogramm mitbestimmt werden.

3. Die grundsätzliche Eignung eines Wirkstoffes für eine HPLC-Bestimmung ist seine Löslichkeit in einem HPLC-Fließmittel. Diese Eigenschaft ist systemisch wirksamen pharmazeutischen Wirkstoffen immanent, denn ohne eine Mindestlöslichkeit ist eine Verteilung im Körper nicht gewährleistet. Damit ist die Anwendbarkeit der HPLC auf eine wesentlich breitere Basis gestellt als die der konkurrierenden Gaschromatographie, denn eine unzersetzte Verdampfbarkeit eines Wirkstoffes ist keine Wirksamkeitsvoraussetzung. Diese Einschränkung der Gaschromatographie ist insofern bedauerlich, da die Trennleistung der Kapillargaschromatographie die der HPLC bei weitem übersteigt und die Gaschromatographie mit dem Flammenionisationsdetektor über einen noch universelleren Detektor verfügt, als es der UV-Detektor in der HPLC darstellt.
4. Die HPLC ist mit Hilfe von Autosamplern und der Chromatographie nachgelagerten Auswertesystemen (Integratoren oder Rechnern), wie übrigens auch die Gaschromatographie, leicht zu automatisieren. Solche Systeme können somit auch über Nacht oder an Wochenenden unbeaufsichtigt laufen.

Dies gilt nicht für die konkurrierende Methode der quantitativen Dünnschichtchromatographie, die wohl mit aus diesem Grund an Bedeutung verloren hat.

5. Mit der Entwicklung von chiralen Phasen wird die getrennte Quantifizierung von Enantiomeren [8] pharmazeutischer Wirkstoffe ermöglicht. Dies ist eine der wesentlichen Voraussetzungen bei neuen Arzeneimittelzulassungen, denn racemische Gemische werden von den Behörden zusehends als Wirkstoffgemisch eingestuft, bzw. wenn die Wirkung nur einem Enantiomeren zukommt, als nur 50% rein angesehen.

Abb. 1 zeigt den Ausschnitt aus einem Chromatogramm eines basischen Arzneimittels mit chiralem Kohlenstoffatom. Die Trennung erfolgte an einer 250 mm × 4,6 mm Chiralcel OD-Säule mit einem isokratischen Fließmittel aus 25% Ethanol und 75% mit 0,2% Diethylamin versetztem Hexan. Als Detektor wurde in der oberen Chromatogrammspur ein UV-Detektor bei 327 nm verwendet. Die Zuordung zum links oder rechtsdrehenden Antipoden wird ohne Isolierung der Antipoden mittels eines ChiraMonitors ermöglicht. Aufgrund der niedrigeren Empfindlichkeit muß hierbei jedoch die Konzentration der Substanz erhöht werden.

Die Bestimmung des Enantiomerenanteils ist mittels der Chromatographie an chiralen Phasen mit wesentlich geringerem Substanzbedarf möglich, als dies die Bestimmung der optischen Drehung, wie sie im Arzneibuch beschrieben ist [9], erlaubt. Durch die Kombination empfindlicher Detektionsmethoden wie z.B. Fluoreszenzdetektion und HPLC-Trennung an chiralen Phasen läßt sich die Bestimmungsgrenze soweit absenken, daß die Pharmakokinetik der Enantiomere von Wirkstoffen bestimmt werden kann [10].

Ein Problem, mit dem sich der HPLC-Anwender auseinandersetzen muß, ist die Variabilität der chromatographischen Eigenschaften der HPLC-Säulen. Auch bei gleicher Phasen-Bezeichnung der HPLC-Trennsäule und gleichen

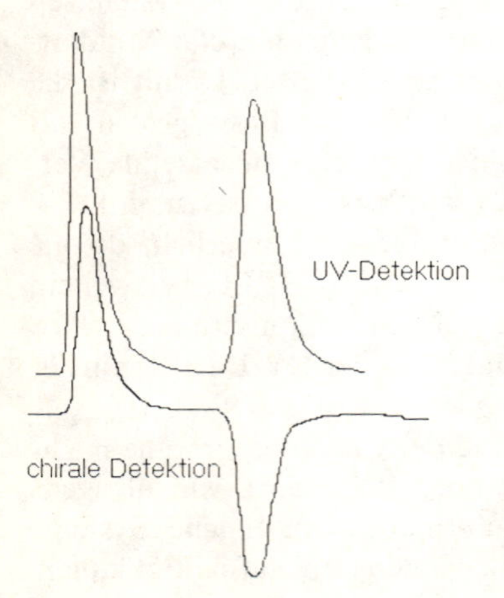

Abb. 1. HPLC-Chromatogramm eines Enantiomerengemisches (25 cm. 4,6 mm i.D. Chiralcel OD-Säule, mobile Phase: Ethanol: 0,2% Diethylamin in Hexan = 25:75)

physikalischen Dimensionen ist ein Wechsel von einem Säulenhersteller zu einem anderen nahezu immer mit Problemen verbunden. Verbindungen, die bei der Entwicklung der Methode problemlos getrennt wurden, können nach Säulenwechsel koeluieren. Selbst die Variabilität von Säulencharge zu Säulencharge eines Herstellers kann eine Anpassung der chromatographischen Bedingungen erfordern. Dieses Problem wurde in letzter Zeit von den Säulenherstellern erkannt. [11] Eine Einschränkung dieser Variabilität gilt als Marketingargument. Erkannt haben dieses Problem auch die Autoren des 1. Nachtrags zum DAB 9. Neben die üblichen Referenzsubstazen mit möglichst hoher Reinheit stellten sie daher „Chemische Referenzsubstanzen zur Eignungsprüfung (CRS)", die beim Technischen Sekretariat der Europäischen Arzneibuch-Kommission bezogen werden können. Diese „Verunreinigungsstandards" [12] enthalten neben der namentlich bezeichneten Hauptsubstanz noch definierte Verunreinigungen mit chemisch verwandten Substanzen. In der Arzneibuchmonographie wird eine klare Abtrennung dieser Verbindungen gefordert. Nötigenfalls ist die mobile Phase anzupassen.

Dies zeigt, daß ein starres Festschreiben der Analysenbedingungen bei der HPLC nicht möglich ist. HPLC-Bedingungen müssen als Richtwerte angesehen werden, die von einem kritischen Analytiker seinen Gegebenheiten angepaßt werden müssen. Neben den geschilderten Unterschieden der HPLC-Säulen können auch bauartbedingte Unterschiede der HPLC-Geräte Überarbeitungen der Analysenmethode auslösen. Besonders deutlich wird dies in Erscheinung treten, wenn mit Lösungsmittelgradienten gearbeitet wird. Unterschiedliche Pumpen- und Mischsysteme (Niederdruck/Hochdruck) sowie unterschiedliche Volumina der Zuleitungen und Mischkammern führen bei gleich programmierten Gradienten zu unterschiedlichen zeitlichen Verläufen in der Trennsäule.

2.2 Ionenchromatographie (IC)

Die Ionenchromatographie [13] wurde zuerst von Small et al. [14] beschrieben. Die Trennung der zu bestimmenden Anionen and Kationen beruht in der Regel auf Ionenaustauschvorgängen, bei der Bestimmung organischer Säuren treten auch Ionenausschlußeffekte in Erscheinung.

Die gebräuchlichsten Detektionsmethoden sind die Leitfähigkeitsdetektion und die indirekte UV-Absorptions-Detektion. Die Leitfähigkeitsdetektion selbst gliedert sich nochmals auf in die sog. suppressed ion chromatography und die non-suppressed ion chromatography. Bei der suppressed ion chromatography folgt der analytischen Austauschersäule eine zweite, die sog. Supressor-Säule. Diese setzt durch Ionenaustausch die Grundleitfähigkeit des Eluenten herab und ermöglicht so die Leitfähigkeitsdetektion. Im Falle des häufig für die Anionenbestimmung verwendeten Carbonat/Hydrogencarbonat-Eluenten wird als Supressor ein Kationenaustauscher in der Protonenform verwendet der die Carbonat und Hydrogencarbonationen durch Protonierung in nahezu undissoziierte Kohlensäure überführt.

Tabelle 4. Ionenchromatographie

typische Anwendungen	Wirk- und Hilfsstoffgehalt in Arzneiformen Wassergüte
typische Analyte	anorganische und organische Anionen und Kationen
Detektion	Leitfähigkeit
	indirekte oder direkte UV-Vis-Bestimmung evtl. mit Nachsäulenderivatisierung
typische Analysenzeiten	quantitative Einzelanalyse inkl. Eichung: 1–3 Stunden
	quantitative Serienanalyse: 15 Minuten bis 1 Stunde
Probenvorbereitung	Lösen oder Extrahieren der Probe, Verdünnen
Eichung	gegen Referenzsubstanz
Messdauer	Einzelchromatogramm meist zwischen 5 bis 20 Minuten
Geräte	IC-Gerät aus Injektor, Trennsäule, Säulenofen und Detektor: 25–100 TDM
	Autosamler ca. 10–25 TDM
	Integrator oder Chromatographiedatensystem 2,5–25 TDM
typischer Konzentrationsbereich	1–100 µg/ml anorganische Anionen und Kationen (Leitfähigkeits-Detektion)
	10–200 µg/ml Anionen organischer Säuren (Leitfähigkeits-Detektion)

Bei der erstmals 1979 beschriebenen non-suppressed ion chromatography [15] oder Einsäulenionenchromatographie benutzt man analytische Säulen mit niedriger Austauschkapazität und kann daher auch Eluenten mit niedriger Ionenstärke benutzen, ohne die Analysenzeiten zu verlängern. Die Grundleitfähigkeit wird elektronisch kompensiert. Da die Änderung der Leitfähigkeit bei Eluation eines zu bestimmenden Ions gegenüber der Grundleitfähigkeit des Eluenten, sehr klein ist, werden an die Temperaturkonstanz des Fileßmittels und die Pulsationsfreiheit der Pumpen höhere Anforderungen gestellt, als dies bei der HPLC mit UV-Detektion nötig ist. Ein Einsatz von herkömmlichen HPLC-Geräten ist daher nicht generell möglich. Typische Eluenten in der Einsäulenionenchromatographie sind Benzoate oder Phthalate.

Benzoate oder Phthalate werden auch in der Ionenchromatographie mit indirekter UV-Detektion verwendet. Hierbei wird die Absorption des Eluenten erniedrigt, sobald ein Probenanion in den Detektor gelangt.

Die Ionenchromatographie bietet in der analytischen Praxis zunehmend eine Alternative zur Atomabsorptionsspektroskopie. Gegenüber dieser hat sie den Vorteil der Simultanbestimmung mehrerer Kationen (s. Abb. 2) bzw. Anionen. Deutlich sichtbar wird dies insbesondere bei der Analytik von Infusionslösungen. Als Probenvorbereitung genügt der Ionenchromatographie sowohl für die Anionen wie für die Kationen eine Verdünnung von 1:10 bis 1:100. Inklusive Kalibrierung kann die Bestimmung der Alkali- und Erdalkaliionen einer Infusionslösung bei Mehrfachinjektion der Probe und des Standards in etwa 2 Stunden erfolgen. Die in einigen Infusionslösungen in hohen Konzentrationen enthaltenen Zucker Glucose und Fructose und Zuckeralkohole Sorbit und Mannit stören die Bestimmung nicht. Enthält die Infusionslösung jedoch Aminosäuren, so kann es zu Peaküberlagerungen kommen; in diesen Fällen ist die Atomabsorptionsspektrometrie selektiver.

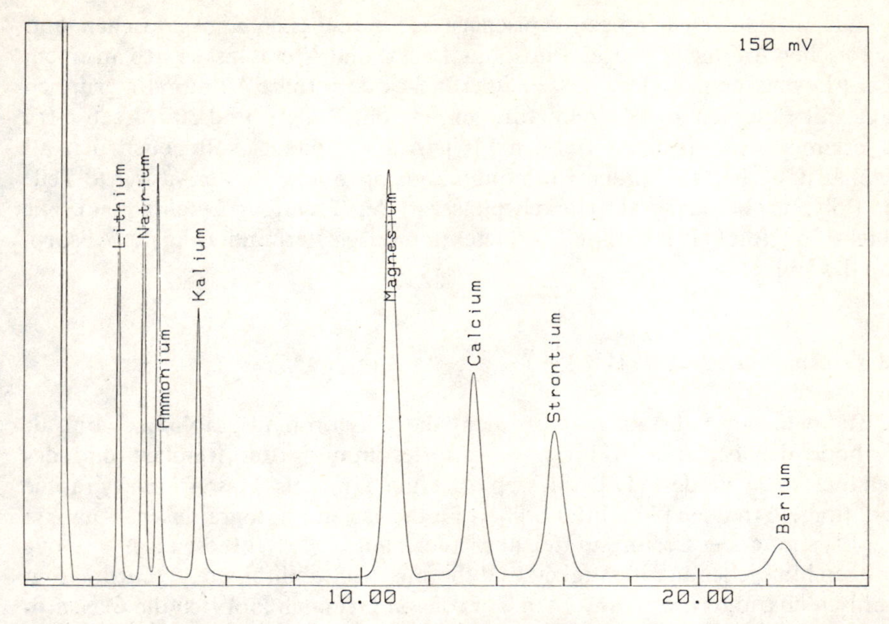

Abb. 2. Ionenchromatogramm (SCIC) ein- und zweiwertiger Kationen (12,5 cm × 4,0 mm i.D. Supersep, mobile Phase: 5 mmol/l Weinsäure, Detektion: Leitfähigkeit)

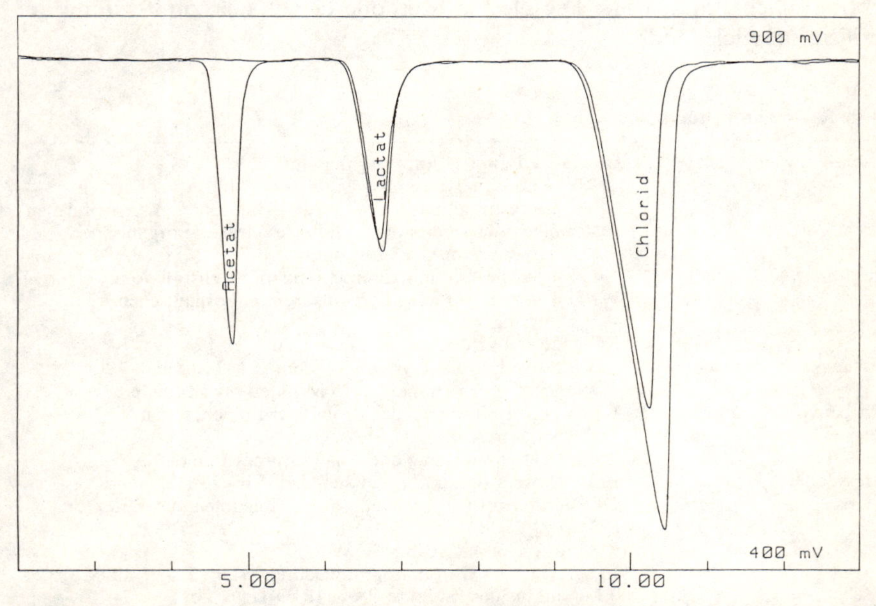

Abb. 3. Ionenchromatogramm (SCIC) einwertiger Anionen einer Infusionslösung (12,5 cm × 4,0 mm i.D. PRP-X, mobile Phase: 0,3 mmol/l Phthalsäure in 30% igem Acetonitril, pH 5,5, Detektion: indirekte UV-Detektion bei 230 nm). Oberes Chromatogramm: Eichlösung mit Acetat, Lactat und Chlorid, unteres Chromatogramm: 2 ml Ringer-Lactat-Infusionslösung auf 100 ml verdünnt.

Die in Infusionslösungen typischerweise enthaltenen anorganischen und organischen Anionen Chlorid, Phosphat, Lactat und Acetat lassen sich an einem Styrol-Divenylbenzol-Harz, dessen Oberfläche quarternäre Ammoniumgruppen trägt, mit Eluenten aus Kaliumhydrogenphthalat Puffern und 30% Acetonitril als organischem Modifier, trennen [16] (Abb. 3). Dabei soll neben den als Ionenaustauscher wirkenden Ammoniuumgruppen auch underivatisierte Teile der Polymeroberfläche als Umkehrphase an der Trennung beteiligt sein. Die Detektion erfolgt als indirekte UV-Detektion durch Verminderung der Absorption des Eluenten.

2.3 Gaschromatographie (GC)

Im Rahmen der Substanzanalytik dient die Gaschromatographie sowohl als Methode der Identitätsprüfung wie zur Bestimmung der Reinheit und des Gehaltes. Wie in der HPLC lassen sich auch mittels Gaschromatographie Enantiomere trennen [17]. Prädestiniert für die gaschromatographische Analytik [18, 19] sind dabei Lösungsmittel, aber auch zahlreiche Syntheseausgangsstoffe besitzen hinreichende Flüchtigkeit und thermische Stabilität, um gaschromatographisch charakterisiert zu werden. Aus diesen Gründen läßt sich die Gaschromatographie auch im Rahmen der Bestimmung der „possible impurities" einsetzen. Abb. 4 zeigt die Prüfung auf Ethylenoxidreste aus der Synthese eines nichtionischen Emulgators. Die gleiche Methode eignet sich zur Prüfung auf Sterilisationsrückstände.

Tabelle 5. Gaschromatographie

typische Anwendungen	chemische Reinheit von Ausgangsstoffen Rückstandsanalytik in Ausgangsstoffen und Arzneiformen Gehaltsbestimmung von Wirk- und Hifsstoffen in Arzneiformen
typische Analyte	gasförmige oder verdampfbare flüssige oder feste organische, seltener anorganische Substanzen
Detektion	FID für Substanzen mit „brennbarem" Kohlenstoffatom WLD universell für alle anorganischen und organischen Verbindungen ECD für halogenhaltige Verbindungen
typische Analysenzeiten	quantitative Einzelanalyse inkl. Eichung: 1–3 Stunden quantitative Serienanalyse: 15 Minuten bis 1 Stunde
Probenvorbereitung	Lösen oder Extrahieren der Probe, Verdünnen, selten Derivatisieren
Eichung	gegen Referenzsubstanz oder Flächenprozentmethode
Messdauer	Einzelchromatogramm meist zwischen 5 bis 20 Minuten
Geräte	GC-Gerät aus Injektor, Trennsäule, Säulenofen und Detektor: 25–100 TDM Autosampler ca. 10–15 TDM Integrator oder Chromatographiedatensystem 2,5–25 TDM
typischer Konzentrationsbereich	0,1 µg/ml bis unverdünnte Probe (FID-Detektion) 0,05 ng/ml (ECD-Detektion) (20 ng-) 1 µg/ml (MS-Gesamtspektrum) 1 ng/ml (MS-Selected Ion Monitoring)

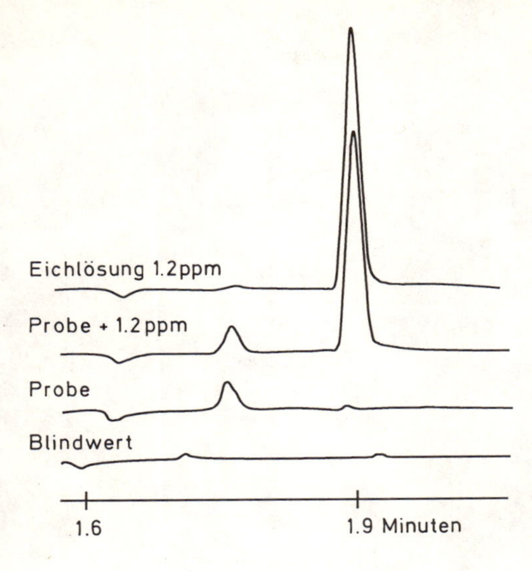

Abb. 4. Bestimmung von Ethylenoxidresten in Emulgatoren durch Head-space-Gaschromatographie (50 m × 0,53 mm i.D. CB-Sil 5 (2 μm), isotherm 60°; Detektion: FID)

Als Beispiele aus neueren Arzneibüchern seien hier die Bestimmung von Anillin, Cyclo- und Dicyclohexylamin in Natriumcyclamat nach DAC 1986, 3. Lieferung 1988, und von 2- und 4-Toluolsulfonsulfonamid in Saccharin-Natrium nach DAB 9 genannt. In beiden angeführten Beispielen handelt es sich um Spurenanalysen mit Limitierung der Verunreinigung auf 10 ppm bzw. 1 ppm (Anilin und Dicyclohexylamin). Zur Anreicherung der Verunreinigungen beschreiben die Monographien Ausschüttelungen in Dichlormethan mit nachfolgender Einengung. Injiziert wird in beiden Fällen auf mit Kieselgur gepackte Trennsäulen von 2 m Länge und etwa 2 mm Innendurchmesser. Dies ist heute nicht mehr Stand der Technik. In der industriellen pharmazeutischen Analytik setzen sich zusehends Quarzkapillarsäulen mit Längen von 10 bis 30 m, Innendurchmessern von 0,25 bis 0,53 mm und Filmdicken von 0,2 bis 2 μm durch (Abb. 5).

Diese Kapillarsäulen besitzen wesentlich bessere Trennleistungen. Dadurch werden nicht nur verwandte Verbindungen besser getrennt, also die Selektivität und damit die Richtigkeit verbessert, sondern auf Grund der schmaleren und damit höheren Peaks auch die Empfindlichkeit wesentlich gesteigert. Erkauft wird dies mit einer geringeren Belastbarkeit der Säulen mit Analyten; die typische Kapazität von 10 μg/Peak bei gepackten Säulen fällt auf < 50 ng/Peak bei niedrig belegten Kapillarsäulen. Damit entsprechend geringe Substanzmengen in die Kapillarsäule gelangen, bedient man sich der Splitinjektionstechnik. Dabei wird der Trägergasstrom hinter dem Injektor aufgeteilt und nur ein Bruchteil davon auf die Trennsäule geleitet, während der größere Teil durch ein Nadelventil entweicht. Typisch sind Splitverhältnisse von 1:10 bis 1:50.

Die geringen Substanzmengen lassen auch Ab- und Adsorptionseffekte im chromatographischen System, insbesondere für polare Substanzen, in Erscheinung treten. Diese sogenannten Aktivitäten treten je nach Betriebsbedingungen früher

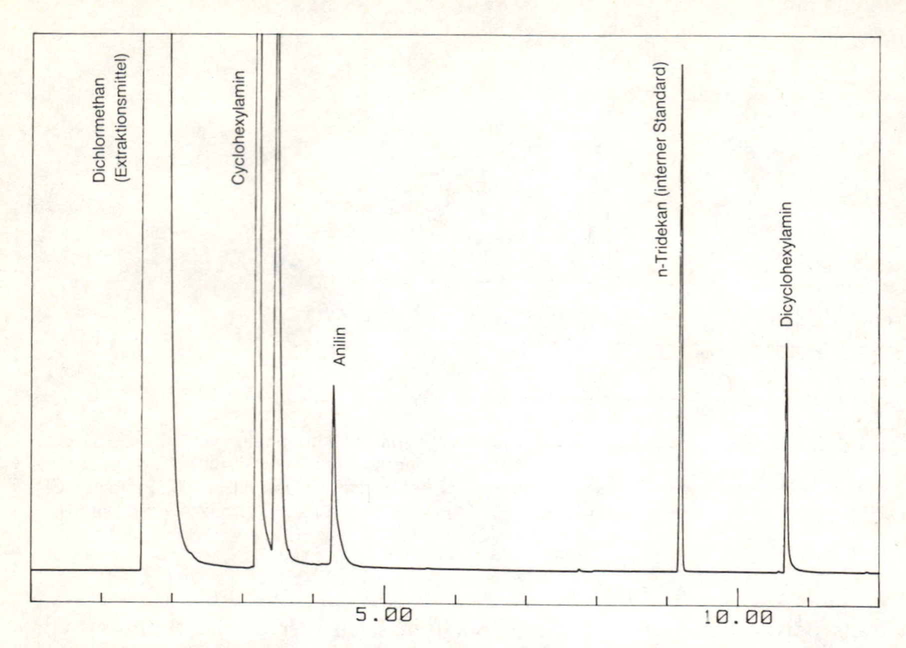

Abb. 5. Gaschromatographische Bestimmung von Verunreinigungen in Natriumcyclamat (15 m × 0,32 mm i.D. DB 1 (0,25 µm), Säulentemperatur initial 60 °C, Temperaturprogramm 10°/min bis 260°, Detektion: FID)

oder später auf und zeigen sich als „tailing" der Peaks (Abb. 5: Anilin und Dicyclohexylamin im Vergleich zu n-Tridekan), können jedoch auch zu völligem Verschwinden von Peaks führen. Die Eignung des gaschromatographischen Systems muß daher in geeigneter Weise nachgewiesen werden. Beim Grob-Test wird zu diesem Zweck eine Lösung verschiedener Verbindungen aus unterschiedlichen Substanzklassen injiziert. Die Konzentrationen dieser Verbindungen sind so abgestimmt, daß sie mit dem Flammenionisationsdetektor gleiche Peakflächen ergeben. Ist die Kapillarsäule aktiv, so erniedrigt sich die relative Peakfläche der unterdrückten Verbindung im Vergleich mit einer nicht unterdrückten Verbindung. „Aktive" Säulen lassen sich teilweise regenerieren; andernfalls sind sie nur noch für spezielle Zwecke einzusetzen.

Die größte Lebensdauer haben Trennsäulen, die für die Head-Space-Gaschromatographie eingesetzt werden. Bei dieser speziellen Injektionstechnik wird die Probe in einem gasdicht verschlossenem Gefäß meist bei erhöhter Temperatur einige Zeit equilibriert. Anschliessend wird ein Teil des über der Probe vorhandenen Gasraums injiziert. Weil dabei nur gasförmige Substanzen in das chromatographische System gelangen, wird das System nur gering belastet. Die Head-space-Technik ist gleichermaßen prädestiniert für die Bestimmung von Restlösemitteln aus der Substanzsynthese als auch von flüchtigen Anteilen aus der Produktion pharmazeutischer Zubereitungen (Granulierung, Dragierung,

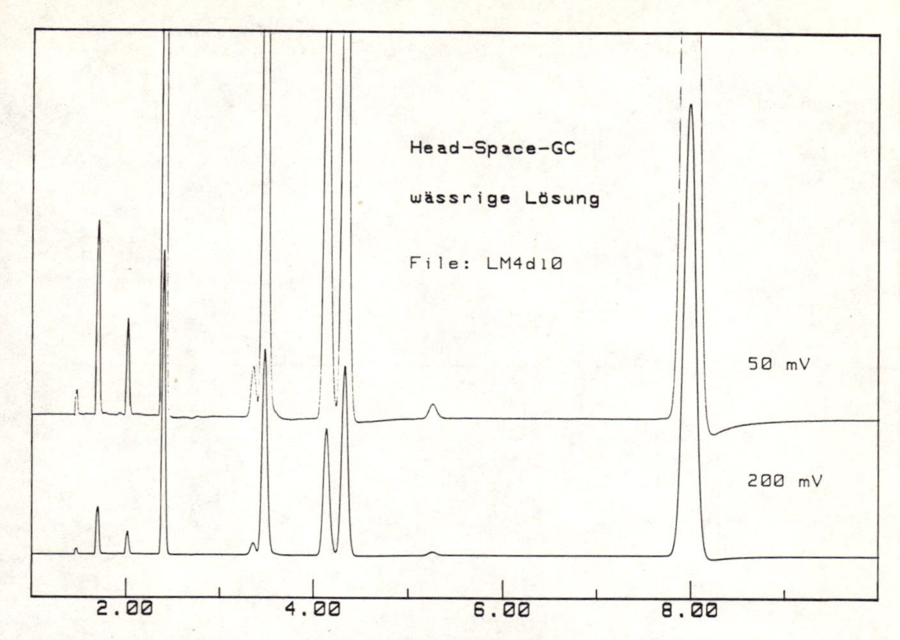

Abb. 6. Bestimmung von Restlösemitteln mittels Head-space-Gaschromatographie (50 m × 0,53 mm i.D. CB-Sil 5 (2 µm), 60° für 8 min dann mit 5°/min auf 120°, Detektion: FID; die angegebenen Konzentrationen beziehen sich auf eine Probeneinwaage von 100 mg Probe in 1 ml Wasser, Peaks von links nach rechts: unbekannt, Methanol 200 ppm, Acetonitril 20 ppm, Dichlormethan 200 ppm, Chloroform 20 ppm, Isobutanol 200 ppm, 1-Butanol 200 ppm, Benzol 40 ppm, Dioxan 40 ppm, Toluol 200 ppm)

etc.). Insbesondere bei Benutzung von Dickfilmkapillaren eignet sie sich hervorragend als Screeningmethode zur gleichzeitigen Bestimmung mehrerer toxischer Lösungsmittelreste im ppm-Bereich.

Da die zu bestimmenden Verbindungen bei der Head-space-Gaschromatographie bereits gasförmig in den Injektor gelangen, läßt sich der Trägergasstrom problemlos teilen. So kann die Probe simultan auf 2 unterschiedliche Trennsäulen injiziert werden, die wiederum an unterschiedliche Detektoren angeschlossen sind. Auf diese Weise lassen sich grundverschiedene Verunreinigungen in um Größenordnungen verschiedenen Konzentrationen bestimmen. Abbildung 7 zeigt die Bestimmung von 0,13 ppm Trichlorethylen und 1,2 ppm Dichlormethan neben 0,16% Aceton im Rahmen einer In-Process-Kontrolle. Aceton wird dabei mit dem nahezu universell detektierenden Flammenionisationsdetektor bestimmt, für die halogenierten Verbindungen wird der Elektroneneinfangdetektor eingesetzt.

Die Kombination leistungsfähiger Kapillargaschromatographie mit moderner Datenverarbeitung und statistischen „pattern recognition“-Algorithmen eröffnet seit wenigen Jahren der Gaschromatographie eine interessante Anwendung in der mikrobiologischen Diagnostik [20]. Dabei werden die zellulären Fettsäuren durch Hydrolyse der Zellen mit Natronlauge bei 100 °C innerhalb

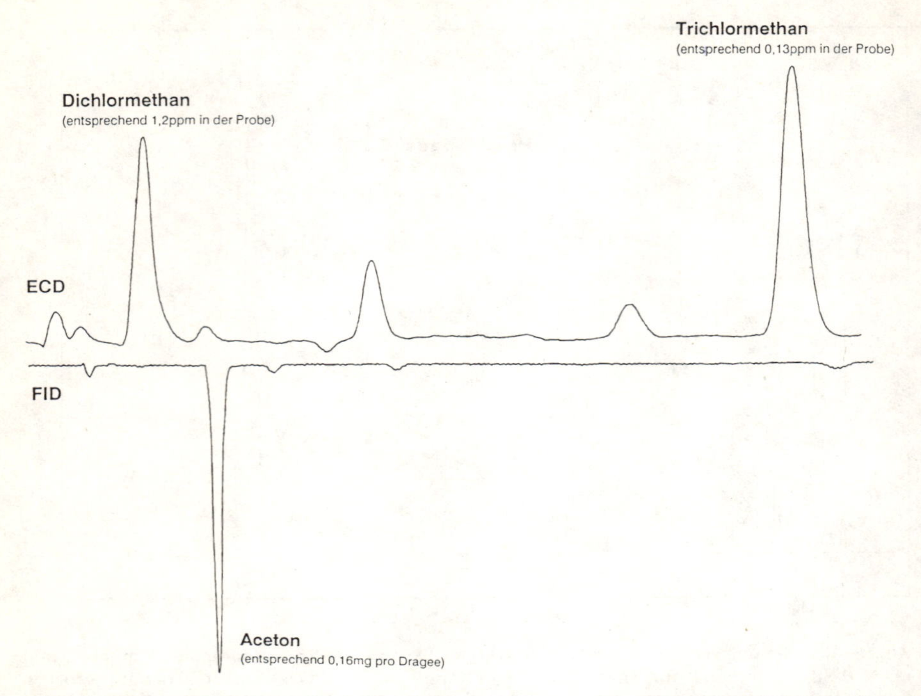

Abb. 7. Simultane Bestimmung von Restlösemitteln mit erheblichen Konzentrationsunterschieden durch Aufteilung des Trägergasstromes auf 2 Kapillarsäulen und Wechsel des Detektors (Probe in DMF; Temperierung vor Injektion 45 Minuten; isotherme Chromatographie bei 90°; oberes Chromatogramm: 25 m × 0,53 mm (2 µm) OV 1 Detektion ECD, unteres Chromatogramm 50 m × 0,53 mm i.D. CB-Sil 5 (2 µm), Detektion FID)

von 30 Minuten freigesetzt. Anschließebnd werden sie unter saurer Katalyse in ihre Fettsäuremethylester überführt. Nach Ausschütteln in Hexan und Einengen ergeben sich bei quantitativer und qualitativer Auswertung des Kapillarchromatogramms der sogenannten BAMES (bacterial acid methyl esters) charakteristische Muster für die verschiedenen Spezies. Mit Hilfe dieser Technik läßt sich der Zeitbedarf einer Keimidentifizierung gegenüber der klassichen mikrobiologischen Technik beträchtlich verkürzen und automatisieren.

3 Spektroskpie

3.1 IR-Spektroskopie im mittleren Infrarot (4000 cm^{-1} bis 200 cm^{-1}) (MIR)

IR-Spektren [21] werden zur Sicherung der Identität in der industriellen Praxis von nahezu jedem organischen Wirkstoff, den allermeisten Hilfsstoffen und in steigendem Maße von Primärpackmitteln aufgenommen. Identität wird dann

Tabelle 6. Infrarotspektroskopie

typische Anwendungen	Identitätsprüfung von Wirk- und Hilfsstoffen sowie Primär-Packmitteln
typische Analyte	(meist) organische Substanzen, fest, flüssig oder gasförmig
Detektion	Absorption elektromagnetischer Strahlung im Bereich von 4000–400 (200) cm^{-1} entsprechend 2,5 µm–25 (50) µm
typische Analysenzeiten	Einzelanalyse inkl. Dokumentation ca. 20 Minuten
Probenvorbereitung	feste Proben mit KBr verreiben und verpressen oder mit Nujol verreiben; flüssige Proben in Küvetten füllen oder als Film zwischen NaCl-Scheiben auftragen; gasförmige Proben in Gasküvette füllen
Eichung	Erstmessung gegen Referenzsubstanz
Messdauer	ca. 5 Minuten bei dispersiven IR-Geräten, einige Sekunden bei FTIR-Geräten
Geräte	IR-Gerät aus Lichtquelle, Probenraum, optischem System mit Monochromator (Gittergerät) oder Interferometer (FT-Gerät), Detektor, Bildschirm, Schreiber oder Plotter: 25–65 TDM (Gittergerät), 45–145 TDM (FTIR)
typischer Konzentrationsbereich	1–3 mg/300 mg Kaliumbromid ca 1 µg Absolutmenge möglich bei Mikropreßtechnik und Einsatz eines Beamkondensers (Gitterg.), FTIR < 1 µg

angenommen, wenn Probe und Referenzsubstanz Maxima bei denselben Wellenzahlen mit den gleichen relativen Intensitäten zeigen. Nach Weitkamp und Wortig ist diese Übereinstimmung für sich allein ausreichend, um die Identität einer Substanz zu garantieren [22]. Diese Ansicht wird durch Spektren wie die von Tetracyclinhydrochlorid und Oxytetracyclinhydrochlorid (siehe Abbildung 8), die sich anhand der Schulter bei 3550 cm^{-1} (O-H-Streckschwingung) leicht

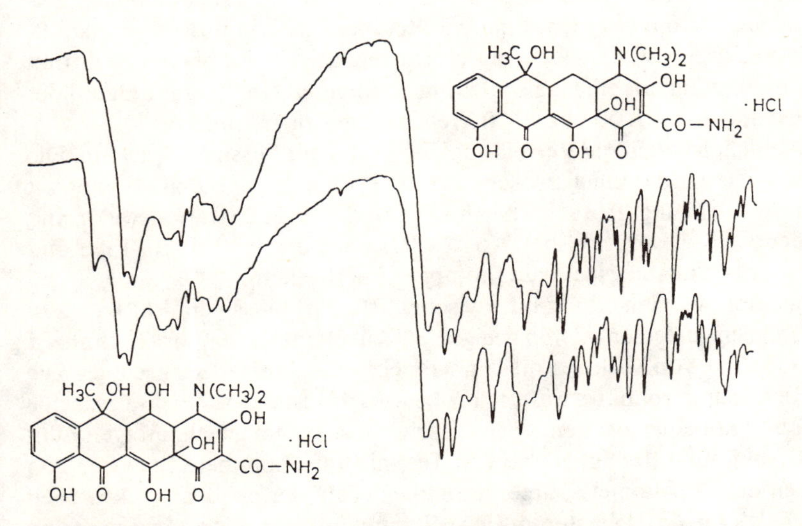

Abb. 8. Infrarotspektren von Tetracyclin (oben) und Oxytetracyclin (unten) aufgenommen als KBr-Preßlinge (Konz. etwa 3 mg/300 mg KBr) dargestellt in Transmission im Bereich von 4000 cm^{-1} bis 600 cm^{-1}

unterscheiden lassen, nachhaltig unterstützt. Zweifel an dieser Aussage sind für die Unterscheidbarkeit von Aminoglykosidantibiotika angemeldet worden. In der pharmazeutischen Praxis wie im Arzneibuch hat es sich eingebürgert, die IR-Spektren lediglich als ein Identitätskriterium anzusehen, das durch ein weiteres, z.B. den Schmelzpunkt, ergänzt werden muß.

Zu quantitativen Analysen wird die IR-Spektroskopie – bisher – nur selten benutzt.

Entscheidend für die Qualität von IR-Spektren ist eine gute Probenpräparation. Das Arzneibuch beschreibt daher eine Vielzahl von Techniken, die eine flexible Anpassung an die Probe erlauben.

Feste Substanzen werden, wenn möglich, als Preßling in Kaliumbromid oder -chlorid gemessen. Mit dieser Präparationstechnik können auch Unterschiede in den Kristallmodifikationen von Substanzen als geringfügige Abweichungen im sogenannten Fingerprintbereich von 1300 cm^{-1} bis 600 cm^{-1} erkannt werden. Diese Modifikationsunterschiede sind u.U. von großer Bedeutung für die Auflösegeschwindigkeit von Wirkstoffen und damit die Bioverfügbarkeit. Weitere Gründe für Unterschiede in Spektren von Preßlingen sind verschiedene Teilchengrößen von Referenzmuster und Probe oder unterschiedliche Hydrat- oder Solvatanteile der Substanzen.

Ist eine sichere Identifizierung in diesen Fällen nicht möglich, weil entsprechende Vergleichsspektren nicht vorliegen, so müssen Probe- und Referenzsubstanz entweder nach Lösen und Eindampfen erneut als Preßling oder als Lösungsspektren gemessen werden.

Ebenfalls als „Preßlinge", jedoch ohne Zusatz eines Halogenids, lassen sich verschiedene Kunststoffe messen. Diese werden unter Druck, mit oder ohne Anwendung von Wärme, zu dünnen Filmen gepreßt. Die so erhaltenen IR-Spektren dienen sowohl als Identitäts- wie Reinheitskriterium des Kunststoffs. Abb. 9 zeigt Spektren von eingefärbten Polyethylenflaschen. Im oberen Spektrum ist die Verunreinigung mit einem als Gleitmittel eingesetzten Stearat anhand der Absorptionsbanden bei 1550 und 1400 Wellenzahlen zu erkennen.

Gebräuchlich ist auch die Verreibung der Probe mit flüssigem Paraffin. Die entstehende Paste wird danach zwischen zwei IR-durchlässige Platten gepresst und in den Strahlengang gebracht. Nachteilig an dieser Präparationsweise sind die störenden C-H-Absorptionsbanden des Paraffins bei 2900, 1450, 1380 und 750 cm^{-1}, die das Substanzspektrum komplett überdecken.

Flüssigkeiten werden als Film zwischen IR-durchlässigen Platten, z.B. Kochsalzscheiben gemessen oder in geeigneten Küvetten. Diese Film-Technik ist auch zur Aufnahme von Spektren niedrig schmelzender Substanzen geeignet. Die leicht über den Schmelzpunkt erwärmte Probe wird dazu auf eine Kochsalzscheibe aufgetropft und mit einer zweiten Kochsalzscheibe zu einem gleichmäßigen Film gequetscht. Abbildung 10 zeigt nach dieser Technik aufgenommene Spektren von Emulgatoren der Sorbitanfettsäureesterfamilie. Trotz der großen strukturellen Verwandschaft sind die drei Ester im IR-spektrum unterscheidbar. Im Spektrum des Sorbitanmonostearates (oben) fällt eine breite Absorptionsbande auf die durch die C-O-Streckschwingung der beiden freien sekundären Hydroxylgruppen

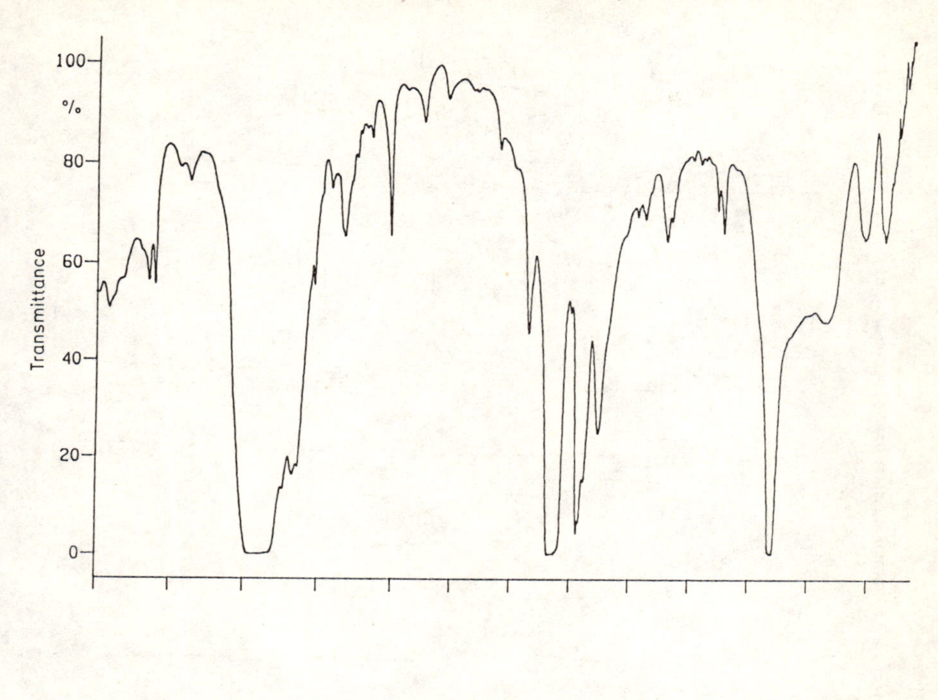

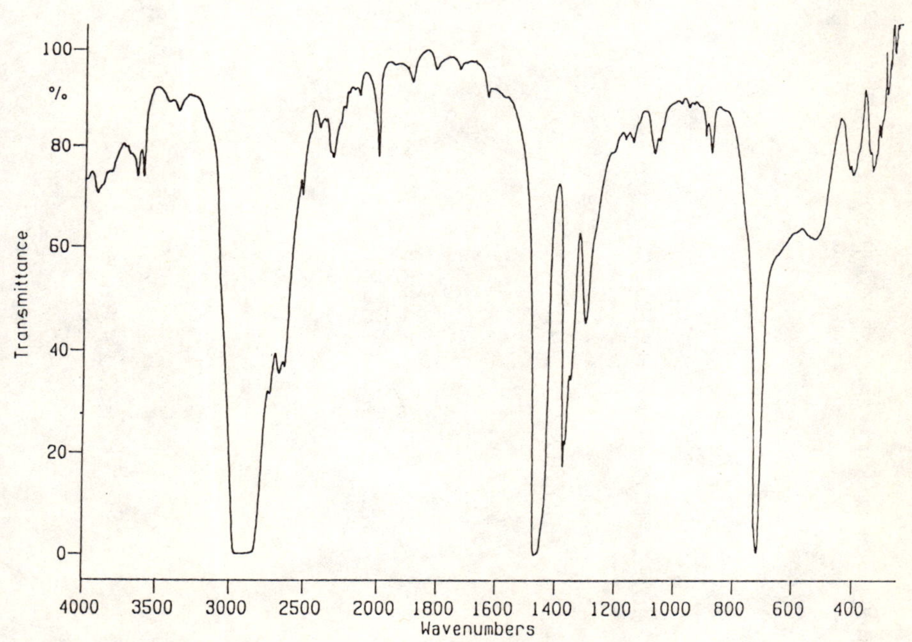

Abb. 9. Infrarotspektren (FTIR) von eingefärbten Polyethylenflaschen, aufgenommen als durch Pressen hergestellter dünner Film, dargestellt in Absorption im Bereich von 4000 cm^{-1} bis 200 cm^{-1}

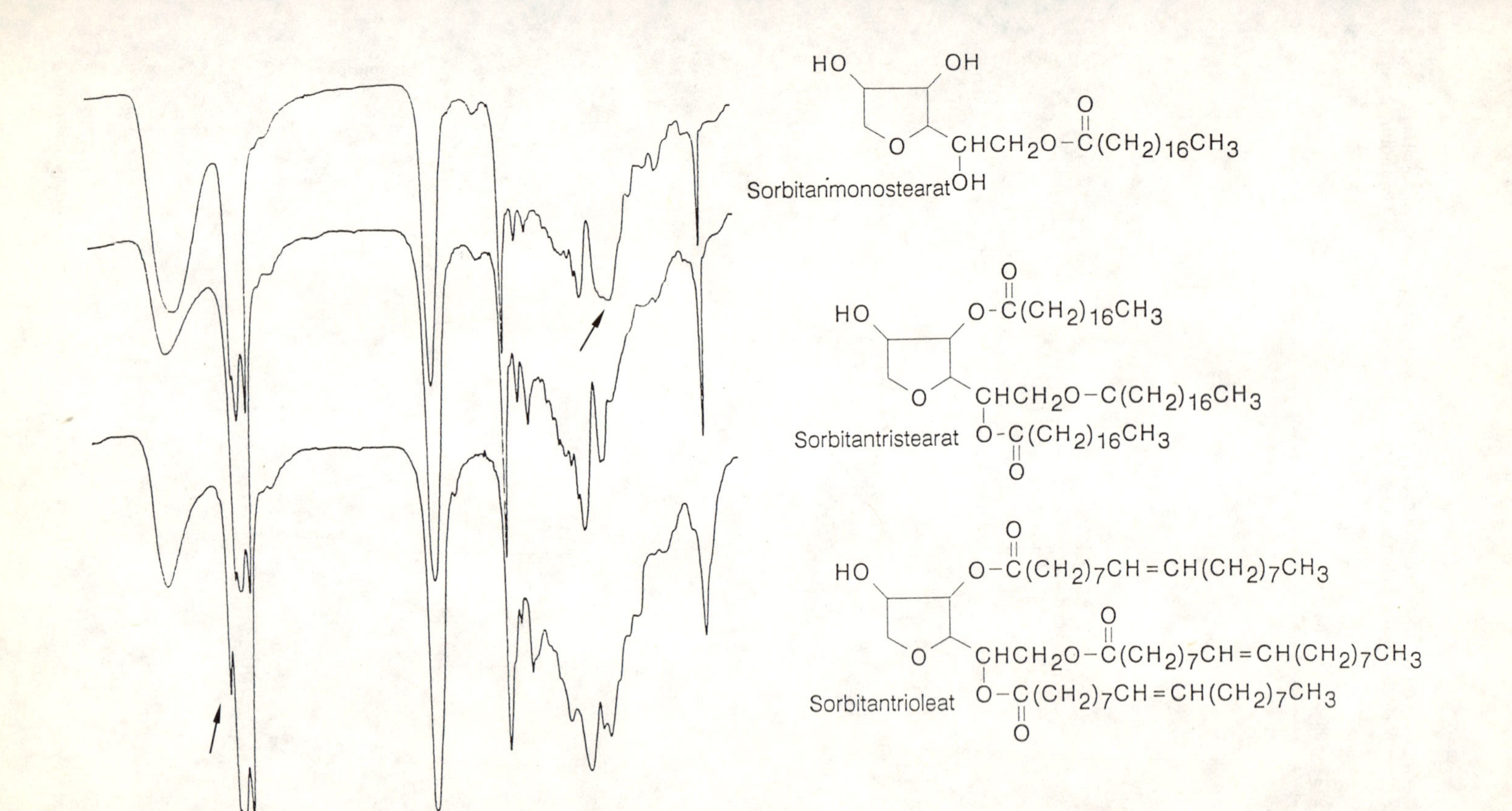

Abb. 10. Infrarotspektren von Sorbitanfettsäureestern, aufgenommen als erstarrte Schmelze auf NaCl-Scheiben, dargestellt in Transmission im Bereich von $4000\,cm^{-1}$ bis $600\,cm^{-1}$

des Ringes bei 1100 cm^{-1} verursacht wird. Im Spektrum des Sorbitantrioleates (unten) tritt die olefinische C-H-Streckschwingung der Doppelbindung zwischen C9–C10 der Ölsäure als scharfe Schulter bei ca 3030 cm^{-1} in Erscheinung.

Dieser Technik verwandt ist das Aufbringen von Lösungen auf Kochsalzscheiben oder Kaliumbromidpreßlinge mit nachfolgendem Abdampfen des Lösungsmittels. Diese Methode eignet sich gut für die Messung von Polymeren (Packmitteln, Lackfilmen oder Gelbildner).

Küvetten von meist 0,1 bis 1 mm Schichtdicke werden auch zur Messung von gelösten festen oder flüssigen Proben verwendet. Aufgrund der geringen Absorptionskoeffizienten im MIR werden die Lösungen in relativ hohen Konzentrationen von 1 bis 10% hergestellt.

Für Gase stehen Küvetten mit einer Schichtdicke von etwa 10 cm zur Verfügung. Diese werden zunächst evakuiert und danach mit der Probe gefüllt.

IR-undurchlässige Proben können durch Mehrfachreflexion bestimmt werden. Die Probe wird dabei auf einen geeigneten Träger, z.B. Thalliumiodidkristall, aufgepreßt oder aus einer Lösung als Film aufgebracht. Der so belegte Kristall wird so in den Strahlengang eingestellt, daß die IR-Strahlung durch Brechung und Totalreflexion mehrmals mit der Probe in Wechselwirkung gerät. Diese Präparationstechnik eignet sich insbesondere für die Identifizierung von Polymeren in Packmitteln.

Die Auswertung der Spektren geschieht auch heute meist noch durch visuellen Vergleich eines Standards mit der Probe. Meist werden die auf transparentem Spektrenpapier aufgezeichneten IR-Spektren auf einem Lichtkasten über den Standard gelegt. Moderner, aber nicht unbedingt schneller, ist der Vergleich an einem hochauflösenden Bildschirm, wie er heute Bestandteil vieler moderner IR-Geräte, insbesondere FTIR-Geräte ist. Günstig ist hierbei, daß ohne erneute Spektrenaufnahme Detailbereiche des Spektrums genauer („gespreizter“) dargestellt werden können. Auf einen Ausdruck (eine „Hardcopy“) des Spektrums zu Dokumentationszwecken wird man jedoch auch bei solchen Geräten nicht verzichten können.

Es hat sich gezeigt, daß ein automatischer Spektrenvergleich, für Spektren in digitaler Form ein naheliegender Gedanke, schwieriger zu realisieren ist, als zunächst vermutet wurde. Weitkamp und Wortig [22] beschreiben einen Algorithmus, der in Absorption registrierte Spektren in Blöcke zerlegt und diese auf Übereinstimmung testet. Dazu ist es zunächst nötig, Basislinienunterschiede durch ein additives Glied und Konzentrationsunterschiede durch Multiplikation eines Spektrums mit einem Faktor auszugleichen. Ferner werden die Spektren um maximal 6 Wellenzahlen gegeneinander verschoben, um Wellenlängenungenauigkeiten des Spektrometers zu kompensieren. Die dann noch bestehenden Unterschiede in den Spektrenblöcken werden gegen die maximale Absorption dieses Blockes normiert und gegen einen empirischen Schwellenwert verglichen. Wird der Schwellenwert in allen Blöcken unterschritten, so bezeichnet der Rechner die Spektren als identisch. Andernfalls werden die Wellenzahlenbereiche aufgelistet, die einer eingehenden Kontrolle zu unterziehen sind.

Das Lambert-Beersche Gesetz gilt im infraroten Spektralbereich in gleicher Weise wie im UV-Bereich. Lediglich die Absorptionskoeffizienten sind im infraroten Bereich um Größenordnungen geringer als im UV. Starke Banden erreichen im UV molare Absorptionskoeffizienten von über 10000, während mittelstarke Banden im IR lediglich 10 erreichen [23]. Daher ist die Empfindlichkeit einer IR-spektroskopischen Bestimmung begrenzt. Andererseits sind Absorptionsbanden im IR verglichen mit dem UV-Bereich sehr viel schärfer, die Bestimmungen können somit entsprechend selektiv gestaltet werden. Aufgrund des hohen informationsgehaltes sind im IR auch Mehrkomponentenanalysen möglich.

Die Hersteller moderner FTIR-Geräte tragen diesen Möglichkeiten Rechnung und bieten entsprechende Auswertesoftware für quantitative Analysen an. Diese beruhen auf komplexen statistischen Verfahren wie der Faktoranalyse. Die Attribute, die diesen Techniken zugeordnet werden, wie Multikomponenten-Analyse unter Nutzung der Gesamtspektren, Robustheit, Anwendbarkeit bei überlappenden Banden, spektralem Rauschen und Basislinienveränderungen sowie Warnungen bei starkem Abweichen des Probenspektrums von den Kalibrierungsstandards sind vielversprechend. Dennoch scheint sich die Anwendung in der pharmazeutischen Analysenpraxis auf dem Gebiet des MIR nicht durchgesetzt zu haben. Dies ist sicher teilweise auf mangelnde Vertrautheit mit den entsprechenden statistischen Verfahren zurückzuführen und dem darin begründeten Mißtrauen, einem Rechner die Bestimmung der Auswertefunktion zu überlassen. So beruhen denn auch die praktisch genutzten Anwendungen quantitativer

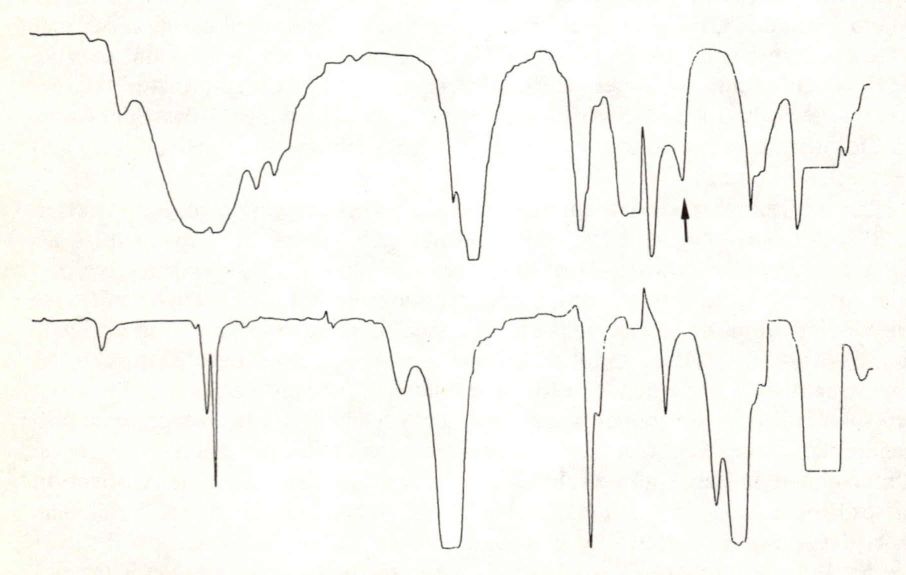

Abb. 11. Infrarotspektren von Monochloressigsäure (oben) und Monochloracetylchlorid (unten) aufgenommen in Kochsalzküvetten dargestellt in Transmission im Bereich von 4000 cm^{-1} bis 600 cm^{-1}

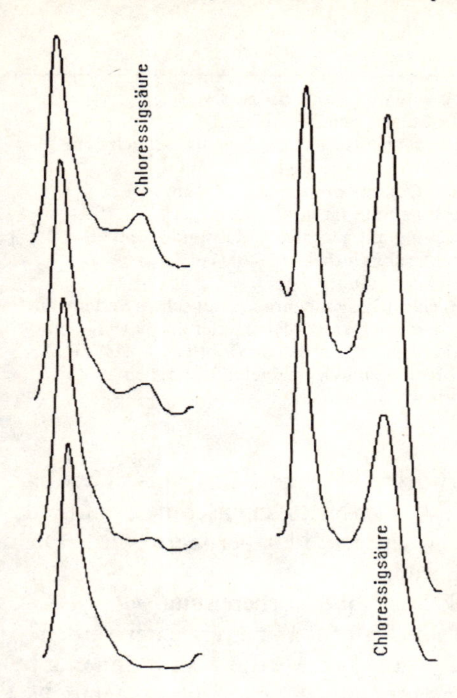

Abb. 12. Ausschnitte aus den Infrarotspektren von Monochloracetylchlorid verunreinigt mit steigenden Konzentrationen von Monochloressigsäure aufgenommen in Kochsalzküvetten dargestellt in Absorption im Bereich von 1200 cm^{-1} bis 1100 cm^{-1}

IR-Spektroskopie auf weit einfacheren Verfahren. USP XXII beschreibt die quantitative Bestimmung von N,N-Diethyl-m-toluamid in einer Lösung zum äußerlichen Gebrauch, läßt dabei jedoch den als Lösungsmittel verwendeten Alkohol im Vakuum entfernen und den Rückstand in Schwefelkohlenstoff aufnehmen. Diese Probenlösung wird dann in einer 1 mm-Küvette gegen einen USP-Referenzstandard gemessen und die Bande bei 14,1 µm gegen das Absorptionsminimum bei 14.4 µm ausgewertet. Das Gesamtspektrum dient als einziger Identitätsnachweis.

Abbildungen 11 and 12 zeigen die Anwendung der quantitativen IR-Spektroskopie im Rahmen der Wareneingangskontrolle eines Syntheseausgangsstoffes. Durch Vergleich der IR-Spektren von Monochloressigsäure (oben) und Chloracetylchlorid (unten) erkennt man eine für die Monochloressigsäure charakteristische Bande bei 1130 cm^{-1} Wellenzahlen. Abbildung 12 zeigt den entsprechenden Spektrenausschnitt von 1200 bis 1100 cm^{-1}. Deutlich erkennbar ist, wie bei steigenden Konzentrationen an Monochloressigsäure die Bande bei 1130 cm^{-1} zunimmt. Die Auswertung erfolgt anhand einer Eichgeraden.

3.2 IR-Spektroskopie im Nahen Infrarot (10000 cm^{-1} bis 4000 cm^{-1} entsprechend 1000 nm bis 2500 nm) (NIR)

Obwohl noch in keiner Pharmakopoe beschrieben und noch wenig in der pharmazeutischen Analytik verbreitet, soll die Nah-Infrarot-Spektroskopie hier

Tabelle 7. Spektroskopie im Nahen Infrarot

typische Anwendungen	Identitätsprüfung von Wirk- und Hilfsstoffen
typische Analyte	(meist) organische Substanzen, fest, flüssig
Detektion	Absorption elektromagnetischer Strahlung im Bereich von 1100 nm–2500 nm
typische Analysenzeiten	Einzelanalyse inkl. Dokumentation ca. 1–2 Minuten (Reflexionsmessung mit Glasfaseroptik)
Probenvorbereitung	bei Reflexionsmessung mit geeigneter Meßsonde: keine
Eichung	Aufbau einer Spektrenbibliothek
Messdauer	wenige Sekunden bis 1 Minute
Geräte	NIR-Gerät aus Lichtquelle, Probenraum, optischem System mit Monochromator (Gittergerät) oder Interferometer (FT-Gerät), Detektor, Bildschirm, Schreiber oder Plotter: 80–200 TDM
typische Probenmenge:	einige Gramm, Messung im Orginalgebinde möglich

beschrieben werden, denn es steht zu erwarten, daß sie sich insbesondere in Form der Nah-Infrarot-Reflexionsspektroskopie (NIRS; englisch near-infrared reflectance analysis, NIRA) rasch einen wichtigen Platz erobern wird. Die wesentlichen Gründe für diese Erwartung sind:

- die NIRS benötigt in günstigen Fällen keine Probenvorbereitung
- bei Messung mittels Lichtleiter kann auf eine Probennahme verzichtet werden
- die Messung einer Probe und die Auswertung der Messung kann innerhalb weniger Sekunden mittels Personalcomputer unter Anwendung chemometrischer Verfahren erfolgen.

Alle drei Faktoren tragen dazu bei, NIR-Analysen schnell und somit auch kostengünstig zu gestalten. Der hohe zeitliche Implementierungsaufwand darf jedoch nicht übersehen werden (s.u.) [24].

Die Nah-Infrarot-Spektroskopie nutzt den zwischen UV-Vis und (M)IR gelegenen Spektralbereich. In diesem Bereich beobachtet man überwiegend Absorptionen von Ober- und Kombinationsschwingungen von OH-, NH- und CH-Gruppen, also Gruppen, deren Grundschwingungen im MIR zwischen 4000 und 2000 cm^{-1} beobachtet werden. Da sich die Intensität einer Absorptionsbande beim Übergang von der Grundschwingung zur 1. Oberschwingung (etwa doppelte Schwingungsfrequenz) um einen Faktor von 10 bis 100 vermindert und

Tabelle 8. Bandenlage und Absorptionskoeffizienten der CH-Streckschwingung von Chloroform (nach G. Herzberg [25]) sowie geeignete Küvettenschichtidicken der spektroskopischen Messung von unverdünntem Chloroform

Schwingung	Bereich	Bandenlage [nm]	Bandenlage [cm^{-1}]	Absorptions-koeffizient [cm^2/mol]	Küvettendicke E = 0,5 [cm]
Grund	MIR	3290	3040	25000	0,0016
1. Oberton	NIR	1693	5907	1620	0,025
2. Oberton	NIR	1154	8666	48	0,84
3. Oberton	NIR	882	11338	1,7	24

diese Gesetzmäßigkeit auch für die höheren Obertöne gilt (2. Oberton mit näherungsweiser 3-facher Frequenz der Grundschwingung etc.), besitzen die NIR-Banden nur geringe Absorptionskoeffizienten.

Was auf den ersten Blick wie ein Nachteil aussieht, ist eher als Vorteil zu werten, da damit wesentlich größere Schichtdicken der Messung zugänglich werden. Neben einer einfacheren Probenhandhabung wird auch eine representative Messung inhomogener Proben (Pulvergemische, Emulsionen, Suspensionen) erleichtert. Gebräuchlich sind Küvetten von 1 mm bis 10 cm [26]. Als Küvettenmaterial wird Glas, Quarz, oder – für höhere Drucke – Saphir eingesetzt.

Im Gegensatz zu Spektren im MIR-Bereich sehen NIR-Spektren für das menschlische Auge recht uncharakteristisch aus, denn MIR-Banden sind breit und überlappend. Abbildung 13 illustriert dies an einer Gegenüberstellung der Spektren von Acetylsalicylsäure im MIR-Bereich (oberes Spektrum) und NIR-Bereich. Da zudem schon wenige Grundschwingungen im MIR zu einer Vielzahl von überlappenden Banden im NIR führen und zudem ein Mangel an Referenzspektren besteht, sind die NIR-Spektren schwerer zu interpretieren [27]. NIR-Spektren werden daher für die Strukturaufklärung praktisch nicht genutzt.

Das traditionelle Anwendungsgebiet der NIR-Spektroskopie ist die quantitative Multikomponentenanalyse im Agrar- und Lebensmittelbereich. Entwickelt ursprünglich als Methode zur Wasserbestimmung in Agrarprodukten, wurde bald erkannt, daß die vermeintlich störenden Begleitbanden im NIR-Spektrum ihrerseits zur simultanen Bestimmung des Fett- und Proteingehalts herangezogen werden konnten. In der Folgezeit wurden immer komplexere Analysenmethoden ausgearbeitet und schließlich standortübergreifende NIR-Netzwerke geschaffen, in denen Kalibrierungen von einem Gerät auf andere übertragen werden können [28]. In der chemischen und pharmazeutischen Industrie blieb die NIR-Spektroskopie lange unbeachtet. Wetzel [29] bezeichnete sie noch 1983 als „Schläfer unter den spektroskopischen Techniken" weil sie analytischen Chemikern und Spektroskopikern wenig bekannt ist, „unlogisch oder a priori als illegal" erscheint. Dies ist darin begründet, daß nur die Chemometrie eine effektive Anwendung der Nah-Infrarot-Reflexionsspektroskopie erlaubt. In der Tat unterscheidet sich die Methodenentwicklung in der NIRS grundlegend von den anderen in diesem Beitrag beschriebenen analytischen Methoden, denn sie ist nur möglich, wenn der Gehalt sogenannter Referenzproben bekannt ist. Die Methodenentwicklung einer quantitativen Analyse verläuft in einem aufwendigen 7-Punkte Prozeß [30]:

1. Zusammenstellung des Referenzprobensatzes
2. Entwicklung einer reproduzierbaren Probenpräparations- und Meßtechnik
3. Aufnahme der NIRS-Spektren
4. Analyse des Referenzprobensatzes mit einer unabhängigen Referenzmethode
5. Festlegung der Datenvorbehandlung (Linearisierung, Fehlerkorrektur) und Berechnung der Eichfunktion mittels chemometrischer Verfahren
6. Validierung der Eichfunktion mit einem unabhängigen Validierungsprobensatz
7. Pflegen und Verbessern der Kalibration

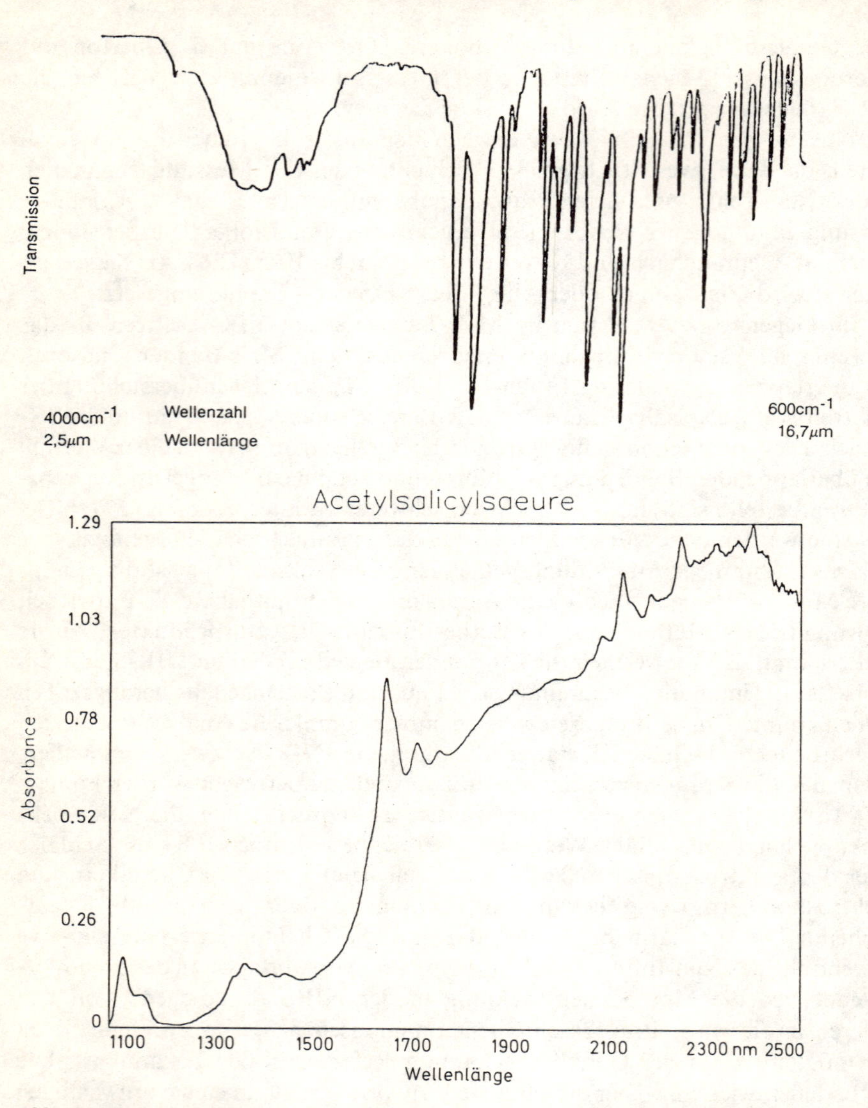

Abb. 13. Vergleich der MIR- (oben) und NIR-Spektren von Acetylsalicylsäure (MIR-Spektrum von 4000–600 cm^{-1} aufgenommen als KBr-Preßling dargestellt in Transmission, NIR-Spektrum von 1100–2500 nm aufgenommen in Reflexion an der Reinsubstanz dargestellt in Absorption)

Schon der erste Schritt, die Zusammenstellung des Referenzprobensatzes, hat dabei maßgeblichen Einfluß auf die Robustheit der NIRS-Methode. Nur wenn es gelingt die denkbaren Probekonzentrationen und möglichen Matrixzusammensetzungen möglichst vollständig und gleichmäßig durch den Referenzprobensatz zu repräsentieren, wird sich die Kalibration auf Dauer als stabil erweisen.

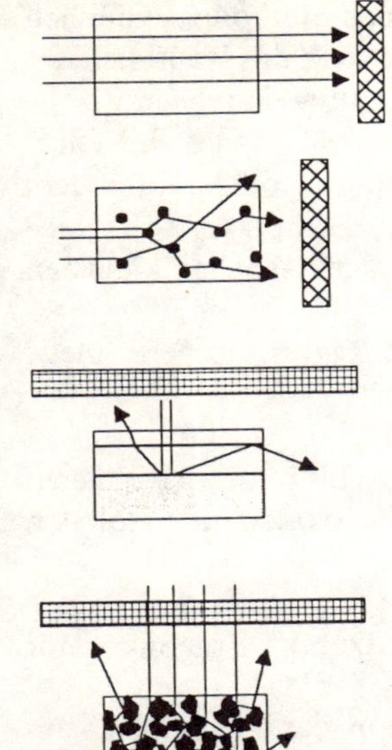

Abb. 14. Schematische Darstellung verschiedener MIR-Meßtechniken, Detektoren werden als längliche, ausgefüllte Rechtecke angedeutet. **a** (reguläre) Transmission (klare Flüssigkeiten und Filme), **b** diffuse Transmission (trübe Flüssigkeiten, Suspensionen, Emulsionen, trockene feste Proben), **c** diffuse Transflection (Filme, Flüssigkeiten), **d** diffuse Reflexion (Pulver)

Die Auswahl einer der zahlreichen Meßtechniken für die NIR-Spektroskopie, dargestellt in Abb. 14, bestimmt die Art der physikalischen Gesetzmäßigkeit zwischen Probenkonzentration und Meßgröße und somit auch die Wahl der Linearisierung. Das vertraute Lambert-Beer'sche Gesetz für Transmissionsmessungen – und damit der logarithmische Zusammenhang zwischen Konzentration und Absorption gilt streng genommen lediglich im Fall klarer verdünnter Lösungen exakt. Bei den Reflexionsmessungen tritt an die Stelle der Transmittance die Reflectance ($R = I/I_0$). Die Kubelka-Munk-Funktion beschreibt den Zusammenhang zwischen Reflexionsvermögen, Absorptionskoeffizienten, Konzentration und Streukoeffizient $(1\text{-}R_\infty)^2/2 \cdot R_\infty = a \cdot c/s$. Sie glit jedoch streng nur für den Fall einer schwach absorbierenden Substanz in einer nicht absorbierenden Matrix bei unendlicher Schichtdicke. In der Praxis wird als Auswertegröße überwiegend log (1/R) verwendet.

Entgegen vertrautem spektroskopischem Brauch wird die Auswahl der Wellenlängen meist dem Rechner überlassen, da hierbei höhere Korrelationskoeffizienten für die Eichfunktion erzielt werden. Verschiedene Auswahlstrategien sind möglich. Idealerweise würden alle möglichen Wellenlängenkombinationen durchgerechnet, um dann die beste Eichfunktion auszuwählen. Aufgrund des hohen Rechenaufwandes ist dies jedoch nur bei einer begrenzten Anzahl von Datenpunkten, etwa bei Filtergeräten, praktikabel. In der Praxis bestimmt man oft zunächst die geeignetste Zweierkombination von Wellenlängen und fügt dann weitere Wellenlängen dieser Kombination zu. Mit zunehmender Zahl zugefügter Wellenlängen wird die Anpassung der Eichfunktion an die Referenzgröße immer besser, jedoch ist Vorsicht geboten, da die Robustheit der Methode schließlich abnimmt. Eine zu hohe Zahl von Wellenlängen wird nur noch das Rauschen der Meßwerte des Referenzprobendatensatzes in die Kalibrierung einrechen.

In jüngerer Zeit tritt neben die Verwendung von „lokalen" [31] (z.B. Reflectance bei einer bestimmten Wellenlänge) die Verwendung „globaler" aus dem Gesamtspektrum abgeleiteter Größen (Fourieranalyse, Hauptkomponentenanalyse (engl. principal components analysis), Analyse der partiellen kleinsten Quadrate (engl. partial least squares)).

Die Eichfunktion selbst wird durch multiple lineare Regression berechnet:

$$y = b_0 + b_1 x_1 + b_2 x_2 \cdots b_n x_n.$$

wobei y die Referenzgröße (z.B. Konzentration) darstellt, b_0 bis b_n die berechneten Regressionskoeffizienten und x_1 bis x_n die oben erwähnten lokalen oder globalen Auswertegrößen.

Letztlich kann nur die Validierung die Robustheit der Methode belegen. Dazu werden Proben bekannten Gehalts bestimmt und die NIR-Ergebnisse mit diesen Gehaltswerten verglichen.

Welche Einflüsse im Routinebetrieb die Kalibration dann dennoch zum scheitern bringen können, kann mit letzter Sicherheit nicht vorhergesagt werden. Auch eine Änderung des Herstellprozesses für ein Produkt kann ein solcher Einfluß sein. In besonderen Situationen kann ein solcher Einfluß sogar erwünscht sein, z.B. wenn die Weiterverarbeitbarkeit eines Zwischenproduktes vom Herstellprozeß abhängig ist. Ist ein solcher Einfluß unerwünscht, so wird man die Proben, die Anomalitäten hervorriefen, in eine neu zu erstellende Kalibrierung einbeziehen. Mit der Zeit wird diese dann immer robuster werden.

Diese Eigenschaft der NIR-Analyse, auf Einflüsse zu reagieren, die mit anderen Analysenmethoden nicht erfaßt werden, kann auch zu dem Versuch genutzt werden, Probeneigenschaften aufzuzeigen. So kann beispielsweise die Verpreßbarkeit von Tablettengranulaten mittels chemometrischer Verfahren mit dem NIR-Spektrum korreliert werden. Verständlicherweise ist bei solchen Verfahren die Validierung besonders kritisch.

Für den Bereich der pharmazeutischen Industrie besonders interessant ist der Einsatz der NIR-Spektroskopie für die Identitätskontrolle. Durch den Einsatz von Lichtleitern aus Quarz und entsprechender Reflexionsmeßköpfe zeichnet sich eine Methode ab, welche die 100%-ige Identitätskontrolle aller angelieferten Gebinde einer Charge auch für Hilfsstoffe ermöglicht.

Als chemometrische Verfahren, die eine Unterscheidung der verschiedenen Substanzen gewährleisten sollen, werden Diskriminanzanalyse und Korrelationsfunktionen eingesetzt. Die Diskriminanzanalyse liefert als Rechenmaß für die Entscheidung zur Zuordnung einer Probe zu einer Substanz die Mahalanobisdistanz, ein statistisches Abstandsmaß im mehrdimensionalen Raum. Korrelationsfunktionen liefern den Wert 1 bei völliger Übereinstimmung zwischen Probespektrum und Bibliotheksspektrum.

Ähnlich wie bei der quantitativen Analyse kann auch die Identitätskontrolle nach unterschiedlicher mathematischer Aufbereitung der Meßdaten erfolgen.

Beschrieben werden Verfahren, die sich auf „lokale" Daten stützen [32, 33] und in neuerer Zeit auch „globale" Methoden, die sich der Faktoranalyse bedienen [34, 35]. Der Diskriminanzanalyse nachgelagert wird in Systemen, die speziell den GMP-Belangen der pharmazeutischen Industrie Rechung tragen, der vollständige Vergleich des Probenspektrums mit dem gefundenen Referenzspektrum der Spektrenbibliothek. Eine Identifizierung durch das System gilt dann als sicher, wenn:

- das Abstandsmaß einen mehr order weniger empirisch festgelegten Toleranzwert nicht überschreitet
- die Differenz von Proben- und Referenzspektrum eine Toleranzwert nicht überschreitet
- die Materialnummer der Probe der Materialnummer der Referenzsubstanz entspricht

Wei bei der quantitativen Analyse, so bleibt auch bei der qualitativen Analyse die Wahl von Wellenlängen und erst recht die Berechnung von Faktoren einem Rechner überlassen. Der Analytiker kann das Ergebnis lediglich mit der Zahl der einzubeziehenden Wellenlängen bzw. Faktoren beeinflussen. Die Kriterien bleiben daher in gewissem Sinn abstrakt. Letzlich liefert auch hier die Validierung mittels „unbekannter" Validierungsproben ein Maß für die Robustheit der Diskriminierungsfunktion. Dabei gewinnt man insbesondere ein Gefühl dafür, wie gut sich „unbekannte" Proben den Substanzgruppen zuordnen lassen. Nicht sicher vorhersehbar ist auch hier, ob ein anderes Herstellungsverfahren die Zuordung zur richtigen chemischen Spezies verhindern wird. Wie schon bei der quantitativen Analyse vermerkt, kann es jedoch durchaus erwünscht sein, solche nicht chemisch begründeten Unterschiede zu erkennen. Das Risiko einer falschen Identifizierung, d.h. die Zuordung einer nicht im Referenzprobensatz enthaltenen Substanz zu einer Substanz aus dem Referenzprobensatz, läßt sich nich sicher vorhersagen. Obwohl praktische Erfahrungen mit der NIR-Spektroskopie gezeigt haben, daß diese für die Charakterisierung mancher Klassen von Ausgangsstoffen anscheinend besser geeignet ist als konventionelle Methoden [36], wird sicher noch eine gewisse Zeit vergehen, bis dem NIR hier dasselbe Vertrauen entgegengebracht wird wie dem MIR.

3.3 UV-Spektroskopie (UV-Vis)

Die UV-Spektroskopie [37] ist eine empfindliche, schnelle und gut automatisierbare Analysenmethode. Sie wird für Gehalts- und Reinheitsbestimmungen, sowie unterstützend zu anderen Methoden, als Identitätsnachweis eingesetzt [38]. Ihre Selektivität ist jedoch geringer als die der bereits beschriebenen chromatographischen Verfahren. Ihr Schwerpunkt liegt daher in der Bestimmung einzelner Verbindungen. Obwohl moderne mathematische Algorithmen der Multikomponenetenanalyse [39] der klassischen 2 Wellenlängenmessung überlegen sind, müssen Stoffgemische in der Regel vor der Messung getrennt

Tabelle 9. UV-Vis-Spektroskopie

typische Anwendungen	quantitative Bestimmungen des Gehalts von Wirkstoffen und wirksamen Bestandteilen, Reinheitsprüfung, unterstützend zur Identitätsprüfung
typische Analyte	organische und anorganische Substanzen mit entspr. Chromophoren
Detektion	Absorption elektromagnetischer Strahlung im Bereich von (190) 200 nm–800 nm
typische Analysenzeiten	Einzelanalyse einer Einzelkomponente ca. 15–30 Minuten, jede zusätzliche gleichartige Analyse einer Serie ca. 10 Minuten
Probenvorbereitung	Lösen oder Verdünnen der Proben in geeignetem Lösungsmittel
Eichung	gegen Vergleichssubstanz oder durch Vergleich mit den Literaturwerten
Messdauer	wenige Sekunden bei fixer Wellenlänge bis 2 Minuten bei Spektrenaufnahme mit Gittergeräten
Geräte	UV-Gerät aus Lichtquelle, Probenraum, optischem System mit Monochromator (Gittergerät), Detektor, evtl. Bildschirm, Schreiber oder Plotter: 18–80 TDM
Autosampler	ca. 10 TDM
typischer Konzentrationsbereich	(0,05-) 1–200 µg/ml

werden. Nur in seltenen Fällen sind die UV-Spektren in Arzneistoff- und Hilfsstoffgemischen so verschieden, daß eine direkte spezifische Bestimmung im Stoffgemisch ermöglicht wird. Benutzt man anstelle der UV-Spektren deren erste Ableitung, so verbessert sich die Selektivität auf Kosten der Reproduzierbarkeit. In die Spektren der ersten Ableitung gehen zudem Geräteparameter wie die spektrale Bandbreite stärker ein als in die der Orginalspektren. Die Übertragbarkeit von einem Gerät auf andere ist erschwert. Diese Derivativspektroskopie findet in der routinemäßigen pharmazeutischen Qualitätskontrolle nur selten Anwendung.

Häufig angewendet wird die UV-Vis-Spektroskopie im Bereich der Wareneingangskontrolle von Substanzen.

Ein Beispiel einer Reinheitbestimmung ist die Bestimmung von Benzol in aliphatischen Verbindungen, wie z.B. in Benzin nach DAB 10 oder in Polyacrylsäure. Während gesättigte aliphatische Kohlenwasserstoffe im UV-Bereich langwelliger als 200 nm kein Absorptionsmaximum zeigen, besitzt Benzol einen $\pi - \pi^*$-Übergang mit feinstrukturierter Bande geringer Intensität bei 254 nm. DAB 9 läßt die Absorption einer 5-prozentigen Benzin-Lösung in Cyclohexan gegen eine 0,025-prozentige Benzol-Lösung bei der Nebenbande bei 261 nm bestimmen. Durch den direkten Vergleich wird der Geräteeinfluß, der sich bei der scharfen Bande bemerkbar macht, reduziert. Verwendet man für die Bestimmung stets das gleiche Gerät mit identischer Geräteeinstellung, so kann man auf die Vergleichs-Lösung verzichten und stattdessen für die Absorption ein oberes Limit setzen. Erst in der Nähe des Toleranzwertes wird man zur Absicherung gegen eine frische Vergleichslösung messen.

Der bei der Benzolbestimmung in Polyacrylsäure entstehende lipophile Extrakt besitzt im Gegensatz zu Benzin eine deutliche Eigenabsorption mit einer

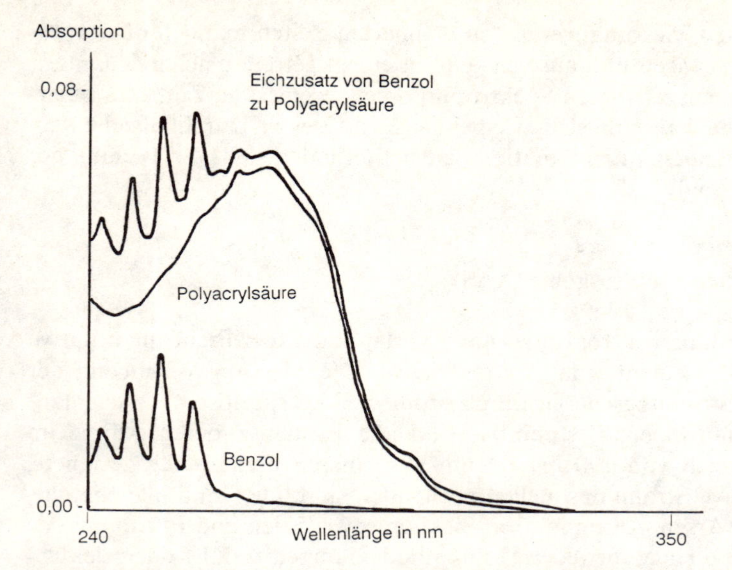

Abb. 15. Reinheitsbestimmung mittels UV-Vis-Spektroskopie: unteres Spektrum: 10 µg Benzol/ml 2,2,4-Trimethylpentan; mittleres Spektrum: Extrakt von 5 g Probe in 50 ml 2,2,4-Trimethylpentan; oberes Spektrum: Extrakt mit Zusatz von Benzol entsprechend 100 ppm bezogen auf die Probe; 1 cm Quarzküvette)

breiten Bande bei 270 nm, auf deren Flanke sich die Benzolabsorption mit der charakteristischen Feinstruktur aufaddiert. Bei Verwendung eines registrierenden UV-Spektralphotometers bestimmt man die Benzolverunreinigung besser, abweichend von der Arzneibuchmonographie, als Absorptionsdifferenz des Peakmaximum bei 254 nm und einer Basislinie, welche die lokalen Absorptionsminima bei 250 und 257 nm verbindet (Abb. 15). Die Nachweisgrenze dieser Methode liegt bei etwa 25 ppm; die DAB 9 Monographie ließ 0,2% zu

Auch als halbspezifische Reinheitsbestimmung wird die UV-Spektroskopie eingesetzt. So limitiert Ph.Eur.II den Gehalt an „Proteinen und Licht-absorbierenden Substanzen" in Lactose durch Setzen oberer Limite für die Absorptionen zwischen 210 und 220 nm (Amid-Bindung) und zwischen 270 und 330 nm (aromatische Aminosäuren).

Eine große Bedeutung besitzt die UV-Vis-Spektroskopie häufig für die Qualitätskontrolle fester Arzeiformen. Während Gehalt und Zersetzung an einem Mischmuster aus z.B. 20 Dragees mit HPLC bestimmt werden, wird zur Bestimmung der Gleichförmigkeit des Gehalts (content uniformity) der einzelnen Tabletten, Dragees order Kapseln häufig die UV-Spektroskopie eingesetzt.

Auch für die Bestimmung der Auflösegeschwindigkeit schwerlöslicher Arzneistoffe, als in vitro Maß der Bioverfügbarkeit und des Freisetzungsprofils retardierter Arzneiformen wird die UV-Spektroskopie häufig eingesetzt. In beiden Fällen kann die Messung diskontinuierlich oder kontinuierlich erfolgen. Bei der diskontinuierlichen Messung werden zu definierten Zeiten manuell oder automatisch Proben gezogen und anschließend in einem getrennt stehenden, meist mit Autosampler ausgerüsteten Spektrophotometer gemessen. Zur kontinuierlichen Messung bedient man sich, wie bei der HPLC, einer Durchflußzelle.

Gewissermaßen eine Kombination beider Methoden stellt die Technik der „flow injection"-Analyse dar.

3.4 Atomabsorptionsspektroskopie (AAS)

Die Atomabsorptionsspektroskopie [40, 41] erlaubt die spezifische quantitative Bestimmung von Elementen im Spurenbereich. Die Messung beruht auf der Absorption von Strahlungsenergie durch Atome auf den spezifischen Wellenlängen ihrer Resonanzlinien. Bestimmbar sind alle Elemente, deren Atome im Wellenlängenbereich von 190 bis 800 nm absorbieren und für die geeignete, genügend intensive Strahlungsquellen vorhanden sind. Dies sind alle Metalle, Halbmetalle wie Arsen, Antimon, Bor, Silicium sowie Selen und Phosphor. Als Strahlungsquelle dienen entweder Hohlkathodenlampen (HKL) oder elektrodenlose Entladungslampen (EDL). Mit Ausnahme weniger Multielement-Hohlkathodenlampen ist für jedes Element eine eigene Strahlungsquelle nötig. Aus dem Linienspektrum der Strahlungsquellen wird mittels eines Monochromators eine für die Messung geeignete Wellenlänge ausgeblendet. Die Anforderungen an den Monochromator sind geringer als bei den für gleiche Analysenzwecke verwendeten konkurrierenden atomspektroskopischen Emissionsmessungen wie der Flammenphotometrie (FES, Flammenemission) oder der Plasmaemission (ICP, inductively-coupled plasma; MIP, microwave-induced plasma). Die Wahl der Wellenlänge gestattet eine Anpassung an die analytische Aufgabe in Hinblick

Tabelle 10. Atomabsorptionsspektroskopie

typische Anwendungen	„Metall"-Rückstandsanalytik in Ausgangsstoffen und Arzneiformen Kationengehalt von Infusionslösungen
typische Analyte	Alkali-, Erdalkali- und Schwermetallionen
Detektion	UV-Vis
typische Analysenzeiten	Quantitative Einzelanalyse inkl. Eichung: 30 Minuten bis 4 Stunden quantitative Serienanalyse: 5 Minuten bis 3 Stunden
Probenvorbereitung	Lösen oder Extrahieren der Probe, Verdünnen, evtl. Aufschließen bzw. Veraschen der Probe
Eichung	gegen Referenzsubstanz
Messdauer	Einzelmessung zwischen 2 Sekunden (Flammenaas) und 5 Minuten (Graphitrohr)
Geräte	AAS-Gerät aus Brenner bzw. Graphitrohr und Spektrophotometer: 60–150 TDM Autosampler ca. 10 TDM Gasversorgung 3–10 TDM
typischer Konzentrationsbereich	1–100 ng/ml (Flammen-AAS) 0,01–10 ng/ml (Graphitrohr-AAS) 0,01–10 ng/ml (Quecksilber/Hydrid-System)

auf die gewünschte Empfindlichkeit der Messung (Steigung der Eichgeraden, Nachweisgrenze).

Je nach Element und/oder Konzentrationsbereich kommen verschiedene Atomisierungsverfahren zur Anwendung:
- Flammen-AAS
- Elektrothermische, flammenlose Verfahren (Graphitrohrofen)
- Quecksilberdampf-Technik

Bei der *Flammen-AAS* wird die zu einem Aerosol zerstäubte zu analysierende Lösung in einer Mischkammer mit den Brenngasen gemischt und dann in einen metallischen Schlitzbrenner eingebracht. Gebräuchlich sind Brenner mit 5 oder 10 cm Breite. Liegen die zu bestimmenden Elemente in hoher Konzentration vor, so kann der Brennerkopf auch quer in den Strahlengang eingebracht werden. Die Absorption wird entsprechend geringer und der Analytiker erspart sich Verdünnungsschritte, der Einfluß eines potentiellen Blindwertes wird herabgesenkt. Art und Mischung von Brenngas und Oxidans bestimmen die Flammentemperatur. Für Elemente, deren Verbindungen leicht in die Atome zerlegbar sind, genügen „kühlere" Flammen, z.B. Acetylen/Luft, für schwer zerlegbare Verbindungen benutzt man heißere Flammen (Acetylen/Lachgas). Die Flammen-AAS ist die schnellste Atomabsorptionstechnik; die Messung erfordert lediglich 3 bis 10 Sekunden. Da während der Probenmessung konstante Lösungsvolumina angesaugt werden, sind die Absorptionen in der Flammen-AAS über die Meßzeit, bis auf statistische Schwankungen, konstant. Da nur ein kleiner Bruchteil der angesaugten Lösung in die Flamme gelangt und die dort entstehenden Atome durch die Flammenströmung rasch durch den Lichtweg transportiert werden, sind die Nachweisgrenzen in der Flammen-AAS höher als bei den anderen AAS-Techniken.

Tabelle 11. Nachweisgrenze in µg/l ausgewählter Elemente in der Atomabsorptionsspektroskopie

Element	Flammen-AAS	Graphitrohr-AAS	Hg/Hydrid-AAS
Antimon	30	0,1	0,2
Arsen	100	0,2	0,02
Barium	8	0,1	
Blei	10	0,05	
Bor	700	20	
Cadmium	0,5	0,003	
Calcium	1	0,05	
Eisen	3	0,02	
Kalium	2	0,02	
Kupfer	1	0,02	
Magnesium	0,1	0,004	
Natrium	0,2	0,05	
Phosphor	50000	30	
Quecksilber	200	1	0,008 (Amalgamtechnik)
Zink	300	0,8	

Auszug aus: The guide to techniques and applications of atomic spectroscopy, Perkin Elmer Corp., Norwalk, USA, 1988

Durch Anwendung des Prinzips der Fließinjektionsanalyse (engl flow injection analysis, FIA) läßt sich die Probenzufuhr auch in der Flammenatomabsorptionsspektroskopie automatisieren und der Probendurchsatz entsprechend erhöhen. Gleichzeitig wird der Verbrauch an Probelösung bis hinab zu 400 µl verringert. Zudem soll die Flamme stabiler sein, weil nach der Probelösung stets automatisch mit der FI-Trägerlösung gespült wird. Ein Ansaugen von Luft, wie bei manuellem Wechsel der angesaugten Lösungen entfällt.

Die *Graphitrohrofen-AAS*, auch elektrothermische AAS genannt, ist je nach Element µm 20–1000 mal empfindlicher als die Flammen-AAS. Dabei werden einige Mikroliter, meist 10–100 µl, der zu bestimmenden Lösung in ein Graphitrohr von etwa 5 cm Länge und 1 cm Durchmesser dosiert. Anschließend wird das Rohr einem meist mehrstufigen vordefinierten Temperaturprogramm unterworfen, indem man Strom durch das Graphitrohr hindurchleitet. In einer ersten Stufe wird die Lösung so vorsichtig eingedampft, daß sie nicht verspritzt. In einer zweiten Stufe werden organische Verbindungen zersetzt. Im günstigen Fall können in einer dritten Stufe bei weiter erhöhter Temperatur störende, aber flüchtigere anorganische Bestandteile der Probe verdampft werden. Schließlich bildet sich bei noch weiter erhöhter Temperatur die atomare Dampfwolke des zu bestimmenden Elements. Eventuell schließt sich ein letzter Temperaturschritt an, um Rückstände der Probe aus dem Graphitrohr zu entfernen (siehe auch Abb. 16, Einblendung oben rechts).

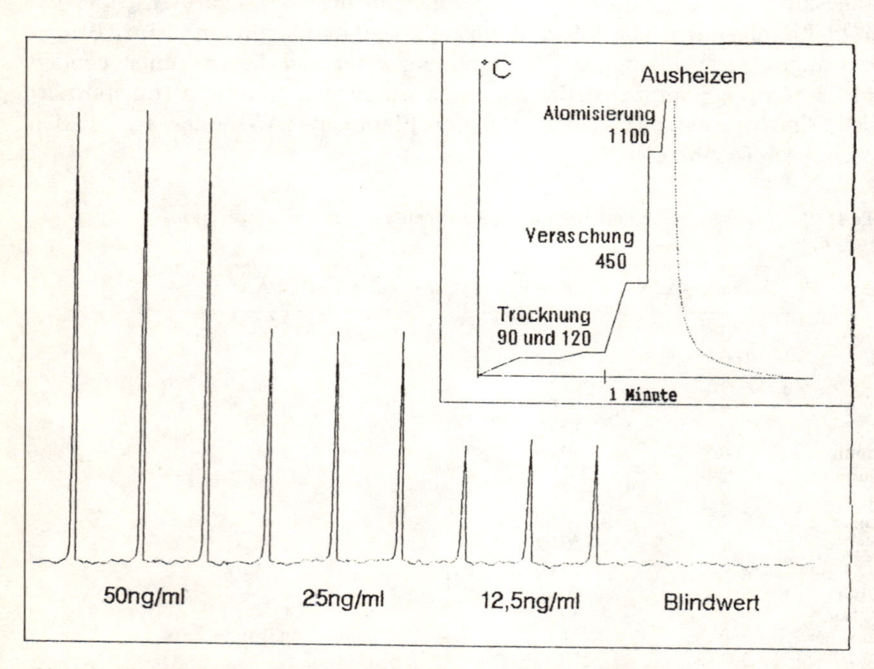

Abb. 16. Aufzeichnung des untergrundkompensierten Graphitrohr-AAS-signals bei der Bestimmung von Blei in Glucose. Oben rechts ist das zugehörige Temperaturprogramm eingeblendet (Probendosierung 10 µl einer 8% igen-Glucoselösung)

Das Graphitrohr wird meist während des gesamten Temperaturprogramms mit Edelgas gespült, um einerseits das Graphitrohr vor dem Verbrennen zu schützen und andererseits die verdampften Probenbestandteile zu entfernen. Soll die Bestimmung dagegen mit der höchstmöglichen Empfindlichkeit erfolgen, so kann der Spülgasfluß während der Atomisierung des zu analysierenden Elements verringert oder vorübergehend ganz abgestellt werden, um eine möglichst konzentrierte Atomwolke zu erhalten. Dem gleichen Zweck dient ein möglichst rasches Aufheizen des Graphitrohres während des Atomisierungsschrittes. Ein typischer Meßzyklus von der Probendosierung über die Atomisierung mit hellrotglühendem Graphitrohr und nachfolgender Abkühlung dauert etwa 2–3 Minuten. Bestimmungen mit dem Graphitrohrofen dauern also deutlich länger als Messungen mit der Flamme. Die Meßsignale in der flammenlosen AAS sind peakförmig und werden über Peakhöhe oder Peakfläche ausgewertet (s. Abb. 16).

Der Austausch der Graphitrohre gegen solche aus pyrolytischem Kohlenstoff, der Einsatz sogenannter L'vov Plattformen in die Graphitrohre und verschiedene Matrixmodifier, die der Analysenlösung zugesetzt werden, erlauben, in Verbindung mit der Wahl des Temperaturprogramms, die Bestimmung in vielfältiger Weise der Probe anzupassen.

Die Eindosierung der Probe in das Graphitrohr erfolgt meist über einen Probengeber, sodaß die AAS mit Graphitrohr seit langem das automatische Abarbeiten von Probensequenzen erlaubt.

Quecksilberverbindungen werden nach Reduktion mit Natriumborhydrid oder Zinn-II-chlorid zu metallischem Quecksilber gemessen. Je nach Reagenz und Arbeitstechnik spült der während der Reaktion entstehende Wasserstoff und/oder ein Trägergas (Argon) den Quecksilberdampf aus dem Reaktionsgefäß in eine Quarzküvette, die sich im Strahlengang des Photometers befindet. Auch hier sind die Signale peakförmig.

Beim *Hydridverfahren* benutzt man die Reaktion von Arsen mit Natriumborhydrid, um Arsenwasserstoff zu erzeugen. Dieser wird in der in diesem Fall auf 900° erhitzten Quarzküvette atomisiert. Analog werden Antimon, Selen und Zinn bestimmt.

Obwohl das Lambert-Beer'sche Gesetz im Prinzip auch für die Atomabsorptionsspektroskopie gilt, werden alle atomabsorptionsspektroskopischen Bestimmungen als relative Messungen durchgeführt. Als Eichmethode beschreibt DAB 10 eine Eichung gegen Eichgerade und die Standardzumischmethode. Letztere wird eingesetzt, wenn Matrixeinflüsse zu einer gegenüber der Eichgerade veränderten Empfindlichkeit führen. Abbildung 17 gibt den Verlauf der Eichgeraden von Blei in Wasser (obere Gerade) und in einer 8%-igen Glucoselösung wieder. In beiden Fällen werden 10 µl Probelösung in den Graphitrohrofen dosiert.

Die Matrixeffekte können dabei sowohl chemischer wie physikalischer Natur sein. In der Flammen-AAS führt bereits die Änderung der Lösungsviskosität oder Oberflächenspannung zu unterschiedlichen Ansaugraten und unterschiedlicher Aerosolbildung und somit zu signifikanten Signalunterschieden. In der Graphitrohr-AAS kann die Atomisierung des zu bestimmenden Elements durch

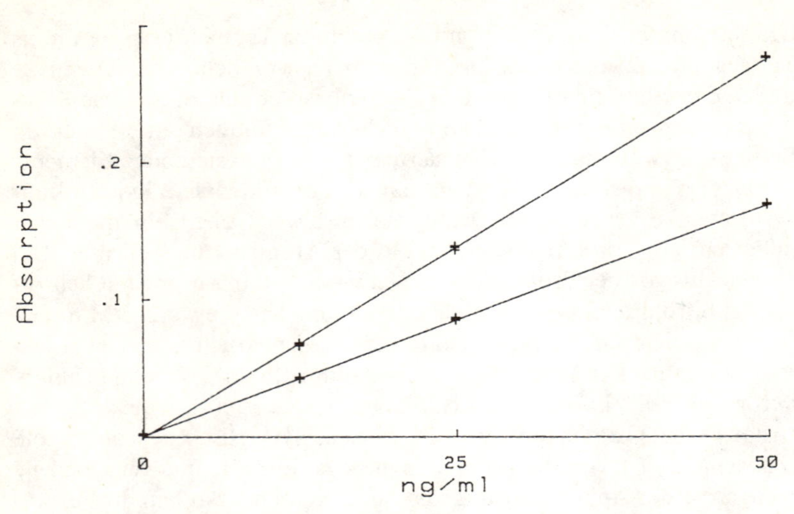

Abb. 17. Signalunterdrückung in der Graphitrohr-AAS durch die Probenmatrix. Obere Kurve: Eichgerade von Blei in Wasser; untere Kurve: Eichgerade von Blei in 8%-iger Glucoselösung)

Einschluß in eine Matrix physikalisch beeinträchtigt werden. Auch chemische Interferenzen können das Meßsignal vergrößern oder verkleinern. In der Flammen-AAS kennt man die Bildung schwerschmelz- oder -verdampfbarer Salze und nicht vollständig dissoziierender Moleküle, die zu einem verminderten Meßsignal führen. Dieser Interferenz kann man chemisch, z.B. durch Zusatz von Komplexbildnern oder überschüssigen Kationen, die mit dem störenden Anion noch schwerer lösliche Salze bilden, oder thermisch, durch Erhöhung der Flammentemperatur, begegnen. Allerdings wird die Erhöhung der Flammentemperatur, z.B. durch Wechsel von Luft/Acetylen auf Lachgas/Acetylen, vielfach zu einer verstärkten Ionisations-Interferenz führen. So erhöht sich beispielsweise die Ionisation von Calcium von 3 auf 43%. Die ionisierten Atome haben eine veränderte Elektronenhülle und damit ein völlig unterschiedliches Absorptionsspektrum, sie sind der Messung entzogen. Die Ionisation kann man durch Bildung eines großen Elektronenüberschusses, der bei Zusatz besonders leicht ionisierbarer Elemente wie Kalium oder Caesium zur Probelösung in der Flamme entsteht, zurückdrängen. Je geringer das Ionisierungspotential des zu bestimmenden Elementes ist, desto mehr Ionisierungsmodifier muß zugesetzt werden (0,2 bis 10g/1). Dieser Modifier erhöht nicht nur das Meßsignal, sondern verbessert auch die Signalstabilität, denn in den unterschiedlichen Flammenzonen herrschen verschiedene Temperaturen, und somit liegen auch unterschiedliche Ionisierungsgrade vor. Ohne Modifier muß das unvermeidliche geringe Flackern der Flamme also eine größere Meßwertstreuung hervorrufen. Bei den Alkalimetallen ist die Ionisation bereits in der Luft/Acetylenflamme beachtlich (Na 22%, K 30%, Cs 85%). In der Graphitrohrküvette scheinen Ionisierungsinterferenzen nicht aufzutreten. In der Graphitrohrofen-AAS benutzt man Matrixmodifier, die ein vorzeitiges Verdampfen des zu bestimmenden Elementes verhindern oder die Entfernung unerwünschter Matrix möglichst fördern sollen, z.B. den Zusatz von Ammoniumphosphat, um bei Bleibestimmungen das schwererflüchtige Bleiphosphat zu bilden. Damit läßt sich die thermische Vorbehandlung der Probe vor der Atomisierung intensivieren und somit die unspezifische Absorption während der Atomisierung vermindern.

Neben den zu bestimmenden Atomen absorbieren auch die Matrixbestandteile das von der Strahlenquelle emitierte Licht. Diese unspezifische Untergrundabsorption wird durch Lichtstreuung an festen und flüssigen Teilchen und durch Absorption durch Moleküle hervorgerufen. Wird sie nicht kompensiert, so werden zu hohe Meßwerte gefunden. Zur Kompensation stehen 2 Gerätetechniken zur Verfügung:

- Kompensation durch Kontinuumstrahler
- Kompensation durch den Zeeman Effekt.

Bei der Untergrundkorrektur mit einem Kontinuumstrahler wird abwechselnd das Licht der elementspezifischen Hohlkathodenlampe und einer strahlungsleistungsmäßig darauf abgestimmten Deuteriumlampe (UV-Bereich) oder Halogenlampe (Vis-Bereich) in den Strahlengang eingeblendet und gemessen. Die Differenz aus Hohlkathodenlampensignal minus Kontinuummeßsignal ergibt die spezifische Elementabsorption. Mit dieser Technik können Untergrundabsorptionen bis etwa 0,8 kompensiert werden, wenn die Signale nicht zu schnell sind. Abbildung 18 zeigt, wie bei der Bleibestimmung in Glucose aus der Kurve der Gesamtabsorption (AA + BG für Atomic Absorption + Background) nach Untergrundkompensation und Verstärkung das elementspezifische Signal isoliert werden kann.

Die Zeeman-Untergrundkompensation beruht auf der Aufspaltung der spezifischen Resonanzlinien in Strahlungsquelle oder Probe in unter Einfluß eines Magnetfeldes 2 verschieden polarisierte Anteile. Die Mehrzahl der Elemente zeigt einen anomalen, die Minderheit den einfacheren, normalen Zeeman-Effekt. Beim normalen Zeeman-Effekt verbleibt ein polarisierter Anteil auf der Wellenlänge der ursprünglichen Spektral-Linie, während links und rechts davon zwei senkrecht dazu polarisierte Linien auftreten.

Für die Implementierung des Zeeman-Effektes in die Geräte bestehen verschiedene Möglichkeiten. Der derzeit günstigste scheint die Applikation eines magnetischen Wechselfeldes an der Probenküvette zu sein. Während das Feld anliegt, wird nur die unspezifische Absorption gemessen, da die spezifische polarisierte Komponente auf der Spektrallinie mit dem Analysator ausgeblendet wird. Im magnetfeldfreien Zustand wird die Summe aus spezifischer und Untergrundabsorption gemessen. Die Differenz ergibt das gewünschte Signal. Die Zeeman-Kompensation arbeitet bis ca. 2 Absorptionseinheiten und kann auch strukturierte Untergrundabsorptionen ausgleichen. Diese strukturierten Untergrundabsorptionen sind jedoch selten. Mittels Zeeman-kompensierter AAS können Proben mit hohem Untergrund gemessen werden, die mit Kontinuumstrahler nicht mehr meßbar wären (biologische Proben, leicht verdampfbare Elemente in Gegenwart hoher Alkalisalzkonzentrationen). Zeeman-kompen-

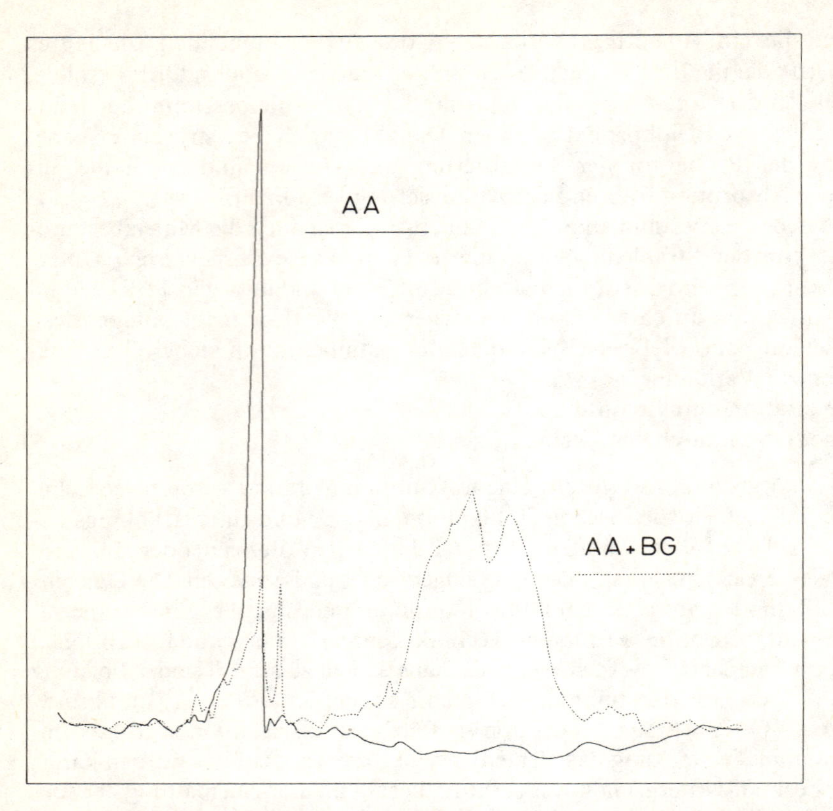

Abb. 18. Zeitaufgelöste Darstellung der Gesamtabsorption (AA + BG, gepunktete Kurve) und der mittels Untergrundkompensation (Kontinuumstrahler) daraus extrahierten spezifischen Atomabsorption (AA, durchgezogene Kurve, gespreizt)

sierte AAS-Geräte sind, je nach Bauprinzip in unterschiedlichem Ausmaß, weniger empfindlich als Kontinuum-kompensierte. Zu beachten ist auch die Möglichkeit eines Überrollens der Eichkurve, d.h., bei weiter steigender Konzentration nimmt die Absorption wieder ab. Die Eichkurve wird in solchen Fällen zweideutig, denn einer Absorption sind eine niedrige und eine sehr hohe Konzentration zugeordnet. Dieses Überollen tritt jedoch meist erst bei Konzentrationen auf, die ohnehin ein Verdünnen ratsam erscheinen lassen.

Im Rahmen der pharmazeutischen Qualitätskontrolle wird die Atomabsorption zur Gehaltsbestimmung von Infusionslösungen und zur Reinheitsbestimmung in Ausgangsstoffen inklusive Packmitteln eingesetzt. Verglichen mit den in den Arzneibüchern beschriebenen naßchemischen Grenztests, wie etwa der Schwermetallfällung als Sulfid, der Bariumfällung als Sulfat oder verschiedenen Farbreaktionen, ist der Aufwand recht hoch. Die Atomabsorption wird daher dann eingesetzt, wenn diese Methoden zu unspezifisch, zu unempfindlich oder zu ungenau sind, oder wenn sie gestört werden.

Anwendungsbeispiele finden sich im DAB 10 bei der Reinheitsbestimmung von Material für Behältnisse und der Zinkbestimmung in Insulin (s. Tabelle 12).

Tabelle 12

Monographie/Material	bestimmtes Element	Methode	zulässiger Grenzwert
PVC für Behältnisse	Cadmium	Luft-Acetylen-Flamme	0,6 ppm
	Calcium	Luft-Acetylen-Flamme	0,07%
(Barium, Zinn, Schwermetalle und Zink werden naßchemisch bestimmt)			
HDPE für Behältnisse Parenteralia	Chrom	Luft-Acetylen-Flamme	0,05 ppm
	Vanadium	Acetylen-Distickstoffmonoxid	10 ppm
	Zirkonium	Acetylen-Distickstoffmonoxid	100 ppm
Insulin	Zink	Luft-Acetylen-Flamme	0,6%

3.5 Massenspektrometrie (MS)

Unter Massenspektrometrie versteht man die Auftrennung von Ionen nach ihrem Quotienten von Masse zu Ladung und Registrierung der relativen Intensitäten dieser Teilchen. Je nach Ionisationsmethode variieren die enstehenden geladenen Teilchen und somit das Erscheinungsbild des Massenspektrums. Der Anwendungsschwerpunkt für die Massenspektrometrie in einem pharmazeutischen Industriebetrieb liegt in der Strukturbestätigung/-aufklärung neu synthetisierter Substanzen, von Neben- und Zersetzungsprodukten sowie in der Metabolitenaufklärung. Gegenüber der NMR-Spektroskopie zeichnet die Massenspektrometrie dabei besonders der geringe Substanzbedarf im Mikrogrammbereich aus. In der Routineanalytik der Qualitätskontrollabteilungen pharmazeutischer Firmen wird sie als eigenständige Methode kaum Anwendung finden. Sie ist auch weder in der europäischen (Ph. Eur. II) noch in der japanischen Pharmakopoe aufgeführt. Beschrieben wird sie lediglich im amerikanischen Arzneibuch (USP XXII). In der Qualitätskontrolle wird man nur kleinere Quadrupolgeräte oder Ion-Trap-Massenspektrometer finden, die in der Regel als Detektoren für die Gaschromatographie, künftig vielleicht auch für die HPLC, eingesetzt werden. Als Ionisationsmethode benutzen diese Geräte die Elektronenstoß-Ionisation manche können auch mit chemischer Ionisation arbeiten.

In der Qualitätskontrolle wird man selten mit diesen Geräten echte Strukturaufklärung betreiben. Dagegen sind folgende Aufgaben gängige Verfahren:
- Nachweis der Selektivität eines chromatographischen Verfahrens durch Aufnahme von Massenspektren an Peakanfang, -mitte und -ende
- Identifizierung von bislang nicht im Produkt aufgetretener Verunreinigungen, die sich als unbekannte Begleitpeaks in Chromatogrammen zeigen
- Selektive Messung bei chromatographisch nicht vollständig auftrennbaren Verbindungen
- Vorarbeiten für die Strukturaufklärung.

Bei den bislang unbekannten Verbindungen, erbringt der Einsatz eines Massenspektrometers als Detektor in erster Linie eine bedeutende Zeitersparnis.

Handelt es sich z.B. um unbekannte flüchtige Bestandteile, die üblicherweise im Head-space Gaschromatogramm nicht auftreten, so erspart das Massenspektrometer eine Suche anhand von Retentionsindices und Trennung auf einer zweiten, genügend unterschiedlichen Trennsäule. Die heute gebräuchlichen GC-MS-Kopplungen beinhalten in aller Regel die Möglichkeit, die registrierten eigenen Spektren automatisch gegen mitgelieferte Spektrenbibliotheken auszuwerten. Gerade die Identifizierung von Lösungsmitteln gelingt damit einfach (s. Abb. 19). Eine Interpretation der Massenspektren ist in diesen Fällen unnötig. Für die Quantifizierung der Verunreinigung oder um letzte Sicherheit zu gewinnen, wird man die so identifizierte Verunreinigung der Probe zumischen.

Bei Wirkstoffen aus eigener Forschung sind mögliche Neben- und Zersetzungsprodukte meist aus der Präparateentwicklung bekannt und auch Massenspektren aus der Forschungsanalytik vorrätig. Bei altbekannten Wirkstoffen sind sie teilweise aus der Literatur zugänglich. Die Neben- und Zersetzungsprodukte selbst sind teilweise instabil oder schlecht synthetisierbar, so daß sie nicht in allen Fällen als Vergleichssubstanz vorrätig sind. In diesen Fällen erlaubt die Massenspektrometrie ihre Identifizierung durch Spektrenvergleich, wobei auch hier keine Spektreninterpretation nötig ist, wohl aber Unterschiede in der massenspektroskopischen Aufnahmetechnik bedacht werden müssen. Auch die Absicherung des Syntheseweges über die Identifizierung der Nebenprodukte oder Reste der Ausgangsmaterialien wird mittels gekoppelter chromatographisch-massen-

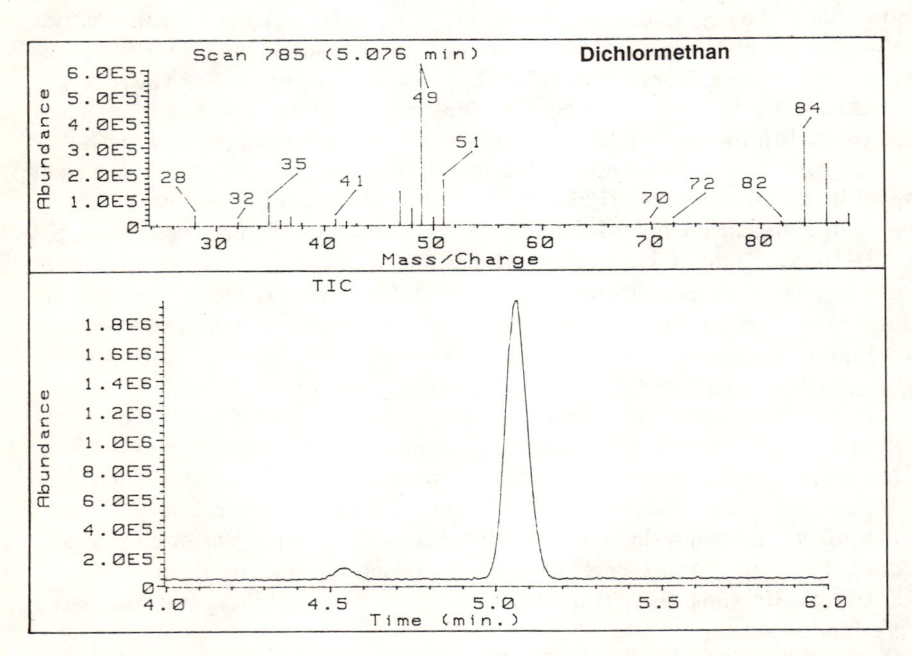

Abb. 19. Rasche Identifizierung eines Restlösemittels mittels Gaschromatographie-Massenspektroskopie. Oben: Massenspektrum des Peaks bei 5,1 min (Dichlormethan); unten: Gesamtionenstromchromatogramm)

spektrometrischer Methoden wesentlich erleichtert. Dies gewinnt angesichts der sich entwickelnden behördlichen Forderung nach Festlegung des Syntheseweges auch bei zugekauften Wirkstoffen im Rahmen der Arzneimittelzulassung an Bedeutung. Da pharmazeutische Wirkstoffe in der Regel mittels HPLC untersucht werden, entwickelt sich hier ein Bedarf an HPLC-MS-Kopplungen.

Die Möglichkeit, mittels Massenfragmentographie, auch als Selected Ion Monitoring bezeichnet, selektiv auch dann zu messen, wenn die chromatographische Trennung nicht gelingt, hat Bedeutung für komplizierte Proben mit vielen chemischen Komponenten, wie z.B. Pflanzenextrakte, Erdöldestillate oder Steinkohlenteer. In Kenntnis des Massenspektrums der zu bestimmenden Komponente kann man ein oder mehrere geeignete Fragmente auswählen, die in den nicht aufgelösten Begleitpeaks nicht enthalten sind. Aus einem Chromatogramm mit vielen überlappenden Peaks kann so ein einfaches Chromatogramm werden, des nur Basislinientrennungen zeigt.

Durch die lange Registrierung ausgewähler Massen ist die Massenfragmentographie wesentlich empfindlicher als die Massenchromatographie, bei der aus der Gesamtheit der registrierten Spektren nachträglich die gewünschten Massen ausgewählt werden. Die Massenfragmentographie reicht in günstigen Fällen, bei denen intensive, selektive Fragmente ausgewählt werden können, bis in den Picogrammbereich hinein und hat daher hohe Bedeutung in der Spurenanalyse. Diese Eigenschaft wird in der Arzeimittelentwicklung bei der Messung von Blutspiegelkurven ausgenutzt, kann jedoch auch bei der Bestimmung der Wirkstoff-Freisetzung niedrigstdosierter Arzneimittel aus Depotarzneimitteln oder der Rückstandsanalytik bei pflanzlichen Arzneimitteln interessant sein.

Sinnvoll ist auch, eine Strukturaufklärung auf einem System mit kleinerem Massenspektrometer vorzubereiten, indem die Methode der Probenvorbereitung und die chromatographische Trennung auf diesem System entwickelt werden. Ist diese Entwicklung abgeschlossen, so kann dann auf ein leistungsfähigeres Massenspektrometer mit höherer Auflösung oder zusätzlichen Ionisierungsmethoden gewechselt werden.

4. Titrationen [Elektrometrische Methoden]

Trotz moderner spektroskopischer und chromatographischer Analysenmethoden sind Titrationen in der pharmazeutischen Analytik unverzichtbar. Der Schwerpunkt der Anwendung liegt im Bereich der Analytik der Ausgangsmaterialien. Nach wie vor sind Titrationen in diesem Bereich die meistgebrauchten Gehaltsbestimmungsmethoden der Arzneibübücher (Beispiele s. weiter unten), damit sind sie auch für die Industrie der offizinelle Standard. Die vergleichsweise geringe Spezifität von Titrationen fällt bei den für pharmazeutische Anwendungen hochreinen Ausgangsmaterialien weniger ins Gewicht, wenn man bedenkt, daß die Ergebnisse der Titration nur im Zusammenhang mit Identitäts- und Reinheitsprüfung Bedeutung erlangen. Im Mosaik der Einzelprüfpunkte einer Substanzprüfung liefert die Bestimmung des Substanzgehalts mittels Titration den Schlußstein. Von entscheidender Bedeutung ist, daß Titrationen, im Gegensatz zu allen chromatographischen Verfahren, in der Regel keiner Referenzsubstanz bedürfen, die mit der zu bestimmenden Substanz chemisch identisch sein muß. Die Maßlösung wird gegen unabhängige, leicht zugängliche, preiswerte, meist anorganische Urtitersubstanzen eingestellt. Aus dem so ermittelten Gehalt und der Stöchiometrie der Reaktion zwischen Titrand und Titrator wird ein Faktor berechnet. Dieser Faktor ist meist unabhängig von den benutzten Analysengeräten, evtl. sogar von der benutzten Indikationsmethode. Zudem lassen sich Titrationen meist mit der Angabe weniger Parameter beschreiben. Die einfache Faktoreinstellung, die relative Unempfindlichkeit gegen Gerätewechsel und die leichte Beschreibbarkeit führen dazu, daß titrimetrische Analysenmethoden meist einfacher zwischen Laboratorien zu transferieren sind als chromatographische Methoden. Problematisch kann die Transferierung dann werden, wenn es sich um Titrationen oder Reaktionen mit nicht exakt bekannter Stöchiometrie handelt, z.B. der Karl-Fischer-Titration.

Noch sind, auch in der pharmazeutischen Industrie, Titrationen mit visueller Endpunktserkennung gebräuchlich. Für die automatische Auswertung sind jedoch elektrometrisch induzierte [42] Titrationen prädestiniert. Grundsätzlich unterscheidet man elektrometrische Verfahren mit Stromfluß durch die Titrationslösung (Amperometrie, Voltametrie) von solchen mit vernachlässigbarem Stromfluß (Potentiometrie). Bei der exakten Aufgliederung wird neben der gemessenen elektrischen Größe noch die Anzahl der polarisierten Elektroden berücksichtigt (s. Abb. 20).

Die coulometrische Titration [43] stellt eine Sonderform dar. Hierbei wird der Titrator nicht wie sonst üblich in Form einer volumetrischen Lösung zudosiert, sondern durch Elektrolyse erzeugt. Der zu bestimmenden Lösung wird ein Zwischenreagenz im Überschuß zugesetzt, aus dem in der elektrochemischen Primärreaktion ein mit dem Titrand quantitativ abreagierendes Reaktionsprodukt entsteht. Durch den Überschuß an Zwischenreagenz wird die Konstanz des Elektrodenpotentials gewährleistet, weil das Zwischenreagenz stets in aus-

Tabelle 13. Titrationen

typische Anwendungen	Gehaltsbestimmungen von Reinsubstanzen
typische Analyte	anorganische und organische Substanzen
Detektion	elektrometrisch (potentiometrisch, amperometrisch...)
typische Analysenzeiten	15–30 Minuten
Probenvorbereitung	Einwiegen und Lösen der Probe
Eichung	Faktoreinstellung der Titrationslösung gegen Urtiter
Messdauer	5 Minuten bis 30 Minuten
Geräte	Motorbürette, Indikationssystem, Steuer- und Auswerteeinheit: 5–20 TDM
typischer Konzentrationsbereich	100 mg bis 5 g für potentiometrische Bestimmungen Karl-Fischer Titration: 1–50 mg Wasser Karl-Fischer Coulometrie: 1 µg–10 mg Wasser

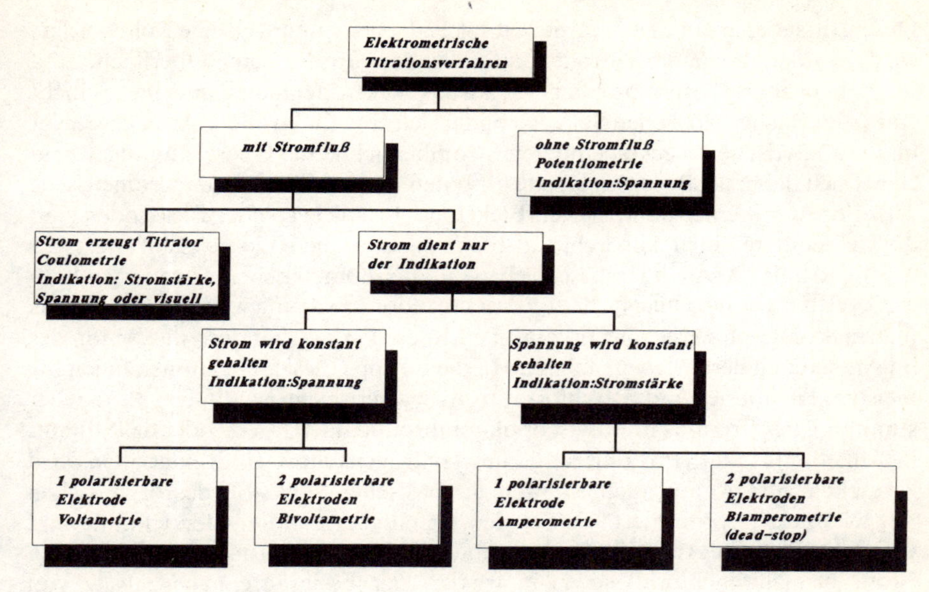

Abb. 20. Aufgliederung elektrometrisch indizierter Titrationsmethoden

reichender Menge durch Diffusion nachgeliefert wird. Damit wird eine 100%-ige Stromausbeute garantiert, und Nebenreaktionen werden vermieden. Der Gehalt des zu bestimmenden Stoffes wird anhand des Produktes aus konstanter Stromstärke und Elektrolysedauer berechnet. Da beide Größen sehr genau bestimmt werden können, eignet sich die coulometrische Titration hervorragend für die Bestimmung geringer Gehalte wie die Bestimmung von µg Mengen Wasser in Aeorosoltreibgasen durch coulometrische Karl-Fischer-Titration. Eine Titereinstellung ist bei coulometrischen Titrationen überflüssig. Für die Endpunktsbestimmung coulometrischer Titrationen werden die gleichen Methoden wie bei der volumetrischen Titration benutzt.

Zur Erklärung des Verlaufs der Meßgröße elektrometrisch indizierter Titrationskurven wird man immer wieder auf die Nernst'sche Gleichung zurückgreifen, die den Zusammenhang zwischen dem Potential einer Elektrode und den Konzentrationen der potentialbestimmenden Ionen wiedergibt. Durch Berechnung der elektromotorischen Kraft einer Elektrodenkombination anhand der Differenz der Redoxpotentiale der sich bildenden Halbzellen läßt sich erkennen, welche Reaktionen an den Elektroden ablaufen. Auch die Auswirkung von außen an die Zelle gelegter Spannungen oder aufgepägter Ströme läßt sich anhand der Formulierung der möglichen elektrochemischen Gleichgewichte und der Berechnung der zugehörigen Elektrodenpotentiale ermitteln. Zusätzlich zum berechneten Gleichgewichtspotential ist oft eine sogenannte Überspannung erforderlich, um einer Zelle eine Elektrolyse aufzuzwingen. Als solche kennt man Diffusionsüberspannung, Reaktionsüberspannung und, bei der Beteiligung von Gasen,

Durchtrittsüberspannungen. Inwieweit solche Uberspannungen eine Rolle spielen, wird von der Art des Elektrodenmaterials, der Größe seiner Oberfläche und seiner Umgebung bestimmt. Umgibt man das Elektrodenmetall mit einer Schicht eines seiner schwerlöslichen Salze, so bildet sich eine Elektrode 2. Art. Diese zeigt im für analytische Zwecke benutzten Strombereich keine Überspannungen und eignet sich daher als Bezugselektrode für potentiometrische und amperometrische Titrationen mit einer polarisierten Elektrode. Beispiele solcher Elektroden sind die vielbenutzte Silber/Silberchlorid-Elektrode und die Kalomelelektrode.

Bei den im Arzneibuch beschriebenen potentiometrischen Titrationen handelt es sich meist um einfache Säure/Basentitrationen. Häufig wird dabei nicht das pharmakologisch wirksame, organische Molekül erfaßt, sondern das Anion des im Arzneibuch beschriebenen Salzes. In die Gruppe dieser Titrationen fallen die meisten Titrationen mit Perchlorsäure in wasserfreiem Medium, z.B. die Bestimmung des Bromids in Butylscopolaminbromid nach DAB9 oder des Sulfates in Amfetaminsulfat (Protonierung zum Hydrogensulfat). In Sonderfällen wird zusätzlich zum Anion auch ein weniger basischer Stickstoff des organischen Arzneimoleküls protoniert, so bei der Gehaltsbestimmung der Chinin- und Chinidinsalze. Chlorid wird im Arzneibuch sowohl argentometrisch (z.B. nach Mohr bei Cholinchlorid) sowie in wasserfreier Essigsäure nach Zusatz von Quecksilber(II)-acetat durch Titration der freigesetzten Acetationen bestimmt (z.B. Chlordiazepoxidhydrochlorid).

Schwache Säuren wie die Diuretika Hydrochlorothiazid und Bendroflumethiazid läßt das Arzneibuch mit Tetrabutylammoniumhydrodixd in Pyridin als zweibasige Säure titrieren. Das strukturverwandte Chlorothiazid wird in Dimethylformamid als einbasige Säure titriert.

Penicilline werden nach DAB10 mittels einer interessanten, mercurimetrischen Titration potentiometrisch bestimmt. Dabei wird zunächst der β-Lactamring durch alkalische Hydrolyse zu Penicillosäure gespalten, deren offenkettige Form mit Hg(II)-Ionen unter Bildung eines Hg-Mercaptids reagiert [44]. Da Penicillinabbauprodukte mit geöffnetem Lactamring miterfaßt werden, müssen diese vorab in einer Titration ohne vorgeschaltete Hydrolyse titrimetrisch bestimmt und bei der Gehaltsberechnung berücksichtigt werden. Als Indikatorelektrode wird eine Platin- oder Hg-Elektrode verwendet. Obwohl die Titration der Penicilline den Vorteil hat, ohne Vergleichssubstanzen auszukommen, gilt die im Arzneibuch für diesen Zweck nicht beschriebene HPLC-Bestimmung heute als die bessere Alternative [45], denn mittels HPLC lassen sich Identität, Reinheit und Gehalt sicher simultan kontrollieren [46].

Die Titration primärer, aromatischer Amine (z.B. Lokalanaesthetika von p-Aminobenzoesäureester Typ wie Benzocain oder Sulfonamide) läßt sich ebenso biamperometrisch indizieren wie die Wasserbestimmung nach Karl Fischèr.

Weil der Wassergehalt einer Rezeptur entscheidenden Einfluß auf die Stabilität eines Arneimittels haben kann, z.B. bei hydrolyseempfindlichen Arzneistoffen oder bei Brausetabletten, hat die Karl-Fischer-Titration [47] in der pharmazeutischen Analytik weite Verwendung gefunden. Trotz dieser großen Verbreitung ist sie keine unkritische Titration, denn die Ergebnisse können von einer Vielzahl von Faktoren beinflußt werden. Der großen Bedeutung wegen soll sie hier genauer dargestellt werden.

Grundlage der Karl-Fischer-Titration ist die Bunsenreaktion, d.h. die Oxidation von Schwefeldioxid durch Iod in Gegenwart von Wasser. Schwefeldioxid muß bei der Wasserbestimmung im Überschuß vorliegen und die entstehende Schwefelsäure muß gebunden werden. Das klassische Karl-Fischer Reagenz ist eine Lösung von Iod und Schwefeldioxid in einer Pyridin-Methanol-Mischung. Mit diesem und anderen alkoholhaltigen Reagenzien erhält man Reaktionen im stöchimetrischen Verhältnis $H_2O:I_2 = 1:1$, in einigen nicht alkoholischen Lösungen wird die Stöchiometrie verändert [48]. Die Lagerstabilität dieser Lösung ist begrenzt, der Titer fällt am ersten Tag der Herstellung zunächst relativ rasch, dann mit etwa 1% pro Tag. Käufliche Karl-Fischer-Reagenzien auf dieser Basis werden daher als zwei getrennte Lösungen, Schwefeldioxid und Pyridin in Methanol und Iod in Methanol, angeliefert. Bei einer 5-Tage-Woche hat es sich in der täglichen Routine als vorteilhaft erwiesen, diese Lösungen freitags nachmittag zu mischen und den Titer am Wochenbeginn zu bestimmen. Die Titereinstellung wird meist gegen Natriumtartrat-2-hydrat mit einem definierten Wasseranteil von 15,66% vorgenommen. Je nach Genauigkeitsanforderung muß sie mehrmals wöchentlich kontrolliert werden.

Neben dem unangenehmen Geruch ist der schleppende Reaktionsverlauf kennzeichnend für das beschriebene pyridinhaltige Einkomponentenreagenz. Schon vor dem Äquivalenzpunkt treten vorübergehend Iodüberschüsse auf. Die Titrationsweise muß der Kinetik der Reaktion angepaßt werden. Für die Endpunktsbestimmung, die visuell, bipotentiometrisch oder biamperometrisch erfolgen kann, muß eine definierte Abschaltverzögerung, z.B. 20 s, eingehalten werden. Erst wenn über diesen Zeitpunkt hinweg bei der biamperometrischen Indikation die vordefinierte Stromstärke nicht unter bzw. bei der bivoltame-

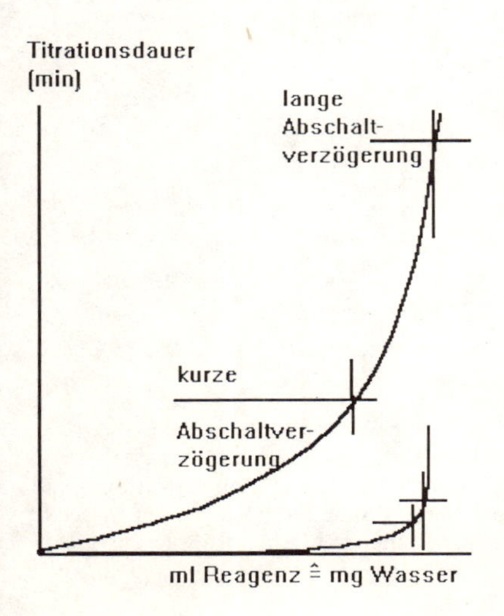

Abb. 21. Schematische Darstellung des Einflußes der Abschaltverzögerung auf den Titrationsendpunkt bei der Karl-Fischer Titration bei träge (obere Kurve) und rasch (untere Kurve) verlaufenden Titrationen

trischen Indikation die Spannung nicht überschritten wird, kann die Titration beendet werden. Die Wahl dieses Parameter kann bedeutenden Einfluß auf das Ergebnis haben. Dies läßt sich verdeutlichen, wenn man Reagenzverbrauchs/ Zeit-Dia gramme während der Karl-Fischer-Titration aufzeichnet. Abbildung 21 zeigt, wie bei kurzer Endpunktsverzögerung der Titrationsendpunkt, gekennzeichnet durch ein Kreuz, zu niedrigeren Verbrauchswerten verschoben wird. Diese Verschiebung ist bei schleppendem Reaktionsverlauf (obere Titrationskurve der Abbildung) besonders ausgeprägt.

Wird Pyridin im Einkomponentenreagenz durch basischere Substanzen (z.B. Imidazol, Natriumacetat, Natriumsalicylat) ersetzt, so läßt sich die Reaktion beschleunigen.

Noch rascher verläuft die Karl-Fischer-Titration, wenn nach der Zweikomponententechnik analysiert wird. Hierbei wird die Probe in der sogenanten Solvent-Komponente, die Schwefeldioxid und ein Amin enthält, gelöst und mit der Titrantkomponente, Iod in alkoholischer Lösung, titriert. Der hohe Schwefeldioxid- und Aminüberschuß beschleunigt die Reaktion, zudem sind die Endpunkte wesentlich stabiler.

Bei der Karl-Fischer-Wasserbestimmung muß die Verfügbarkeit des Wassers für die Titration beachtet werden. Kristallwasser ist einer Titration u.U. nur

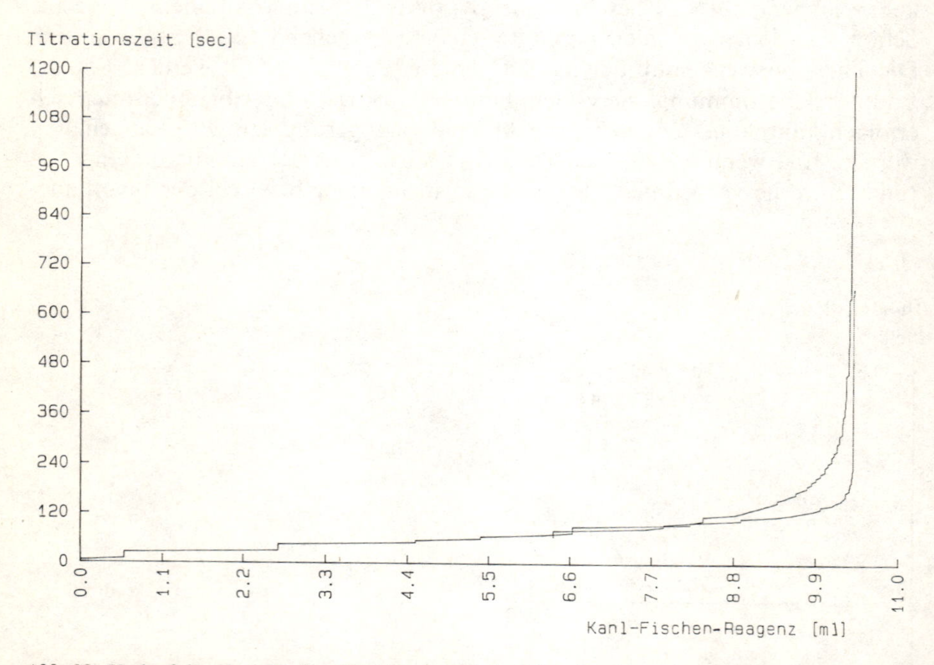

Abb. 22. Verlauf der Karl-Fischer-Titration bei Maisstärke: die obere Kurve (Soforttitration) zeigt am Endpunkt einen schleppenden Verlauf, weil die suspendierte Maisstärke noch Wasser freisetzt, die untere Kurve (Maisstärke wurde vor Titrationsbeginn 30 Minuten in Methanol ausgerührt) zeigt einen scharfen Endpunkt.

zugänglich, wenn sich die Substanz vollständig vor oder während der Titration löst. Aus manchen unlöslichen Stoffen, wie z.B. Stärke, muß das Wasser vor der Titration extrahiert werden, etwa durch 30-minütiges Ausrühren (s. Abb. 22). In solchen Fällen ist auf die Dichtigkeit der Titrationszelle besonders zu achten, damit die Luftfeuchtigkeit das Ergebnis nicht verfälscht. Es empfiehlt sich, einen Blindwert zu bestimmen.

Verschiedene Substanzgruppen zeigen bei der Karl-Fischer-Titration Nebenreaktionen, die Wasser vortäuschen. So reagieren Aldehyde und Ketone mit dem Methanol aus dem Karl-Fischer-Reagenz unter Wasserbildung zu Acetalen bzw. Ketalen; Ascorbinsäure wird vom Jod des Karl-Fischer-Reagenzes zur Dehydroascorbinsäure oxidiert. Die Geschwindigkeit der Nebebreaktionen ist häufig abhängig vom Karl-Fischer-Reagenz – meist sind Zweikomponentenreagenzien reaktiver – und vom Lösungsmittel. Durch (teilweisen) Austausch von Methanol gegen z.B. 2-Methoxyethanol kann versucht werden, die Nebenreaktion zu unterdrücken. In vielen dieser Fälle lohnt sich die Aufzeichnung von Reagenz/Zeit-Diagrammen, um einen Einblick in das Titrationsverhalten zu bekommen. Aus dem gesagten ergibt sich, daß ein Wechsel der Karl-Fischer-Reagenzien nicht unkritisch vorgenommen werden darf. Das gleiche gilt für einen Gerätewechsel der Titratoren, der mit einer Änderung der Endpunktserkennung und der Kinetik der Reagenzzugabe verbunden sein kann.

Einige der käuflichen Karl-Fischer-Titratoren sind mit Mikroprozessoren ausgerüstet, die den Wassergehalt der Probe selbständig berechnen, wobei über eine angeschlossene Waage das Probengewicht eingelesen werden kann. Auch automatische Probenwechsler sind kommerziell erhältlich, wobei die Probengefäße bis zur Titration mit Folie dicht verschlossen werden. Verbindet man den Karl-Fischer-Titrator mit einem Rechner, schließt mehrere Meßzellen an den Titrator an und schaltet sowohl die Indikatorelektroden wie die Motorbüretten programmgesteuert, so läßt sich die Titrationssequenz noch weitgehender automatisieren, weil auch definierte, unterschiedliche Extraktionszeiten vorgewählt werden können. Auf diese Weise lassen sich automatisch die schon mehrfach genannten Reagenz/Zeit-Diagramme aufzeichnen, auf Festplatte oder Diskette speichern und auf Drucker oder Plotter ausgeben. Ergebnisse mehrerer Proben lassen sich auf einem Attest GMP-gerecht zusammenfassen und Tagesprotokolle übersichtlich erstellen.

5 Sonstige Methoden

5.1 Thermoanalyse

Unter Thermoanalyse [49] versteht man die Messung physikalisch-chemischer Eigenschaften als Funktion der Temperatur oder Zeit. Die Probe wird dabei einem kontrollierten Temperaturprogramm unterworfen. Anhand der Thermogramme lassen sich Aussagen zu einer Reihe wichtiger Substanzeigenschaften

Tabelle 14. Differenzthermoanalyse (DTA), Dynamische Differenzkalorimetrie (DDK; engl. DSC)

typische Anwendungen	Reinheitsprüfung von Wirkstoffen, Identifizierung polymorpher Formen, Oxidationsstabilität, Kompatibilitätsprüfung von Substanzen; Primärpackmittelidentifizierung
typische Analyte	organische Wirkstoffe, Polymere
Detektion	Wärmeaufnahme oder -abgabe beim Aufheizen einer Probe gemessen als Temperaturdifferenz oder Kompensationsheizstrom
typische Analysenzeiten	10 Minuten bis 2 Stunden
Probenvorbereitung	Einwaage der Probe
Eichung	nicht erforderlich, routinemäßige Gerätekontrolle mit Referenzmaterialien (z.B. Indium, Blei, Zink)
Messdauer	5 Minuten bis 2 Stunden
Geräte	Thermoofen mit Meßkopf, Auswerterechner: 50–130 TDM
typische Probenmenge	2–20 mg

Tabelle 15. Thermogravimetrie (TG)

Typische Anwendungen:	Reinheitsprüfung von Wirkstoffen (flüchtige Bestandteile); Identitätsprüfung von Gummimaterialien
typische Analyte	organische und anorganische Substanzen
Detektion	Gewichtsverlust als Funktion der Temperatur
typische Analysenzeiten	20 Minuten bis 2 Stunden
Probenvorbereitung	Einwaage der Probe
Eichung	nicht erforderlich, Gerätekalibrierung
Messdauer	10 Minuten bis 2 Stunden
Geräte	Thermoofen mit Waage und Auswerteeinheit: 50–140 TDM
typische Probenmenge	ca. 1 mg Gummimaterialien 10–100 mg zur Bestimmung flüchtiger Bestandteile

wie Schmelzbereich, Reinheit, Polymorphie, Dehydratation, Sublimation, Kristallreinheit, Glasumwandlung und thermochemischer Beständigkeit treffen. Die im Rahmen der pharmazeutischen Analytik bedeutendsten instrumentellen Techniken sind:

- Differenz-Thermoanalyse (DTA) und dynamische Differenzkalorimetrie (DDK, englisch DSC, differential scanning calorimetry) einerseits und
- Thermogravimetrie (TG) andererseits.

Thermomechanische Analysen (TMA), wie die Bestimmung der Längen- oder Volumenänderung einer Probe als Funktion der Temperatur, werden seltener, z.B. bei der Analyse von Polymeren in pharmazeutischen Packmittlen, eingesetzt. Die Thermooptische Analyse (TOA, Thermomikroskopie) liefert wertvolle Hilfe bei der Interpretation von DSC- und DTA-Kurven. Benutzt man polarisiertes Licht, so kann man thermische Umwandlungen mittels eines Mikroskops mit heizbarem Probentisch farbenprächtig beobachten.

Alle thermischen Prozesse, die mit Gewichtsänderungen einhergehen, lassen sich mit der Thermogravimetrie untersuchen und quantifizieren. Sie kann als dynamische (Gewichtsänderungen als Funktion der Temperatur) oder statische Methode (Gewichtsänderungen als Funktion der Zeit bei konstanter Temperatur) angewendet werden. Bei Einwaagen bis max. 1g lösen die Geräte noch Gewichtsänderungen im µg-Bereich auf. Von modernen Geräten kann neben der eigentlichen TG-Kurve (Masseänderung als Funktion der Temperatur) meist noch die besser zu interpretierende differenzierte Kurve (DTG) augegeben werden.

Die Thermogravimetrie kann die Bestimmung eines Trocknungsverlustes ersetzen oder zu dessen Validierung, insbesondere der Wahl der Trocknungstemperatur, herangezogen werden. Zusätzlich zur quantitativen Bestimmung des Gewichtsverlustes gibt die Temperatur, bei der dieser einsetzt, qualitative Hinweise auf den verdampfenden Probenbestandteil (anhaftende Feuchte, im Kristall gebundenes Lösungsmittel, Art des Lösungsmittels). Enthält die Probe mehrere flüchtige Bestandteile, so können diese z.T. getrennt bestimmt werden. Die Identifizierung dieser Bestandteile bzw. von Pyrolyseprodukten gelingt am raschesten und elegantesten bei einer TG-FTIR-Kopplung.

Die Applikation hoher Temperaturen und unterschiedlicher Spülgase, z.B. inerte Atmosphäre oder Luft, gestattet sowohl die Bestimmung der thermischen Stabilität der Proben wie auch quantitative Analysen. So erlaubt die Thermogravimetrie die Bestimmung der Komponenten von Gummistopfen und so die Unterscheidung unterschiedlicher Typen im Rahmen der pharmazeutischen Qualitätskontrolle. In einer ersten Pyrolysestufe unter Stickstoff bis 550° werden zunächst die Anteile an natürlichem Kautschuk und synthetischem Gummi (EPDM, SBR, Polybutadien) bestimmt. Nachfolgend wird der im Stopfen enthaltene Kohlenstoff (Carbon black) in einer Luftatmosphäre bis 750° oxydiert. Der dann noch verbleibende Rückstand entspricht anorganischen Füllstoffen [50].

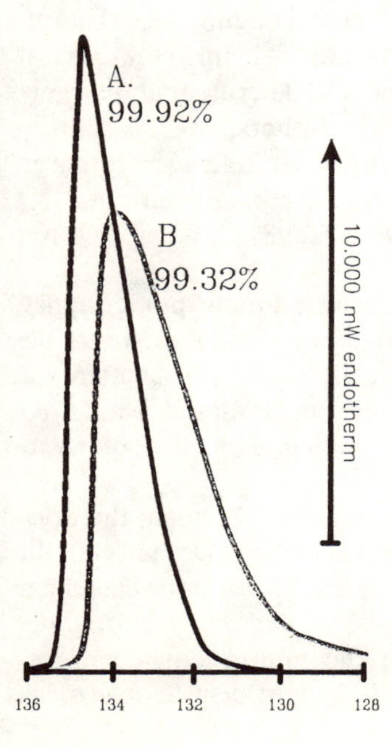

Abb. 23. Einfluß der Probenreinheit auf das Schmelzverhalten eines Wirkstoffes (Phenacetin) A NBS-Referenz Standard, B Standard + 0,7% p-Aminobenzoesäure

Differenz-Thermoanalyse und Differenzkalorimetrie beruhen auf unterschiedlichen Meßprinzipien desselben Phänomens, der Aufnahme oder Abgabe von Wärme während des Erhitzens oder Abkühlens einer Probe. In beiden Fällen werden Probe und ein inertes Referenzmaterial in zwei Tiegeln identischen Materials und identischer Form in einem Thermoofen einem Temperaturprogramm ausgesetzt. Während in der Differenz-Thermoanalyse der Temperaturunterschied zwischen Probe und inertem Referenzmaterial die Meßgröße darstellt, wird in der registrierenden Diffentialkalorimetrie der Kompensationsheizstrom gemessen, der nötig ist, um beide Tiegel auf der gleichen Temperatur zu halten. Letzlich spiegeln sich in den Thermogrammen beider Techniken die Temperaturen wieder, an denen Umwandlungen der Aggregatzustände (Schmelzen, Kristallisation, Sieden, Sublimation), Glasumwandlungen (Übergang vom festen, glasigen Zustand in den Flüssigzustand ohne Enthalpieaustausch, aber mit Änderung der spezifischen Wärme) oder chemische Reaktionen auftreten.

Die *Reinheit* von Substanzen läßt sich schon durch visuellen Vergleich der Thermogramme reiner und verunreinigter Substanzen erkennen. Reine Substanzen zeigen einen scharfen Schmelzpeak, während schon Verunreinigungen von wenigen Zehntelprozent eine deutliche Verflachung, verbunden mit einem früheren Einsetzen der Schmelze, erkennen lassen (s. Abb. 23). Eine 99% reine Substanz ist bereits 3° unterhalb des Schmelzpunktes zu 20% geschmolzen [51]. Die exakte Quantifizierung der Verunreinigungen anhand des Schmelzbereiches basiert auf der von van't Hoff beschriebenen Gefrierpunktserniedrigung verdünnter Lösungen durch Moleküle ähnlicher Größe.

Erfaßt werden Verunreinigung, die in der Schmelze der Hauptkomponente löslich, in ihrer festen Phase aber unlöslich sind. Für die Löslichkeit in der Schmelze ist eine chemische Verwandschaft von Verunreinigung und Hauptkomponente nötig. Diese ist für Synthesevorstufen und Nebenprodukte meist gegeben, sodaß hier keine Probleme zu erwarten sind. Die Thermoanalyse eignet sich in diesen Fällen hervorragend als unabhängige Methode zur Charakterisierung besonders reiner Substanzen (98–100 Mol%), z.B. für Referenzsubstanzen für die Chromatographie. Die Bestimmungen sind in diesen Fällen auf 0,1% reproduzierbar und verläßlich [51]. Im Bereich von 90–98% läßt sie sich mit verminderter Genauigkeit einsetzen [52].

Polymorphe Substanzen sind für die Reinheitsbestimmung nur geeignet, wenn sie vorab komplett in eine Form überführt worden sind. Besitzen die Moleküle einer Verunreinigung gleiche Gestalt, Größe und Eigenschaften wie die Hauptkomponente, so können sie sich ohne Störung in das Kristallgitter einfügen und feste Lösungen bilden. In solchen Fällen, läßt sich die Verunreinigung nicht quantifizieren.

Verschiedene Kristallmodifikationen von Wirkstoffen können therapierelevante Unterschiede in der Bioverfügbarkeit verursachen. Deshalb ist die Information, ob eine Substanz Polymorphie zeigt oder nicht, von entscheidender Bedeutung für den Galeniker und die Qualitätskontrolle. Je nach Art der Umwandlung einer kristallinen Modifikation in die andere entstehen verschiedene Meßkurven. Bei einer fest-fest-Umwandlung geht dem Schmelzpeak der endotherme Umwandlungspeak voran; dessen Erkennung bei nur geringen Wärmeänderungen Schwierigkeiten bereiten kann. Bei fest-flüssig-fest-Umwandlungen schmilzt zunächst die instabile Modifikation (endothermer Peak) und kristallisiert dann als stabile Kristallmodifikation aus (exothermer Peak), die ihrerseits bei höherer Temperatur schmilzt. Teilweise zeigen die Thermogramme auch schlicht unterschiedliche Schmelzpunkte der Kristallmodifikationen, ohne daß Umwandlungen zu erkennen sind. Im Rahmen der Entwicklung einer neuen Wirksubstanz wird man diese daher bis zur vollständigen Schmelze erhitzen und dann rasch abgekühlen. Zeigt eine nachfolgende Messung zusätzliche oder andere Schmelz- oder Umwandlungspunkte, so ist die Substanz sehr wahrscheinlich polymorph.

Die Kombination von DSC bzw. DTA mit der Thermogravimetrie (s. Abb. 24) erleichtert die Interpretation der Meßkurven. Während der endotherme Peak einer Kristallmodifikationsumwandlung keinerlei Effekt in der Thermogravimetrie zeigt, sind gleichfalls endotherme Prozesse wie das Verdampfen von anhaftender Feuchigkeit oder Kristallwasser sowie die Sublimation der Probe anhand der Gewichtsabnahme in der Thermogravimetrie zu erkennen. Dies soll am komplexen Beispiel der Abb. 24 erläutert werden [53]. Der endotherme Peak bei 123° läßt sich angesichts des in der TG-Kurve aufgezeigten Gewichtsverlustes als Abgabe eines Lösungsmittels unter gleichzeitigem Schmelzen deuten. Im konkreten Fall ließ sich dies durch die Wasserbestimmung nach Karl

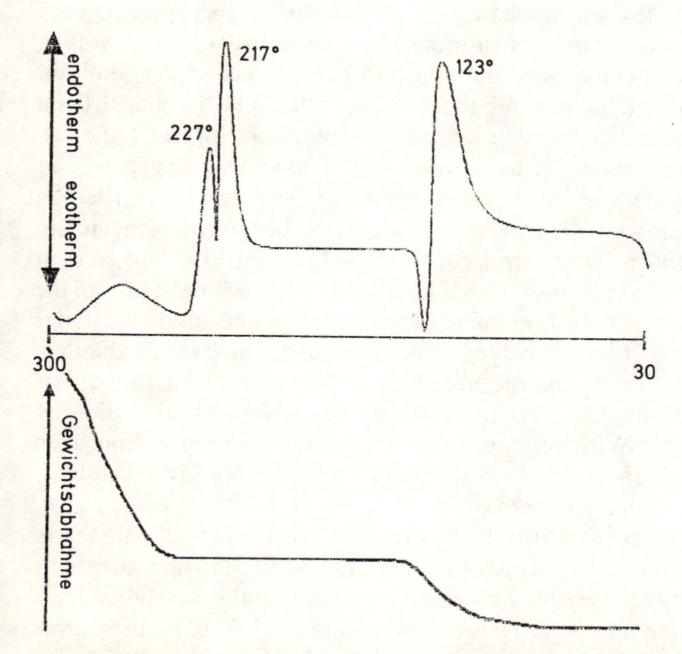

Abb. 24. Kombination von Differenzkalorimetrie (oben) und Thermogravimetrie (unten). Abgabe von Kristallwasser bei 123°, Polymorphie bei 217 und 227°

Fischer bestätigen und gleichzeitig als Kristallwasser identifizieren. Die nachfolgende exotherme Auslenkung der Meßkurve entspricht der Kristallisation der wasserfreien Form der Substanz. Die endothermen Peaks bei 217 und 227° zeigen die Polymorphie der Substanz an. Wird die Temperatur noch weiter erhöht, so zeigt die TG-Kurve thermische Zersetzung an.

Thermoplaste gleichen chemischen Typs unterscheiden sich im Anteil kristalliner Bereiche. Mit steigender Kristallinität einer Probe erhöhen sich Dichte, Härte und Kristallitschmelzpunkt, während die Durchlässigkeit für Sauerstoff und Wasserdampf sinkt. Deshalb benutzt man die Kristallinität, um pharmazeutische Packmittel zu charakterisieren. Dazu wird anhand der Fläche des Schmelzpeaks der Kristallite in der DSC-Kurve die Schmelzwärme bestimmt und durch die Schmelzwärme des 100% kristallinen Thermoplasten geteilt. So lassen sich Polyethylen niedriger Dichte (LDPE) mit einer Kristallinität von 35–55% und einem Kristallitschmelzpunkt von 110 bis 125° und Polyethylen hoher Dichte (HDPE) mit 55 bis 80% Kristallinität und Kristallitschmelzpunkt von 125 bis 136° unterscheiden.

5.2 Wirkstoff-Freisetzung

Arzneiformen sollen den enthaltenen Wirkstoff meist möglichst rasch freisetzen. Der Stand der galenischen Möglichkeiten gestattet jedoch auch, Arzneiformen zu entwickeln, die spezifischen Substanzeigenschaften oder Therapieschemata entsprechen. So können perorale Arzneiformen mit magenreizenden Wirkstoffen mit einer magensaftresistenten aber dünndarmlöslichen Lackschicht umhüllt werden. Für Wirkstoffe, die einen möglichst konstanten Plasmaspiegel beim Patienten gewährleisten sollen, werden Retard-Arzneiformen eingesetzt, die den Wirkstoff mit einer definierten Kinetik über Stunden hinweg abgeben. Für schwerlösliche Wirkstoffe können dagegen galenische Kunstgriffe erforderlich werden, um den Wirkstoff möglichst rasch im Magen in Lösung zu bringen, um therapeutische Wirkstoffspiegel zu erreichen. Ziel der Qualitätskontrolle ist es in allen diesen Fällen, anhand von in-vitro Prüfmethoden zu gewährleisten, daß die Arzneiformen kontinuierlich die kinetischen Eigenschaften aufweisen, die in der Entwicklung festgelegt wurden. Dabei sollen sich sowohl die einzelnen Tabletten, Kapseln oder Dragees einer Charge als auch verschiedene Chargen untereinander möglichst einheitlich verhalten. Analytisch erfordert dies die Bestimmung meist geringer Wirkstoffkonzentrationen zu definierten Zeitpunkten nach Einbringen der Arzneiform in das Prüfmedium. Mindestens 6 Prüflinge einer Charge müssen untersucht werden.

Die Pharmakopoen beschreiben die zu benutzenden Prüfapparaturen (z.B. Blattrührer- und Drehkörbchen-Apparatur nach DAB10). Für die industrielle Analytik wurden, aufbauend auf diesen Apparaturen, automatische Meßsysteme entwickelt. Diese besitzen unterschiedlichen Automationsgrad. Einfachere Systeme entnehmen zu definierten Zeiten Lösungen aus den meist 6 simultan arbeitenden Freisetzungsgefäßen und füllen diese in bereitstehende Probengefäße ab. Die

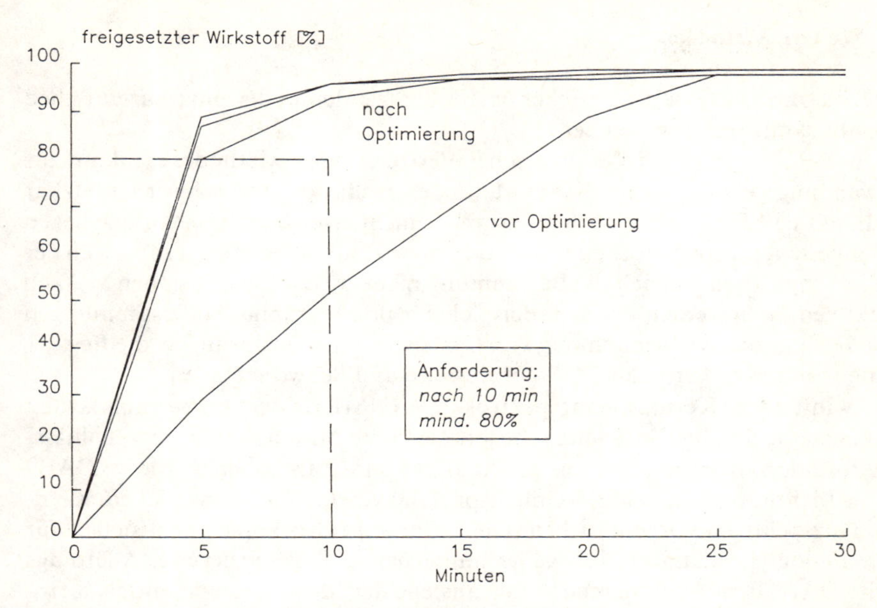

Abb. 25. Freisetzungsprofil einer festen peroralen Arzneiform. Dargestellt sind charakteristische Profile vor und nach Optimierung der Rezeptur

eigentliche Bestimmung erfolgt dann meist mittels UV-Spektroskopie, z.B. automatisiert mittels Fließinjektionsanalyse (FIA) [54] oder durch HPLC nach manuellem Überführen der Probengefäße in einen Autosampler des jeweiligen Analysengerätes. Die Auswertung der Meßwerte und Darstellung in Form von Freisetzungsprofilen (freigesetzter Wirkstoff in Prozent des deklarierten Wirkstoffgehalts der Arzneiform gegen die Zeit (s. Abb. 25) übernimmt in der Regel dann wieder ein Auswerteprogramm.

Modernere Systeme umgehen den manuellen Schritt und lassen der Probenahme unmittelbar die Bestimmung folgen. Cristina et al. [55] beschreiben ein System, das mittels durch den Autosampler gesteuerter Schlauchpumpen zu definierten Zeitpunkten Lösung durch eine 0.45 µm Fritte in ein kleines Überlaufgefäß saugen. Der Überlauf wird in das Freisetzungsgefäß rückgeführt. Nach Entnahme der für die HPLC-Bestimmung notwendigen Lösungsmenge mittels der an einem in X- und Y-Richtung steuerbaren Arm fixierten Nadel eines Autosamplers/Diluters aus dem Überlaufgefäß und Injektion in ein mit Septum verschlossenes Probenfläschen wird das Schlauchsystem und das Überlaufgefäß durch Umkehrung der Drehrichtung der Schlauchpumpe entleert. Dabei wird auch die Fritte gespült und ein Verstopfen so verhindert. In den Pausen zwischen der Probenentnahme wird aus den gefüllten Probenfläschen heraus automatisch in das HPLC-Gerät injiziert. Eine HPLC-Bestimmung wird von den Autoren gegenüber der UV-Bestimmung bevorzugt, um generell Mehrkomponenten-Analysen durchführen zu können.

5.3 Weitere Methoden

Eine Vielzahl weiterer analytischer Methoden werden in der pharmazeutischen Qualitätskontrolle angewendet.

Die Polarographie ist ein typischer Vertreter einer Methode, die dann zur Anwendung gelangt, wenn andere Methoden nicht oder nur schwer einsetzbar sind, weil sie z.B. die nötige Nachweisgrenze nicht erreichen. Ihre Vorteile liegen in der geringen Probenvorbereitung und hohen Empfindlichkeit. Trübungen der Meßlösung stören vielfach die Bestimmung nicht, so daß Suspensionen vielfach direkt gemessen werden können. Beispiele für polarographische Bestimmungen sind die quantitative Bestimmung von Cystein in Infusionslösungen, die Bestimmung von Sulfit (Antoxidans), Ascorbinsäure und Schwermetallen.

Während die Kernresonanzspektroskopie (NMR) in der Strukturaufklärung routinemäßig durchgeführt wird, scheitert die breite Anwendung in der Qualitätskontrolle derzeit am hohen Preis der Analysengeräte. Dennoch wurde im DAB9 für die Identitätsprüfung und Reinheitsprüfung von Gentamycinsulfat ein Kernresonanzspektrum vorgeschrieben. Die Infrarotspektroskopie allein sichert für die Aminoglykosidantibiotika keine hinreichende Differenzierung. Allerdings stellte DAB9 dem Analysierenden frei, anstelle der Identifizierung mittels Kernresonanzspektroskopie eine chemische und eine dünnschichtchromatographsiche Analyse durchzuführen. DAB10 hat die NMR-Bestimmung durch eine HPLC-Bestimmung mit vorgelagerter Derivatisierung ersetzt. Auch USP XXII stützt die Identitätsaussage des dort vorgeschriebenen IR-Spektrums durch eine HPLC-Gehaltsbestimmung.

Die Elektrophorese wird primär zur Analyse von Proteinen eingesetzt. Mit der zu erwartenden zunehmenden Verbreitung gentechnologisch hergestellter Arzneimittel wird sie sich einen Stammplatz unter den Routineanalysenmethoden der pharmazeutischen Qualitätskontrolle erobern. Für die Kapillarelektrophorese wurden inzwischen auch Anwendungen im Bereich herkömmlicher pharmazeutischer Wirk- und Hilfstoffe beschrieben. Die Laufzeiten entsprechen in etwa den in der HPLC üblichen Chromatogrammlaufzeiten. Die Standardabweichung der Peakflächen erscheint derzeit aufgrund der schwierigeren Aufdosierung der Probe noch schlechter zu sein.

Teilchengrößenbestimmungen (s. Abb. 26), z.B. durch Laserstrahlbeugung, sind heute unverzichtbare Messungen an Wirkstoffen, deren Bioverfügbarkeit stark teilchengrößenabhängig ist. Zunehmend wird erkannt, daß auch die Teilchengrößenverteilung von Hilfsstoffen Einfluß auf die technologischen Eigenschaften von Arzneiformen und die Verarbeitbarkeit von Rezepturen ausüben.

Die rasche Verbreitung der HPLC führte in vielen Bereichen zu einer Verdrängung der Dünnschichtchromatographie. Als Argument wird häufig die geringere Automatisierbarkeit angeführt. Mit der Verfügbarkeit moderner Auftragegeräte, die in der Lage sind, in einer Sequenz automatisch verschiedene Probenchargen und unterschiedlich konzentrierte Standardlösungen auf die Dünnschichtplatte aufzusprühen, verliert das erste Argument an Bedeutung. Die Aufnahme von Remissionsgrad-Ortskurven mit Dünnschichtscannern liefert

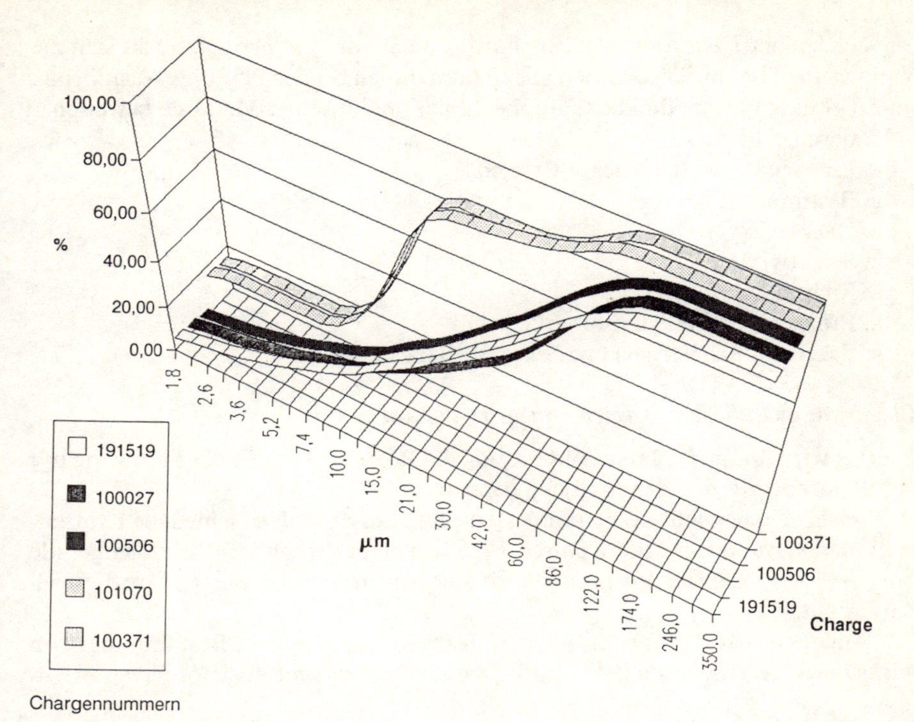

Abb. 26. Teilchengrößenspektrum 5 verschiedener Chargen von Lactose, bestimmt durch Laserstrahlbeugung

Chromatogramme, die jenen der HPLC gleichen und gleichermaßen für quantitative und qualitative Aussagen genutzt werden können. Entsprechend sind Auswerteprogramme gleicher Leistungsfähigkeit und Automatisierungsgrades erhältlich und üblich. Vorteile der Dünnschichtchromatographie sind die parallele Entwicklung zahlreicher Proben auf einer Dünnschichtplatte, der geringe Kostenaufwand für das eigentliche chromatographische System, das im einfachsten Fall nur aus Entwicklungskammer und Dünnschichtplatte besteht, und die Eignung der Methode für matrixhaltige Proben. Eine Filtration der Proben über Mikrofilter, wie sie vielfach für die HPLC empfohlen wird, erübrigt sich. Dies erklärt auch den hohen Stellenwert, den die Dünnschichtchromatographie in der Analytik von Arzneipflanzen und deren Zubereitungen einnimmt. Im DAB 10 findet sich (nahezu) zu jeder Drogenmonographie eine dünnschichtchromatographische Bestimmung der Identität oder Reinheit.

6 Validierung

Für die in der pharmazeutischen Qualitätskontrolle eingesetzten analytischen Methoden ist durch Validierung sicherzustellen, daß diese für den vorgesehenen Prüfzweck geeignet sind.

Nach einer Definition von Bosshardt und Schorderet [56] erstreckt sich die Validierung über die Gesamtheit aller Maßnahmen bei der Planung, Ausführung und Dokumentation, die die Gültigkeit einer analytischen Methode beweisen.

Hierzu zählen:
- die Linearität und der lineare Bereich
- die Bestimmungsgrenze
- die Nachweisgrenze
- die Selektivität
- die Richtigkeit
- die Präzision der Wiederholbarkeit und
- die Präzision der Vergleichbarkeit und Belastbarkeit.

Linearität und linearer Bereich (linearity and range)

Hierbei wird für die geplante Anwendung die Proportionalität der Meßwerte mit den Konzentrationen des Analyten geprüft.

Im Arbeitsbereich sollten mindestens drei, besser fünf verschiedene Konzentrationen vermessen werden. Durch Erstellen einer Graphik für die Eichgerade oder durch Regressionsrechnung wird die Linearität und der lineare Bereich dargestellt.

Angaben zur Linearität werden für die quantitative Bestimmung von wirksamen Bestandteilen (Wirkstoffe, Konservierungsmittel) gefordert.

Bestimmungsgrenze (limit of quantitation)

Als Bestimmungsgrenze wird die untere Grenzkonzentration definiert, die sich noch signifikant von der Konzentration „Null" bzw. vom Rauschen des Meßsignals unterscheidet.

Die Bestimmungsgrenze soll mindestens um den Faktor 1,5 über der Nachweisgrenze liegen. Die Bestimmungsgrenze ist bei Reinheitsbestimmungen anzugeben.

Nachweisgrenze (limit of detection)

Als Nachweisgrenze wird die kleinste noch zuverlässig nachweisbare Menge eines Analyten bezeichnet.

Die Nachweisgrenze ist bei Reinheitsbestimmungen anzugeben.

Selektivität (Selectivity)

Hierbei ist nachzuweisen, daß die Bestimmung des Analyten nicht durch andere Bestandteile der Rezeptur, z.B. Hilfsstoffe, Zersetzungsprodukte oder weitere Wirkstoffe gestört wird.

Richtigkeit (accuracy)

Dieser Parameter beschreibt den Grad der Übereinstimmung des ermittelten mit dem „wahren" Analysenwert bzw. mit dem Wert eines anerkannten Standards. Die Überprüfung erfaßt die Probenvorbereitung und das Analysenverfahren.

Zur Bestimmung der Richtigkeit wird der Analyt in Vergleichslösungen mit 80%, 100% und 120% bestimmt. Liegen die in Mehrfachbestimmungen erhaltenen Werte im Bereich 98–102% der vorgelegten Konzentrationen, gilt die Richtigkeit als gesichert.

Präzision der Wiederholbarkeit (repeatability)

Sie wird bestimmt, in dem der gleiche Mitarbeiter die Probe mindestens fünfmal aufarbeitet und mit der selben Methode mindestens je zweimal bestimmt. Das Maß für diesen Prüfpunkt ist die Wiederholstandardabweichung.

Präzision der Vergleichbarkeit (reproducibility) und Belastbarkeit (ruggedness)

Ein Maß hierfür ist die Vergleichsstandardabweichung bei der unabhängigen Bestimmung der selben Probe durch mindestens 2 Mitarbeiter möglichst in unterschiedlichen Labors. Die Mittelwerte beider Meßreihen sollen sich im Mittelwert-t-Test nicht signifikant unterscheiden [57].

Der Beleg der Belastbarkeit einer Methode dient dem Nachweis, daß Umgebungseinflüsse wie Licht, Temperatur oder Sauerstoff den Analyten oder Reagenzien und Maßlösungen nicht beeinflussen.

Die Validierung analytischer Methoden wird durch die regelmäßige Kalibrierung der eingesetzten Meßgeräte unterstützt.

7 Literatur

1. Gesetz zur Neuordnung des Arzeneimittelrechts vom 24 August 1976 (BGBI. I S. 2445)
2. Betriebsverordnung für pharmazeutische Unternehmer vom 8 März 1985 [BGBI. I S. 546)
3. Gesetz zur Pharmazeutischen Inspektions-Convention vom 10 März 1983 (BGBI. II S. 158)
4. EEC-GMP-Guideline
5. USP XXII (1989) The United States Pharmacopoeia XXII Revision. Rockville, USA
6. Engelhardt H (1981) Analytiker Taschenbuch, Springer, Berlin Heidelberg New York, Bd. 2, S. 139
7. Dibbern H-W (1985) UV- und IR-Spektren wichtiger pharmazeutischer Wirkstoffe. Nachlieferung. Editio Cantor, Aulendorf
8. Blaschke G (1988) Analytiker Taschenbuch, Springer, Berlin Heidelberg New York, Bd. 7, S. 123
9. Deutsches Arzneibuch, 9. Ausgabe (1986) Deutscher Apotheker Verlag Stuttgart; Govi-Verlag, Frankfurt; seit 1.3.1992 10. Ausgabe (1991)
10. Hartmann C, Krauss D, Spahn H, Mutschler E (1989) J Chromatogr 496: 387
11. Jost W, Gasteier R, Schwinn G, Trueylue M, Majors RE (1990) International Laboratory, Mai S. 46
12. Hartke K (1989) DAZ Suppl 16: 9
13. Schwedt G (1988) Analytiker Taschenbuch, Springer, Berlin Heidelberg New York, Bd. 7, S. 277
14. Gjerde DT, Fritz JS, Schmuckler G (1979) J Chromatogr 186: 509
15. Small H, Stevens TS, Bauman WC (1975) Anal Chem 47: 1801
16. Haddad PR, Croft MY (1986) Chromatographia 21: 648
17. Knig A (1988) Analytiker Taschenbuch, Springer, Berlin Heidelberg New York, Bd. 7, S. 137
18. Schwedt G (1981) Analytiker Taschenbuch, Springer, Berlin Heidelberg New York, Bd. 2 S. 161
19. Schulte E (1984) Analytiker Taschenbuch, Springer, Berlin Heidelberg New York, Bd. 4, S. 287
20. Termonia M, Wybauw M, Bronckart J, Jacobs H (1989) J High Res Chrom 12: 685

21. Böck H (1984) Analytiker Taschenbuch, Springer, Berlin Heidelberg New York, Bd. 4, S. 201
22. Weitkamp H, Wortig D (1983) Mikrochimica Acta [Wien] 11: 31–57
23. Böhme H, Hartke K (1978) Europäisches Arzneibuch Band I und Band II, Kommentar. 2. Auflage S. 73 Wissenschaftliche Verlagsgesellschaft mbH Stuttgart, Govi-Verlag GmbH Frankfurt
24. Davies AM, McClure WF (1989) Nahinfrarotspektroskopie für Industrie und Landwirtschaft, Chr Paul und E. Zimmer (Herausgeber), Selbstverlag der Bundesforschungsanstalt für Landwirtschaft Braunschweig-Völkenrode, S. 47–60
25. Herzberg G (1950) Molecular spectra and molecular structure, van Nostrad Reinhold Comp, New York
26. Siesler W (1990) GDCh-Fortbildungsprogramm Nah-Infrarot-Spektroskopie, Frankfurt
27. Wetzel DL (1983) Analytical Chemistry 55: 1165A
28. Rudzik I (1989) Nahinfrarotspektroskopie für Industrie und Landwirtschaft, Chr Paul und E. Zimmer (Herausgeber), Selbstverlag der Bundesforschungsanstalt für Landwirtschaft Braunschweig-Völkenrode, S. 103–111
29. Wetzel DL (1983) Analytical Chemistry 55: 1165A
30. Stark E (1989) Nahinfrarotspektroskopie für Industrie und Landwirtschaft, Chr Paul und E. Zimmer (Herausgeber), Selbstverlag der Bundesforschungsanstalt für Landwirtschaft Braunschweig-Völkenrode, S. 3–46
31. Stark E, Luchter K (1990) Third international conference on near infrared spectroscopy, Brüssel 25–29
32. Grunenberg A (1989) GIT Fachz Lab 12: 1234
33. Mark HL, Tunnell D (1985) Anal Chem 57: 1449
34. Haaland DM, Thomas EV (1988) Anal Chem 60: 1193
35. Davies AMC, McClure WMF (1985) Analytical Proceedings 22: 321
36. Fischer A (1989) DAZ 20: 1039
37. Perkampus H-H (1983) Analytiker Taschenbuch, Springer, Berlin Heidelberg New York, Bd. 3 S. 279
38. Kracmar J (1986) Pharmazie 41: 571
39. Lamparter E, Lunkenheimer CH, Seibel U GIT Fachz Lab 3/90: 313
40. Dittrich K (1989) Analytiker Taschenbuch, Springer, Berlin Heidelberg New York, Bd. 8, S. 37
41. Knapp G, Wegscheider W (1980) Analytiker Taschenbuch, Springer, Berlin Heidelberg New York, Bd. 1
42. Schumacher E (1982) Analytiker Taschenbuch, Springer, Berlin Heidelberg New York, Bd. 2, S. 197
43. Hartig R et al. (1972) Analytikum Leipzig, VEB Deutscher Verlag für Grundstoffindustrie
44. Karlberg B, Forsman B (1976) Anal Chim Acta 83: 309
45. Wallhäußer KH (1987) DAB 9-Kommentar, Deutsches Arzneibuch 9. Ausgabe 1986 mit wissenschaftlichen Erläuterungen (Herausgeber: Hartke K, und Mutschler E) S. 992. Wissenschaftliche Verlagsgesellschaft mbH Stuttgart, Govi-Verlag GmbH Frankfurt
46. Larsen C, Bundgaard H (1978) J Chromatogr 147: 143
47. Scholz, Eugen, Analytiker Taschenbuch, Springer, Berlin Heidelberg New York London Pairs Tokyo, Bd. 9
48. Scholz E (1984) Karl-Fischer-Titration, Methoden zur Wasserbestimmung. Springer, Berlin Heidelberg New York Tokyo
49. Kettrup A (1984) Analytiker Taschenbuch, Springer, Berlin Heidelberg New York, Bd. 4
50. Wyden H (1982) Kunststoffe-Plastics 5 referiert in Mettler Applicationsschrift Nr. 3409
51. USP XXII (1989) The United States Pharmacopoeia XXII Revision. Rockville, USA
52. Widman Georg, Riesen, Rudolf: Thermoanalyse: Anwendungen, Begriffe, Methoden-Heidelberg
53. Daneck K, Wagner W.: persönliche Mitteilung
54. Lamparter E, Lunkenheimer Ch, GIT Fachz Lab 3/88: 215
55. Cristina G, Danzo L, Farina M, International Laboratory 3/90: 52–56
56. Bosshardt H, Schorderet F (1983) in Feltkamp H, Fuchs P, Sucker H (Herausgeber), Pharmaz Qualitätskontrolle, Thieme Verlag, Stuttgart, S. 87
57. Gottschalk GW (1980) Analytiker Taschenbuch, Springer, Berlin Heidelberg New York Bd. 1, S. 63

III. Anwendungen

Anwendung der Radiotracertechnik zur Methodenentwicklung und Fehlerdiagnose in der Elementspurenanalyse

Viliam Krivan

Sektion Analytik und Höchstreinigung, Universität Ulm, Albert-Einstein-Allee 11, Ulm

1 Einleitung

In den letzten Jahrzehnten hat die Spurenelementanalyse eine stürmische Entwicklung erfahren. Es wurden mehrere sehr nachweisstarke, auf verschiedenen Prinzipien basierende Bestimmungsmethoden entwickelt und zunehmend auch in die Routineanalytik eingeführt. Das methodische Gerüst der Spurenelementanalyse bilden nach wie vor die sogenannten Verbundverfahren. Es sind in der Regel Lösungsverfahren, die sich im Gegensatz zu einigen direkten instrumentellen Verfahren aus mehreren Schritten zusammensetzen. Abbildung 1 zeigt eine typische Struktur eines spurenanalytischen Verbundverfahrens, zusammen mit einer Übersicht der kritischen Aspekte der einzelnen Schritte. Jeder Schritt des analytischen Prozesses ist als eine mögliche Quelle systematischer Fehler zu betrachten.

Zu den besonders wichtigen Bestimmungsmethoden, deren Anwendung typischerweise in Form von Verbundverfahren realisiert wird, gehören Atomabsorptionsspektrometrie (AAS), ICP-Atomemissionsspektrometrie (ICP-AES), totalreflektierende Röntgenfluoreszenzanalyse (TRFA), ICP- und Isotopenverdünnungs-Massenspektrometrie (ICP-MS, ID-MS), inverse Voltametrie (SV) und radiochemische Neutronenaktivierungsanalyse (RNAA).

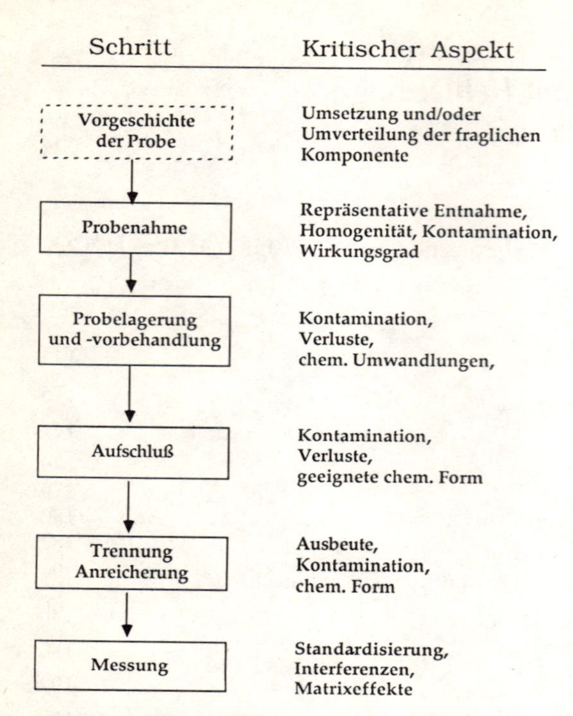

Abb. 1. Typische Struktur eines Verbundverfahrens für die Elementspurenanalyse und kritische Aspekte der individuellen Stufen

Das hauptsächliche Problem bei den Verbundverfahren besteht darin, die äußerst niedrigen, oft im sub-ng- und sub-pg-Bereich liegenden Bestimmungsportionen der Spurenelemente über alle Schritte des Analysenprozesses, d.h. von der Probenahme bis zur Messung ohne Einschleppen von systematischen Fehlern zu überführen. Bei der Suche nach Wegen dahin stellt die Radiotracertechnik ein unersetzbares fehlerdiagnostisches Werkzeug dar. Denn Radiotracer sind einzigartige Leitstoffe, die es ermöglichen, Lokalisierung, Transport, Verteilung und chemische Umwandlung von Stoffen auch in kleinsten Mengen oder Konzentrationen auf eine besonders einfache Art und Weuse festzustellen.

Die Radiotracertechnik hat essentiell zu dem gegenwärtigen Entwicklungsstand der Spurenelementanalyse beigetragen. Mit ihrer Hilfe können notwendige Kenntnisse über das Verhalten der interessierenden Spurenkomponenten, insbesondere über Art und Größe der systematischen Fehler, in den einzelnen Stufen des analytischen Prozesses gewonnen und darauf basierend zuverlässige Analysenverfahren entwickelt werden [1–6]. In den meisten Fällen ist dabei die Radiotracertechnik die bestgeeignete Untersuchungsmethode, und einige Fragestellungen konnten bisher nur mit ihrer Hilfe gelöst werden.

Mit den allgemeinen Grundlagen der Radiotracertechnik befaßt sich ein Kapitel des Bandes 10 dieser Analytiker-Taschenbuch-Reihe. In diesem Kapitel sollen anhand ausgewählter Beispiele die vielfältigen und z.T. einzigartigen

Anwendungsmöglichkeiten der Radiotracertechnik bei der Entwicklung und Verbesserung von Analysenmethoden für die Spurenelementanalyse dargestellt werden.

2 Vorgeschichte der Probe

Auf dem Gebiet der Ökologie, Biologie und Medizin ist eine sachgerechte analytische Strategie und richtige Interpretation der Resultate nur dann möglich, wenn man alle hierfür relevanten, bereits vor der Probenahme stattfindenden Prozesse kennt und versteht [5,7]. Beispielsweise hängt die Toxizität vieler Elemente von ihrer chemischen und physikalischen Form ab, die sich durch die vor der Probenahme ablaufenden Prozesse tiefgreifend ändern kann.

Als ein besonders geeignetes Beispiel hierfür kann Quecksilber aufgeführt werden, das in Umweltproben prinzipiell in drei chemischen Formen auftreten kann: als anorganisches, organisches und elementares Quecksilber.

Mit Hilfe von ^{203}Hg als Radiotracer wurde festgestellt, daß eine Anzahl von Mikroorganismen die Umwandlung von anorganischem Quecksilber zum Methylquecksilber in verschiedenen Systemen wie Wasser, Boden, Sedimenten, Fisch u.a. bewirken [5]. Dabei konnte aber oft das auf diese Weise produzierte Methylquecksilber in den Proben nicht nachgewiesen werden. Die Radiotracertechnik verhalf auch zur Klärung des Fehlens von Methylquecksilber. Dieses wird durch mehrere Bakterienarten demethylisiert und zu elementarem Quecksilber umgesetzt. Von über 200 aus Sedimenten und anderen Umweltproben isolierten Bakterienkulturen rufen etwa 30 eine aerobe Demethylierung hervor, 22 wurden identifiziert als fakultative Anaerobier, und 21 bewirkten eine anaerobe Umsetzung von Methylquecksilber [8].

Andere Radiotracer-Experimente zeigten, daß einige aus aquatischen Medien und Algen isolierte Bakterien wie Escherichia coli, Staphylococcus aureus und mehrere Spezies der Gattung Pseudomonas befähigt sind, anorganisches ionogenes Quecksilber zu elementarem Quecksilber zu reduzieren. Zum Beispiel gingen 20–45% ^{203}Hg, mit dem in Form von $Hg(NO_3)_2$ verschiedene Bodenproben versetzt wurden (1 µg Hg/g Boden), nach 6 Tagen verloren, während die Quecksilberverluste im gleichen Zeitraum nur 2% betrugen, wenn die Bodenproben vor dem Zusatz von markiertem Quecksilbernitrat sterilisiert wurden [9].

Die oben aufgeführten Beispiele zeigen, daß der Gehalt der einzelnen Quecksilberspezies sowie des Gesamtquecksilbers entscheidend durch die durch Mikroorganismen hervorgerufenen Umwandlungsprozesse beeinflußt werden kann. Diese Erkenntnisse können bei vielen Fragestellungen von prinzipieller Bedeutung sein. Wenn solche Umwandlungsprozesse stattfinden und nicht berücksichtigt werden, führen auch sonst richtig durchgeführte Analysen zu unrichtigen Schlußfolgerungen. Die Relevanz einer Kontaminationsquelle für das anorganische Quecksilber kann z.B. völlig falsch bewertet werden, wenn ein wesentlicher Teil des Quecksilbers in dem fraglichen Umweltsystem in eine andere, mit dem angewendeten Probenahme- und/oder Analysenverfahren nicht erfaßbare Form umgewandelt oder gar als Folge dieser Umwandlung zum großen Teil inzwischen aus dem System entwichen ist.

Mit Hilfe der Radiotracer ^{76}As und ^{14}C wurde der Nachweis erbracht, daß auch Arsen in verschiedenen anaeroben und aeroben Ökosystemen methyliert werden kann. Wie diverse Untersuchungen mittels ^{210}Pb und ^{14}C zeigen, muß man mit der Methylierung auch bei Blei rechnen, jedoch sind in diesem Falle die in den letzten Jahren erhaltenen Resultate noch ziemlich widersprüchlich.

Die Verteilung von Elementen zwischen der wäßrigen Phase und den suspendierten Teilchen (Schwebstoffen) bei Wasserproben soll als ein anderes Beispiel für die vor der Probenahme stattfindenden und bei der Interpretation der Resultate zu berücksichtigenden Prozesse dienen. Nach Zufuhr von gelösten metallischen Kationen in ein Wassersystem werden sich diese verschieden schnell zwischen der Lösung und den Teilchen verteilen, wobei die Gleichgewichtsverteilungen von Element zu Element sehr unterschiedlich sind. Tabelle 1 zeigt für den Fluß Main mittels der Radiotracer erhaltene Resultate für die Sorption von einigen Kationen an natürlichen Schwebstoffen und an Ton sowie für ihre Remobilisierung nach Zusatz von Natriumchlorid [10]. Wie aus dieser Tabelle ersichtlich ist, werden die Elemente Ce, Co, Cr und Fe an Teilchen beider Materialien zu einem hohen Prozentsatz adsorbiert, und keine oder nur geringe Remobilisierung findet durch den Zusatz von Natriumchlorid statt. Dies ist ein Beweis für eine starke Bindung dieser Elemente an den Partikeln. Nicht remobilisiert wird auch das nur z. T. an den Partikeln gebundene Arsen, während Barium ganz und Cadmium fast quantitativ in die Lösung übergeht. Da die Elemente in diesen zwei Phasen eines Wassersystems sehr unterschiedliche biologische Wirksamkeit aufweisen, sind Kenntnisse über die Verteilung, ihre Kinetik und Abhängigkeit von herrschenden chemischen Bedingungen in dem System oft eine wichtige Voraussetzung für die richtige Interpretation der Analysendaten.

Tabelle 1. Sorption und Remobilisierung der Spurenelemente an natürlichen Schwebstoffen und an Ton im Wasser des Main [10]

Element/ Radiotracer	Sorption (%) an natürl. Schwebstoffen nach			Sorption (%) an Ton nach			Remobilisierung (%) nach NaCl-Zugabe (30 g/l)	
	1 h	10 h	im Gleich-gewicht	1 h	10 h	im Gleich-gewicht	natürliche Schwebstoffe	Ton
As/^{76}As	10	12	19	2	4	8	0	0
Ba/^{140}Ba	23	23	23	7	7	7	100	100
Cd/^{109}Cd	8	52	68	19	35	23	88	78
Ce/^{139}Ce	79	93	99	76	84	98	0	2
Co/^{58}Co	55	66	99	87	90	99	2	9
Cr/^{51}Cr	74	90	92	85	86	79	0	0
Cs/^{137}Cs	68	70	86	50	52	60	45	63
Fe/^{59}Fe	51	80	96	52	72	90	0	0
Na/^{22}Na	0	0	0	0	0	0	–	–
Zn/^{65}Zn	52	64	60	36	37	42	40	52

Durch empfindliche Messungen mit Hilfe von ^{14}C unter Verwendung eines speziell konstruierten Low-level-Meßsystems konnte nachgewiesen werden, daß etwa zwei Drittel des in Aerosolen enthaltenen Kohlenstoffs vegetativen Ursprungs sind und etwa ein Drittel von fossilen Brennstoffen stammt [11].

3 Probenahme

Die Radiotracertechnik hat sich als besonders wertvoll auch für die Ermittlung der Effizienz der Probenahme und die Entwicklung von Probensammlern erwiesen, wie anhand der nachfolgenden Beispiele gezeigt werden soll.

Die getrennte Bestimmung von partikelgebundenem, organischem und elementarem Quecksilber in Umweltproben stellt eines der wesentlichen Probleme der Quecksilberanalytik dar. Um dieses im System Luft lösen zu können, wurde mittels des Radiotracers ^{203}Hg ein dreistufiger Probensammler entwickelt [12], der bereits direkt während der Probenahme die Trennung der drei obengenannten Quecksilberformen erlaubt. Der Sammler (s. Abb. 2) besteht aus einer Filtereinheit zum Sammeln des partikelgebundenen Quecksilbers und zwei Säulen zum Sammeln von organisch gebundenem Quecksilber an Carbosieve B und von elementarem Quecksilber an mit Silber beschichtetem Chromosorb P. Das partikelgebundene Quecksilber wird nach Aufschluß des belegten Filters und die anderen zwei Quecksilberformen nach thermischer Desorption von der jeweiligen Säule mit einem geeigneten Bestimmungsverfahren, z. B. mit der AAS, bestimmt. Die Radiotraceruntersuchungen mit ^{203}Hg zeigten, daß unter optimierten Bedingungen sowohl die Sammlung der einzelnen Formen als auch die Desorption der nicht partikelgebundenen Formen von den zwei Säulen quantitativ abläuft.

Auf ähnliche Weise wurde die Radiotracertechnik auch zur Überprüfung der Sammeleffizienz von in atmosphärischen Aerosolen enthaltener Schwefelsäure eingesetzt. Wegen Gas-Partikel- und Partikel-Partikel-Wechselwirkungen ist Filtration für diesen Zweck nicht gut geeignet. Eine viel geeignetere Sammeltechnik basiert auf der Diffusionsabscheidung unter Verwendung der sogenannten Denuder [13].

In diesem System werden die Säuretröpfchen verdampft und die Schwefelsäure-Moleküle an der Denuderwand abgeschieden, wenn diese für die Säure

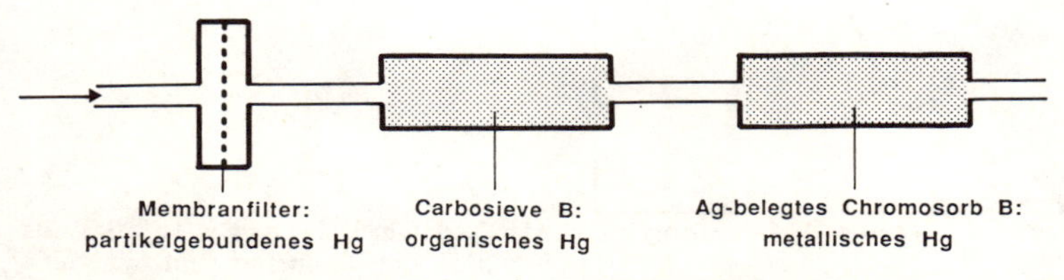

Abb. 2. Schematische Darstellung eines dreistufigen Probensammlers für Quecksilber in der Luft (nach Ref. [12])

als irreversible Senke wirkt. Das kann durch Beschichtung der inneren Wand mit Natriumchlorid erreicht werden. Die Sammeleffizienz für Schwefelsäure wurde mit Hilfe von künstlich produzierten, mit $H_2{}^{35}SO_4$ markierten Aerosolen untersucht. Die irreversible Senke für die gasförmige Schwefelsäure und ihre Umwandlung in ein bestimmbares Produkt basiert auf der Reaktion

$$H_2{}^{35}SO_4 + NaCl \rightarrow NaH^{35}SO_4 + HCl \quad (1)$$

Nach der Probenahme wurde die Beschichtung im Wasser gelöst und die ^{35}S-Aktivität der Lösung gemessen. Abbildung 3 zeigt die Abhängigkeit der Sammeleffizienz als Funktion der Denudertemperatur. Bei einer Temperatur von 413 °K wurde $\geqq 99\%$ der in den Aerosolen enthaltenen Schwefelsäure abgeschieden. Der Einfluß einer Reihe von Salzen auf die Sammeleffizienz wurde ebenfalls untersucht. Mit Hilfe von $H^{36}Cl$ wurde auf ähnliche Weise die Sammeleffizienz von Salzsäure an einer Natriumfluorid-Senke ermittelt.

Bei der Probenahme für die Elementspurenanalyse kann die Einführung von Kontaminationen ein großes Problem werden. Die Radiotracertechnik bietet vielfältige Möglichkeiten der Kontaminationskontrolle. Zum Beispiel liegen die Konzentrationen mehrerer essentieller Elemente, wie Co, Cr, Mn und Ni, im Blutplasma im ppb- und sub-ppb-Bereich. In solchen Fällen ist eine kontaminationsfreie Probenahme von primärer Bedeutung. Der Grund für die Streuung der publizierten Daten – in diversen Fällen über mehrere Größenordnungen – liegt zum großen Teil in den bei der Probenahme eingeführten Kontaminationen. Die Radiotracertechnik hat wesentlich zur Verbesserung der Kenntnis über die Kontaminationsgefahren bei der Probenahme beigetragen. Durch *in situ*-Markierung der zur Probenahme verwendeten Instrumente (Aktivierung im Kernreaktor) und ihre anschließende Verwendung für *in vitro* simulierte Probenahme konnte aus der Aktivität der Proben das Ausmaß der Kontamination abgeschätzt werden. Es wurde z. B. gezeigt, daß handelsübliche Stahlkanülen für

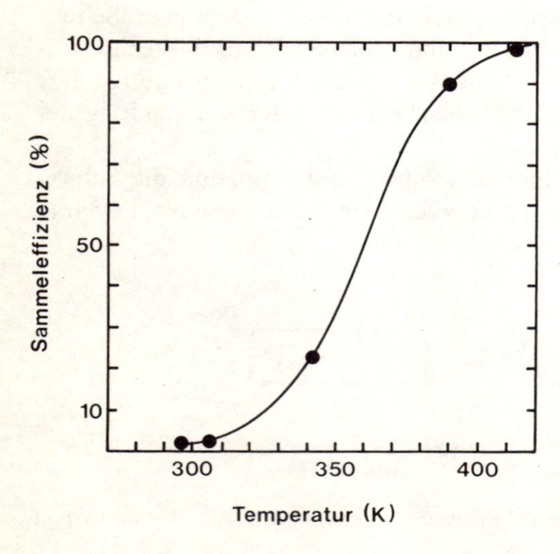

Abb. 3. Sammeleffizienz von $H_2{}^{35}SO_4$ als Funktion der Temperatur im mit NaCl beschichteten Denuder [13]

die Probenahme von Blut völlig ungeeignet sind, wenn im Plasma Co, Cr und Ni bestimmt werden, da die durch Kontamination eingeschleppten Gehalte die eigentlichen um einen Faktor von 10 bis über 1000 überschreiten [14]. Ähnliches gilt für die Verwendung von Menghini-biopsienadeln bei der Entnahme von Gewebeproben [15].

4 Probenvorbehandlung

4.1 Probenfraktionierung

Manchmal ist eine Fraktionierung der ursprünglich entnommenen biologischen oder Umweltproben notwendig, da nur so eine sinnvolle Interpretation der Resultate möglich ist. Blut kann für solche speziellen Situationen als typisches Beispiel dienen: analytische Resultate von Vollblut interessieren nur selten, jedoch die von Plasma oder Serum und von Erythrozyten.

Da sich die Gehalte von vielen Elementen in diesen zwei Probenfraktionen gravierend unterscheiden, kommt ihrer quantitativen Abtrennung voneinander eine große Bedeutung zu. So liegt z. B. der Calciumgehalt der Erythrozyten zwischen 300 und 700 ng/ml, während das Plasma um 200 µg/ml Calcium enthält. Die Vollständigkeit der Trennung von Erythrozyten- und Plasma-Calcium wurde mit Hilfe von ^{47}Ca als Radiotracer untersucht [10]. Hierfür wurden 10 ml Vollblut mit ^{47}Ca-Radiotracer versetzt, gut durchgemischt und gemessen. Nach dem Zentrifugieren wurden die Erythrozyten mit TRIS-HCl-Puffer gewaschen, und die Aktivität des erhaltenen Erythrozytenkonzentrats wurde gemessen. Dabei zeigte sich, daß eine quasi vollständige Trennung des Erythrozyten- und Plasma-Calciums durch dreimaliges Waschen mit der Pufferlösung möglich ist, aber nur dann, wenn die Trennung sofort nach der Blutentnahme vorgenommen wird. Erfolgt die Trennung erst 45 Minuten nach der Probenahme, sind nach der Waschprozedur bereits 2,5% des markierten Plasma-Calciums in der Erythrozytenfraktion zu finden.

Umgekehrt liegt der Fall bei Eisen, dessen Gehalt in Erythrozyten viel höher ist als im Plasma. Hier besteht die Gefahr der Kontamination des Plasmas durch Hämolyse von Erythrozyten.

Bei der Analyse von Wasserproben ist es notwendig, zwischen der eigentlichen wäßrigen Phase und den suspendierten Teilchen zu unterscheiden. Meistens interessieren nur die Gehalte der gelösten Stoffe. Üblicherweise wird die Phasentrennung durch Filtration unter Verwendung eines Membranenfilters mit einer Porengröße von 0,45 µm durchgeführt. Die entnommene Wasserprobe wird gleich nach der Entnahme unangesäuert filtriert. Untersuchungen mit Radiotracern zeigten, daß die so ausgeführte Filtration eine Quelle nicht unerheblicher systematischer Fehler sein kann. Eine Radiotraceruntersuchung, die wir nach dem in der Abb. 4 dargestellten Schema durchgeführt hatten, führte zu der Erkenntnis, daß bei der Filtration von Regen- und Nebelwasser bis zu 15% von gelöstem Quecksilber adsorbiert an dem Membranfilter zurückbleibt. Die

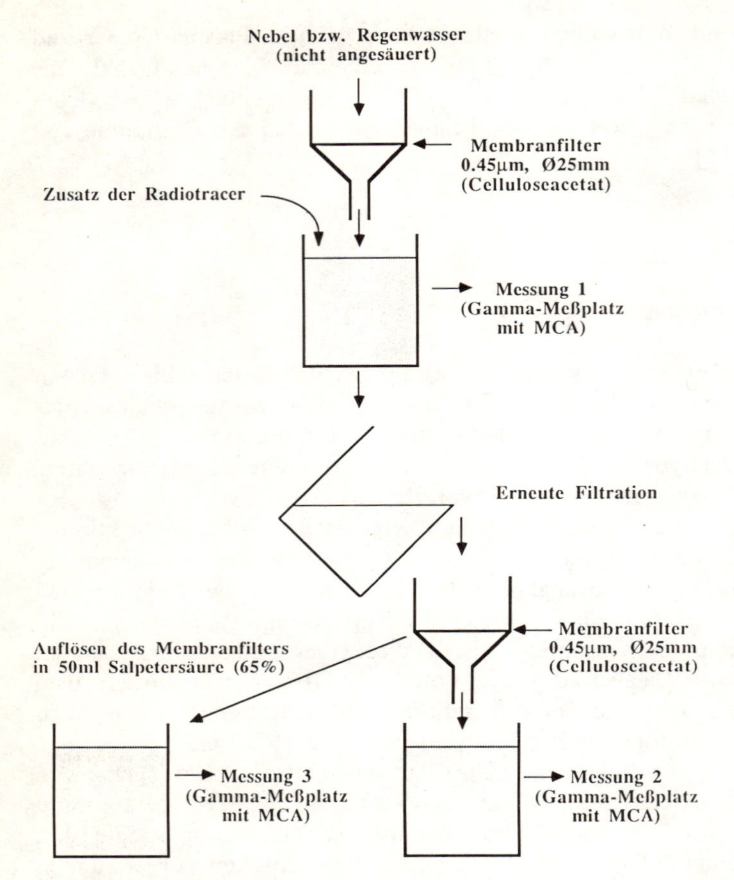

Abb. 4. Arbeitsabfolge bei der Ermittlung der Adsorption von Spurenelementen bei der Filtration von Wasserproben durch die Radiotracertechnik

Verluste werden sowohl durch das Probenvolumen als auch durch die Elementkonzentration beeinflußt. Daraus werden die Grenzen der Filtrationstechnik deutlich: bei Filtration einer unangesäuerten Wasserprobe kann es durch Adsorption am Membranenfilter zu nicht vernachlässigbaren Verlusten kommen. Eine Ansäuerung der Probe vor der Filtration kommt aber nicht in Frage, da man dadurch Anteile der Elemente aus den suspendierten Teilchen in die Lösung überführen würde. Als hilfreich hat sich hierbei die Vorbehandlung des Membranfilters mit der gleichen Wasserprobe erwiesen.

4.2 Trocknung und Eindampfung von Proben

Viele biologische und Umweltproben müssen vor der direkten instrumentellen Messung oder dem Aufschluß getrocknet werden. Dabei wird am häufigsten

Tabelle 2. Beispiele für Verluste der Spurenelemente bei Trocknung biologischer Problen [17]

Prozedur	Element	Matrix	Temperatur, °C [Druck, mm Hg]	Zeit h	beobachtete Verluste [%]
Trockenschrank	Cd	Auster	120	48	kein Verlust
		Rattenleber	110	16	1
	Cr	Rattenleber	120	48	kein Verlust
		Blut	110	16	3
	Hg	Humanurin	105	24	15
		Rattenleber	80	72	5
			120	24	7–15
		Rattenmuskel	120	24	5–21
	I	Humanurin	80	72	2
			120	24	7
		Rattenniere	120	24	15
	Pb	Auster	60	48	10
			120	48	20
	Se	Rattenblut	120	24	<5
		Humanurin	80	72	12–30
			120	24	50–65
Gefriertrocknung	Hg	Humanurin	[0,05]	48	2
		Rattenblut	[0,05]	24	9
		Wasser	[0,01–0,05]	48–72	39
	I	Humanurin	[0,01–0,05]	48–72	2
	Se	Humanurin	0,05	48	3

die Trocknung im Trockenschrank bei Temperaturen zwischen 60 und 120 °C und die Gefriertrocknung verwendet. Diese Techniken werden öfters auch zur Vorkonzentration wäßriger Proben herangezogen.

Auch für die Überprüfung dieser Schritte ist die Radiotracertechnik besonders gut geeignet. Zahlreiche Untersuchungen zeigten, daß in einigen Fällen die Trocknung im Trockenschrank wegen zu hoher Verluste nicht geeignet ist und daß Verluste manchmal auch bei der Gerfriertrocknung in einem nicht vernachlässigbaren Ausmaß auftreten können. Aus den in Tabelle 2 aufgeführten Beispielen [17] ist ersichtlich, daß die Verluste bei einigen Elementen stark matrixabhängig sind. Eine sachgerechte Markierung biologischer Proben, an denen derartige Untersuchungen vorgenommen werden, ist meistens nur durch Metabolisierung oder manchmal auch durch intravenöses Injizieren zu erreichen. Anders ist die Identität der chemischen Form des Radiotracers mit der zu untersuchenden Komponente nicht gewährleistet.

Das Einengen von Probelösungen durch Eindampfen gehört zu den einfachsten Anreicherungsmethoden. Eindampfen fast oder ganz zur Trockene ist meistens zum Wechsel des Mediums unumgänglich. Ein Mediumwechsel muß immer dann vorgenommen werden, wenn das aus dem Aufschluß der Probe resultierende Medium für die anschließende Trennung oder Messung ungeeignet ist.

Der Eindampfschritt beinhaltet bei vielen Spurenelementen die Gefahr erheblicher Verluste. Sie kommen meistens zustande durch Verflüchtigung, jedoch ist oft auch die Retention an den Gefäßwänden als möglicher Prozeß zu berücksichtigen. Für die Untersuchung derartiger Verluste eignet sich die Radiotracertechnik hervorragend.

4.3 Homogenisierung

Die Kenntnis der Homogenität des zu analysierenden Materials ist von großer Bedeutung, da die Analysenportionen bzw. die Anzahl der notwendigen Wiederholungsanalysen bei bestimmter angestrebter und mit dem verwendeten Analysenverfahren erzielbarer Genauigkeit nach dem Homogenitätsgrad abgeschätzt werden. Die Anforderungen an die Homogenität können aber auch durch das verwendete Bestimmungsverfahren diktiert werden. Bei den Lösungsmethoden können die Analysenportionen groß sein (typischerweise 0,2–1 g, je nach Aufschlußmöglichkeiten), so daß kein sehr hoher Homogenitätsgrad erforderlich ist, während bei den meisten direkten Verfahren, wie z. B. Festkörpermassenspektrometrie, direkter Röntgenfluoreszenzanalyse, optischer Atomemissionsspektrometrie mit Funken-, Bogen-, oder Glimmentladung, der direkten Atomabsorptionsspektrometrie mit Festproben und der Aktivierungsanalyse mit geladenen Teilchen nur ein kleiner Bruchteil der Analysenportion in den Anregungsprozeß einbezogen wird. Deshalb ist die Kenntnis der Homogenität sehr wichtig.

Mit der Radiotracertechnik kann die Homogenisierung des zu analysierenden Materials direkt und daher sehr einfach kontrolliert werden. Die Markierung kann entweder durch Addition des Radiotracers zu dem fraglichen Material oder durch *in situ* Markierung durch Radioaktivierung erfolgen.

Bei dem ersten Modus werden nach der Markierung Meßproben zur Messung der Radioaktivität bei verschiedenen Stufen der Homogenisierung entnommen. Die relative Aktivität (Impulsrate pro Gewichtseinheit) der Meßproben wird verfolgt in Abhängigkeit von dem relevanten Parameter, üblicherweise der Zeit. Der Grad der Übereinstimmung der spezifischen Aktivitäten kann am besten durch die Standardabweichung ausgedrückt werden.

So wurde z. B. die Effizienz der Homogenisierung von Fichtennadeln mit dem häufig verwendeten Homogenisator Mikro-Dismembrator II (Firma Braun, Melsungen) exemplarisch für das Element Mangan mittels der Radiotracertechnik überprüft [18]. Hierfür wurden ganze Nadeln durch Bestrahlung im Kernreaktor *in situ* markiert. Die bestrahlten Nadeln wurden dann mit unbestrahlten in einem Verhältnis von ca. 1:50 vermischt und homogenisiert. Von dem homogenisierten Material wurden jeweils 7 Portionen von etwa 70 mg und von etwa 250 mg entnommen und ihre Aktivität mit einem Gammaspektrometer gemessen. Die Resultate zeigen (s. Abb. 5), daß die Homogenitäts-Standardabweichung erwartungsgemäß für die 250 mg-Portionen deutlich niedriger ist als die für die 70 mg-Portionen. Durch diese Untersuchung konnte der Nachweis

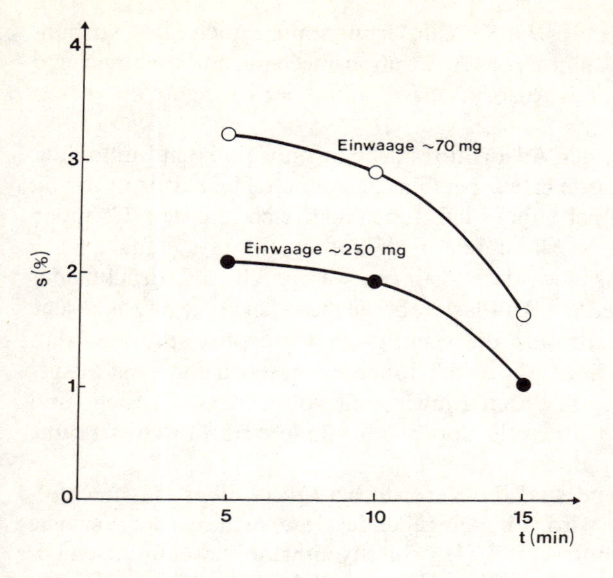

Abb. 5. Mittels des Radiotracers ^{56}Mn ermittelte Abhängigkeit der Homogenitätsstandardabweichung (n = 7) von der Homogenisierungszeit bei Fichtennadeln in einem Vibrationshomogenisator [18]

erbracht werden, daß die Standardabweichung auch für die kleineren Probenportionen und die kürzeste Homogenisationszeit unterhalb von 4% liegt. Bei beiden Portionsgrößen ist sie nach einer Homogenisationszeit von 15 min kleiner als 2% und fällt im Vergleich zu den viel größeren Unsicherheiten in anderen Schritten des Analysenprozesses, besonders bei der Probenahme, praktisch nicht ins Gewicht.

5 Verluste bei der Lagerung von Probe- und Standardlösungen

Während der Lagerung von flüssigen Proben oder Lösungen aufgeschlossener fester Proben sowie von Standardlösungen können erhebliche Verluste bei den interessierenden Spurenkomponenten auftreten. Die Gefahr dieser systematischen Fehler wird zu oft unterschätzt. Die Verluste kommen meistens durch Adsorption an den Gefäßwänden, seltener durch Verflüchtigung oder Ausfällung des gelösten Spurenstoffes zustande.

Die Radiotracertechnik ist zweifellos die am besten geeignete Methode für derartige Untersuchungen. Hier kann man besonders vorteilhaft von der extrem hohen Nachweisempfindlichkeit und dem direkten und einfachen Weg der Informationsermittlung Gebrauch machen. Keine andere prinzipiell in Frage kommende Methode ist konkurrenzfähig; fast alle gegenwärtig vorhandenen Daten über diesen Themenkreis wurden mittels der Radiotracer erarbeitet [5].

Obwohl sich inzwischen beachtlich umfangreiches experimentelles Datenmaterial über die Adsorption anorganischer Spezies aus verdünnten Lösungen an Glas, Quarz und diversen Plastikmaterialien angesammelt hat, ist dessen ausreichend schlüssige systematische Klassifizierung immer noch nicht vorhanden, da in vielen Fällen die Kenntnis des Adsorptionsmechanismus unzureichend ist. Deshalb ist es schwierig, das Adsorptionsverhalten der Elemente im voraus abzuschätzen.

Die beste Kenntnis über den Adsorptionsmechanismus und den Einfluß der verschiedenen Parameter wurde bisher bei Glas gewonnen. Die Adsorption von Kationen findet hauptsächlich über den Ionenaustausch an den Gruppen ≡SiOH oder ≡SiOMe (Me ist Alkali- oder Erdalkalimetall) statt. Danach kann diese Adsorption durch Ansäuern der Lösungen wesentlich unterdrückt oder praktisch ganz vermieden werden. Bei Plastikoberflächen stellen die physikalische Adsorption und die Chemisorption die wichtigsten Absorptionsprozesse dar, jedoch kann auch hier die Sorption durch Ionenaustausch nicht ganz ausgeschlossen werden, da sich z. B. durch Einwirkung von Sauerstoff, Licht und Wärme an der Oberfläche Carboxylgruppen oder andere austauschwirksame Gruppen bilden können.

Besonders schwerwiegend sind die Verluste bei Quecksilber, das nachfolgend als Beispiel behandelt wird. Eine eingehende Untersuchung der Verluste von Hg^{2+} mit Hilfe des Radiotracers ^{203}Hg, durchgeführt mit zwei unterschiedlichen Quecksilberkonzentrationen (30 ng Hg/ml und 1 µg Hg/ml), vier Gefäßmaterialien (Polyethylen, Polypropylen, Quarz und Glas) und fünf verschiedenen

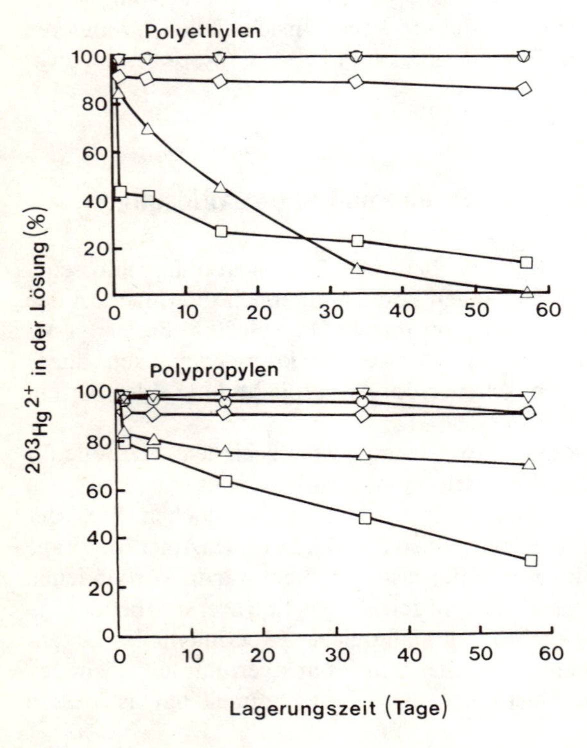

Abb. 6. Verluste während der Lagerung von Hg^{2+}-haltigen Lösungen (30 ng/ml) in Polyethylen- und Polypropylenbehältern [19]. Lösungen: □ reines Wasser, △ 0,5 M HNO_3, ◇ 0,5 M HCl, ○ 2% HCl/2% H_2O_2, ▽ 5% HCl/2% HNO_3/2% H_2O_2

Medien (Wasser, 0,5 M HNO_3, 0,5 M HCl, 2% HCl/2% H_2O_2 und 5% HCl/2% HNO_3/2% H_2O_2) [19]. Abbildung 6 zeigt einige Resultate für die Hg-Konzentration von 30 ng/ml.

Bei allen untersuchten Materialien kommt es aus wäßrigen Lösungen sehr schnell zu gravierenden Verlusten; sie sind besonders groß in Polyethylen (s. Abb. 6). Aus Wasser betrugen die Verluste nach einem Tag nahezu 60%, nach 57 Tagen 90%. Die Verluste werden kleiner in der Reihenfolge Polyethylen-Polypropylen-Glas-Quarz. Durch Verwendung von 0,5 M HNO_3-Lösungen konnte keine wesentliche Reduzierung der Hg-Verluste erreicht werden. Eine viel stärkere stabilisierende Wirkung zeigten 0,5 M HCl-Lösungen, jedoch wurden auch in diesem Medium Verluste bis zu 15% beobachtet. Um die Anteile der Verluste durch Adsorption und durch Verflüchtigung festzustellen, wurden die Gefäße und die Lösungen nach der abgelaufenen Lagerungszeit getrennt gemessen und die jeweiligen Impulsraten mit denen der ursprünglichen markierten Lösungen verglichen. Diese Untersuchungen führten zu der Erkenntnis, daß die Verluste sowohl durch Adsorption als auch durch Verflüchtigung zustande kommen, wobei unter bestimmten Bedingungen der überwiegende Anteil der Verluste auf Verflüchtigung zurückzuführen ist (s. Abb. 7).

Für die Erklärung der Verflüchtigung kommen hauptsächlich zwei Mechanismen in Betracht: (1) Reduktion von Hg(II) zu Hg(I) und anschließende spontane Disproportionierung von Hg(I) zu Hg(II) und dem flüchtigen Hg^0 (eine

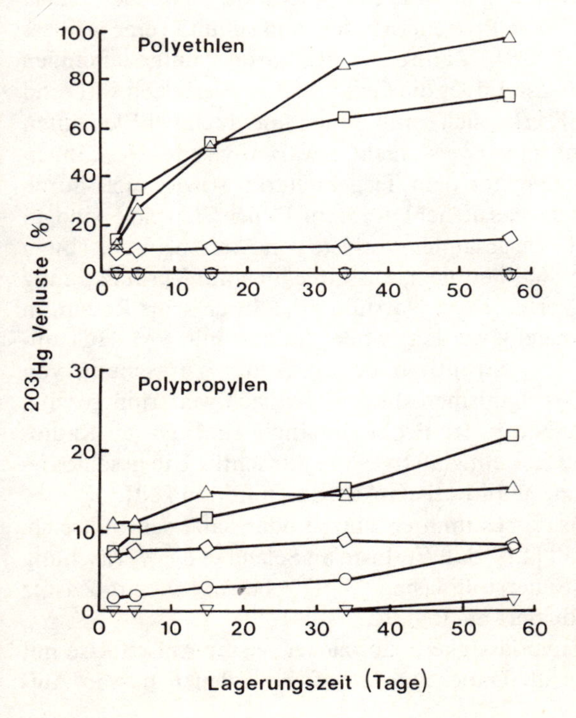

Abb. 7. Durch Verflüchtigung auftretende Verluste bei der Lagerung von Hg^{2+}-haltigen Lösungen (30 ng/ml) in Polyethylen- und Polypropylengefäßen [19]. Lösungen: □ reines Wasse, △ 0,5 M HNO_3, ◇ 0,5 M HCl, ○ 2% HCl/2%H_2O_2, ▽ 5% HCl/2% HNO_3/2%H_2O_2

genügend hohe Kontamination mit einem Reduktionsmittel muß angenommen werden), und (2) Umwandlung von Hg^{2+} in flüchtiges Organo- oder elementares Quecksilber.

Eine sehr effektive Stabilisierung des anorganischen Quecksilbers konnte in HCl/H_2O_2-haltigen Lösungen erreicht werden (s. Abb. 6 und 7): es wurde keine Abnahme der Quecksilberkonzentration innerhalb von zwei Monaten festgestellt. Die Bildung von stabilen Chloro-peroxo-Quecksilberkomplexen bietet sich als eine mögliche Erklärung der Stabilisierung an.

Eine umfassende Übersicht über Verluste von Spurenelementen aus Lösungen ist in Ref. [5] gegeben.

6 Aufschluß

Wie bereits in der Einleitung diskutiert, sind die meisten nachweisstarken Bestimmungsmethoden nur zur Analyse von Lösungen gut geeignet. Da es während des Aufschlusses leicht zu erheblichen Verlusten kommen kann, sollen die Aufschlußverfahren sorgfältig auf Ausbeuten der interessierenden Elemente überprüft werden. Auch für diesen Zweck haben sich die Radiotracer als sehr geeignet erwiesen.

Trockene Veraschung von organischem Material zwischen 400 °C und 700 °C wird immer noch relativ häufig als Aufschlußmethode verwendet. Sie ist einfach und ermöglicht, auch größere Probenportionen und simultan eine größere Anzahl von Proben zu bearbeiten. Zahlreiche Radiotraceruntersuchungen haben zu einem guten Kenntnisstand über die Gefahren von Verlusten während der Veraschung geführt, die z. T. erheblich sein können und auch bei Elementen auftreten, bei denen man sie normalerweise nicht erwarten würde. Sie können durch Verflüchtigung, Reaktionen mit dem Tiegelmaterial sowie auch durch mechanische Verluste von Asche verursacht werden. Einige Beispiele sind in Tabelle 3 aufgeführt. So sind z. B. die gesamten Verluste von Arsen bei Veraschung von Rattenblut bei 450 °C, die 86% betragen, ausschließlich auf Verflüchtigung zurückzuführen, während die Verluste von Natrium (8%) durch seine Retention an der Quarztiegelwand verursacht werden, wobei Spülen mit 6 M HCl unwirksam blieb. Die Verluste von Strontium bei trockener Veraschung von Rattenblut finden über beide Mechanismen statt. Es hat sich weiterhin gezeigt, daß die Verluste auch von der Natur der Probe abhängig sind. Durch Radiotraceruntersuchungen wurde festgestellt, daß trockene Aufschlüsse in geschlossenen Systemen im allgemeinen zu quantitativen Ausbeuten führen [20].

In vielen Fällen ist der Zusatz bestimmter Säuren oder Salze sehr hilfreich. So wurde mittels ^{75}Se festgestellt [21], daß Verluste an Selen bei der Veraschung von biologischem Material in Sauerstoffplasma 93–97% betrugen; beim Zusatz von $Mg(NO_3)_2$ wurden sie reduziert auf 0–4,6%.

Ähnlich wurde auch die Zuverlässigkeit zahlreicher nasser Aufschlüsse mit der Radiotracertechnik überprüft. Dabei wurden oft bei offenen nassen Auf-

Tabelle 3. Beispiele für die Kontrolle von Verlusten bei Veraschung von biologischem Material, verbunden mit Lösen der Asche in 6 M HCl mit Radiotracern (zusammengestellt nach Ref. [5])

Element/ Radioisotop	Matrix	Art der Markierung	Tempe-ratur (°C)	Verlust (%)			
				durch Verflüchtigung	durch Adsorption	Total	Gefäßmaterial
$As/^{74}As$	Rattenblut	B	450	86	0	86	Quarz
	Rattenknochen	B	450	44	5	49	Quarz
$Cr/^{51}Cr$	Rattenblut	C	500			4	Platin
			700	47,2	4,1	51,3	Platin
	Rattenleber	C	700	1	1,8	2,8	Platin
	Bierhefe	C	700	0	4,1	4,1	Quarz
$Cu/^{64}Cu$	Kakao	A	500	0	14	14	Quarz
$Na/^{22}Na$	Rattenblut	B	450	0	8	8	Quarz
	Rattenniere	B	450	0	0	0	Quarz
$Pb/^{212}Pb$	Kakao	A	450	3	0	3	Quarz
	Polyvinylchlorid	A	450	41	2	43	Quarz
$Sr/^{85}Sr$	Rattenblut	B	450	16	7	23	Quarz
$Zn/^{65}Zn$	Rattenblut	C	500	0	0,9	0,9	Platin

A: Zugabe von Radioisotopen; B: intravenöse Injektion von Radioisotopen; C: metabolisiert durch Inkorporation

schlüssen dramatische Verluste festgestellt, z. B. bis zu 99% für Se in biologischem Material [22]. Auf der anderen Seite hat sich der offene Aufschluß von biologischem Material für die Bestimmung von Se mit dem Gemisch $H_3PO_4/HNO_3/H_2O_2$ als schnell, zuverlässig und sehr effizient erwiesen [21].

Beim Aufschluß von biologischem Material in dem Gemisch $HNO_3/HClO_4$ wurden, abhängig von der Erhitzungszeit, Verluste von Antimon bis zu 50% beobachtet [23]. Genauere Untersuchungen mit einem Antimonradiotracer zeigten, daß die Verluste nicht durch Verflüchtigung, sondern durch Adsorption von schwerlöslichen Atimonverbindungen an der Gefäßwand verursacht wurden. Eine Abhilfe war möglich durch Verwendung des Säuregemisches $HNO_3/HClO_4/H_2SO_4$, mit dem Aufschlußausbeuten für Sb von mehr als 99% erreicht wurden. Die Adsorption wurde dabei durch Komplexierung von Sb(V) mit H_2SO_4 vermieden. Mittels des Radioarsens ^{76}As wurde festgestellt, daß sich während des offenen Aufschlusses von Niobmetall in einem Gemisch von HF und HNO_3 Arsen nahezu vollständig verflüchtigt [24]. Dies zeigt, daß die Verflüchtigung von As(III) schneller verläuft als seine Oxidation zu As(V). Ähnliches Verhalten von Arsen wurde auch bei Aufschluß von Silikaten in $HF/HClO_4$ [25] beobachtet.

Zahlreiche Radiotraceruntersuchungen von nassen Aufschlüssen in Druckbomben unterschiedlicher Bauart [26–28] führten zur Absicherung ihrer Qualität bezüglich Ausbeuten und chemischer Form.

Mit den entsprechenden Elementen dotiertes Niobmetall wurde *in situ* durch Neutronenaktivierung markiert und zur Untersuchung des Verhaltens der Spurenelemente bei dem Aufschluß dieses Materials durch Chlorierung im Cl_2-Strom sowie der anschließenden Matrix-Spuren-Trennung durch homogene Fällung von Niobsäure eingesetzt [29]. Durch dieses Aufschlußverfahren kann, falls erforderlich, eine Unabhängigkeit von Flußsäure erzielt werden.

7 Trennung und Anreicherung

Obwohl zur Untersuchung des Verhaltens einer Spurenkomponente in einem Trennsystem in den meisten Fällen jedes Bestimmungsverfahren, das die erforderliche Nachweisempfindlichkeit und Zuverlässigkeit besitzt, angewendet werden kann, ist auch bei der Lösung dieser Fragestellungen die Radiotracertechnik anderen in Frage kommenden Methoden überlegen. Dabei wirken sich sehr vorteilhaft die Einfachheit (direkte Aktivitätsmessung), hohe Spezifität, Richtigkeit und Schnelligkeit der Radiotracertechnik aus. Darin liegt es begründet, daß die meisten Daten über Verteilungskoeffizienten für Zweiphasensysteme unter statischen Bedingungen und über Elutionsverhalten und Ausbeutenkoeffizienten bei chromatographischen Verfahren mit Hilfe der Radiotracer erhalten wurden. Besonders vorteilhaft ist die Radiotracertechnik im Vergleich mit anderen Untersuchungsmethoden bei der Ermittlung extrem hoher und extrem niedriger Verteilungskoeffizienten und Trennfaktoren. Bei der Entwicklung von Matrix-

Spuren-Trennungen besitzt die Radiotracertechnik vom Prinzip her von allen in Frage kommenden Untersuchungsmethoden die besten Voraussetzungen für die Ermittlung zuverlässiger Trenndaten; denn bei dieser Technik werden die Meßsignale durch keine Matrixeffekte beeinflußt; andere Methoden benötigen für derartige Untersuchungen Materialien höchster Reinheit oder mit bekannten Gehalten der zu untersuchenden Spurenelemente. Nachfolgend soll die Anwendung der Radiotracer zu diesem Zweck anhand einiger Beispiele aufgezeigt werden.

Radiotracer von 61 Elementen wurden im Rahmen einer umfassenden Untersuchung der Retention von Ionen aus sauren Lösungen an Säulen, gepackt mit normalen und/oder hydratisierten Oxiden von Al, Mn, Sb und Sn, mit Zirkoniumphosphat und Kupfersulfid sowie ergänzend mit einem Kationen- und Anionenaustauscher, eingesetzt [30]. Dabei wurden nahezu 2000 Adsorptionsexperimente und insgesamt 8500 Messungen durchgeführt. Eine derartige Datenmasse könnte durch andere Methoden nur mit sehr viel höherem Aufwand erarbeitet werden. Die Radiotracertechnik ist besonders vorteilhaft in Fällen von starker Adsorption an der Säule, die direkt mit einem Gamma-Meßplatz gemessen werden kann. Diese Daten waren ein wichtiges Fundament für die Ausarbeitung mehrerer Trennverfahren von großer praktischer Bedeutung. So zum Beispiel wird bei der Neutronenaktivierungsanalyse (NAA) von Aluminium durch die Reaktion $^{27}Al(n, \alpha)^{24}Na$ eine relativ hohe Aktivität von ^{24}Na ($t_{1/2} = 15$ h) gebildet, die die Leistungsfähigkeit der instrumentellen NAA erheblich einschränkt. Eine wesentliche methodische Verbesserung kann erreicht werden, wenn die aktivierte Aluminiumprobe aufgeschlossen und das störende ^{24}Na-Radionuklid von dem restlichen Gemisch der Indikatorradionuklide durch spezifische Sorption des Natriums an hydratisiertem Antimonpentoxid aus HCl/HF-Medium abgetrennt wird [31]. Radiotraceruntersuchungen führten zu der Erkenntnis, daß Natrium zu mehr als 99% an der Säule adsorbiert wird, während 48 andere Elemente mit Ausbeuten über 99% und die Elemente Br, Cs, K, Rb und Se mit Ausbeuten zwischen 93 und 98,5% im Eluat bleiben. Mit dieser radiochemischen Trennung können bei der Analyse von Reinstaluminium die Nachweisgrenzen, relativ zur instrumentellen NAA, um einen Faktor bis zu 200 verbessert werden. Die Abtrennung von ^{24}Na ist oft auch bei der Neutronenaktivierungsanalyse von biologischem Material erforderlich.

Mittels der Radiotracer wurde von uns das Sorptionsverhalten von Elementen an dem Anionenaustauscher Dowex-1 und an Polyurethanschaumstoff in den Mischmedien HF-NH_4F, HF-H_2SO_4, HF-HCl, HCl-KSCN und HF-KSCN systematisch untersucht. Das umfangreiche Datenmaterial wurde in Form von Schichtliniendiagrammen log D/log C (Komponente 1)/log C (Komponente 2) übersichtlich dargestellt. Als Beispiel sind in Abb. 8 Schichtdiagramme für die Verteilung von Sb(V), Se(III), Fe(III) und Au(III) in dem System Dowex-1/HCl-KSCN gezeigt [32]. Es wurden zahlreiche Diagramme dieser Art angefertigt, wobei für die Erstellung eines Diagramms die Bestimmung von über 100 Verteilungskoeffizienten notwendig war. Diese Schichtdiagramme vermitteln wertvolle Hinweise darüber, in welchen Medien und bei welchen Konzentrationen

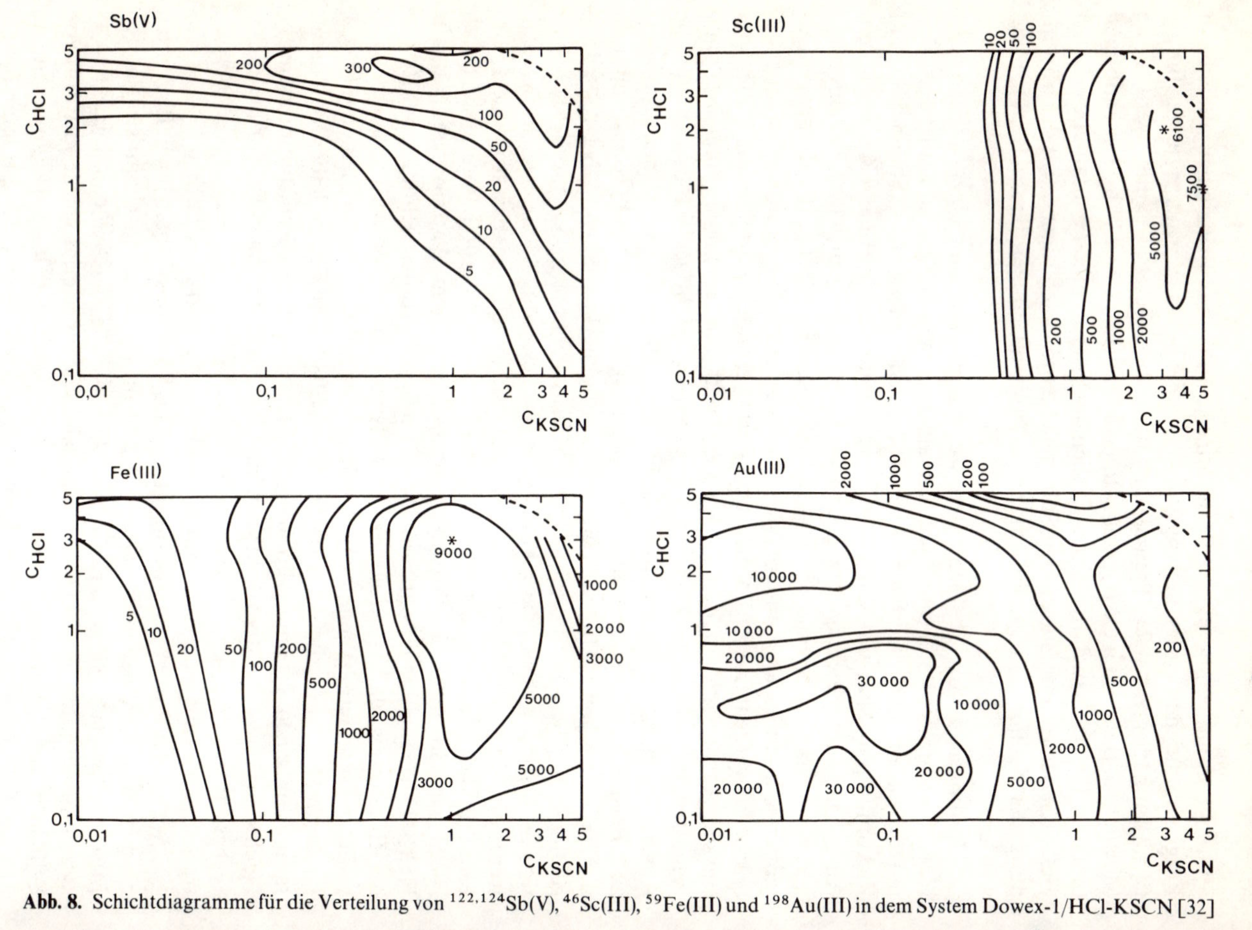

Abb. 8. Schichtdiagramme für die Verteilung von ^{122,124}Sb(V), ^{46}Sc(III), ^{59}Fe(III) und ^{198}Au(III) in dem System Dowex-1/HCl-KSCN [32]

der komplexbildenden Komponenten lohnenswerte Untersuchungen unter dynamischen Bedingungen zur Entwicklung von problembezogenen Trennverfahren vorzunehmen sind.

Darüber hinaus kann aus dem Verlauf der Schichtdiagramme die Art und Zusammensetzung der in die Sorption involvierten Komplexe gedeutet werden. Bei Komplexen mit nur einem Ligandentyp verlaufen die Linien quasi senkrecht zu der Achse, auf der die Konzentration des entsprechenden Komplexbildners aufgetragen ist, während bei Mischkomplexen eher ein diagonaler Verlauf oder das Auftreten von inselähnlichen Peaks zu erwarten ist. Beispielsweise läßt der Verlauf der Schichtdiagramme für das Mischmedium HCl/KSCN darauf schließen, daß die relativ schwache Sorption von Sb(V) an Dowex-1 bei KSCN-Konzentrationen <0,1M über den Chlorokomplex $SbCl_6^-$ und bei höheren KSCN-Konzentrationen zunehmend über Mischkomplexe der Zusammensetzung $SbCl_u(SCN)_v^{5-u-v}$ $(u = 4 - 5, v = 1 - 2)$ realisiert wird. Dagegen findet bei Sc(III) der Austausch in breiten HCl- und KSCN-Konzentationsbereichen hauptsächlich über den Komplex $Sc[SCN)_4^-$ statt. Bei Fe(III) erhält man maximale Verteilungskoeffizienten in Lösungen von etwa 3M HCl und 1M KSCN, wobei die Linienform in diesem Konzentrationsbereich darauf schließen läßt, daß die Sorption über Mischkomplexe wie z. B. $FeCl_2(SCN)_2^-$ abläuft. Auch bei der besonders starken Sorption von Au(III), die bei Konzentationen um 0,5M HCl und 0,1M KSCN auftritt, können Mischkomplexe (z. B. $AuCl_3SCN^-$) als Austauschspezies vorausgesetzt werden.

Die Radiotracer haben sich auch bei der Untersuchung der Rolle der Ionenform der Anionenaustauscher als sehr hilfreich erwiesen [33]. Dabei zeigte es sich, daß die Überführung der Chloridform, in der die Anionenaustauscher kommerziell erhältlich sind, in die häufig erforderliche Fluoridform wegen eines viel niedrigeren relativen Selektivitätskoeffizienten der Fluoridionen nicht so leicht zu erreichen ist, wie in zahlreichen Arbeiten angenommen wurde. Unter dynamischen Bedingungen wird der Ionenaustauscher quantitativ in die Fluoridform nur durch Vorbehandlung mit konzentrierten flußsauren Lösungen umgewandelt. Bei Verwendung von 10 M HF werden etwa fünf Säulenvolumina und bei 2M HF sogar etwa zwanzig Säulenvolumina der Säurelösung für die quantitative Umwandlung benötigt. Diese kann auch mit neutralen NH_4F-Lösungen erzielt werden.

Es wurde weiterhin festgestellt, daß beim Waschen des Anionenaustauschers in Fluoridform mit Wasser diese zu einem beträchtlichen Grad in die Hydroxidform überführt wird. Dies kann das Austauschverhalten der Säule bedeutend verändern. Eingehende Radiotraceruntersuchungen führten zu der Erkenntnis, daß die meisten Trennverfahren aus flußsaurem Medium auch bei Verwendung von Anionenaustauschern in Chloridform richtig funktionieren. In Einzelfällen, wie z. B. bei Sc(III) und Fe(III), können jedoch dramatische Abweichungen auftreten, die unberücksichtigt schließlich zu gravierenden systematischen Fehlern führen würden. Der starke Einfluß der Ionenform auf das Verteilungsverhalten von Sc(III) im HF-Medium ist deutlich in Tabelle 4 zu sehen.

Tabelle 4. Änderung der Verteilungskoeffizienten für Sc(III) in dem System Dowex 1/HF durch die Ionenform des Austauschers [32]

HF-Konzentr.	lg K_D		
[M]	F^-	Cl^-	NO_3^-
0,1	4,61	2,30	2,05
0,4	3,58	1,92	1,68
1,0	2,84	1,66	1,42
4,0	1,88	1,36	1,12
10,0	1,23	0,99	0,86
20,0	0,53	0,51	0,50

Tabelle 5. Kodestillation von 59 Elementen im Destillat nach Abtrennung des Si von den Matrices Mo, Nb, Ta, Ti und V

Element	Kodestillation (%)
Si	$98{,}2 \pm 1{,}1$
Br	>99
I	>92
Hg	$9{,}8 \pm 2{,}1$
As	$0{,}065 \pm 0{,}01$
Ag, Au, Ba, Ca, Cd, Ce, Co, Cr, Cs, Cu, Dy, Er, Eu, Fe, Ga, Gd, Hf, Ho, In, Ir, K, La, Lu, Mn, Mo, Na, Nb, Nd, Ni, Np, Os, P, Pa, Pd, Pr, Rb, Re, Ru, Sb, Sc, Se, Sm, Sn, Sr, Ta, Tb, Tc, Tm, W, Y, Yb, Zn, Zr	$<0{,}01$

Mit Hilfe der Radiotracer von 59 Elementen wurde die Mitverflüchtigung anderer Spurenelemente bei der Abtrennung von Silicium durch Destillation als SiF_4 von den Matrices Molybdän, Niob, Tantal, Titan und Vanadium untersucht. Die Apparatur und die Bedingungen der Destillation wurden dahingehend optimiert, daß ein hoher Selektivitätsgrad der Si-Trennung erreicht wird. Nach dem Probenaufschluß in HF/HNO_3 erfolgt die Destillation aus dem Medium $HF/HNO_3/H_2SO_4$, das eine kleine Menge HBr enthält. Die Resultate der Radiotraceruntersuchungen sind in Tabelle 5 zusammengefaßt. Die Zugabe von 100 µl HBr vermeidet die Mitverflüchtigung von As; ohne Zugabe von HBr wird As bis zu 70% mitdestilliert.

8 Der Bestimmungsschritt

In vielen Fällen bietet die Radiotracertechnik einzigartige Möglichkeiten, die einer Bestimmung zugrundeliegenden Prozesse aufzuklären und nachfolgend eine Optimierung der Bestimmungsprozedur vorzunehmen. Manchmal können mit dieser Technik unerwartete versteckte Quellen systematischer Fehler aufgespürt und ausgeschaltet werden. Besonders häufig wurde sie zu diesem Zwecke bei der Hydrid- und Graphitrohr-Atomabsorptionsspektrometrie und den elektrochemischen Methoden eingesetzt.

Anhand des folgenden Beispiels läßt sich die Eignung der Radiotracertechnik zum Aufspüren von versteckten Fehlerquellen besonders gut demonstrieren.

Für die Bestimmung von Se in Abwässern und anderen Umweltproben wurde eine Hydrid-AAS-Methode vorgeschlagen, die sich aus den folgenden Schritten zusammensetzt: Aufschluß der Proben in H_2O_2/H_2SO_4 unter Rückfluß, Reduktion von Se(VI) zu Se(IV) mit HCl und Hydrierung mit $NaBH_4$, verbunden mit gleichzeitiger Absorptionsmessung. Nach anfänglichem breitem Einsatz hat sich diese Methode ziemlich schnell als unzuverlässig erwiesen. Man beobachtete nicht reproduzierbare Verluste bis zu 40%, die auch bei Bearbeitung matrixfreier Standardlösungen auftraten.

Mit Hilfe des Radiotracers ^{75}Se wurden alle Teilschritte der Bestimmungsprozedur systematisch untersucht [34]. Während bei dem Aufschluß und der Reduktion von Se(VI) zu Se(IV) quantitative Ausbeuten erhalten wurden, waren die Ausbeuten der Hydrierung nicht immer quantitativ und zeigten eine große Streuung . Dabei wurde ein Zusammenhang zwischen der im Hydrierungsgefäß zurückbleibenden ^{95}Se-Radioaktivität und der Zeit, die zwischen der Durchführung der Reduktion mit HCl und der Hydrierung verstrichen ist, beobachtet. Eine genauere Untersuchung brachte einen eindeutigen Beweis für diesen Zusammenhang, der in Abb. 9 dargestellt ist. In weiteren Radiotraceruntersuchungen konnte der Grund für dieses unerwartete Verhalten von Selen einwandfrei geklärt werden: die Zunahme des nicht hydrierbaren Selens mit der

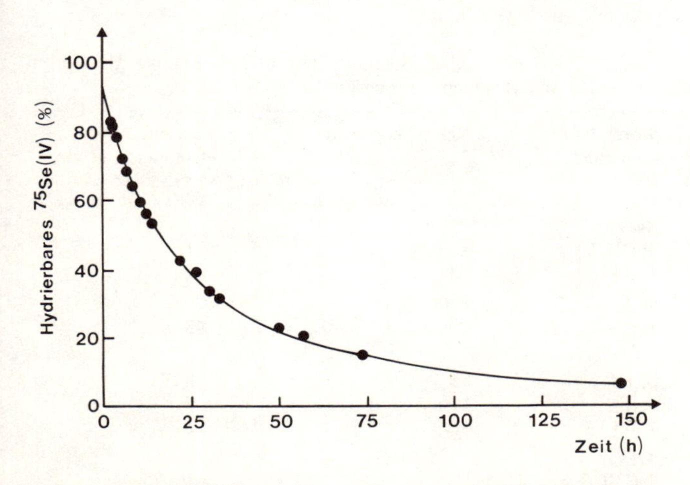

Abb. 9. Abnahme des hydrierbaren $^{75}Se(IV)$ mit der verstrichenen Zeit zwischen Beendigung der Reduktion von Se(VI) mit 5 M HCl und dem Beginn der Hydrierung [34]

Zeit liegt an einer langsamen Oxidation von Se(IV) zu Se(VI) mit Chlor, das in dem Reduktionsschritt durch Reaktion zwischen HCl und restlichem H_2O_2 entsteht

$$H_2SeO_3 + Cl_2 + H_2O \Leftrightarrow H_2SeO_4 + 2HCl \quad (2)$$

Etwa 20 min nach der Reduktion lagen noch 93% des Selens als Selenit vor, während es nach einer Woche nur 6% waren. Nachdem die Fehlerursache klar war, konnte Abhilfe sehr leicht geschaffen werden: wird das Chlor während der Reduktion mit einem Stickstoffstrom ausgeblasen, bleibt Selen noch drei Wochen nach der Reduktion mit 98% in der hydrierbaren Se(IV)-Form.

Nach ihrer Einführung Mitte der siebziger Jahre litt die Hydrid-Atomabsorptionsspektrometrie an ungenügender Zuverlässigkeit, die auf ursprünglich übersehene Fehlerquellen zurückzuführen war. Störungen können sowohl in der flüssigen Phase während der Hydrierung als auch in der Gasphase während der Atomisierung auftreten. Mittels der Radiotracertechnik konnten einige Störungen lokalisiert, ihr Ausmaß bestimmt und die Gründe für ihr Auftreten aufgeklärt werden.

Eine gravierende Quelle systematischer Fehler können die Querstörungen der hydridbildenden Elemente sein. In einer eingehenden Radiotraceruntersuchung, ergänzt durch Atomabsorptionsspektrometrie, konnte ermittelt werden, in welcher Phase und in welchem Ausmaß die Störungen bei bestimmter Elementkombination stattfinden [35]. Dabei wird durch die Absorptionsmessungen mit und ohne das störende Element aus dem Vergleich der Meßsignale die totale Signaldepression ermittelt. Durch die Absorptionsmessungen kann man prinzipiell nur die Summe der Störungen erfassen, man kann jedoch keine Hinweise auf ihren Ursprung erhalten. Wird parallel zu den Absorptionsmessungen das Analytelement radioaktiv markiert, kann durch Vergleich der Radioaktivität der

Tabelle 6. Beispiele für gegenseitige Störungen hydridbildender Elemente; die relative Absorption bezieht sich auf Absorption für reines Analytelement, gesetzt als 100%

Zu bestimmendes Element	Störendes Element, 100 µg	Rel. Absorption (%)	Rest des Analytelements in Hydr.-Gefäß (%)
Se(IV)	As(V)	6	3,5
(50 ng in 10 ml	Sb(III, V)	kein Signal	< 1
0,5 M HCl)	Te(IV)	97	2
As(V)	Se(IV)	kein Signal	1,5
(50 ng in 10 ml	Te(IV)	20	43
0,5 M HCl)			
Sb(III)	Bi(III)	5	8
(100 ng in 10 ml	Se(IV)	kein Signal	7
1 M HCl)	Te(IV)	90	8
Sn(IV)	As(V)	kein Signal	< 1
(50 ng in 20 ml	Se(IV)	50	1
gesätt. Borsäure)	Te(IV)	40	35

Probelösung vor und nach der Hydrierung das Ausmaß der in der flüssigen Phase stattfindenden Störung ermittelt werden. Eine Störung in dieser Phase, unabhängig von dem zugrundeliegenden Prozeß (Bildung von schwerlöslichen Verbindungen mit dem Analytelement, katalytische Zersetzung von Hydriden) muß immer mit unvollständiger Hydrierung des Analytelements verbunden sein. Aus der Größe der Signaldepression und dem Anteil der Störung in flüssiger Phase kann das Ausmaß der Störung in der Gasphase quantifiziert werden. Einige Beispiele sind in Tabelle 6 gegeben. Daraus ist ersichtlich, daß die gegenseitigen Störungen der hydridbildenden Elemente in beiden Phasen stattfinden können. Während Sb die Bestimmung von Se, Se die Bestimmung von As und As und Se die Bestimmung von Sn bis zur totalen Signaldepression praktisch nur in der Gasphase stören, findet bei der Bestimmung von Sb durch Bi, Se und Te eine leichte und bei der Bestimmung von As und Sn durch Te eine starke Störung auch in der flüssigen Phase statt.

Ferner konnte mit Hilfe des Radiotracers ^{124}Sb festgestellt werden, daß bei der Antimonbestimmung vor der Hydrierung eine Reduktion von Sb(V) zu Sb(III) notwendig ist, da die durch Kondensationsprozesse während der Alterung von Sb(V)-Lösungen entstehenden Polysäuren nicht mehr hydriert werden können [35].

Die Radiotracertechnik half im Bereich der Hydrid-AAS auch, zu weiteren sehr interessanten Erkenntnissen zu gelangen. So wurde festgestellt, daß bei den Elementen As, Sb und Se keine meßbare Adsorption ($< 1\%$) an der Quarzküvette stattfindet, während bei Sn bis zu 38% der zur Hydrierung eingesetzten Menge an der Quarzküvette adsorbiert wird [35]. Dies verursacht bei der Bestimmung von Zinn gravierende Memoryeffekte. Außerdem ist aus diesem Grund die Bestimmung von As, Sb und Se in Proben, die Zinnmengen um 100 µg enthalten, unmöglich.

Ähnlich verhalf die Radiotracertechnik auch bei der Graphitrohr-AAS zu vielen wertvollen Erkenntnissen. Insbesondere kann sehr einfach und zuverlässig das Verhalten des Analytelements im Graphitrohr während der einzelnen Schritte des Temperaturprogramms untersucht werden. Die Überlegenheit der Radiotracertechnik bei diesen Untersuchungen liegt darin, daß sie es erlaubt, nach Ausführung eines beliebigen Schrittes das Temperaturprogramm abzubrechen und durch die Radioaktivitätsmessung der Küvette direkt zu ermitteln, wie sich das Analytelement bis zum Ende des ausgeführten Teilschrittes in der Küvette verhalten hat.

So kann sogar der Trocknungsschritt separat untersucht werden, indem nach Beendigung der Trocknung das Temperaturprogramm unterbrochen und die Aktivität des Radiotracers in dem Graphitrohr gemessen wird. Beispielsweise wurde mittels des Radiotracers ^{203}Hg ermittelt [36], daß bei Quecksilber(II) bereits während der Trocknung bei 70 °C in allen untersuchten Medien, ausgenommen das Mischmedium HCl/H_2O_2, Verluste von 40–90% auftreten (s. Tabelle 7). Bei weiteren Untersuchungen wurde festgestellt, daß in den Mischsystemen HCl/H_2O_2 und $HCl/HNO_3/H_2O$ Vorbehandlungstemperaturen von 200–250 °C keine nennenswerten Verluste von Quecksilber verursachen. Mit einem auf dieser

Tabelle 7. Verluste von Quecksilber(II) während der Trocknung in pyrolytisch beschichtetem Graphitrohr bei verschiedenen Medien und einer Hg-Konzentration von 0,3 µg/ml

Medium	Hg-Verlust (%)
2% HNO_3	77,7 ± 4,7
2% H_2SO_4	86,7 ± 4,3
2% H_2O_2	42,7 ± 3,1
2% HCl	49,3 ± 5,1
2% HNO_3 + 2% H_2O_2	48,7 ± 4,0
2% H_2SO_4 + 2% H_2O_2	44,3 ± 5,7
2% HCl ± 2% H_2O_2	nicht nachweisbar

Vorbehandlung basierenden GF-AAS-Verfahren konnte Quecksilber in Haarproben bestimmt werden.

Mit Hilfe der Radiotracertechnik wurden auch die Vorbehandlungskurven zahlreicher Analytelemente in diversen Probensystemen ohne und mit Modifiern ermittelt. Umfassende Untersuchungen der Vorbehandlungsstufe des Temperaturprogramms wurden beispielsweise für die Analytelemente Blei [37], Chrom [38] und Arsen [39] durchgeführt. Bei diesen Untersuchungen liegt der bedeutendste Vorteil der Radiotracertechnik gegenüber den Absorptionsmessungen darin, daß sie eine viel richtigere und schärfere Ermittlung des Verhaltens des Analytelementes erlaubt. Einige Analytelemente können in bestimmten Medien während der thermischen Vorbehandlung zum Teil auch in molekularer Form verdampfen, die durch die Absorptionsmessung nicht erfaßt werden kann; die Radiotracertechnik ist von dieser möglichen Fehlerquelle frei.

Einzig die Radiotracertechnik erlaubt, das Verhalten des Analytelementes während der Phase der Aufheizung von der Vorbehandlung zur Atomisierungstemperatur zu untersuchen, da das Temperaturprogramm am Ende der Aufheizung unterbrochen und die Radioaktivität direkt gemessen werden kann. Abbildung 10 zeigt als Beispiel das mit Hilfe des Radiotracers ^{203}Pb ermittelte Verhalten von Blei in Urin während der Aufheizung [37]. Während in dem Graphitrohr ohne L'vov-Platform bei der Aufheizung von 500 °C auf 2 100 °C bereits in einer Zeit von 1 s nahezu 50% des Bleis verdampft, bleibt das Blei bei Verwendung der L'vov-Platform bis zu einer Aufheizzeit von 2 s vollständig zurück. Ähnlich wie in dem letzten Fall verhält sich das Blei im Graphitrohr ohne L'vov-Platform, jedoch bei Addition von $NH_4H_2PO_4$ als Matrixmodifier. Auch hier kann durch schnelles Verdampfen das Analytelement zum Teil auch in molekularer, mit dem Atomabsorptionsspektrometer nicht erfaßbarer Form vorliegen. Deshalb ist eine Verzögerung der Verdampfung in diesem Zwischenschritt durch Verwendung der L'vov-Platform oder durch Zusatz eines geeigneten Matrixmodifiers vorteilhaft.

Ebenso ist es nur mit den Radiotracern möglich, Erkenntnisse über das Verhalten des Analytelements im Graphitrohr während der Atomisierung zu gewinnen. So wurde zum Beispiel mittels des Radiotracers ^{51}Cr festgestellt

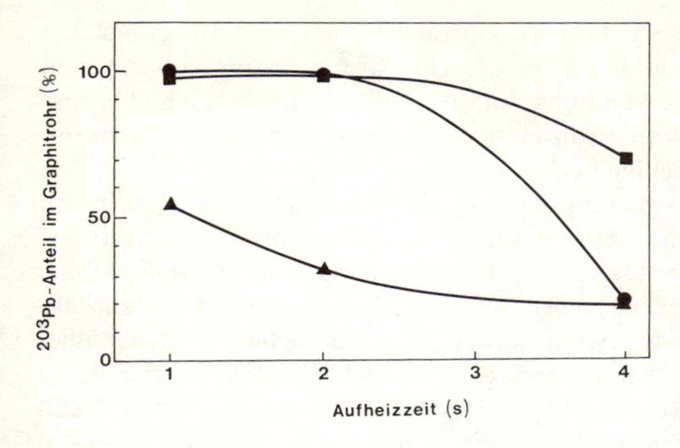

Abb. 10. Verhalten von Blei während der Aufheizung von der Vorbehandlungstemperatur (normales Graphitrohr 500 °C, L'vov-Platform 700 °C) auf die Atomisierungstemperatur (2 100 °C) in einer mit ^{203}Pb markierten Urinprobe; ▲ unbeschichtetes Graphitrohr, ● L'vov-Platform, ■ unbeschichtetes Graphitrohr, $NH_4H_2PO_4$ als Modifier

Tabelle 8. Die nach Atomisierung im Graphitrohr zurückbleibenden ^{51}Cr-Anteile (%) bei einer Atomisierungsdauer von 10 s bei 2 700 °C und unterschiedlichen experimentellen Bedingungen (unb. = unbeschichtetes Graphitrohr, p. b. = pyrolytisch beschichtet, W. b. = mit Wolfram beschichtet)

	Normalfluß			Red. Fluß			Gasstop		
Probe	unb.	p.b.	W.b.	unb.	p.b.	W.b.	unb.	p.b.	W.b.
0,2 M HNO_3	3,5	3	4,5	25	23	28	46	44	47
Urin	4	3,5	4,5	17	16	26	48	47	43
Serum	4	4	5	13	14	12	42	44	48
Haar[a]	4	4	5	22	24	21	48	52	55

[a] 50 mg Haar aufgelöst in 1 ml Ethylammoniumchlorid (25%ige Lösung)

Tabelle 9. Verteilung (%) des mit ^{51}Cr markierten Chroms im Graphitrohr nach thermischer Vorbehandlung bei 1 300 °C und Atomisierung bei 2 700 °C, durchgeführt bei Gasstop

	unbeschichtet		W-beschichtet		L'vov-Platform	
Schritt	Rohrenden	Rohrmitte	Rohrenden	Rohrmitte	Platform	Rohr
thermische Vorbehandlung	2,0	98	1,0	99	99	1,0
Atomisierung	96	3,5	83	17	14	85

[38], daß der nach der Atomisierung im Graphitrohr zurückbleibende Chrom-Anteil stark von der Argonflußrate abhängt, während die Art der Matrix und der Rohroberfläche sich nur schwach bemerkbar macht (s. Tabelle 8). Nur bei reduziertem Fluß ist der Unterschied zwischen den einzelnen Probensystemen erkennbar größer.

Mehrmals wurde bei Chrom über die Annahme einer starken Carbidbildung im Graphitrohr berichtet. Die Resultate in der Tabelle 8 unterstützen diese

Hypothese nicht. Wenn die Retention von Chrom in dem Graphitrohr nach der Atomisierung durch die Carbidbildung verursacht würde, wäre ihr Ausmaß nicht so stark von der Gasflußrate abhängig, und es müßte in unbeschichteten und pyrolytisch beschichteten Graphitrohren ein höherer Chrom-Anteil als in mit Wolfram beschichteten zurückbleiben.

In weitergehenden Untersuchungen mit der Radiotracertechnik wurden von jedem Graphitrohrende 3 mm abgeschnitten und die zwei Enden und die verbleibende Rohrmitte gesondert auf ^{51}Cr ausgemessen. Wie die Resultate dieser Untersuchung in Tabelle 9 zeigen, setzt sich das im Graphitrohr zurückbleibende Chrom während der Atomisierung im wesentlichen an den kühleren Rohrenden ab. Es ist überraschend, daß bei mit Wolfram beschichteten Rohren der Anteil in der Rohrmitte höher ist als bei unbeschichteten. Auch konnten interessante Informationen über die Verteilung des Chroms zwischen der L'vov-Platform und dem Graphitrohr mittels des ^{51}Cr-Radiotracers erhalten werden.

9 Literatur

1. Bowen HJM (1969) Chemical applications of radioisotopes, Methnen, London
2. Krivan V (1972) Methodical and theoretical studies in analytical chemistry using radioactive tracers. In: Tölgyessy J, Varga S, Krivan V (eds) Nuclear analytical chemistry 2, University Park Press, Baltimore, p 365
3. McMillan JW (1975) The use of tracers in inorganic analysis. In: Coomber DI (eds) Radiochemical methods in analysis, Plenum Press, New York
4. Krivan V (1982) Talanta 29: 1041
5. Krivan V (1986) Application of radiotracers to methodological studies in trace element analysis. In: Kolthoff IM, Elving P, Krivan V (eds) Treatise on analytical chemistry, Part I, Vol 14, 2nd Edn, Wiley, New York, p 339
6. Krivan V (1987) Sci Total Environ 64: 21
7. Iyengar V (1982) Anal Chem 54: 554A
8. Spangler WJ, Spigarelli JL, Rose JM, Flippin RS, Miller HH (1973) Appl Microbiol 25: 488
9. Rogers RD, McFarlane JC (1979) J Environ Qual 8: 255
10. Calmano W, Lieser KH (1981) Fresenius Z Anal Chem 307: 356
11. Voorhees KJ, Kunen SM, Durfee SL, Currie LA, Klonda GA (1981) Anal Chem 53: 1463
12. Trujillo PE, Campbell EE (1975) Anal Chem 47: 1629
13. Niessner R, Klockow D (1980) Intern J Environ Qual Chem 8: 163
14. Speecke A, Hoste J, Versieck J (1976) in: LaFleur PD (ed) Accuracy in trace element analysis: sampling, sample handling, analysis, NBS Spec Publ 422, Vol I, Department of Commerce, Washington DC, p 299
15. Versieck J, Barbier F, Cornelis R, Hoste J (1982) Talanta 29: 973
16. Gerlach W, Krivan V, Sprenger K (1986) in: Welz B (Hrsg.) Fortschritte in der atomspektrometrischen Spurenanalytik, Verlag Chemie, Weinheim
17. Sansoni B, Iyengar GV (1978) Sampling and sample preparation methods for the analysis of trace elements in biological materials, Report Jül-Spez-13, KFA, Jülich
18. Krivan V, Schaldach G (1986) Fresenius Z Anal Chem 324: 158
19. Krivan V, Haas, HF (1988) Fresenius Z Anal Chem 332: 1
20. Knapp G, Raptis SE, Kaiser G, Tölg G, Schramel P, Schreiber B (1981) Fresenius Z Anal Chem 308: 97
21. Reamer DC, Veillon C (1981) Anal Chem 53: 1192
22. Gorsuch TT (1959) Analyst 84: 135
23. Bajo S, Suter U (1982) Anal Chem 54: 49

24. Caletka R, Krivan V (1982) Fresenius Z Anal Chem 313: 125
25. Bajo S (1978) Anal Chem 50: 649
26. Kotz L, Kaiser G, Tschöpel P, Tölg G (1972) Fresenius Z Anal Chem 260: 207
27. Eller R, Alt F, Tölg G, Tobschall HJ (1989) Fresenius Z Anal Chem 334: 723
28. Yang JY, Yang MH, Lin SM (1990) Anal Chem 62: 146
29. Barth P, Caletka R, Krivan V (1984) Fresenius Z Anal Chem 319: 560
30. Girardi F, Pietra R, Sabbioni E (1970) J Radioanal Chem 5: 141
31. Egger KP, Krivan V (1986) Fresenius Z Anal Chem 323: 827
32. Caletka R, Hausbeck R, Krivan V (1990) Anal Chim Acta 229: 127
33. Caletka R, Krivan V (1990) J Radioanal Nucl Chem 142: 359
34. Krivan V, Petrick K, Welz B, Melcher M (1985) Anal Chem 57: 1703
35. Petrick K, Krivan V (1987) Fresenius Z Anal Chem 327: 338
36. Lendero L, Krivan V (1982) Anal Chem 54: 579
37. Schmid W, Krivan V (1985) Anal Chem 57: 30
38. Arpadjan S, Krivan V (1988) Fresenius Z Anal Chem 329: 745
39. Krivan V, Arpadjan S (1989) Fresenius Z Anal Chem 335: 743

IV. Basisteil

Basisteil

Literatur (Monographien)

Fortsetzung der Übersicht über neu erschienene Monographien auf dem Gebiet der Analytischen Chemie und ihren Teilbereichen. Berücksichtigt sind – ohne Anspruch auf Vollständigkeit erheben zu wollen – Publikationen der führenden Verlage bis Anfang 1992, soweit solche nicht schon in einem der vorhergehenden Bände des Taschenbuchs zitiert worden sind. Die Inhaltsangabe umfaßt alle recherchierten Sachgebiete, auch solche, unter denen keine Neuerscheinungen genannt sind.

Inhaltsübersicht

1 Analyse allgemein

Ehmann WD, Vance DE (Eds.) (1991) Radiochemistry and Nuclear Methods in Analysis. Wiley, Chichester

Ewing GW (Ed.) (1990) Analytical Instrumentation Handbook. Dekker, New York

Fifield FW, Kealey D (Hrsg.) (1990) Principles and Practice of Analytical Chemistry. Blackie, Glasgow

Fritz JS, Schenk GH (1989) Quantitative Analytische Chemie; Grundlagen – Methoden – Experimente. Vieweg, Stuttgart

Frunk W (1992) Qualitätssicherung in der Analytischen Chemie. VCH, Weinheim

Herrmann K (Hrsg.) (1989) Verzeichnis der Chemischen und Lebensmittel-Untersuchungsämter in der Bundesrepublik Deutschland. VCH, Weinheim

Karlberg B, Pacey GE (1989) Flow Injection Analysis: A Practical Guide. Elsevier, New York

Kolthoff IM et al. (Eds.) (1990) Treatise on Analytical Chemistry; 2nd Edition. Part 1, Vol.11: Theory and Practice. Wiley, Chichester

Kunze UR (1990) Grundlagen der quantitativen Analyse. Thieme, Stuttgart

Loon JC, Van Barefoot RR (1989) Analytical Methods for Geochemical Exploration. Academic Press, San Diego

Pocklington WD (1990) Guidelines for the Development of Standard Methods by Collaborative Study. LGC, Teddington (UK)

Polster J, Lachmann H (1989) Spectrometric Titrations. VCH, Weinheim

Schmid RD (Hrsg.) (1990) Flow Injection Analysis (FIA), Based on Enzymes or Antibodies. VCH, Weinheim
Smith AL (Ed.) (1991) The Analytical Chemistry of Silicones. Wiley, Chichester
Strobel HA, Heineman WR (1989) Chemical Instrumentation: A Systematic Approach, 3rd ed. Wiley, New York
Ullmann's Encyclopedia of Industrial Chemistry. 5th, completely revised Edition. Volumes A 12–14: Formamides to Hexamethylendiamine; High-Performance Fibers to Imidazole and Derivatives; Immobilized Biocatalysts to Isoprene, 1989. VCH, Weinheim
Valcarcel M, Luque de Castro MD (1991) Non-chromatographic Continuous Separation Techniques. Royal Society, Letchworth
Vogel AI, Jeffrey GH, Basset J, Mendham J, Denney RC (1989) Vogel's Textbook of Quantitative Chemical Analysis, 5th ed. Wiley, New York

1.1 Analyse organischer Verbindungen

Criddle WJ, Ellis GP (1990) Spectral and Chemical Characterization of Organic Compounds; A Laboratory Handbook; 3rd Edition. Wiley, Chichester
Ehrenberger F (1991) Quantitative Organische Elementaranalyse. VCH, Weinheim
Vo-Dinh T (Ed.) (1989) Chemical Analysis of Polycyclic Aromatic Compounds (Chemical Analysis: A Series of Monographs on Analytical Chemistry and Its Applications). Wiley, New York

1.2 Analyse anorganischer Verbindungen

Chan Chee-Yan (1989) Alkaline Earth Metal Perchlorates. Vol. 41 of Solubility Data Series. Pergamon Press, Oxford
Fogg PGT (1989) Hydrogen Halides in Non-Aqueous Solvents. Vol. 42 of Solubility Data Series. Pergamon Press, Oxford
Miyamoto H (1990) Copper and Silver Halates. Pergamon Press, Oxford

1.3 Chemometrie

Cerda V, Ramis G (1990) An Introduction to Laboratory Automation. Wiley, Chichester
DECHEMA (Hrsg.) (1989) Computer Application in the Chemical Industry. VCH, Weinheim
Martens H, Naes T (1989) Multivariate Calibration. Wiley, Chichester
Mason RL, Gunst RF, Hess JL (1989) Statistical Design and Analysis of Experiments. Wiley, New York
Massart DL, Brereton RG, Dessy RE, Hopke PK, Spiegelmann CH, Wegscheider W (Eds.) (1990) Chemometrics Tutorials. Elsevier, Amsterdam
Merrifield RE, Simmons H (1989) Topological Methods in Chemistry. Wiley, New York
Meuzelaar HLC (Ed.) (1990) Computer-Enhanced Analytical Spectroscopy, Vol. 2. Plenum Press, New York
Morgan E (1991) Chemometrics: Experimental Design. Wiley, Chichester
Newton HJ (1989) Timeslab: A Time Series Analysis Laboratory. Wadsworth, Pacific Grove
Widmann G, Riesen, R (1990) Thermoanalyse. Anwendungen, Begriffe, Methoden. Hüthig, Heidelberg
Zupan J (1989) Algorithms for Chemists. Wiley, Chichester

1.4 Chemosensoren

Cass AEG (1990) Biosensors – a practical approach. University Press, Oxford
Göpel W, Hesse J, Zemel JN (Eds.) (1990) Sensors. Vol. 1: Fundamentals and General Aspects. VCH, Weinheim
Göpel W, Hesse J, Zemel JN (Eds.) (1991) Sensors; Vol. 2/3: Chemical and Biochemical Sensors. VCH, Weinheim
Göpel W, Hesse J, Zemel JN (Eds.) (1990) Sensors. Vol. 5: Magnetic Sensors. VCH, Weinheim

Göpel W, Hesse J, Zemel JN (Eds.) (1992) Sensors. Vol. 6: Optical Sensors. VCH, Weinheim
Oehme F (1991) Chemische Sensoren; Funktion – Bauformen – Anwendungen. Vieweg, Stuttgart
Murray RW, Dessy RE, Heinemann WR, Janata J, Seitz WR (Eds.) (1989) Chemical Sensors and Microinstrumentation. Am Chem Soc, Washington
Scheller F, Schubert F (1989) Biosensoren. Birkhäuser, Berlin
Schmid RD, Scheller F (Eds.) (1989) Biosensors: Applications in Medicine, Environmental, Protection and Process Control. VCH, New York
Wise DL (Ed.) (1989) Applied Biosensors. Butterworths, Stoneham

1.5 Immunoassays

Hemmila IA (1991) Applications of Fluorescence in Immunoassays. Wiley, Chichester

1.6 Thermoanalyse

Schultze D (Ed.) (1989) Thermal Analysis. Proceedings of the Fourth European Symposium on Thermal Analysis and Calorimetry, Jena 1987. Akademiai Kiado, Budapest; Wiley, Chichester
Widmann G, Riesen R (1990) Themoanalyse. Anwendungen, Begriffe, Methoden. Hüthig, Heidelberg

2 Chromatographie allgemein

Dorfner K (Ed.) (1991) Ion Exchangers. de Gruyter, Berlin
Gehrke CW, Kuo KCT (1990) Chromatography and Modification of Nucleosides. Part A-C. Elsevier, Amsterdam
Giddings JC (1991) Unified Separation Science. Wiley, Chichester
Hunt BJ, Holdings SR (Eds.) (1989) Size Exclusion Chromatography. Blackie. Glasgow
Kägler SH (Hrsg.) (1991) Neue Mineralölanalyse; Band 2: Chromatographie in Grundlagen, Geräten und Anwendungen. Hüthig, Heidelberg
Kaljurand M, Küllik E (1989) Computerized Multiple-Input Chromatography. Wiley, New York
Lederer M (1992) The Periodic Table for Chromatographers. Wiley, Chichester
Lloyd DR, Ward TC, Schreiber HC (Eds.) (1989) Inverse Gas Chromatography: Characterization of Polymers and other Materials. Am. Chem. Soc., Washington
Middleditch MS (1989) Analytical Artifacts: GC, MS, HPLC, TLC, and PC. Elsevier, New York
Sternbach (1991) Chromatographische Methoden in der Biochemie. Thieme, Stuttgart
Storer RA (Ed.) (1989) ASTM Standards on Chromatography, 2nd ed. ASTM, Philadelphia
Thiele H (1991) Computeranwendungen in der Chromatographie. VCH, Weinheim
Unger KK (Ed.) (1990) Packings and Stationary Phases in Chromatographic Techniques. Dekker, New York

2.1 Gas-Chromatographie

Schomburg G (1990) Gas Chromatography; A Practical Course. VCH, Weinheim

2.2 Flüssig-Chromatographie (HPLC)

Aced G, Möckel HJ (1991) Liquidchromatographie; Apparative, theoretische und methodische Grundlagen der HPLC. VCH, Weinheim
Ahuja S (1991) Trace and Ultratrace Analysis by HPLC. Wiley, Chichester
Brown MA (1990) Liquid Chromatography/Mass Spectrometry Applications in Agricultural, Pharmaceutical and Environmental Chemistry. Amer. Chem Soc., Washington
Conway WD (1990) Countercurrent Chromatography. Apparatus, Theory and Applications. VCH, Weinheim

Dolan JW, Snyder LR (1989) Troubleshooting LC Systems: A Practical Approach to Troubleshooting LC Equipment and Separations. Humana, Crescent Manor
Eppert G (1988) Einführung in die schnelle Flüssigchromatographie. Vieweg, Stuttgart
Giddings JC, Grushka E, Brown P (Eds.) (1989) Advances in Chromatography. Dekker, New York
Glajch JL, Bilerica N, Snyder LR (Eds.) (1990) Computer-assisted Method Development for High-Performance Liquid Chromatography. Elsevier. New York
Hancock W (1990) High Performance Liquid Chromatography in Biotechnology. Wiley, Chichester
Hearn MTW (Hrsg.) (1991) HPLC of Proteins, Peptides and Polynucleotides. VCH, Weinheim
Jinno K (1990) A Computer-assisted Chromatography System. Hüthig, Heidelberg
Krstulovic AM (Ed.) (1989) Chiral Separations by HPCL. Application, Detection and Identification. VCH, Weinheim
Lederer M, Kuhn AO (1990) Adsorption on Cellulose. Sauerländer, Frankfurt
Lindsay AS (1992) High Performance Liquid Chromatography; 2nd Edition. Wiley, Chichester
Lough WJ (Ed.) (1989) Chiral Liquid Chromatography. Chapman, London
Scott RPW (1991) Liquid Chromatography Column Theory. Wiley, Chichester
Snyder LR, Glajch JL, Kirkland JJ (1989) Practical HPLC Method Development. Wiley, Chichester
Yang FJ (Ed.) (1989) Microbore Column Chromatography: A Unified Approach to Chromatography. Dekker, New York
Yergey AL, Edmonds CG, Lewis IAS, Vestal ML (1990) Liquid Chromatography/Mass Spectrometry Techniques and Applications. Plenum Press, New York
Zech K, Frei RW (Eds.) (1990) Selective Sample Handling and Applications. Royal Society, Letchworth

2.3 Dünnschicht-Chromatographie

Jork H, Funk W, Fischer W, Wimmer H (1989) Dünnschicht-Chromatographie. Reagenzien und Nachweismethoden (Band 1a). VCH, Weinheim
Touchstone JC (Ed.) (1992) Practice of Thin Layer Chromatography; 3rd Edition. Wiley, Chichester
Touchstone JC, Levin S (Eds.) (1990) Planner Chromatography in the Life Sciences. Wiley, Chichester

2.4 Ionen-Chromatographie

Small H (1989) Ion Chromatography. Plenum Press, New York
Weiß J (1991) Ionenchromatographie; zweite Aufl. VCH, Weinheim

2.5 Superkritische Fluid-Chromatographie

Johnston KP, Penninger JML (1989) Supercritical Fluid Science and Technology. Amer Chem Soc, Washington
McNally M, Otero Keil Z (1992) Supercritical Fluid Extraction: Laboratory Techniques and Applications. Royal Society, Letchworth
Smith RM (Ed.) (1990) Supercritical Fluid Chromatography. 2nd Reprint. Royal Society, Letchworth
Yang FJ (Ed.) (1989) Microbore Column Chromatography, a Unified Approach to Chromatography. Dekker, New York

2.6 Elektrophorese

Horvath C, Nikelly JC (Hrsg.) (1990) Analytical Biotechnology. Capillary Electrophoresis and Chromatography. VCH, Weinheim
Mosher RA, Saville DA, Thormann W (1992) The Dynamics of Electrophoresis. VCH, Weinheim
Wagner H, Blasius E (Hrsg.) (1989) Praxis der elektrophoretischen Trennmethoden. VCH, Weinheim

3 Elektrochemische Analysenmethoden

Bocek P, Deml M, Gebauer P, Dolnik V (1988) Analytical Isotachophoresis. VCH, Weinheim
Chrambach A, Dunn MJ, Radola BJ (Eds.) (1989) Advances in Electrophoresis. vol. 3. VCH, Weinheim
Chrambach A, Dunn MJ, Radola BJ (Eds.) (1991) Advances in Electrophoresis. Vol. 4. VCH, Weinheim
Comton RG, Hamnett A (Eds.) (1989) New Techniques for the Study of Electrodes and their Reactions. Elsevier, New York
Crow DR (1989) Principles and Applications of Electrochemistry. Chapman, New York
Eisenhardt I (1990) TexTerm Polarography and Voltammetry. VCH, Weinheim
Kleinert T (1990) Elektrophoretische Methoden in der Protein-analytik. Thieme, Stuttgart
Lobo VMM (1990) Handbook of Electrolyte Solutions. Physical Science Data 41, Part A and B. Elsevier, Amsterdam
Mosher RA, Saville DA, Thormann W (1992) The Dynamics of Electrophoresis. VCH, Weinheim
Oehme F (1991) Ionenselektive Elektroden, CHEMFETs – ISFETs – pH-FETs. Hüthig, Heidelberg
Wang J (Hrsg.) (1990) Microelectrodes; A Special Issue of Electroanalysis. VCH, Weinheim
Westermeier R (1990) Elektrophorese-Praktikum. VCH, Weinheim

4 Molekülspektroskopie allgemein

Almond MJ, Downs AJ (1989) Spectroscopy of Matrix Isolated Species (Advances in Spectroscopy). Wiley, New York
Andrews DL (Ed.) (1990) Perspectives in Modern Chemical Spectroscopy. Springer, Heidelberg
Busch KW, Busch MA (1990) Multielement Detection Systems for Spectrochemical Analysis. Wiley, Chichester
Clark RJH, Hester RE (Eds.) (1989) Spectroscopy of Matrix Isolated Species; Vol. 17 of Advances in Spectroscopy Series. Wiley, Chichester
Clark RJH, Hester RE (Eds.) (1989) Time Resolved Spectroscopy; Vol. 18 of Advances in Spectroscopy Series. Wiley, Chichester
Davidson G, Ebsworth EAV (Eds.) (1990) Spectroscopic Properties of Inorganic and Organometallic Compounds. Vol. 23. Royal Society, Letchworth
Davidson G (Ed.) (1991) Spectroscopic Properties of Inorganic and Organometallic Compounds. Vol. 24. Royal Society, Letchworth
Davies AMC, Creaser CS (Eds.) (1991) Analytical Applications of Spectroscopy II. Royal Society, Letchworth
George WO, Willis HA (Eds.) (1990) Computer Methods in UV, Visible and IR Spectroscopy. Royal Society, Letchworth
Hollas JM (1991) Modern Spectroscopy. Wiley, Chichester
Mark H (1991) Principles and Practice of Spectroscopic Calibration. Wiley, Chichester
Silverstein RM, Morrill TC, Bassler C (1991) Spectrometric Identification of Organic Compounds. Wiley, Chichester
Struve WS (1989) Fundamentals of Molecular Spectroscopy. Wiley, New York
Svanberg S (1991)Atomic and Molecular Spectroscopy; Basic Aspects and Practical Applications. Springer, Heidelberg
Thulstrup EW, Michl J (1989) Elementary Polarization Spectroscopy. VCH, New York

4.1 Schwingungsspektroskopie (IR, Raman)

Clark RJH, Hester RE (Eds.) (1989) Advances in Spectroscopy, Vol. 17: Spectroscopy of Matrix Isolated Species. Wiley, Chichester
Gardiner DJ, Graves PR (Eds.) (1989) Practical Raman Spectroscopy. Springer, Berlin
Goldberg MC (Ed.) (1989) ACS Symposium Series 383: Luminescence Application in Biological, Chemical, Environmental, and Hydrological Sciences. Amer Chem Soc, Washington

Nyqist RA (Ed.) (1989) The Infrared Spectra: Building Blocks of Polymers. Sadtler, Philadelphia
Scheuing DR (Hrsg.) (1991)Fourier Transform Infrared Spectroscopy in Colloid and Interface Science. VCH, Weinheim
Schrader B (1989) Raman/Infrared Atlas of Organic Compounds. VCH, Weinheim
White R (1990) Chromatography/Fourier Transform Infrared Spectroscopy and its Applications. In: Practical Spectroscopy Series, Vol. 10. Dekker, New York

4.2 Elektronenspektroskopie (UV, Vis)

Onishi H (1989) Photometric Determination of Trace Metals, Part IIB: Individual Metals, Magnesium to Zirkonium. Wiley, New York

4.3 Photometrie

4.4 Fluoreszenspektroskopie

Birks JW (Hrsg.) (1989) Chemiluminescence and Photochemical Reaction Detection in Chromatography. VCH, Weinheim
Brolin S, Wettermark G (1992) Bioluminescence Analysis. VCH, Weinheim
Eastwood D, Cline Love LJ (Eds.) (1989) Progress in Analytical Luminescence. ASTM, Philadelphia
Hurtubise RJ (1990) Phosphorimetry: Theory, Instrumentation and Applications. VCH, Weinheim
Ichinose N, Schwedt G, Schnepel FM, Adachi K (1990) Fluorometric Analysis in Biomedical Chemistry (Chemical Analysis: A Series of Monographs on Analytical Chemistry and Its Applications). Wiley, New York
Kricka L, Stanley P (Eds.) (1991) 6th International Symposium on Bioluminescence and Chemiluminescence. Wiley, Chichester
Munck L (Ed.) (1990) Fluorescence Analysis in Food. Wiley, New York
Pazzagli M, Cadenas E, Kricka L, Roda A, Stanley PE (Eds.) (1989) Bioluminescence and Chemiluminescence: Studies and Applications in Biology and Medicine. Wiley, New York
Struck CW, Fonger WH (1991) Understanding Luminescence Spectra and Efficiency Using W_p and Related Funktions. Springer, Heidelberg

4.5 Photoakustische Spektroskopie

4.6 Massenspektrometrie

Asamoto B (Hrsg.) (1991) FT-ICR/MS: Analytical Fourier Transform Ion Cyclotron Resonance Mass Spectrometry. VCH, Weinheim
Benninghoven A (Ed.) (1989) Ion Formation from Organic Solids (IFOS IV): Mass Spectrometry of Involatile Material. Wiley, New York
Benninghoven A et al. (Eds.) (1990) Secondary Ion Mass Spectrometry VII (SIMS VII). Wiley, Chichester
Biermann C, McGinnis GD (Eds.) (1989) Analysis of Carbohydrates by GLC and MS. CRC Press, Boca Raton
Briggs D, Brown A, Vickerman JC (1989) Handbook of Static Secondary Ion Mass Spectrometry (SIMS). Wiley, Chichester
Brown MA (1990) Liquid Chromatography/Mass Spectrometry Applications in Agricultural, Pharmaceutical and Environmental Chemistry. Amer Chem Soc, Washington
Busch KL, Glish GL, McLuckey SA (1990) Mass Spectrometry/Mass Spectrometry – Techniques and Applications of Tandem Mass Spectrometry. VCH, Weinheim
Caprioli RM (Ed.) (1990) Continuous-Flow Fast Atom Bombardment Mass Spectrometry. Wiley, Chichester
Date AR, Gray AL (Eds.) (1989) Applications of Inductively Coupled Plasma Mass Spectrometry. Chapman, New York

Desiderio DM (1990) Mass Spectrometry of Peptides. CRC Press, Boca Raton
Hedin A, Sundqvist BUR, Benninghoven A (Eds.) (1990) International Conference on Ion Formation from Organic Solids (IFOS V). Wiley, New York
Holland JG, Eaton AN (Eds.) (1991) Applications of Plasma Source Mass Spectrometry. Royal Society, Letchworth
Hugli T (Ed.) (1989) Techniques in Protein Chemistry. Academic Press, Orlando
Jarvis KE, Gray AL, Williams JG (Eds.) (1990) Plasma Source Mass Spectrometry. Royal Society, Letchworth
Longevialle P (Ed.) (1990) Advances in Mass Spectrometry; Volumes IIA and IIB. Wiley, Chichester
McEwen CN, Larsen BS (Eds.) (1990) Mass Spectrometry of Biological Materials (Practical Spectrometry Series, Vol. 8). Dekker, New York
McLafferty FW, Stauffer DB (1991) Important Peak Index of the Registry of Mass Spectral Data. Wiley, Chichester
Nes WD, Parish EJ (Eds.) (1989) Analysis of Sterols and other Biological Significant Steroids. Academic, San Diego
Pace-Asciak CR (1989) Advances in Prostaglandin, Thromboxane and Leukotriene Research. In: Mass Spectrometry of Prostaglandins and Related Products. Raven Press, New York
Pfleger K, Maurer H, Weber A (1991) Man Spectral and GC Data of Drugs, Poisons and Their Metabolides. Parts I, II, III. VCH, Weinheim
Prókal L (1990) Field Desorption Mass Spectrometry (Practical Spectroscopy Series, Vol. 9). Dekker, New York
Rose ME (Ed.) (1989) Mass Spectrometry. Vol. 10. Royal Society, Letchworth
Schröder E (1991) Massenspektrometrie; Begriffe und Definitionen. Springer, Berlin
Suelter CH, Watson JT (Eds.) (1990) Biomedical Applications of Mass Spectrometry. Wiley, New York
Wilson RG (1989) Secondary Ion Mass Spectrometry; Depth Profiling and Bulk Impurity Analysis. Wiley, Chichester
Yergey AL, Edmonds CG, Lewis IAS, Vestal ML (1990) Liquid Chromatography/Mass Spectrometry Techniques and Applications. Plenum Press, New York

4.7 NMR-Spektroskopie

Atta-ur-Rahman (1989) One and Two Dimensional NMR Spectroscopy. Elsevier, New York
Berger, Braun, Kalinowski (1991) NMR-Spektroskopie von Nichtmetallen. Thieme, Stuttgart
Bertini I, Molinari H, Niccolai N (Hrsg.) (1991) NMR and Biomolecular Structure. VCH, Weinheim
Breitmaier E, Voelter W (1990) Carbon-13 NMR Spectroscopy – High-Resolution Methods and Applications in Organic Chemistry and Biochemistry. VCH, Weinheim
Czoch R, Francik A (1989) Instrumental Effects in Homodyn Electron Paramagnetic Resonance Spectrometers. Wiley, Chichester
Ernst RR, Bodenhausen G, Wokaun A (1990) Principles of Nuclear Magnetic Resonance in One and Two Dimensions. Univ. Press, Oxford
Field LD, Sternhell S (Eds.) (1989) Analytical NMR. Wiley, New York
Friebolin H (1991) Basic 1 D and 2 D NMR Spectroscopy. VCH, Weinheim
Kealey D (1989) Nuclear Magnetic Resonance Spectrometry in Chemical Analysis; For use on the IBM PC (and compatibles). Wiley, Chichester
Kitamaru R (1990) Nuclear Magnetic Resonance Principles and Theory. Elsevier, New York
Neuhaus D, Williamson MP (1990) The Nuclear overhauser Effect in Structural and Conformational Analysis. VCH, Weinheim
Sanders JKM, Constable EC, Hunter BK (1989) Modern NMR Spectroscopy: A Workbook of Chemical Problems. Oxford University, New York
Schmidt K (1989) NMR-Spektrometer; Bestandsaufnahme und Bedarfsabschätzung für höchstauflösende Kernresonanzspektrometer und für Hochleistungs- Festkörper-NMR-Spektrometer an den wissenschaftlichen Hochschulen und sonstigen Forschungseinrichtungen in der Bundesrepublik Deutschland (Teil 1). VCH, Weinheim
Sternhell S, Field LD (Eds.) (1989) Analytical NMR. Wiley, Chichester
Warren WS (Ed.) (1989) Advances in Magnetic Resonance, Vol. 13. Academic Press, New York
Warren WS (Ed.) (1990) Advances in Magnetic Resonance, Vol. 14. Academic Press, New York
Webb GA (Ed.) (1989) Annual Reports on NMR-Spectroscopy, Vol. 21. Academic Press, New York

Webb GA (Ed.) (1990) Annual Reports on NMR-Spectroscopy, Vol. 22. Academic Press, New York
Webb GA (Ed.) (1990) Nuclear Magnetic Resonance. Vol. 19. Royal Society, Letchworth
Webb GA (Ed.) (1991) Nuclear Magnetic Resonance. Vol. 20. Royal Society, Letchworth

4.8 ESR-Spektroskopie

Hoff AJ (Ed.) (1989) Advanced EPR: Applications in Biology and Biochemistry. Elsevier, New York
Kevan L, Bowman MK (Eds.) (1990) Modern Pulsed and Continuous Wave Electron Spin Resonance. Wiley, Chichester
Symons MCR (Ed.) (1990) Electron Spin Resonance. Vol. 12A. Royal Society, Letchworth

4.9 Elektronenmikroskopie

Buseck PR, Cowley JM, Eyring L (Eds.) (1989) High-Resolution Transmission Electron Microscopy and Associated Techniques. Oxford University, New York

5 Atomspektroskopie allgemein

Busch KW (1990) Multielement Detection Systems for Spectrochemical Analysis. Wiley, Chichester
Loon JC, van Barefoot RR (1991) Determination of the Precious Metals. Wiley, Chichester
Mark H (1991) Principles and Practice of Spectroscopic Calibration. Wiley, Chichester
Moenke-Blankenburg L (1989) Laser Microanalysis (Chemical Analysis: A Series of Monographs on Analytical Chemistry and Its Applications). Wiley, New York
Robinson JW (1990) Atomic Spectroscopy. Dekker, New York
Svanberg S (1991) Atomic and Molecular Spectroscopy; Basic Aspects and Practical Applications. Springer, Heidelberg

5.1 Atomabsorptionsspektroskopie (AAS)

Lajunen LJH (1992) Spectrochemical Analysis by Atomic Absorption and Emission. Royal Society, Letchworth
Shedon J (Ed.) (1990) Probeneinführung in die Atomspektroskopie (Sample Introduction in Atomic Spectroscopy). Elsevier, Amsterdam

5.2 Optische Emissionsspektroskopie (OES, AES, ICP-AES)

Burguera JL (1989) Flow Injection Atomic Spectroscopy. Dekker, New York
Hirschfelder JO, Wyatt RE, Coalson RB (1989) Lasers, Molecules, and Methods. Wiley, New York
Moenke-Blankenburg L (1989) Laser Micro Analysis. Wiley, New York
Thompson M, Walsh JN (Eds.) (1989) Handbook of Inductively Coupled Plasma Spectrometry. Chapman, New York

5.3 Röntgenspektroskopie

Barret ChS, Gilfrich JV, Jenkins R, Huang TC, Predecli PK (Eds.) (1989) Advances in X-Ray Analysis. Plenum Press, New York
Briggs D, Seah M (Eds.) (1990) Practical Surface Analysis, 2nd Edition; Vol. 1: Auger and X-Ray Photoelectron Spectroscopy. Wiley, Chichester
Russel PhE (Ed.) (1989) Microbeam Analysis. San Francisco Press, San Francisco

5.4 Röntgenfluoreszenzanalyse

5.5 Mößbauer-Spektroskopie

Carbucicchio M, Principi G (Eds.) (1989) Proceedings of the International Symposium on the Industrial Applications of the Mössbauer Effect. Scientific Publ., Basel
Guetlich P, Spiering H (Eds.) (1989) Proceedings of the Third Seeheim Workshop on Mössbauer Spectroscopy. Scientific Publ., Basel
Long GJ (Ed.) (1989) Mössbauer Spectroscopy Applied to Inorganic Chemistry, Vol. 3. Plenum Publ., New York

5.6 Aktivierungsanalyse

Alfassi ZB (Ed.) (1989) Activation Analysis, Vol. I. and II. CRC Press, Boca Raton
Parry S (1991) Activation Spectrometry in Chemical Analysis. Wiley, Chichester

6 Analyse bestimmter Matrices

6.1 Lebensmittelanalytik

Crosby N (1991) Determination of Veterinary Residues in Food. Horwood, Chichester
Frede W (Hrsg.): (1991) Taschenbuch für Lebensmittelchemiker und -technologen. Band 1. VCH, Weinheim
Kirk R, Sawyer R (1991) Pearson's Composition and Analysis of Foods. Longman, Harlow (UK)
Munck L (Ed.) (1990) Fluorescence Analysis in Food. Wiley, New York
Vanderlann M et al. (Eds.) (1991) Immunoassays for Trace Chemical Analysis: Monitoring Toxic Chemicals in Humans, Food and the Environment. VCH, Weinheim

6.2 Umweltanalytik

Angerer J, Geldmacher-von Mallinckrodt M (Hrsg.) (1990) Analytik für Mensch und Umwelt. VCH, Weinheim
Angerer J, Kettrup A (Eds.) (1990) Air Analysis. Vol. 1. VCH, Weinheim
Barth HG, Mays JW (Eds.) (1991) Modern Methods of Polymer Characterization (Chemical Analysis: A Series of Monographs on Analytical Chemistry and Its Applications). Wiley, New York
Baumbach G (1990) Luftreinhaltung, Entstehung. Ausbreitung und Wirkung von Luftverunreinigungen – Meßtechnik, Emissionsminderungen und Vorschriften. Springer, Heidelberg
Böhnke B (Hrgs.) (1990) Gewässerschutz – Wasser – Abwasser, Band 114: Instrumentelle Analytik von Stoffen und Stoffgruppen der herkunftsbezogenen Abwässer. Siedlungswasserwirtschaft, Aachen
Brown MA (1990) Liquid Chromatography/Mass Spectrometry Applications in Agricultural, Pharmaceutical and Environmental Chemistry. Amer Chem Soc, Washington
Chatt A, Katz SA (1989) Hair Analysis – Applications in the Biomedical and Environmental Sciences. VCH, Weinheim
Clesceri LS, Greenberg AE, Trussell RR (Eds.) (1989) Standard Methods for the Examination of Water and Wastewater, 17th ed. Am Publ Health Ass, Washington
Coler RA, Rockwood JP (1989) Water Pollution Biology. A Laboratory/Field Handbook. Technomic, Lancaster
DFG, Senatskommission für klinisch-toxikologische Analytik (Hrsg.) (1990) Maximale Arbeitsplatzkonzentrationen und Biologische Arbeitsstofftoleranzwerte VCH, Weinheim
DFG, Senatskommission für Klinisch-toxikologische Analytik (Hrsg.) (1989) Empfehlungen zur klinisch-toxikologischen Analytik. Folge 3: Einsatz der Hochleistungsflüssig-chromatographie in der klinisch-toxikologischen Analytik. VCH, Weinheim

DFG, Senatskommission für Klinisch-toxikologische Analytik (Hrsg.) (1990) Empfehlungen zur klinisch-toxikologischen Analytik. Folge 4: Einsatz elektrochemischer Techniken in der klinisch-toxikologischen Analytik. VCH, Weinheim

DFG, Senatskommission für Klinisch-toxikologische Analytik (Hrsg.) (1991) Empfehlungen zur klinisch-toxikologischen Analytik. Folge 5: Empfehlungen zur Dünnschichtchromatographie. VCH, Weinheim

Emon JM van, Mumma RO (Hrsg.) (1991) Immunochemical Methods for Environmental Analysis. VCH, Weinheim

Fergusson JE (1990) The Heavy Elements: Chemistry, Environmental Impact and Health Effekt. Pergamon Press, Oxford

Greyson J (1990) Carbon, Nitrogen and Sulfur Pollutants und Their Determination in Air and Water. Dekker, New York

Hall S, Strichartz G (Hrsg.) (1990) Marine Toxins; Origin, Structure and Molecular Pharmacology. ACS Symposium Series No. 418. VCH, Weinheim

Harrison RM, Rapsomanikis S (Eds.) (1989) Environmental Analysis using Chromatography Interfaced with Atomic Spectroscopy. Wiley, New York

Henschler D (Hrgs.) (1991) Analytische Methoden zur Prüfung gesundheitsschädlicher Arbeitsstoffe; Band 2: Analysen in biologischem Material, 10. Lieferung. VCH, Weinheim

Henschler D, Angerer J (Hrsg.) (1991) Analyses of Hazardous Substances in Biological Materials. Vol. 3. VCH, Weinheim

Janson O (1988) Analytik, Bewertung und Bilanzierung gesförmiger Emissionen aus anaeroben Abbauprozessen unter besonderer Berücksichtigung der Schwefelverbindungen. Schmidt, Berlin

Kettrup A (Hrsg.) (1991) Analyses of Hazardous Substances in Air; Vol 1. VCH, Weinheim

Koch W (1991) Wasserversorgung, Abwasserreinigung und Abfallentsorgung; Chemische und analytische Grundlagen. VCH, Weinheim

Lieth H, Markert B (Eds.) (1990) Element Concentration Catasters in Ecosystems (ECCE). Methods of Assessment and Evaluation. VCH, Weinheim.

Merian E (Ed.) (1990) Metals and their Compounds in the Environment. Occurrence, Analysis, and Biological Relevance. VCH, Weinheim

Rail CD (1989) Groundwater Contamination – Sources, Control and Preventive Measures. Technomic, Lancaster

Royal Society of Chemistry (Ed.) (1989) Measurement Techniques for Carcinogenic Agents in Workplace Air. Royal Society, Letchworth

Schmidt RD, Scheller F (Eds.) (1989) Biosensors: Applications in Medicine, Environmental Protection and Process Control. VCH, New York

Thompson R (Ed.) (1992) The Chemistry of Wood Preservation. Royal Society, Letchworth

Vanderlaan M et al. (Eds.) (1991) Immunoassays for Trace Chemical Analysis: Monitoring Toxic Chemicals in Humans, Food and the Environment. VCH, Weinheim

Van Emon JM, Mumma RO (Hrsg.) (1991) Immunochemical Methods for Environmental Analysis. ACS Symposium Series No. 442. VCH, Weinheim

Ware GW (Ed.) (1989) Reviews of Environmental Contamination and Detection in High-Performance Liquid Chromatography. Elsevier, Amsterdam

Wilson WS (Ed.) (1991) Advances in Soil Organic Matter Research: The Impact on Agriculture and the Environment. Royal Society, Letchworth

6.3 Pestizidanalyse

Bowers WS, Ebing W, Martin D, Wegler R, Yamamoto Y (Eds.) (1990) Chemistry of Plant Protection. Vol. 3: Pyrethroid Residues, Immunoassays for Low Molecular Weight Compounds. Springer, Berlin

DFG Senatskommission für Pflanzenschutz-, Pflanzenbehandlungs- und Vorratsschutzmittel (Hrsg.) (1990) Pflanzenschutzmittel im Trinkwasser; Analytik, toxikologische Beurteilung und Strategien zur Minimierung des Eintrages (Mitteilung XVI). VCH, Weinheim

DFG Senatskommission für Pflanzenschutz-, Pflanzenbehandlungs- und Vorratsschutzmittel (Hrsg.) (1989) Methodensammlung zur Rückstandsanalytik von Pflanzenschutzmitteln; 10. Lieferung. VCH, Weinheim

DFG Senatskommission für Pflanzenschutz-, Pflanzenbehandlungs- und Vorratsschutzmittel (Hrsg.) (1991) Methodensammlung zur Rückstandsanalytik von Pflanzenschutzmitteln; 11. Lieferung. VCH, Weinheim

Ebing W, Kirchhoff J (1989) Gaschromatographie der Plfanzenschutzmittel. Parey, Berlin

6.4 Klinisch-toxikologische und forensische Analytik

Clement RE (1991) Gas Chromatography: Biochemical, Biomedical and Clinical Applications. Wiley, Chichester
DFG, Senatskommission für klinisch-toxikologische Analytik (Hrsg.) (1990) Maximale Arbeitsplatzkonzentrationen und Biologische Arbeitsstofftoleranzwerte VCH, Weinheim
Frehse H (Ed.) (1991) Proceedings of the 7th International Congress of Pesticide Chemistry. VCH, Weinheim
Fruchart JC, Shepherd J (Eds.) (1989) Human Plasma Lipoproteins: (Clinical Biochemistry: Principles, Methods, Applications 3). De Gruyter, Berlin
Lawson AM (Ed.) (1989) Mass Spectrometry, Vol. I. Clinical Biochemistry: Principles, Methods and Application. De Gruyter, Berlin
Stahr HM (1991) Analytical Methods in Toxicology. Wiley, Chichester
Suelter CH, Watson JT (Eds.) (1990) Biochemical Applications of Mass Spectrometry. Wiley, New York
Taylor EH (Ed.) (1989) Clinical Chemistry (Chemical Analysis: A Series of Monographs on Analytical Chemistry and Its Applications.) Wiley, New York
Vanderlaan M et al. (Eds.) (1991) Immunoassays for Trace Chemical Analysis: Monitoring Toxic Chemicals in Humans, Food and the Environment. YVH, Weinheim

6.5 Biochemie, Naturstoffanalyse

Bertini I, Molinari H, Niccolai N (Hrsg.) (1991) NMR and Biomolecular Structure. VCH, Weinheim
Biermann C, McGinnis GD (Eds.) (1989) Analysis of Carbohydrates by GLC and Ms. CRC Press, Boca Raton
Clement RE (1991) Gas Chromatography: Biochemical, Biomedical and Clinical Applications. Wiley, Chichester
Desiderio DM (1990) Mass Spectrometry of Peptides. CRC Press, Boca Raton
Findlay JBC, Geisow MJ (Eds.) (1989) Protein Sequencing – A Practical Approach. IRL Press, Oxford
Harding S, Rowe AJ (Eds.) (1992) Analytical Ultracentrifugation in Biochemistry and Polymer Science. Royal Society, Letchworth
Hester RE, Girling RB (1991) Spectroscopy of Biological Molecules. Royal Society, Letchworth
Hickle LA, Fitch WL (Hrsg.) (1990) Analytical Chemistry of Bacillus thuringiensis. VCH, Weinheim
Horvath C, Nikelly JC (Hrsg.) (1990) Analytical Biotechnology. Capillary Electrophoresis and Chromatography. VCH, Weinheim
Hugli T (Ed.) (1989) Techniques in Protein Chemistry. Academic Press, Orlando
Marsden CA, Perrett D (Eds.) (1992) Electrochemical Detection and Liquid Chromatography in the Biosciences. Royal Society, Letchworth
McKenzie HA, Smythe LE (Eds.) (1988) Quantitative Trace Analysis of Biological Materials. Elsevier, Amsterdam
Nes WD, Parish EJ (Eds.) (1989) Analysis of Sterols and other Biological Significant Steroids. Academic, San Diego
Pace-Asciak CR (1989) Advances in Prostaglandin, Thromboxane and Leukotriene Research. In: Mass Spectrometry of Prostaglandins and Related Products. Raven Press, New York
Schellenberger A (Hrsg.) (1989) Enzymkatalyse. Einführung in die Chemie, Biochemie und Technologie der Enzyme. Fischer, Jena
Schügerl K (Hrsg.) (1991) Analytische Methoden in der Biotechnologie. Vieweg, Stuttgart
Suelter CH (1991) Protein Structure Determination. Wiley, Chichester
Vijayalakshmi MA, Bertrand O (Eds.) (1989) Protein-Dye Interactions: Developments and Applications. Elsevier, New York

6.6 Analyse von Pharmazeutica

Adamovics JA (Ed.) (1990) Chromatographic Analysis of Pharmaceuticals. Chromatographic Science Series, Vol. 49. Dekker, New York
Brown MA (1990) Liquid Chromatography/Mass Spectrometry Applications in Agricultural, Pharmaceutical and Environmental Chemistry. Amer Chem Soc, Washington

6.7 *Analyse von Kosmetischen Präparaten*

6.8 *Analyse von Drogen*

Deutsch DG (Ed.) (1989) Analytical Aspects of Drug Testing (Chemical Analysis: A Series of Monographs on Analytical Chemistry and Its Applications). Wiley, New York
Gough TA (Ed.) (1991) Analysis of Drugs Abuse. Wiley, Chichester
Racz I (1989) Drug Formulation. Wiley, Chichester
Reid E, Wilson ID (Eds.) (1989) Analysis for Drugs and Pharmaceutical Compounds. Wiley, Chichester
Reid E, Wilson ID (Eds.) (1990) Analysis for Drugs and Metabolides, Including Anti-infective Agents. Vol. 20: Methodological Surveys in Biochemistry and Analysis. Royal Society, Letchworth

6.9 *Polymer-Analytik*

Bledski AK, Spychaj T (1991) Molekulargewichtsbestimmung von hochmolekularen Stoffen. Hüthig, Heidelberg
Bowers DI, Madams WF (1989) The Vibrational Spectroscopy of Polymers. Cambridge University, New York
Cooper AR (Ed.) (1989) Determination of Molecular Weight. Wiley, New York
Craver CD, Provder T (1991) Polymer Chracterisation – Physical Properties, Spectroscopic & Chromatographic Data. Advances in Chemistry Series No. 227. VCH, Weinheim
Crompton (1989) Analysis of Polymers. Pergamon, Oxford
Harding S, Rowe AJ (Eds.) (1992) Analytical Ultracentrifugation in Biochemistry and Polymer Science. Royal Society, Letchworth
Hummel DO (1991) Atlas of Polymer and Plastic Analysis. Vol. 1, Parts a and b. VCH, Weinheim
Nyqist RA (Ed.) (1989) The Infrared Spectra: Building Blocks of Polymers. Sadtler, Philadelphia

6.10 *Wasseranalytik*

Block J-C, Schwartzbrod L (1989) Viruses in Water Systems. Toxicology. Vol. 109. Springer, Berlin
Clesceri LS, Greenberg AE, Trussell RR (Eds.) (1989) Standard Methods for the Examination of Water and Wastewater, 17th ed. Am Publ Health Ass., Washington
Fachgruppe Wasserchemie in der GDCh (Hrsg.) (1989 Vom Wasser, 73. Band – 1989. VCH, Weinheim
Fachgruppe Wasserchemie in der GDCh (Hrsg.) (1990) Vom Wasser, 74. Band – 1990. VCH, Weinheim
Fachgruppe Wasserchemie in der GDCh (Hrsg.) (1991) Vom Wasser, 75. Band – 1990. VCH, Weinheim
Fachgruppe Wasserchemie in der GDCh (Hrsg.) (1991) Vom Wasser, 76. Band-1991. VCH, Weinheim
Fachgruppe Wasserchemie in der GDCh (Hrsg.) (1992) Vom Wasser, 77. Band – 1991. VCH, Weinheim
Hütter LA (1990) Wasser und Wasseruntersuchung; Methodik, Theorie und Praxis chemischer, chemisch-physikalischer, biologischer und bakteriologischer Untersuchungsverfahren. 4. Aufl. Sauerlä nder, Frankfurt
Midgley D, Torrance K (1991) Potentiometric Water Analysis, 2nd Edition. Wiley, Chichester

6.11 *Materialanalyse*

Bird JR, Williams JS (Eds.) (1989) Ion Beams for Materials Analysis. Academic Press Australia, Marrickville
Clark RJH, Hester RE (Eds.) (1991) Spectroscopy of Advanced Materials; Vol. 19 of Advances in Spectroscopy Series. Wiley, Chichester
Fuchs E, Oppolzer H, Rehme H (1991) Particle Beam Microanalysis. Fundamentals, Methods and Applications. VCH, Weinheim
Grasserbauer M, Werner HW (Eds.) (1991) Analysis of Microelectronic Materials and Devices. Wiley, Chichester
Sibilia JP (Hrsg.) (1988) A Guide to Materials Characterization and Chemical Analysis. VCH, Weinheim

6.12 Oberflächenanalyse

Adamson AW (1990) Physical Chemistry of Surfaces. Wiley, Chichester
Briggs D (Ed.) (1990) ECASIA 89; Proceedings of the European Conference on Applications of Surface and Interface Analysis. Wiley, Chichester
Briggs D, Seah M (Eds.) (1990) Practical Surface Analysis, 2nd Edition; Vol. 1: Auger and X-Ray Photoelectron Spectroscopy. Wiley, Chichester
Briggs D, Seah M (Eds.) (1991) Practical Surface Analysis, 2nd Edition; Vol. 2: Ion and Neutral Spectroscopy. Wiley, Chichester
Neagle W, Randell DR (Eds.) (1991) Surface Analysis Techniques and Clinical Applications. Wiley, Chichester
Perry DL (Ed.) (1990) Instrumental Surface Analysis of Geologic Materials. VCH, Weinheim
Randell DR, Neagle WR (Eds.) (1990) Surface Analysis Techniques and Applications. Royal Society, Letchworth
Walls JM (Ed.) (1989) Methods of Surface Analysis. Cambridge Univ., Port Chester

Die relativen Atommassen der Elemente

Den in der Tabelle (Seite 217) verwendeten Namen und Symbolen der chemischen Elemente liegt die DIN-Norm 32640[1] zugrunde, die auf der Basis der „IUPAC-Regeln für die Nomenklatur der anorganischen Chemie 1970“[2] erstellt wurde. Gemäß der Empfehlung dieser Norm wird anstelle der früher verwendeten Begriffe „Ordnungszahl“ oder „Kernladungszahl“ der Begriff „Protonenzahl“ verwendet. Die Zahlenwerte der relativen Atommassen (früher Atomgewichte) der Elemente wurden der IUPAC-Veröffentlichung „Atomic Weights of the Elements 1989“[3] entnommen. Änderungen anläßlich der IUPAC-Tagung in 1991 wurden berücksichtigt.

Maximale Arbeitsplatzkonzentrationen (1991)

Der MAK-Wert (maximale Arbeitsplatz-Konzentration) ist die höchstzulässige Konzentration eines Arbeitsstoffes als Gas, Dampf oder Schwebstoff in der Luft am Arbeitsplatz, die nach dem gegenwärtigen Stand der Kenntnis auch bei wiederholter und langfristiger, in der Regel täglich 8-stündiger Einwirkung, jedoch bei Einhaltung einer durchschnittlichen Wochenarbeitszeit von 40 Stunden, im allgemeinen die Gesundheit der Beschäftigten nicht beeinträchtigt und diese nicht unangemessen belästigt.

Textauszüge und nachstehende Zusammenstellung der für den Analytiker wichtigsten MAK-Werte wurden aus Anlage 4 zu den Unfallverhütungsvorschriften der Berufsgenossenschaft der chemischen Industrie entnommen. Dort

[1] DIN 32640 Dezember 1986, Chemische Elemente und einfache organische Verbindungen. Namen und Symbole. Beuth-Verlag, GmbH, Berlin 30 und Köln 1
[2] International Union of Pure and Applied Chemistry (IUPAC). Regeln für die Nomenklatur der anorganischen Chemie 1970. Deutsche Fassung. Verlag Chemie, Weinheim 1976.
[3] Atomic Weights of the Elements 1989 (IUPAC Commission on Atomic Weights). Pure and Applied Chem. 63, 975 (1991)

Tabelle der relativen Atommassen der chemischen Elemente, alphabetisch geordnet nach den Namen in deutscher Sprache

Name		Symbol	Protonenzahl	relative Atommasse
Deutsch	Englisch			
Actinium*	Actinium	Ac	89	
Aluminium	Aluminium	Al	13	26,981 539
Americium*	Americium	Am	95	
Antimon	Antimony	Sb	51	121,757
Argon	Argon	Ar	18	39,948
Arsen	Arsenic	As	33	74,921 59
Astat*	Astatine	At	85	
Barium	Barium	Ba	56	137,327
Berkelium*	Berkelium	Bk	97	
Beryllium	Beryllium	Be	4	9,012182
Bismut (Wismut)	Bismuth	Bi	83	208,980 37
Blei	Lead	Pb	82	207,2
Bor	Boron	B	5	10,811
Brom	Bromine	Br	35	79,904
Cadmium	Cadmium	Cd	48	112,411
Caesium	Caesium	Cs	55	132,905 43
Calcium	Calcium	Ca	20	40,078
Californium*	Californium	Cf	98	
Cer	Cerium	Ce	58	140,115
Chlor	Chlorine	Cl	17	35,4527
Chrom	Chromium	Cr	24	51,996 1
Cobalt	Cobalt	Co	27	58,933 20
Curium*	Curium	Cm	96	
Dysprosium	Dysprosium	Dy	66	162,50
Einsteinium*	Einsteinium	Es	99	
Eisen	Iron	Fe	26	55,847
Erbium	Erbium	Er	68	167,26
Europium	Europium	Eu	63	151,965
Fermium*	Fermium	Fm	100	
Fluor	Fluorine	F	9	18,998 403 2
Francium*	Francium	Fr	87	
Gadolinium	Gadolinium	Gd	64	157,25
Gallium	Gallium	Ga	31	69,723
Germanium	Germanium	Ge	32	72,61
Gold	Gold	Au	79	196,96654
Hafnium	Hafnium	Hf	72	178,49
Helium	Helium	He	2	4,002 602
Holmium	Holmium	Ho	67	164,930 32
Indium	Indium	In	49	114,878
Iod	Iodine	I	53	126,904 47
Iridium	Iridium	Ir	77	192,22
Kalium	Potassium	K	19	39,098 3
Kohlenstoff	Carbon	C	6	12,011
Krypton	Krypton	Kr	36	83,80
Kupfer	Copper	Cu	29	63,546
Lanthan	Lanthanum	La	57	138,905 5
Lawrencium*	Lawrencium	Lr	103	
Lithium	Lithium	Li	3	6,941
Lutetium	Lutetium	Lu	71	174,967
Magnesium	Magnesium	Mg	12	24,305 0
Mangan	Magnanese	Mn	25	54,938 05

* Keine stabilen Isotope

Tabelle (*Fortsetzung*)

Name		Symbol	Protonenzahl	relative Atommasse
Deutsch	Englisch			
Mendelevium*	Mendelevium	Md	101	
Molybdän	Molybdenum	Mo	42	95,94
Natrium	Sodium	Na	11	22,989 768
Neodym	Neodymium	Nd	60	144,24
Neon	Neon	Ne	10	20,179 7
Neptunium*	Neptunium	Np	93	
Nickel	Nickel	Ni	28	58,6934
Niob	Niobium	Nb	41	92,906 38
Nobelium*	Nobelium	No	102	
Osmium	Osmium	Os	76	190,23
Palladium	Palladium	Pd	46	106,42
Phosphor	Phosphorus	P	15	30,973 762
Platin	Platinum	Pt	78	195,08
Plutonium*	Plutonium	Pu	94	
Polonium*	Polonium	Po	84	
Praseodym	Prasecdymium	Pr	59	140,90765
Promethium*	Promethium	Pm	61	
Protactinium*	Protactinium	Pa	91	231,035 88
Quecksilber	Mercury	Hg	80	200,59
Radium*	Radium	Ra	88	
Radon*	Radon	Rn	86	
Rhenium	Rhenium	Re	75	186,207
Rhodium	Rhodium	Rh	45	102,905 50
Rubidium	Rubidium	Rb	37	85,467 8
Ruthenium	Ruthenium	Ru	44	101,07
Samarium	Samarium	Sm	62	150,36
Sauerstoff	Oxygen	O	8	15,999 4
Scandium	Scandium	Sc	21	44,955 910
Schwefel (Sulfur)	Sulfur	S	16	32,066
Selen	Selenium	Se	34	78,96
Silber (Argentum)	Silver (Argentum)	Ag	47	107,868 2
Silicium	Silicon	Si	14	28,085 5
Stickstoff	Nitrogen	N	7	14,006 74
Strontium	Strontium	Sr	38	87,62
Tantal	Tantalum	Ta	73	180,947 9
Technetium*	Technetium	Tc	43	
Tellur	Tellurium	Te	52	127,60
Terbium	Terbium	Tb	65	158,925 34
Thallium	Thallium	Tl	81	204,383 3
Thorium*	Thorium	Th	90	232,038 1
Thulium	Thulium	Tm	69	168,934 21
Titan	Titanium	Ti	22	47,88
Uran*	Uranium	U	92	238,028 9
Vanadium	Vanadium	V	23	50,941 5
Wasserstoff	Hydrogen	H	1	1,007 94
Wolfram	Tungsten	W	74	183,84
Xenon	Xenon	Xe	54	131,29
Ytterbium	Ytterbium	Yb	70	173,04
Yttrium	Yttrium	Y	39	88,905 85
Zink	Zinc	Zn	30	65,39
Zinn	Tin	Sn	50	118,710
Zirconium	Zirconium	Zr	40	91,224

* Keine stabilen Isotope

findet sich die vollständige Liste der Stoffe mit den MAK-Werten. [1] Beim Ungang mit Stoffen, die in diesem Auszug nicht aufgeführt sind, muß sicherheitshalber mit der Originalliste verglichen werden. Tabellen 2–4 sind dagegen vollständig übernommen worden. Die im Basisteil von Band 9 wiedergegebene Zusammenstellung ist überholt.

Die MAK-Werte geben für die Beurteilung der Bedenklichkeit oder Unbedenklichkeit der am Arbeitsplatz vorhandenen Konzentrationen eine Urteilsgrundlage ab. Sie sind jedoch keine Konstanten, aus denen das Eintreten oder Ausbleiben von Wirkungen bei längeren oder kürzeren Einwirkungszeiten errechnet werden kann. Ebensowenig läßt sich aus MAK-Werten eine festgestellte oder angenommene Schädigung im Einzelfalle herleiten; hier entscheidet allein der ärztliche Befund unter Berücksichtigung aller äußeren Umstände des Fallherganges.

MAK-Werte sind historisch als 8-Stunden-Mittelwerte konzipiert und angewendet worden. In der Praxis schwankt jedoch die aktuelle Konzentration der Arbeitsstoffe in der Atemluft häufig in erheblichem Ausmaß. Die Abweichung nach oben vom Mittelwert bedarf bei vielen Stoffen der Begrenzung, um Gesundheitsschäden zu verhüten (Spitzenbegrenzung). Da die Wertigkeit für die gesundheitliche Beurteilung solcher Konzentrationsspitzen vom besonderen Wirkungscharakter der Stoffe abhängt, wurde ein System der Erfassung und Einordnung möglichst aller, in der MAK-Werte-Liste erfaßten Arbeitsstoffe in überschaubaren Kategorien geschaffen, das neben den toxikologischen Erfordernissen auch die analytische Vollziehbarkeit berücksichtigt. Angaben hierzu finden sich ebenfalls in der Anlage 4 zu den Unfallverhütungsvorschriften der Berufsgenossenschaft der chemischen Industrie.

MAK-Werte und Schwangerschaft

Maximale Arbeitsplatzkonzentrationen werden für gesunde Personen im arbeitsfähigen Alter aufgestellt. Epidemiologische und tierexperimentelle Befunde, die auf fruchtschädigende Wirkungen von Arbeitsstoffen schließen lassen, werden in der „Toxikologisch-arbeitsmedizinischen Begründungen von MAK-Werten“ und von „BAT-Werten“ berücksichtigt. Die vorbehaltlose Übernahme von MAK-Werten auf den Zustand der Schwangerschaft ist nicht möglich, weil ihre Einhaltung den sicheren Schutz des ungeborenen Kindes vor fruchtschädigenden Wirkungen von Arbeitsstoffen nicht in jedem Fall gewährleistet. Der Begriff „fruchtschädigend“ wird von der Kommission im weitesten Sinne verstanden und zwar im Sinne jeder Stoffeinwirkung, die eine gegenüber der physiologischen Norm veränderte Entwicklung des Organismus hervorruft, die prä- oder post-natal zum Tod oder zu einer permanenten morphologischen oder funktionellen Schädigung der Leibesfrucht führt. Zahlreiche Arbeitsstoffe wurden nicht oder nicht ausreichend auf fruchtschädigende Wirkung untersucht. Die bisher vorliegenden tierexperimentellen Prüfungen auf eine solche Wirkung von

---

[1] Die Daten finden sich auch in: Maximale Arbeitsplatzkonzentrationen und Biologische Arbeitsstofftoleranzwerte 1991, VCH Verlagsgesellschaft mbH, Weinheim

Arbeitsstoffen wurden nicht nur nach verschiedenen Methoden, sondern auch unterschiedlich intensiv durchgeführt. Aus diesen Prüfungen ist ein Risiko der Fruchtschädigung für den Menschen meist weder sicher zu begründen noch zu quantifizieren, weil im Einzelfall sowohl bei negativen Tierversuchen als auch bei wesentlich geringeren als den im Tierversuch als fruchtschädigend ermittelten Grenzdosen ein solches Risiko für den Menschen gegeben sein kann.

Die Kommission überprüft die bisher erfaßten gesundheitsschädlichen Arbeitsstoffe daraufhin, ob ein Risiko der Fruchtschädigung bei Einhaltung der MAK-Werte und der BAT-Werte ausgeschlossen werden kann, ob ein solches sicher nachgewiesen ist oder nach den vorliegenden Informationen als wahrscheinlich unterstellt werden muß. Für eine Anzahl von Arbeitsstoffen wird es jedoch vorerst nicht möglich sein, eine Aussage zum Risiko der Fruchtschädigung zu machen.

Nach einer eingehenden Diskussion der Grundlagen und Möglichkeiten zur Klassifizierung fruchtschädigender Arbeitsstoffe (ASP 18, 181–185, 1983 und 23, 191–193, 1988) erfolgt eine Einteilung der Listenstoffe (Teil IIa der Original-Literatur) in einer besonderen Spalte „Schwangerschaft" in die folgenden Gruppen:[1]

Gruppe A: Ein Risiko der Fruchtschädigung ist sicher nachgewiesen. Bei Exposition Schwangerer kann auch bei Einhaltung des MAK-Wertes und des BAT-Wertes eine Schädigung der Leibesfrucht auftreten.

Gruppe B: Nach dem vorliegenden Informationsmaterial muß ein Risiko der Fruchtschädigung als wahrscheinlich unterstellt werden. Bei Exposition Schwangerer kann eine solche Schädigung auch bei Einhaltung der MAK-Werte und der BAT-Werte nicht ausgeschlossen werden.

Gruppe C: Ein Risiko der Fruchtschädigung braucht bei Einhaltung der MAK-Werte und der BAT-Werte nicht befürchtet zu werden.

Gruppe D: Eine Einstufung in eine der Gruppen A–C ist noch nicht möglich, weil die vorliegenden Daten wohl einen Trend erkennen lassen, aber für eine abschließende Bewertung nicht ausreichen. Der Bearbeitungsstand ist dem Sammelkapitel „MAK-Werte und Schwangerschaft" in der Sammlung „Toxikologisch-arbeitsmedizinische Begründung von MAK-Werten", (VCH Verlagsgesellschaft mbH, Weinheim) zu entnehmen.

Krebserzeugende Arbeitsstoffe ohne MAK-Werte erhalten ein „–".

Die Kommission beabsichtigt, durch schrittweise Aufarbeitung die bestehenden Lücken zu schließen und damit eine brauchbare Grundlage für entsprechende Maßnahmen des Arbeitsschutzes zu schaffen.

---

[1] Der Schwangerschaftshinweis wurde nicht in die hier auszugsweise abgedruckte Tabelle 1 (entspr. Teil IIa) übernommen: ggf. muß die eingangs zitierte Originalliteratur herangezogen werden

Die Gründe, die für die Eingruppierung von Stoffen in die Gruppen A–D maßgebend waren, werden in den toxikologisch-arbeitsmedizinischen Begründungen der MAK-Werte und der BAT-Werte aufgeführt.

Die maximale Arbeitsplatzkonzentration von Gasen, Dämpfen und flüchtigen Schwebstoffen wird in der folgenden Tabelle in von den Zustandsgrößen Temperatur und Luftdruck unabhängigen Volumenanteilen (ppm)[1] sowie in der von den Zustandsgrößen abhängigen Massenkonzentration (mg/m^3) für eine Temperatur von 20 °C und einem Luftdruck von 1013 mbar angegeben, die von nichtflüchtigen Schwebstoffen (Staub, Rauch, Nebel) nur in mg/m^3. Nichtflüchtige Schwebstoffe sind solche, deren Dampfdruck so klein ist, daß bei gewöhnlicher Temperatur keine gefährlichen Konzentrationen in der Gasphase auftreten können.

Da die Flüchtigkeit eines Arbeitsstoffes für die Gesundheitsgefährdung eine bedeutsame Rolle spielen kann, wurde für eine Reihe leichtflüchtiger Stoffe der Dampfdruck in der letzten Spalte aufgenommen. Die Kenntnis des Dampfdruckes ermöglicht unter gleichzeitiger Bewertung der am Ort gegebenen Freisetzungsbedingungen die Abschätzung des Risikos eines Auftretens gesundheitsschädlicher Dampfkonzentrationen.

In Spalte 5 der Tabelle 1 bedeutet:

H: Gefahr der Hautresorption. Diese kann bei vielen Arbeitsstoffen in der Praxis eine ungleich größere Vergiftungsgefahr bedeuten als die Einatmung. Beim Umgang mit solchen Stoffen ist größte Sauberkeit von Haut, Haaren und Kleidung für den Gesundheitsschutz von besonderer Bedeutung. Das „H“ weist jedoch nicht auf eine eventuelle Hautreizungsgefahr hin.

S: Gefahr der Sensibilisierung. Je nach persönlicher Disposition können nach Sensibilisierung z.B. der Haut oder der Atemwege allergische Erscheinungen unterschiedlich schnell und stark durch Stoffe verschiedener Art ausgelöst werden. Auch die Einhaltung des MAK-Wertes gibt hier keine Sicherheit gegen das Auftreten derartiger Reaktionen. Fallen Arbeitsstoffe durch häufigere Sensibilisierung als gewöhnlich auf, werden sie in der MAK-Werte-Liste in der 5. Spalte durch ein „S“ gekennzeichnet.

Der Umgang mit erwiesenen oder potentiellen krebserzeugenden Arbeitsstoffen erfordert besondere Vorsicht und Maßnahmen der Gesundheitsvorsorge. Diese Stoffe werden daher in den Tabellen 2–4 aufgeführt.

---

[1] Ein ppm entspricht einem Milliliter (ml) Arbeitsstoff je Kubikmeter (m^3) Luft

Tabelle 1. Liste der für den Analytiker wichtigsten Stoffe mit MAK-Werten (Auszug aus Tabelle IIa der Anlage 4 zu den Unfallverhütungsvorschriften der Berufsgenossenschaft der chemischen Industrie)

Stoff	Formel	MAK		H; S	Dampfdruck in mbar bei 20 °C
		ppm	mg/m^3		
Acetaldehyd	$CH_3 \cdot CHO$	50 vgl. Tab. 4	90		
Acetamid	$CH_3 \cdot CO \cdot NH_2$	vgl. Tab. 4			
Aceton	$CH_3 \cdot CO \cdot CH_3$	1000	2400		240
Acetonitril	$CH_3 \cdot CN$	40	70		
Acrolein (2-Propenal)	$CH_2{:}CH \cdot CHO$	0,1	0,25		
Acrylamid	$CH_2{:}CH \cdot CO \cdot NH_2$	vgl. Tab. 3		H	
Acrylnitril	$CH_2{:}CH \cdot CN$	vgl. Tab. 3		H	
Acrylsäureethylester (Ethylacrylat)	$CH_2{:}CH \cdot COO \cdot C_2H_5$	5	20	H	39
Acrylsäuremethylester (Methylacrylat)	$CH_2{:}CH \cdot COO \cdot CH_3$	5	18	S	89
Allylalkohol (2-Propen-1-ol)	$CH_2{:}CH \cdot CH_2 \cdot HO$	2	5	H	24
Allylchlorid (3-Chlorpropen)	$CH_2{:}CH \cdot CH_2 \cdot Cl$	1 vgl. Tab. 4	3		393
Ameisensäure	$HCOOH$	5	9		
Ameisensäureethylester (Ethylformiat)	$HCOO \cdot C_2H_5$	100	300		256
Ameisensäuremethylester (Methylformiat)	$HCOO \cdot CH_3$	100	250		640
2-Aminoethanol	$NH_2 \cdot CH_2 \cdot CH_2 \cdot OH$	3	8		
Ammoniak	NH_3	50	35		
iso-Amylalkohol	$(CH_3)_2CH \cdot CH_2 \cdot CH_2 \cdot OH$	100	360		
Anilin	$C_6H_5 \cdot NH_2$	2 vgl. Tab. 4	8	H	
Anisidin (o, p-Isomeren)	$NH_2 \cdot C_6H_4 \cdot OCH_3$	0,1	0,5	H	
Antimonwasserstoff	SbH_3	0,1	0,5		
Arsenwasserstoff	AsH_3	0,05	0,2		
Asbest (Feinstaub)		vgl. Tab. 2 und Abschnitt IV der Originalmitteilung			
p-Benzochinon	$C_6H_4O_2$	0,1	0,4		
Benzol	C_6H_6	vgl. Tab. 2		H	101
Benzotrichlorid (α,α,α-Trichlortoluol)	$C_6H_5 \cdot CCl_3$	vgl. Tab. 4			
Biphenyl	$(C_6H_5)_2$	0,2	1		
Bis(chlormethyl)-ether	$Cl \cdot CH_2 \cdot O \cdot CH_2 \cdot Cl$	vgl. Tab. 2			
Bleitetraethyl (als Pb berechnet)	$Pb(C_2H_5)_4$	0,01	0,075	H	
Bleitetramethyl (als Pb berechnet)	$Pb(CH_3)_4$	0,01	0,075	H	

(*Fortsetzung*)

Tabelle 1. (*Fortsetzung*)

Stoff	Formel	MAK ppm	MAK mg/m³	H; S	Dampfdruck in mbar bei 20 °C
Bortrifluorid	BF_3	1	3		
Brom	Br_2	0,1	0,7		230
Bromethan	$C_2H_5\cdot Br$	200	890		507
Brommethan	$CH_3\cdot Br$	5 vgl. Tab. 4	20	H	
Bromwasserstoff	HBr	5	17		
1,3-Butadien	$CH_2{:}CH\cdot CH{:}CH_2$	vgl. Tab. 3			
Butan	C_4H_{10}	1000	2350		
Butanol (alle Isomeren)	$C_4H_9\cdot OH$	100	300		4–40
2-Butoxyethyl-acetat	$CH_3(CH_2)_3\cdot O\cdot CH_2\cdot CH_2\cdot COO\cdot CH_3$	20	135	H	
p-tert.Butylphenol	$HO\cdot C_6H_4\cdot C(CH_3)_3$	0,08	0,5	H	
p-tert-Butyltoluol	$C_4H_9\cdot C_6H_4\cdot CH_3$	10	60		
Calciumoxid	CaO		5		
Carbonylchlorid (Phosgen)	$COCl_2$	0,1	0,4		
Chinon (p-Benzochinon)	$C_6H_4O_2$	0,1	0,4		
Chlor	Cl_2	0,5	1,5		
Chloracetaldehyd	$Cl\cdot CH_2\cdot CHO$	1	3		
Chlorbenzol	$C_6H_5\cdot Cl$	50	230		12
Chlorbrommethan	$CH_2\cdot Cl\cdot Br$	200	1050		147
1-Chlor-2,3-epoxy-propan	$O\cdot CH_2\cdot CH\cdot CH_2\cdot Cl$	vgl. Tab. 3		H	
Chlorethan	$C_2H_5\cdot Cl$	vgl. Tab. 4			
2-Chlorethanol	$Cl\cdot CH_2\cdot CH_2OH$	1	3	H	7
Chloroform (Trichlormethan)	$CHCl_3$	10 vgl. Tab. 4	50		210
Chlormethan	$CH_3\cdot Cl$	50 vgl. Tab. 4	105		
3-Chlorpropen	$CH_2{:}CH\cdot CH_2\cdot Cl$	1 vgl. Tab. 4	3		393
Chlorwasserstoff	HCl	5	7		
Chromtrioxid	CrO_3	 vgl. Tab. 3	0,1		
Cyanide (als CN berechnet)			5	H	
Cyanwasserstoff	HCN	10	11	H	800
Cyclohexan	C_6H_{12}	300	1050		104
Cyclohexanol	$C_6H_{11}\cdot OH$	50	200		
Cyclohexanon	$C_6H_{10}O$	50	200		5
Cyclohexylamin	$C_6H_{11}\cdot NH_2$	10	40		
DDT	$(C_6H_4Cl)_2CH\cdot CCl_3$		1	H	
1,2-Diaminoethan	$NH_2\cdot C_2H_4\cdot NH_2$	10	25		
Diazomethan	$CH_2{:}N_2$	vgl. Tab. 3			
1,2-Dibromethan	$CH_2Br\cdot CH_2Br$	vgl. Tab. 3		H	15
1,2-Dichlorbenzol	$C_6H_4Cl_2$	50	300		
1,4-Dichlorbenzol	$C_6H_4Cl_2$	50	300		
2,2′-Dichlor-diethylether	$C_4H_4Cl\cdot O\cdot C_2H_4Cl$	10	60	H	

(*Fortsetzung*)

Tabelle 1. (*Fortsetzung*)

Stoff	Formel	MAK ppm	MAK mg/m³	H; S	Dampfdruck in mbar bei 20 °C
Dichlordifluormethan	CF_2Cl_2	1000	5000		
Dichlordimethylether (Bis(chlormethyl) ether)	$Cl \cdot CH_2 \cdot O \cdot CH_2 \cdot Cl$	vgl. Tab. 2			
1,1-Dichlorethan	$CHCl_2 \cdot CH_3$	100	400		240
1,2-Dichlorethan	$CH_2Cl \cdot CH_2Cl$	vgl. Tab. 3			87
1,1-Dichlorethen (Vinylidenchlorid)	$CH_2{:}CCl_2$	2 vgl. Tab. 4	8		667
1,2-Dichlorethen	$CHCl{:}CHCl$	200	790		220
Dichlorfluormethan	$CHFCl_2$	10	45		
Dichlormethan	CH_2Cl_2	100 vgl. Tab. 4	360		475
1,2-Dichlorpropan	$CH_2Cl \cdot CHCl \cdot CH_3$	75	350		56
Dicyan (Oxalsäuredinitril)	$(CN)_2$	10	22	H	
Dicyclohexylperoxid	$(C_6H_{11})_2 \cdot O_2$	vgl. Abschn. V a) der Orig.-Mitteilung			
Diethylamin[1]	$(C_2H_5)_2NH$	10	30		260
Diethylether	$C_2H_5 \cdot O \cdot C_2H_5$	400	1200		587
Difluordibrommethan	CF_2Br_2	100	860		
1,4-Dihydroxybenzol	$C_6H_4(OH)_2$		2		
Diisopropylether	$[(CH_3)_2CH]_2O$	500	2100		180
Dimethylamin[1]	$(CH_3)_2NH$	10	18		
N,N-Dimethylanilin	$C_6H_5 \cdot N(CH_3)_2$	5 vgl. Tab. 4	25	H	
Dimethylformamid	$HCO \cdot N(CH_3)_2$	20	60	H	
N,N-Dimethylnitrosamin	$(CH_3)_2N \cdot NO$	vgl. Tab. 3			
Dimethylsulfat	$(CH_3)_2SO_4$	vgl. Tab. 3		H	
Dinitrobenzol (alle Isomeren)	$C_6H_4(NO_2)_2$	vgl. Tab. 4		H	
Dinitrotoluol (alle Isomeren)	$CH_3 \cdot C_6H_3(NO_2)_2$	vgl. Tab. 3		H	
1,4-Dioxan	$\underline{O \cdot CH_2CH_2 \cdot O \cdot CH_2 \cdot CH_2}$	50 vgl. Tab. 4	180	H	41
Diphenylether (Dampf)	$C_6H_5 \cdot O \cdot C_6H_5$	1	7		
Diphenylether/Biphenylmischung (Dampf)		1	7		
Eisenpentacarbonyl	$Fe(CO)_5$	0,1	0,8		
Epichlorhydrin (1-Chlor-2,3-epoxypropan)	$\underline{O \cdot CH_2 \cdot CH} \cdot CH_2Cl$	vgl. Tab. 3		H	
Essigsäure	$CH_3 \cdot COOH$	10	25		

[1] Bildung von kanzerogener N-Nitrosoverbindung möglich

Tabelle 1. (*Fortsetzung*)

Stoff	Formel	MAK		H; S	Dampf-druck in mbar bei 20 °C
		ppm	mg/m³		
Essigsäureethylester (Ethylacetat)	$CH_3{\cdot}COO{\cdot}C_2H_5$	400	1400		97
Essigsäureanhydrid	$(CH_3{\cdot}CO)_2O$	5	20		
Essigsäure-methylester (Methylacetat)	$CH_3{\cdot}COO{\cdot}CH_3$	200	610		220
Ethanol	$C_2H_5{\cdot}OH$	1000	1900		59
2-Ethoxyethanol	$C_2H_5{\cdot}O{\cdot}C_2H_4{\cdot}OH$	20	75	H	~5
Ethylacetat	$CH_3{\cdot}COO{\cdot}C_2H_5$	400	1400		97
Ethylacrylat	$CH_2{:}CH{\cdot}COO{\cdot}C_2H_5$	5	20	S	39
Ethylamin	$C_2H_5{\cdot}NH_2$	10	18		
Ethylbenzol	$C_6H_5{\cdot}C_2H_5$	100	440	H	
Ethylendiamin (1,2-Diaminoethan)	$NH_2{\cdot}C_2H_4{\cdot}NH_2$	10	25		
Ethylenimin	$\underbrace{CH_2{\cdot}CH_2{\cdot}NH}$	vgl. Tab. 3		H	214
Ethylenoxid	$\underbrace{CH_2{\cdot}CH_2{\cdot}O}$	vgl. Tab. 3		H	
Ethylformiat	$HCOO{\cdot}C_2H_5$	100	300		256
Fluor	F_2	0,1	0,2		
Fluorwasserstoff	HF	3	2		
Formaldehyd	HCHO	0,5 vgl. Tab. 4	0,6	S	
Glutaraldehyd	$OHC{\cdot}(CH_2)_3{\cdot}CHO$	0,2	0,8	S	
Heptan	C_7H_{16}	500	2000		48
Hexachlorethan	C_2Cl_6	1	10		
γ-Hexachlorcyclohexan (Lindan)	$C_6H_6Cl_6$		0,5	H	
Hexan (n-Hexan)	C_6H_{14}	50	180		160
Hydrazin	$NH_2{\cdot}NH_2$	vgl. Tab. 3		H; S	
Hydrochinon (1,4-Dihydroxybenzol)	$C_6H_4(OH)_2$		2		
Iod	I_2	0,1	1		
Iodmethan	$CH_3{\cdot}I$	vgl. Tab. 3			
Kampfer	$C_{10}H_{16}O$	2	13		
Keten	$CH_2{:}CO$	0,5	0,9		
Kohlendioxid	CO_2	5000	9000		
Kohlenmonoxid	CO	30	33		
Kohlenstoffdisulfid (Schwefelkohlenstoff)	CS_2	10	30	H	400
Kresol (alle Isomeren)	$CH_3{\cdot}C_6H_4{\cdot}OH$	5	22	H	
Lindan (γ-Hexachlorcyclohexan)	$C_6H_6Cl_6$		0,5	H	
Mesityloxid (4-Methylpent-3-en-2-on)	$(CH_3)_2C{:}CH{\cdot}CO{\cdot}CH_3$	25	100		
Methanol	$CH_3{\cdot}OH$	200	260	H	128
Methanthiol	$CH_3{\cdot}SH$	0,5	1		

(*Fortsetzung*)

Tabelle 1. (*Fortsetzung*)

Stoff	Formel	MAK		H; S	Dampf-druck in mbar bei 20 °C
		ppm	mg/m³		
2-Methoxyethanol	$CH_3 \cdot O \cdot C_2H_4 \cdot OH$	5	15	H	~11
1-Methoxy-propanol-2	$CH_3 \cdot CHOH \cdot CH_2 \cdot O \cdot CH_3$	100	375		12
Methylacetat	$CH_3 \cdot COO \cdot CH_3$	200	610		220
Methylacetylen	$CH_3 \cdot C{:}CH$	1000	1650		
Methylacrylat	$CH_2{:}CH \cdot COO \cdot CH_3$	5	18	S	89
Methylamin	$CH_3 \cdot NH_2$	10	12		
N-Methylanilin	$C_6H_5 \cdot NHCH_3$	0,5	2	H	
Methylbromid (Brommethan)	$CH_3 \cdot Br$	5 vgl. Tab. 4	20	H	
Methylchlorid (Chlormethan)	$CH_3 \cdot Cl$	50 vgl. Tab. 4	105		
Methylformiat	$HCOO \cdot CH_3$	100	250		640
Methyliodid (Iodmethan)	CH_3I	vgl. Tab. 3			438
Methylmercaptan (Methanthiol)	$CH_3 \cdot SH$	0,5	1		
Methylmethacrylat	$CH_2{:}C(CH_3) \cdot COO \cdot CH_3$	50	210	S	47
4-Methylpent-3-en-2-on (Mesityloxid)	$(CH_3)_2C{:}CH \cdot CO \cdot CH_3$	25	100		
N-Methylpyrrolidon	$\underline{CO(CH_2)_3 \cdot N} \cdot CH_3$	100	400		
α-Methylstyrol (iso-Propenylbenzol)	$C_6H_5 \cdot C(CH_3){:}CH_2$	100	480		3
Monochlor-dimethylether	$CH_3 \cdot O \cdot CH_2Cl$	vgl. Tab. 2			213
Morpholin	C_4H_9NO	20	70	H	10
Naphthalin	$C_{10}H_8$	10	50		
2-Naphthylamin	$C_{10}H_7 \cdot NH_2$	vgl. Tab. 2		H	
Nickeltetra-carbonyl	$Ni(CO)_4$	vgl. Tab. 3		H	
Nitrobenzol	$C_6H_5(NO_2)$	1	5	H	
Nitroethan	$C_2H_5 \cdot NO_2$	100	310		
Nitromethan	$CH_3 \cdot NO_2$	100	250		
1-Nitropropan	$CH_2NO_2 \cdot CH_2 \cdot CH_3$	25	90		
2-Nitropropan	$CH_3 \cdot CHNO_2 \cdot CH_3$	vgl. Tab. 3			
Octan	C_8H_{18}	500	2350		15
Oxalsäuredinitril	$(CN)_2$	10	22	H	
Ozon	O_3	0,1	0,2		
Pentan	C_5H_{12}	1000	2950		573
Phenol	$C_6H_5 \cdot OH$	5	19	H	
Phenylhydrazin	$C_6H_5 \cdot NH \cdot NH_2$	5 vgl. Tab. 4	22	H; S	
Phosgen (Carbonylchlorid)	$COCl_2$	0,1	0,4		
Phosphorpentoxid	P_2O_5		1		
Phosphor-wasserstoff	PH_3	0,1	0,15		
Pikrinsäure (2,4,6-Trinitro-phenol)	$C_6H_2(OH)(NO_2)_3$		0,1	H	
Propan	C_3H_3	1000	1800		
Propenal (Acrolein)	$CH_2{:}CH \cdot CHO$	0,1	0,25		

Tabelle 1. (*Fortsetzung*)

Stoff	Formel	MAK		H; S	Dampf-druck in mbar bei 20 °C
		ppm	mg/m^3		
2-Propen-1-ol	$CH_2{:}CH{\cdot}CH_2{\cdot}OH$	2	5	H	24
iso-Propenyl-benzol (Methylstyrol)	$C_6H_5{\cdot}C(CH_3){:}CH_2$	100	480		
Propionsäure	C_2H_5COOH	10	30		
iso-Propylalkohol	$(CH_3)_2CH{\cdot}OH$	400	980		40
Propylenoxid (1,2-Epoxypropan)	$CH_3{\cdot}\underline{CH{\cdot}CH_3{\cdot}O}$	vgl. Tab. 3			
Pyridin	C_5H_5N	5	15		20
Quecksilber	Hg	0,01	0,1		
Salpetersäure	HNO_3	10	25		
Schwefeldioxid	SO_2	2	5		
Schwefelhexafluorid	SF_6	1000	6000		
Schwefelkohlenstoff (Kohlenstoff-disulfid	CS_2	10	30	H	400
Schwefelsäure	H_2SO_4		1		
Schwefelwasserstoff	H_2S	10	15		
Selenwasserstoff	H_2Se	0,05	0,2		
Stickstoffdioxid	NO_2	5	9		
Styrol	$C_6H_5{\cdot}CH{:}CH_2$	20	85		6
1,1,2,2-Tetrabromethan	$CHBr_2{\cdot}CHBr_2$	1	14		
1,1,2,2-Tetrachlorethan	$CHCl_2{\cdot}CHCl_2$	1 vgl. Tab. 4	7	H	7
Tetrachlorethen	$CCl_2{:}CCl_2$	50 vgl. Tab. 4	345		19
Tetrachlormethan	CCl_4	10 vgl. Tab. 4	65	H	120
Tetrahydrofuran	$\underline{CH_2(CH_2)_3{\cdot}O}$	200	590		200
o-Toluidin	$CH_3{\cdot}C_6H_4{\cdot}NH_2$	vgl. Tab. 3		H	
Toluol	$C_6H_5{\cdot}CH_3$	100	380		29
1,2,4-Trichlorbenzol	$C_6H_3{\cdot}Cl_3$	5	40		
1,1,1-Trichlorethan	$CCl_3{\cdot}CH_3$	200	1080		133
1,1,2-Trichlorethan	$CH_2Cl{\cdot}CHCl_2$	10 vgl. Tab. 4	55	H	25
Trichlorethen	$CCl_2{:}CHCl$	50 vgl. Tab. 4	270		77
Trichlorfluormethan	$CFCl_3$	1000	5600		889
Trichlormethan (Chloroform)	$CHCl_3$	10 vgl. Tab. 4	50		210
α,α,α-Trichlortoluol	$C_6H_5{\cdot}CCl_3$	vgl. Tab. 4			
Triethylamin	$(C_2H_5)_3N$	10	40		72
Trifluorbrommethan	CF_3Br	1000	6100		
2,4,6-Trinitrophenol (Pikrinsäure)	$C_6H_2(OH)(NO_2)_3$		0,1	H	
Trinitrotoluol	$CH_3{\cdot}C_6H_2(NO_2)_3$	0,01 vgl. Tab. 4	0,1	H	
Vinylchlorid	$CH_2{:}CHCl$	vgl. Tab. 2			
Vinylidenchlorid (1,1-Dichlorethen)	$CH_2{:}CCl_2$	2 vgl. Tab. 4	8		667
Wasserstoffperoxid	H_2O_2	1	1,4		
Xylol (alle Isomeren)	$(CH_3)_2C_6H_4$	100	440	H	7–9

Tabelle 2. Stoffe, die beim Menschen erfahrungsgemäß bösartige Geschwülste zu verursachen vermögen (entspricht Tabelle IIIA 1 der Anlage 4 zu den Unfallverhütungsvorschriften der Berufsgenossenschaft der chemischen Industrie)

4-Aminodiphenyl
Arsentrioxid und Arsenpentoxid, arsenige Säure, Arsensäure und ihre Salze
Asbest (Chrysotil, Krokydolith, Amosit, Anthophyllit, Aktinolith, Tremolit) als Feinstaub und asbesthaltiger Feinstaub
Benzidin und seine Salze
Benzol
Bis(chloromethyl)ether (Dichlordimethylether)
Buchenholzstaub
4-Chlor-o-toluidin
Dichlordiethylsulfid
Eichenholzstaub
N-Methyl-bis(2-chlorethyl)amin
Monochlordimethylether
2-Naphthylamin
Nickel (in Form atembarer Stäube/Aerosole von Nickelmetall, Nickelsulfid und sulfidischen, Erzen, Nickeloxid und Nickelcarbonat, wie sie bei der Herstellung und Weiterverarbeitung auftreten können)
Pyrolyseprodukte aus organischem Material
Vinylchlorid
Zinkchromat.

Tabelle 3. Stoffe, die bislang nur im Tierversuch sich nach Meinung der Kommission eindeutig als cancerogen erwiesen haben, und zwar unter Bedingungen, die der möglichen Exponierung des Menschen am Arbeitsplatz vergleichbar sind, bzw. aus denen Vergleichbarkeit abgeleitet werden Kann (entspricht Tabelle IIIA2 der Anlage 4 zu den Unfallverhütungsvorschriften der Berufsgenossenschaft der chemischen Industrie)

Acrylamid
Acrylnitril
o-Aminoazotoluol
2-Amino-4-nitrotoluol
Antimontrioxid
Auramin
Beryllium und seine Verbindungen
1,3-Butadien
2,4-Butansulton
Cadmium und seine Verbindungen, Cadmiumchlorid, Cadmiumoxid, Cadmiumsulfat, Cadmiumsulfid und andere biorafügbare Verbindungen (in Form atembarer Stäube/Aerosole)
p-Chloranilin
1-Chlor-2,3-epoxypropan (Epichlorhydrin)
Chlorfluormethan
N-Chlorformyl-morpholin
Chrom(VI)-Verbindungen (in Form von Stäuben/Aerosolen; ausgenommen die in Wasser praktisch unlöslichen, wie z. B. Bleichromat, Bariumchromat) (aber Zinkchromat Tabelle (2)
Cobalt und seine bioverfügbaren Verbindungen (in Form atembarer Stäube/Aerosole von Cobaltmetall und schwerlöslichen Cobaltsalzen)
2,4-Diaminoanisol
4,4'-Diaminodiphenylmethan
Diazomethan
1,2-Dibrom-3-chlorpropan
1,2-Dibromethan
Dichloracetylen
3,3'-Dichlorbenzidin
1,4-Dichlor-2-buten
1,2-Dichlorethan
1,2-Dichlor-2-propanol
1,3-Dichlorpropen (cis- und trans-)
Diethylsulfat
3,3'-Dimethoxybenzidin (o-Dianisidin)
3,3'-Dimethylbenzidin (o-Tolidin)
Dimethylcarbamidsäurechlorid
3,3'-Dimethyl-4,4'-diaminodiphenylmethan
1,1-Dimethylhydrazin
1,2-Dimethylhydrazin
Dimethylsulfamoylchlorid
Dimethylsulfat

Tabelle 3. (*Fortsetzung*)

Dinitrotoluole (Isomerengemische)
1,2-Epoxybutan
1,2-Epoxypropan
Ethylcarbamat
Ethylenimin
Ethylenoxid
Glycidyltrimethyl ammoniumchlorid
Hexamethylphosphorsäuretriamid
Hydrazin
Iodmethan (Methyliodid)
p-Kresidin
4,4'-Methylen-bis(2-chloranilin)
4,4'-Methylen-bis(N,N-dimethylanilin)
Nickeltetracarbonyl
5-Nitroacenaphthen
4-Nitrobiphenyl
2-Nitronaphthalin
2-Nitropropan
N-Nitrosodi-n-butylamin
N-Nitrosodiethanolamin
N-Nitrosodiethylamin
N-Nitrosodimethylamin
N-Nitrosodi-i-propylamin
N-Nitrosodi-n-propylamin
N-Nitrosoethylphenylamin
N-Nitrosomethylethylamin
N-Nitrosomethylphenylamin
N-Nitrosomorpholin
N-Nitrosopiperidin
N-Nitrosopyrrolidin
4,4'-Oxydianilin
Pentachlorphenol
Phenylglycidylether
1,3-Propansulton
β-Propiolacton
Propylenimin
Pyrolyseprodukte aus organischem Material
2,3,7,8-Tetrachlordibenzo-p-dioxin
Tetranitromethan
4,4'-Thiodianilin
o-Toluidin
2,4-Toluylendiamin
2,3,4-Trichlor-1-buten
2,4,5-Trimethylanilin
4-Vinyl-1,2-cyclohexendiepoxid
N-Vinyl-2-pyrrolidon

Tabelle 4. Stoffe, bei denen nach neueren Befunden der Krebsforschung ein nennenswertes krebserzeugendes Potential zu vermuten ist (entspricht Tabelle IIIB der Anlage 4 zu den Unfallverhütungsvorschriften der Berufsgenossenschaft der chemischen Industrie)

Acetaldehyd
Acetamid
3-Amino-9-ethylcarbazol
Anilin
tiertem Benzidin, 3,3'-Dimethylbenzidin, 3,3'-Dimethoxybenzidin
Bitumen
Bleichromat
Brommethan
1,4-Butansulton
2-Butenal
1-n-Butoxy-2,3-epoxypropan
1-tert-Butoxy-2,3-epoxypropan
Chlordan
Chlordecon (Kepone)
Chlorethan
Chlorierte Biphenyle (technische Produkte)
Chlormethan
3-Chlor-2-methylpropen
1-Chlor-2-nitrobenzol
1-Chlor-4-nitrobenzol
Chlorparaffine (bestimmte technische Produkte)
3-Chlorpropen (Allylchlorid)
5-Chlor-o-toluidin
α-Chlortoluol (Benzylchlorid)
Chromcarbonyl
3,3'-Diaminobenzidin und sein Tetrahydrochlorid
1,1-Dichlorethen (Vinylidenchlorid)
Dichlormethan
1,2-Dichlormethoxyethan
α,α-Dichlortoluol (Benzalchlorid)
Diethylcarbamidsäurechlorid
1,1-Difluorethen
Diglycidylether
N,N-Dimethylanilin
Dimethylhydrogen phospit
Dinitrobenzol (alle Isomeren)
Dinitronaphthaline (alle Isomeren)
Dinitronaphthaline
1,4-Dioxan
Formaldehyd
Heptachlor
1,1,2,3,4,4-Hexachlor-1,3-butadien
Holzstaub (außer Buchen- und Eichenholzstaub)
Isopropylöl (Rückstand bei der iso-Propylalkohol-Herstellung)
Kühlschmierstoffe, die Nitrit oder nitritliefernde Verbindungen und Reaktionspartner für Nitrosaminbildung enthalten

Tabelle 4. (*Fortsetzung*)

Künstliche Mineralfasern (Durchmesser < 1 μm)	Thioharnstoff
Michlers Keton	p-Toluidin
2-Nitro-4-aminophenol	1,1,2-Trichlorethan
1-Nitronaphthalin	Trichlorethen (Trichlorethylen)
2-Nitro-p-phenylendiamin	Trichlormethan (Chloroform)
Nitropyrene (Mono-, Di-, Tri-, Tetra-) (Isomere)	α,α,α-Trichlortoluol (Benzotrichlorid)
Phenylhydrazin	Trimethylphosphat[1]
N-Phenyl-2-naphthylamin	2,4,7-Trinitrofluorenon
Pyrolyseprodukte aus organischem Material (vgl. Orig.-Mitteilung)	2,4,6-Trinitrotoluol (und Isomeren in techn. Gemischen)
1,1,2,2-Tetrachlorethan	Vinylacetat
Tetrachlorethen	2,4-Xylidin
Tetrachlormethan	

[1] ergbutverändernder Stoff, Klasse 2

Akronyme

Die Liste der wichtigsten Akronyme aus dem Bereich der Instrumentellen Analytik wurde gegenüber Band 8 überarbeitet und wesentlich erweitert.

Akronym	Bedeutung, deutsch	Bedeutung, englisch
AA	Aktivierungsanalyse	Activation Analysis
AAS	Atomabsorptionsspektrophotometrie	Atomic Absorption Spectrophotometry
ACP	Wechselstrompolarographie	Alternating Current Polarography
AEM	Analytische Elektronenmikroskopie	Analytical Electron Microscopy
AES	Augerelektronenspektroskopie	Auger Electron Spectrometry
AES	Atomemissionsspektrometrie	Atomic Emission Spectrometry
AFS	Atomfluoreszenz-Spektroskopie	Atomic Fluorescence Spectroscopy
API	Atmosphärendruck-Ionisation	Atmospheric Pressure Ionization
ARM	Mikroskopie mit atomarer Auflösung	Atomic Resolution Microscopy
ARUPS	Winkelaufgelöste Photoelektronen-Spektroskopie	Angular Resolved UV-Photoelectron Spectroscopy
ASV	Inversvoltammetrie an der Anode	Anodic Stripping Voltammetry
ATR	Abgeschwächte Totalreflexion	Attenuated Total Reflectance
AVLIS	Laser-Isotopentrennung an Atomplasmen	Atomic Vapor Laser Separation
BIXE	Durch Beschuß induzierte Röntgenstrahlemission	Bombardment Induced X-ray Emission
CA	Stoßaktivierung	Collision Activation
CARS	Kohärente Antistokes Ramanspektroskopie	Coherent Antistokes Raman Spectroscopy
CAT	(Spektrenakkumulation)	Computer Averaged Transients
CCC	Gegenstrom-Chromatographie	Counter Current Chromatography
CD	Zirkulardichroismus	Circular Dichroism
CE	Kapillarelektrophorese	Capillary Electrophoresis
CFS	Kohärente Vorwärtsstreuung	Coherent Forward Scattering
CI	Chemische Ionisation	Chemical Ionization
CID	Stoßinduzierter Zerfall	Collision Induced Dissociation
CIDNP	Chemisch induzierte dynamische Kernpolarisation	Chemically Induced Dynamic Nuclear Polarization

Akronyme (*Fortsetzung*)

Akronym	Bedeutung, deutsch	Bedeutung, englisch
CMP	Kapazitiv gekoppeltes Mikrowellenplasma	Capacitively Coupled Microwave Plasma
CP	Kreuzpolarisierung	Cross Polarization
CPAA	Aktivierungsanalyse mit Hilfe geladener Teilchen	Charged Particle Activation Analysis
CP-MAS	Kreuzpolarisierung – Rotation um den magischen Winkel	Cross-Polarization – Magic-Angle-Spinning
CS-AAS	AAS mit Kontinuumstrahler	Continuous Source Atomic Absorption Spectrophotometry
CSV	Inversvoltammetrie an der Kathode	Cathodic Stripping Voltammetry
CV-AAS	Kaltdampf-Atom-absorptionsspektrophotometrie	Absorption Spectrophotometry
CW	(Variable Frequenz-Methode)	Continuous Wave
CZE	Kapillarzonenelekrophorese	Capillary Zone Electrophoresis
DAD	(Photo)Dioden-Array-Detektor	(Photo)Diode Array Detector
DADI	Ionenenergie-Spektroskopie zum Nachweis metastabiler Zerfälle	Direct Analysis of Daughter Ions
DC	Dünnschicht-Chromatographie	Thin Layer Chromatography
DCCC	Tropfen-Gegenstrom-Chromatographie	Droplet Counter-Current Chromatography
DCI	Direkte Chemische Ionisation	Direct Chemical Ionization
DCP	Gleichstrom-Plasma	Direct Current Plasma
DCP	Gleichstrom-Polarographie	Direct Current Polarography
DEPT	Verzerrungsfreie Verstärkung durch Polarisierungstransfer	Distorsionless Enhancement by Polarisation Transfer
DME	Quecksilber-Tropfelektrode	Dropping Mercury Electrode
DNMR	Dynamische NMR-Spektroskopie	Dynamic Nuclear Magnetic Resonance
2D-NMR	Zweidimensionale NMR-Spektroskopie	Two-dimensional NMR Spectroscopy
DOSS	Doppel-Optik-Simultan-Spektrometrie	Dual Optic Simultaneous Spectrometry
DPASV		Differential Pulse Anodic Stripping Voltammetry
DPCS (DPCSV)		Differential Pulse Cathodic Stripping Voltammetry
DPP	Differential-Puls-Polarographie	Differential Pulse Polarography
DRIFT	IR-Spektroskopie mit diffus reflektierter Strahlung	Diffuse Reflectance Infrared Fourier Transform Spectroscopy
DSC	Differentialkalorimetrie	Differential Scanning Calorimetry
DTA	Differentialthermoanalyse	Differential Thermal Analysis
DUVAS	UV-Spektrometer mit Aufzeichnung der 1. Ableitung	Derivative UV-Absorption Spectrometer
EA-MS	Elektronenanlagerungs-Massenspektrometrie	Electron Attachment Mass Spectrometry
ECD	Elektroneneinfangdetektor	Electron Capture Detector
EDX	Energiedispersive Röntgenspektroskopie	Energy Dispersive X-ray Spectroscopy
EDXRF	Energiedispersive Röntgenfluoreszenz-Spektroskopie	Energy Dispersive X-ray Fluorescence
EELS	Elektronen-Energieverlust-Spektrometrie	Electron Energy Loss Spectrometry
EI	Elektronenstoß-Ionisation	Electron Impact Ionization
ELS	Energieverlust-Spektroskopie	Energy Loss Spectroscopy
EM	Elektronenmikroskopie	Electron Microscopy
EMP	Elektronen-Mikrosonde	Electron Microprobe Analysis
ENDOR	Elektron-Kern-Doppelresonanz	Electron Nuclear Double Resonance

(*Fortsetzung*)

Akronyme (*Fortsetzung*)

Akronym	Bedeutung, deutsch	Bedeutung, englisch
EPMA	Elektronenstrahl-Mikroanalyse (Mikrosonde)	Electron Probe Microanalysis
ES	Emissions-Spektroskopie	Emission Spectroscopy
ESD	(Rastern bei) elektronenstimulierte (r) Desorption	(Scanning) Electron Stimulated Desorption Spectroscopy
ESCA	Elektronenspektroskopie für die chemische Analyse	Electron Spectroscopy for Chemical Analysis
ESR	Elektronenspinresonanz-Spektroskopie	Electron Spin Resonance
ETA	Elektrothermoanalyse	Electrothermal Analysis
ETA-AAS	AAS mit elektrothermischer Atomisierung	Electrothermal Atomization Atomic Absorption Spectrophotometry
EXAFS	Feinstruktur der Absorptionsbanden im Röntgenspektrum (Nahordnung)	Extended X-ray Absorption Fine Structure
F-AAS	Flammen-Atomabsorptions-Spektrophotometrie	Flame Atomic Absorption Spectrophotometry
FAB	Ionisierung durch Atombeschuß	Fast Atom Bombardment
FANES	Nicht-thermische Ofen-Atomemissions-Spektrometrie	Furnace Atomization Non-thermal Emission Spectrometry
FD	Felddesorption	Field Desorption
FEM (FIM)	Feldionenmikroskopie	Field Electron Microscopy
FI	Feldionisation	Field Ionization
FIA	—	Flow Injection Analysis
FIA	Fluoreszenz-Indikator-Analyse	Fluorescence Indicator Analysis
FID	Flammenionisations-Detektor	Flame Ionization Detector
FILS	Feldionisations Laserspektroskopie	Field Ionisation Laser Spectroscopy
FIM	Feld-Ionen-Mikroskopie	Field Ion Microscopy
FMR	Ferromagnetische Resonanz	Ferromagnetic Resonance
FOCS	Faseroptik (Lichtleiter) mit chemischen Sensoren	Fiber Optics Chemical Sensors
FTIR	Fouriertransform-IR-Spektroskopie	Fourier Transform Infrared Spectroscopy
FTMS	Fouriertransform-Massenspektrometrie	Fourier Transform Mass Spectrometry
FTNMR	Fouriertransform-NMR-Spektroskopie	Fourier Transform NMR Spectroscopy
GC	Gas-Chromatographie	Gas Chromatography
GC-GC	Glaskapillaren-Gas-Chromatographie	Glas Capillary Gas Chromatography
GC-IR	Gas-Chromatographie-IR-Spektroskopie-Kopplung	Gas Chromatography Infrared Spectroscopy Coupling
GC-MS	Gas-Chromatographie-Massenspektrometrie-Kopplung	Gas Chromatography Mass Spectrometry Coupling
GD-MS	Glimmlampen-Massenspektrometrie	Glow Discharge Mass Spectrometry
GDOES	Optische Emissionsspektroskopie mit Glimmlampenanregung	Glow Discharge Optical Emission Spectroscopy
GF-AAS	Graphitrohr-Atomabsorptionsspektrophotometrie	Graphite Furnace Atomic Absorption Spectrophotometry
GIR	Reflexionsspektroskopie bei streifendem Lichteinfall	Grazing Incidence Reflection
GLC	Gas-Absorptions-Chromatographie	Gas Liquid Chromatography
GPC	Gelpermeations-Chromatographie	Gel Permeation Chromatography
GSC	Gas-Adsorptions-Chromatographie	Gas Solid Chromatography
HDC	Partikelgrößen-Verteilungs-Chromatographie	Hydrodynamic Chromatography
HEED	Hochenergie-Elektronenbeugung	High Energy Electron Diffraction
HEIS	(Hochenergie)Ionenstreuung	High Energy Ion Scattering
HHPN	Hydraulische Hochdruckzerstäubung	Hydraulic High Pressure Nebulisation

Akronyme (*Fortsetzung*)

Akronym	Bedeutung, deutsch	Bedeutung, englisch
HORSES	Nichtlineare Raman-Effekte	Higher Order Raman Spectral Excitation Studies
HPCGE	Kapillargelelektrophorese	High Performance Capillary Gel Electrophoresis
HPLC	Hochleistungs-Flüssigkeits-Chromatographie	High Performance Liquid Chromatography
HPPLC	Hochdruck-Planar-Flüssigkeits-chromatographie	High Pressure Planar Liquid Chromatography
HPTLC	Hochleistungs-Dünnschicht-Chromatographie	High Performance Thin Layer Chromatography
HRE	Hyper-Raman-Effekt	Hyper Raman Effect
HREELS	Hochauflösende Elektronenenergie-Verlust-Spektroskopie	High Resolution Electron Energy Loss Spectroscopy
IBSCA	Ionenstrahl-Spektralanalyse	Ion Beam Spectrochemical Analysis
ICAP	Induktiv gekoppeltes Argon-Plasma	Inductively Coupled Argon Plasma
ICAP-AES	Atomemissionsspektrometrie mit induktiv gekoppeltem Argon Plasma	Inductively Coupled Argon Plasma Atomic Emission Spectrometry
ICISS	Rückstoß-Ionenstreuungs-Spektroskopie	Impact Collision Ion Scattering Spectroscopy
ICLAS	Intracavity-Laser-Absorptions-spektroskopie	Intracavity Laser Absorption Spectroscopy
ICP	Induktiv gekoppeltes Plasma	Inductively Coupled Plasma
ICP-OES	OES mit induktiv gekoppeltem Plasma	Inductively Coupled Plasma-OES
ICP-FTS	Induktiv gekoppelte Plasma-Fourier-Transform-Spektrometrie	Inductively Coupled Plasma Fourier Transform Spectrometry
ICR	Ionencyclotron-Resonanz	Ion Cyclotron Resonance
IDMS	Isotopenverdünnungs-Massen-spektrometrie	Isotope Dilution Mass Spectrometry
IEE	Induzierte Elektronenemission	Induced Electron Emission
IKES	Ionenenergie-Spektroskopie zur Analyse metastabiler Zerfälle	Ion Kinetic Energy Spectroscopy
IMA	Ionenstrahl-Mikroanalyse	Ion Probe Microanalysis
IMS	Isotope Mass Spectrometer	Isotopen-Massenspektrometer
INADEQUATE	Doppel-Quanten-Transfer-Experiment mit natürlicher ^{13}C-Häufigkeit	Incredible Natural Abundance Double Quantum Transfer Experiment
INDOR	Internukleare Doppelresonanz	Internuclear Double Resonance
INEPT		Insensitive Nuclei Enhancement by Polarization Transfer
INS	Unelastische Neutronenstreuung	Inelastic Neutron Scattering
IR (IRS)	Infrarotspektroskopie	Infrared Spectroscopy
IRRAS	Infrarot-Reflexions-Absorptions-Spektroskopie	Infrared Reflection Absorbance Spectroscopy
IRS	Innere Reflexions-Spektroskopie	Internal Reflectance Spectroscopy
IRS	Inverser Raman-Effekt	Inverse Raman Spectroscopy
IRTF	Fourier-Transform-Infrarot-Spektroskopie	Spectres infrarouge par transformé de Fourier
ISFET	Ionensensitiver Feldeffekt-Transistor	Ion Sensitive Field Effect Transistor
ISS	Ionenstreuungs-Spektroskopie	Ion Scattering Spectroscopy
KRIPES	K-aufgelöste inverse Photoelektronen-spektroskopie	K-resolved Inverse Photoemission Spectroscopy
LAAS	Laser Atomabsorptionsspektrometrie	Laser Atomic Absorption Spectrometry
LALLS	Kleinwinkel-Laserstreuung	Low Angle Laser Light Scattering
LAMMA	Lasermikrosonden-Massen-spektrometrie	Laser Microprobe Mass Analyzer

(*Fortsetzung*)

Akronyme (*Fortsetzung*)

Akronym	Bedeutung, deutsch	Bedeutung, englisch
LAMOFS-ETE	Laser-angeregte Molekülfluoreszenz-Spektrometrie mit elektrothermischer Verdampfung	Laser Exited Molecular Fluorescence with Electrothermal Evaporation
LAMS	Laser-Massenspektrometrie	Laser Mass Spectrometry
LASER	(Laser)	Light Amplification by Stimulated Emission of Radiation
LC	Flüssigkeits-Chromatographie	Liquid Chromatography
LC-MS	Flüssigkeits-Chromatographie-Massenspektrometrie-Kopplung	Liquid Chromatography Mass Spectrometry Coupling
LD	Laser-Desorptions-Massenspektrometrie	Laser Desorption Mass Spectrometry
LEAFS	Laser-angeregte Atomfluoreszenz	Laser Excited Atomic Fluorescence Spectrometry
LEED	Beugung langsamer Elektronen	Low Energy Electron Diffraction
LEERM	Elektronenmikroskop mit langsamen Elektronen	Low Energy Electron Reflection Microscope
LEI	Laserverstärkte Ionisationsspektrometrie	Laser Enhanced Ionization
LEIS	Niederenergetische Ionenstreuung	Low Energy Ion Scattering
LIDAR	Atmosphärische Laser-Spektralanalyse	Light Detection and Ranging
LIF	Laser-Induzierte Fluoreszenz-Spektroskopie	Laser Induced Fluorescence
LRMA	Laser-Raman-Mikroanalyse	Laser Raman Microanalysis
MAS	Rotation um den magischen Winkel	Magic Angle Spinning
MAS-ETE	Molekülabsorption mit elektrothermischer Verdampfung	Molecular Absorption with Electrothermal Evaporation
MASER		Microwave Amplification by Stimulated Emission of Radiation
MATR	Vielfach-ATR	Multiple Attenuated Total Reflectance IR-Spectroscopy
MECC	Micellenchromatographie	Micell Electro Capillary Chromatography
MEIS	Mittelenergetische Ionenstreuung	Medium Energy Ion Scattering (Spectroscopy)
MES	Mößbauerspektroskopie	Mößbauer Effect Spectroscopy
MID	Nachweis selektierter Ionen	Multiple Ion Detection
MIKES	Ionenenergie-Spektroskopie zum Nachweis metastabiler Zerfälle	Mass Analyzed Ion Kinetics Spectrometry
MIP	Mikrowelleninduziertes Plasma	Microwave Induced Plasma
MOLE	Ramanspektroskopie mit Laser-Mikrosonde	Molecular Optics Laser Examiner
MONES-ETE	Molekül-nichtthermische Emissionsspektrometrie mit elektrothermischer Verdampfung	Molecule-Nonthermal Emission Spectrometry – Electrothermal Evaporation
MORD	Magneto-optische Rotations-dispersion	Magneto Optical Rotatory Dispersion
MOS	Metalloxidischer Halbleiter	Metal Oxide Semiconductor
MPI	Multiphotonen-Ionisierung	Multiple Photon Ionization
MPD	Mikrowellen-Plasmadetektor	Microwave Induced Plasma Detector
MS	Massenspektrometrie	Mass Spectrometry
MW	Mikrowelle	Microwave
NAA	Neutronen-Aktivierungsanalyse	Neutron Activation Analysis
NCI	Negative Ionen bei chemischer Ionisation	Negative Ions with Chemical Ionization

Akronyme (*Fortsetzung*)

Akronym	Bedeutung, deutsch	Bedeutung, englisch
NEI	Negative Ionen bei Elektronenstoß-Ionisation	Negative Ions with Electron Impact Ionization
NEXAFS	Bandkanten-Röntgen-Feinstruktur-Spektrometrie	Near Edge X-ray Absorption Fine Structure (Spectrometry)
NIRA (NIR)	IR-Spektroskopie im nahen Infrarot	Near Infrared Analysis
NIRS	Nah-Infrarot-Reflexions-Spektroskopie	Near Infrared Reflection Spectroscopy
NMR	Kernmagnetische Resonanzspektroskopie	Nuclear Magnetic Resonance
2D-NMR	Zweidimensionale NMR-Spektroskopie	Two-dimensional NMR Spectroscopy
NOE	Kern-Overhauser-Effekt	Nuclear Overhauser Effect
NQR	Kern-Quadrupol-Resonanz	Nuclear Quadrupole Resonance
OES	Optische Emissionsspektralanalyse	Optical Emission Spectroscopy
OMA	Optischer Vielkanal-Analysator	Optical Multichannel Analyzer
OPLC	Überdruck-Schicht-Chromatographie	Over-Pressure Layer Chromatography
ORD	Optische Rotationsdispersion	Optical Rotatory Dispersion
PARS	Photoakustische Raman-Spektroskopie	Photoacoustic Raman Spectroscopy
PAS	Photoakustische Spektroskopie	Photo Acoustic Spectroscopy
PC	Papierchromatographie	Paper Chromatography
PDMS	Plasmadesorptions-Massenspektrometrie	Plasma Desorption Mass Spectrometry
PESIS	Photoelektronenspektroskopie innerer Elektronen	Photoelectron Spectroscopy of Inner Shell Electrons
PFIMS	Pyrolyse-Feldionisations-Massenspektrometrie	Pyrolysis Field Ionization Mass Spectroscopy
PFT	Puls Fourier Transformation	Pulse Fourier Transform
PGC	Pyrolyse-Gas-Chromatographie	Pyrolysis Gas Chromatography
PID	Photoionisations-Detektor	Photo Ionization Detector
PIXE	Partikel-induzierte Röntgenemissions-Spektroskopie	Particle Induced X-ray Emission
RBS	Rutherford Rückstreuung	Rutherford Back Scattering
REED	Energiedispersive Röntgenemissionsanalyse	Energy Dispersive X-Ray Emission Spectroscopy
REM	Raster-Elektronenmikroskopie	Reflection Electron Microscopy
RFA	Röntgenfluoreszenz-Spektralanalyse	X-ray Fluorescence Analysis
RFF	Fluoreszenzmessung mit Lichtleitern	Remote Fiber Fluorescence
RFWD	Wellenlängendispersive Röntgenfluoreszenzanalyse	Wavelength Dispersive X-Ray Fluorescence Spectroscopy
RHEED	Hochenergie-Elektronenstreuung in Reflexion	Reflection High Energy Electron Diffraction
RIKE	Raman-induzierter Kerr-Effekt	Raman Induced Kerr Effect
RIM	Substanznachweis über Ionenreaktionen	Reactant Ion Monitoring
RIMS	Resonanzionisations-Massenspektrometrie	Resonance Ionization Mass Spectrometry
RIS	Element- (Molekül-) spezif. Laser-Ionisation	Resonance Ionization Spectroscopy
RPLC	Umkehrphasen-Flüssigkeits-Chromatographie	Reversed Phase Liquid Chromatography
RRS	Resonanz-Raman-Effekt	Resonance Raman Scattering
RSI	Interferometrie auf Grund der Brechzahländerung	Refractively Scanned Interferometer
RTM	Rastertunnelmikroskopie	Scanning Tunneling Microscopy
RTS	Rastertunnelspektroskopie	Scanning Tunneling Spectroscopy
SAM	Raster-Auger-Mikroskopie	Scanning Auger Microscopy

(*Fortsetzung*)

Akronyme (*Fortsetzung*)

Akronym	Bedeutung, deutsch	Bedeutung, englisch
SCE	Gesättigte Calomel-Elektrode	Saturated Calomel Electrode
SCRS		Stokes Coherent Raman Spectroscopy ("Scissors")
SEM	Scanning Elektronen-Mikroskopie	Scanning Electron Microscopy
SERS	Oberflächenverstärkte Raman-Spektroskopie	Surface Enhanced Raman Spectroscopy
SEXAFS	Oberflächen-EXAFS	Surface EXAFS
SFC	Überkritische Fluid-Chromatographie	Supercritical Fluid Chromatography
SID	Einzelionen-Registrierung	Single Ion Detection/Selected Ion Detection
SID	Oberflächen-Ionisierung	Surface Induced Dissociation
SIM	Einzelionen-Nachweis	Selected Ion Monitoring
SIMAAC	Simultane Multielement-Atomabsorptionsspektrophotometrie mit Kontinuumstrahler	Atomic Absorption Using a Continuous Source
SIMS	Sekundärionen-Massenspektrometrie	Secondary Ion Mass Spectrometry
SNMS	Neutralteilchen-Emission durch fokussierte Strahlung (MS)	Sputtered Neutral Mass Spectrometry
SSMS	Funken-Massenspektrometrie	Sparc Source Mass Spectrometry
STEM	Registrierende Transmissions-Elektronenmikroskopie	Scanning Transmission Electron Microscopy
STM	Raster-Tunnel-Mikroskopie	Scanning Tunneling Microscopy
STS	Raster-Tunnel-Spektroskopie	Scanning Tunneling Spectroscopy
SWV	Rechteckwellen-Polarographie	Square-Wave Voltammetry
TCD	Wärmeleitfähigkeitsdetektor	Thermal Conductivity Detector
TDS	Thermische Desorptionsspektroskopie	Thermal Desorption Spectroscopy
TEELS	Transmissions-Elektronenenergieverlust-Spektrometrie	Transmission Electron Energy Loss Spectrometry
TEM	Transmissions-Elektronenmikroskopie	Transmission Electron Microscopy
TGA	Thermogravimetrische Analyse	Thermogravimetric Analysis
TGGE	Temperatur Gradienten Gelelektrophorese	
THEED	Hochenergie-Elektronenstreuung in Transmission	Transmission High Energy Electron Diffraction
THEELS	Hochenergie-Elektronenverlust-Spektrometrie in Transmission	Transmission High Energy Electron Loss Spectrometry
TID	Thermoionischer Detektor	Thermal Ionization Detector
TLC	Dünnschicht-Chromatographie	Thin Layer Chromatography
TPA	Zweiphotonenabsorption	Two Photon Absorption
TRFA	Totalreflexions-Röntgenfluoreszenz-Analyse	Total Reflection X-Ray Fluorescence Analysis
TXRF	Totalreflexions-Röntgenfluoreszenz	Total Reflection X-Ray Fluorescence
UPS	UV-Photoelektronen-Spektroskopie	Ultraviolet Photoelectron Spectroscopy
UR	Ultrarot- (= Infrarot-) Spektroskopie	Infrared Spectroscopy
URAS	Ultrarotabsorptionsschreiber	
UV (UVS)	Ultraviolett-Spektroskopie	Ultraviolet Spectroscopy
VIS	Spektroskopie im sichtbaren Spektralbereich	Visible Spectroscopy
WLD	Wärmeleitfähigkeits-Detektor	Thermal Conductivity Detector
XAES	Auger-Elektronen-Spektroskopie mit Röntgenstrahl-Anregung	X-ray Induced Auger Electron Spectroscopy
XANES	Feinstruktur der Absorptionsbande im Röntgenspektrum	X-Ray Absorption Near Edge Structure
XPS	Röntgen-Photoelektronen-Spektroskopie	X-ray Photoelectron Spectroscopy

Akronyme (*Fortsetzung*)

Akronym	Bedeutung, deutsch	Bedeutung, englisch
XRD	Röntgenbeugung	X-ray Diffraction
XRF	Röntgenfluoreszenz-Analyse	X-ray Fluorescence Analysis
XRS	Röntgenspektroskopie	X-ray Spectroscopy
ZAAS	Zeeman-Atomabsorptions-Spectro-photometrie	Zeeman Atomic Absorption Spectro-photometry

Prüfröhrchen für Luftuntersuchungen und technische Gasanalysen

In Band 1 des Analytiker-Taschenbuchs[1] gibt K. Leichnitz einen Überblick über das Prinzip und die Einsatzbereiche der Prüfröhrchenverfahren für die Gasanalyse. Ihrer allgemeinen Bedeutung wegen wurden die Tabellen jenes Beitrages in den Basisteil dieses Taschenbuches aufgenommen. Für die Überarbeitung der Tabellen (Stand 1991) danken wir Herrn Obering. Leichnitz.

Erläuterungen zu den Tabellen

Bezeichnung des Prüfröhrchens (*Spalte 1*): Basis ist der für das jeweilige Prüfröhrchen vom Hersteller benutzte Name (z. B. Ammoniak, Ethylacetat, Arsenwasserstoff). In Klammern hinzugefügt wurde – falls möglich – der Name entsprechend den Nomenklatur-Richtsätzen der IUPAC (z. B. Arsan, Ethen).
Meßbereich: Bei Röhrchen für Kurzzeitmessungen:
Volumenanteile (Volumenkonzentration) in

$$\text{ppm} \mathrel{\hat{=}} \text{cm}^3/\text{m}^3$$

$$\% \mathrel{\hat{=}} \text{cm}^3/100\,\text{cm}^3$$

Bei Röhrchen für Langzeitmessungen:

Mikroliter (als absolute Einheit)

Sämtliche Angaben beziehen sich auf die Gasphase.

(Fortsetzung der Erläuterungen s. Seite 247)

[1] Analytiker-Taschenbuch, Bd. 1, S. 205ff.: K. Leichnitz, Prüfröhrchen. Berlin, Heidelberg, New York: Springer 1980

Tabelle 1. Prüfröhrchen für Luftuntersuchungen am Arbeitsplatz (Kurzzeitmessungen: Dauer wenige Minuten)

Prüfröhrchen für	Meßbereich (20°, 1013 mbar)	Hubzahl	Reagens	Farbumschlag (Stand 1990)	MAK-Wert (Stand 1990)
Acetaldehyd	100–1000 ppm	20	Cr(VI), H_2SO_4	orange → braungrün	50 ppm
Aceton	100–12000 ppm	10	Dinitrophenylhydrazin	hellgelb → gelb	1000 ppm
Acrylnitril	0,5–10 ppm	10	Cr(VI), $HgCl_2$-Indikator	gelb → rot	(3 ppm) TRK
	1–20 ppm	20			
Acrylnitril	1–30 ppm	3	dto., + Methylrot	gelb → rot	
Acrylnitril	5–30 ppm	3	Cr(VI), $HgCl_2$-Indikator	gelb → rot	
Alkohol (Ethanol)	100–3000 ppm	10	Cr(VI)-Vbdg.	braunrot → graugrün	1000 ppm
Alkohol (C_1–C_4-Alkohol)	100–3000 ppm	10	Chromat	gelb → grün	200 ppm C_1–OH 400 ppm C_3–OH, 100 ppm C_4–OH
Ameisensäure	1–15 ppm	20	Säure-Indikator	blauviolett → gelb	5 ppm
Amin-Test	qualitativ	1	Indikator	gelb → blau	—
Ammoniak	2–30 ppm	5	Bromphenolblau + Sre.	gelb → blau	50 ppm
Ammoniak	5–1000 ppm	10	Base-Indikator	orange → tiefblau	
Ammoniak	5–70 ppm	10	Bromphenolblau + Sre.	orange → dkl.-blau	
Ammoniak	0,5–10% (v/v)	1	Säure	gelb → violett	
Anilin	0,5–10 ppm	20	Chromat	hellgelb → hellgrün	2 ppm
Anilin	1–20 ppm	25–5	Furfurol	weiß → rot	
Arsentrioxid	0,2 mg/m^3	100	Red. zu AsH_3; Au-Vbdg.	weiß-grauviolett	(0,1 mgAs/m^3) TRK
Arsenwasserstoff (Arsan, Arsin)	0,05–3 ppm	20	Au-Verbindung	weiß → schwach grauviol	0,05 ppm
org. Arsenverbindgg. u. Arsin	0,3 mg/m^3 (AsH_3)	8–16	Zn/HCl, Au/Hg-Kplx.	gelb → grau	0,05 ppm
Benzinkohlenwasserstoffe (n-Oktan)	100–2500 ppm	2	$I_2O_5 + H_2S_2O_7$	weiß → bräunlich grün	500 ppm (n-Oktan)
Benzol	0,05–1,4 mg/l	20–2	Aldehyd + H_2SO_4	weiß-hellbraun	(5 ppm) TRK
Benzol	2–60 ppm	20	$I_2O_5 + H_2SO_4$	weiß → braun	
Benzol	0,5–10 ppm	40–2	Aldehyd + H_2SO_4	weiß → hellbraun	
	5–40 ppm	15–2	Aldehyd + H_2SO_4	weiß → hellbraun	
Benzol	5–50 ppm	20	$I_2O_5 + H_2SO_4$	weiß → bräunlich grün	
Chlor	0,2–30 ppm	10	Aromatisches Amin	weiß → orangebraun	0,5 ppm
Chlor	0,2–3 ppm	10	o-Tolidin	weiß → gelb	
	2–30 ppm	1			

Chlor	0,3–5 ppm	20	o-Tolidin	weiß → orange	
Chlorameisensäure-ester (Alkylchlorformiate)	0,2–10 ppm	20	p-Nitrobenzylpyridin	weiß → gelb	
Chlorbenzol	5–20 ppm	10	Cr(VI), Bromphenolblau	blau → gelbgrau	50 ppm
Chlorcyan	0,25–5 ppm	20–1	Pyridion + Barbitursre.	weiß → rosa	—
Chloroform	2–10 ppm	10	Cl_2-Absp., o-Tolidin	weiß → gelb	10 ppm
Chloropren	5–60 ppm	3	Permanganat	violett → gelbbraun	10 ppm
Chlorwasserstoff	1–10 ppm	10	Bromphenolblau	blau → gelb	5 ppm
Chlorwasserstoff	50–500 ppm	10	Bromphenolblau	blau → weiß →	
	500–5000 ppm	1			
Chromsäure	0,1–0,5 mg/m³	40	Diphenylcarbazid	weiß → violett	(0,2 mgCrO_3/m³) TRK
Cyanid (KCN, NaCN)	2–15 mg/m³	10	$HgCl_2$ + Methylrot	gelb → rot	5 mg/m³ (ber. als CN)
Cyanwasserstoff	2–30 ppm	5	$HgCl_2$, Indikator	gelb → rot	10 ppm
Cyclohexan	100–1500 ppm	10	Chromsäure	orange → grünbfraun	300 ppm
Cyclohexylamin	2–30 ppm	10	Bromphenolblau + Saüre	gelb → blau	10 ppm
Diboran	0,05–3 ppm	20	Au-Komplex	weiß → hellgrau	0,1 ppm
Dichlorvos	0,05 ppm	10	Cholinesterase-Inhib.	–	0,1 ppm
Diethylether	100–4000 ppm	10	Cr(VI) + H_2SO_4	orange → grünbraun	400 ppm
Dimethylformamid	10–40 ppm	10	Bromphenolblau + Säure	gelb → blau	20 ppm
Dimethylsulfat	0,005–0,05 ppm	–	p-Nitrobenzylpyridin	weiß → blau	(0,02 ppm) TRK
Dimethylsulfid	1–15 ppm	20	Permanganat	violett → gelbbraun	—
Epichlorhydrin	5–50 ppm	20	Cr(VI) + o-Tolidin	weiß → gelbl.-orange	(3 ppm) TRK
Erdgastest	qualitativ	2	$KMnO_4 + H_2S_2O_7$	weiß → braungrün + grauviolett	—
Essigsäure	5–80 ppm	3	Säure-Indikator	blauviolett → gelb	10 ppm
Ethylacetat	200–3000 ppm	20	Cr(VI) + H_2SO_4	orange → braungrün	400 ppm
Ethylbenzol	30–400 ppm	6	$I_2O_5 + H_2S_2O_7$	weiß → braun	100 ppm
Ethylen	0,2–5 ppm	20	Pd-Molybdat-Kplx.	hellgelb → blau	—
	50–2500 ppm	3			
Ethylen	0,5–10 ppm	20	Pd-Molybdat-Verbindg.	hellgelb → blau	
Ethylenglykol	10–180 mg/m³	10	Periodat	weiß → rosa	10 ppm
Ethylenoxid	1–15 ppm	20	Xylol + H_2SO_4	weiß → rosa	(1 ppm) TRK
Ethylenoxid	25–500 ppm	30	Cr(VI)	hellgelb → blaß türkisgrün	
Ethylglykolacetat (Ethoxyethylacetat)	50–700 ppm	10	Cr(VI) + H_2SO_4	gelbl.-orange → bräunl.-türkisgrün	20 ppm
Fluor	0,1–2 ppm	20	NaCl + o-Tolidin	weiß → gelb	0,1 ppm
Fluorwasserstoff	1,5–15 ppm	20	Zr-Chinalizarin	hellblau → schwach rosa	3 ppm

(*Fortsetzung*)

Tabelle 1. (*Fortsetzung*)

Prüfröhrchen für	Meßbereich (20°, 1013 mbar)	Hub-zahl	Reagens	Farbumschlag (Stand 1990)	MAK-Wert (Stand 1990)
Flüssiggas (Propan, Butan)	0,02–1%	–	$CrO_3 + H_2S_2O_7$	gelbbraun → hellgrün	1000 ppm
Flüssiggas	0,1–1%	15–3	$I_2O_5 + H_2S_2O_7$	weiß → braungrau	
Formaldehyd	2–50 mg/m³	5	Xylol + H_2SO_4	weiß → rosa	0,5 ppm
Formaldehyd	0,2–5 ppm	10–2	Xylol + H_2SO_4	weiß → rosa	
	0,5–10 ppm	16–1			
Halogen. KW	100–2600 ppm	3	pyrophor. Fe + Indikator	blau → gelb bis graugrün	—
n-Hexan	100–3000 ppm	6	Chromsäure	orange → grünbraun	200 ppm
Hydrazin	0,5–10 ppm	10	Silbersalz	weiß → braungrau	(0,1 ppm) TRK
	0,2–5 ppm	20			
Hydrazin	0,25–3 ppm	10	Bromphenolblau + Säure	gelb → blau	
Kohlendioxid	0,01–0,3 ppm	10	Hydrazin + Kristallviol	weiß → violett	5000 ppm
Kohlendioxid	0,1–1,2%	5	Hydrazin + Kristallviol	weiß → blauviolett	
Kohlendioxid	0,1–1,2%	4	Amin u. Base-Indikator	gelblich → violett	
Kohlendioxid	0,1–1,2% (v/v)	5	Hydrazin		
	0,5–6% (v/v)	1		weiß bis leicht violett →	
Kohlendioxid	0,5–10% (v/v)	1	Hydrazin	blauviolett	
Kohlendioxid	1–20% (v/v)	1	Hydrazin		
Kohlendioxid	5–60% (v/v)	1	Hydrazin	weiß → blauviolett	
Kohlendioxid	2–12% (v/v)	2		weiß → violett	
Kohlenmonoxid	5–100 ppm	10	$I_2O_5 + H_2S_2O_7$	weiß → hellbraun/hellgrün	30 ppm
Kohlenmonoxid	8–150 ppm	10	I_2O_5		
Kohlenmonoxid	2–60 ppm	10	I_2O_5, $SeO_2 + H_2S_2O_7$	weiß → braungrün	
Kohlenmonoxid	5–700 ppm	2	I_2O_5	weiß → braungrün	
Kohlenmonoxid	0,3–7% (v/v)	1	I_2O_5	weiß → braungrün	
Kohlenmonoxid	200–2500 ppm		I_2O_5/N_2H_4	weiß → braungrün	
Kohlenwasserstoffe	ca. 20–5000 ppm	—	$CrO_3 + H_2S_2O_7$	orange-grün/braunschwarz	—
Kohlenwasserstoffe	2–23 mg/l	24–3	$SeO_2 + H_2SO_4$	gelb → braun	
Kohlenwasserstoffe	0,1–1,3% (v/v)	15–3	I_2O_5	weiß → braungrau	
KW-Test	500–2500 ppm	3–7	I_2O_5, $SeO_2 + H_2S_2O_7$	weiß → braungrün	—
Mercaptan (C_2H_5SH)	0,5–5 ppm	20	Pd-Verbindung	blaßgrau → gelb	0,5 ppm
Mercaptan ($CH_3SHC_2H_5SH$)	2–100 ppm	10	Cu-Verbindung + S	weiß → gelbbraun	

Mercaptan	20–100 ppm	10	Pd	weiß → gelbbraun	
Methacrylnitril	1–10 ppm	20	Cr(VI), $HgCl_2$ + Methylrot	gelb → rot	—
Methanol	50–3000 ppm	5	Cr(VI)	orange → schwarzgrau	200 ppm
Methylacrylat	5–200 ppm	20	Pd-Molybdatverbdg.	gelb → blau	5 ppm
Methylbromid	5–50 ppm	5	SO3 + KMnO4/o-Dianisidin	weiß → braun	5 ppm
Methylbromid	3–100 ppm	2–5	Diphenylbenzidin	hellgrau → blaugrau	
Methylenchlorid (Dichlormethan)	100–2000 ppm	10	I_2O_5, SeO_2 + H_2SO_4	weiß → bräunlichgrün	100 ppm
Methylenchlorid	100–300 ppm	10	I_2O_5, SeO_2 + H_2SO_4	weiß → bräunlichgrün	7 ppm
Monostyrol	10–200 ppm	15–2	H_2SO_4	weiß → hellgelb	
Monostyrol	10–250 ppm	20	HCHO	weiß → rotbraun	
Monostyrol	50–400 ppm	11–2	H_2SO_4	weiß → gelb	
Nickel	0,25–1 mg/m^3	100	Dioxim	weiß → rosa	0,5 mg/m^3 Staub (TRK)
Nickeltetracarbonyl	0,1–1 ppm	20	Iod + Dioxim	hellbraun → rosa	0,7 mg/m^3
Nitroglykol	0,25 ppm	20	H_2SO_4 + Dioxim	weiß → gelb	0,05 ppm
Nitrose Gase	0,5–10 ppm	5	N,N'-Diphenylbenzidin	weiß → blaugrau	5 ppm (NO_2)
Nitrose Gase	5–100 ppm	5	Cr(VI), Diphenylbenzidin	gelb → blaugrau	
	2–50 ppm	10			
Nitrose Gase	20–500 ppm	2	Cr(VI), o-Dianisidin	hellgrau → rotbraun	
Nitrose Gase	100–1000 ppm	5	Cr(VI), o-Dianisidin	grau → rotbraun	
	500–5000 ppm	1			
Öl (Nebel u. Dampf)	2,5–10 mg/m^3	100	H_2SO_4 + Katalysator	weiß → braun	—
Ölnebel	1–10 mg/m^3	100	H_2SO_4 + Katalysator	weiß → braun	
Olefine Propylen	0,06–3,2% (v/v)	20–1	Permanganat	violett → hellbraun	—
Butylen	0,04–2,4% (v/v)				
Nitrogenverb., org. basische	1 mg/m^3	8	Kaliumbismutiodid	gelb-orangerot	
Ozon	0,05–0,7 ppm	10	Indigo	hellblau → weiß	0,1 ppm
Ozon	10–300 ppm	1	Indigo	grünlichblau → gelb	
n-Pentan	100–1500 ppm	5	Chromsäure	orange → grünbraun	1000 ppm
Perchlorethylen	20–300 ppm	2	MnO_4, Diphenylbenzidin	gelbweiß → graunblau	50 ppm
	2–40 ppm	5			
Phenol	1–20 ppm	20	Cer (IV)-sulfat, H_2SO_4	gelb → braungrau	5 ppm
Phenol	5 ppm	10	2,6-Dibromchinon chlorimid	weiß → blau	
Phosgen	0,02–1 ppm	20	aromatisches Amin	weiß → rot	0,1 ppm
	0,02–0,6 ppm	40			

(*Fortsetzung*)

Tabelle 1. (*Fortsetzung*)

Prüfröhrchen für	Meßbereich (20°, 1013 mbar)	Hub-zahl	Reagens	Farbumschlag (Stand 1990)	MAK-Wert (Stand 1990)
Phosgen	0,25–15 ppm	5	DM-Anilin/DM-Amino-benzaldehiyd	gelb → blaugrün	
Phosphorwasserstoff	0,1–1 ppm	3	$HgCl_2$/Indikator	gelb → rot	0,1 ppm
	0,01–0,3 ppm	10			
Phosphorwasserstoff	200–10000 ppm	1	Au^{3+}	gelb → dunkelbraun	
	25–900 ppm	10			
Phosphorwasserstoff	50–1000 ppm	3	Au^{3+}	gelb → braunschwarz	
Polytest	qualitativ	5	I_2O_5	weiß → braun, grün, violett	—
Pyridin	5 ppm	20	Aconitsäure	weiß → braunrot	5 ppm
Quecksilber (Dampf)	0,05–2 mg/m³	40–1	CuI	hellgelb, grau → orange	0,01 ppm
Salpetersäure	5–50 ppm	10	Bromphenolblau	blau → gelb	2 ppm
	1–15 ppm	20			
Salzsäure (s. Chlorwasserstoff)					
Sauerstoff	5–23% (v/v)	1	$TiCl_3$	blauschwarz → weißgrau	—
Säure-Test	5 u. 10 ppm	1	Säureindikator	blau → gelb	—
Schwefeldioxid	0,1–3 ppm	100	Dinatriumtetrachloromercurat	gelb → orange	2 ppm
Schwefeldioxid	1–25 ppm	4	Iod	braun → weiß	
Schwefeldioxid	0,5–25 ppm	10 + 20	Iod-Stärke	blau → weiß	
Schwefeldioxid	1–25 ppm	10	Iod-Stärke	blau → weiß	
Schwefeldioxid	20–200 ppm	10	Iod, Wasser	braungelb → weiß	
Schwefeldioxid	400–8000 ppm	1	$(IO_3)^-$	blau → gelb	
	50–500 ppm	10			
Schwefelkohlenstoff	2–50 ppm	5	$I_2O_5 + H_2S_2O_7$	weiß → braungrün	10 ppm
	5–60 ppm	11			
Schwefelkohlenstoff	3–95 ppm	15–1	Amin-Cu-Verbindung	blau → gelbgrün	
Schwefelkohlenstoff	0,1–10 mg/L	6	NHR_2, Cu^{2+}	hellblau → braun	
Schwefelsäure	1–5 mg/m³	100	Bariumchloranilat	nach violett	1 mg/m³
Schwefelwasserstoff	1–20 ppm	10	Silbersalz	weiß → gelbbraun	10 ppm
Schwefelwasserstoff	0,5–15 ppm	10	Hg-Komplex	weiß → hellbraun	
Schwefelwasserstoff	1–20 ppm	10	Pb-Verbindung	weiß → hellbraun	
Schwefelwasserstoff	20–200 ppm	1	Hg^{2+}	weiß → hellbraun	
	2–20 ppm	10			

Schwefelwasserstoff	5–60 ppm	10	Pb-Verbindung	weiß → braun	
Schwefelwasserstoff	100–2000 ppm	1	Pb^{2+}	weiß → braun	
Schwefelwasserstoff	0,2–7% (v/v)	1	Cu^{2+}	hellblau → schwarz	
Simultantestset I		10	verschiedene	verschiedene	—
Simultantestset II		10	verschiedene	verschiedene	
Stickstoffdioxid	5–100 ppm	2	Diphenylbenzidin	hellblau → blaugrau	5 ppm
	0,5–25 ppm	5			
Tetrachlor-kohlenstoff	1–15 ppm	5	arom. Nitroverbdg.,	weiß → gelb	10 ppm
	5–50 ppm	5	$H_2S_2O_7$ ($COCl_2$-Abspaltung, $COCl_2$-Messung)	gelb → blaugrün	
Tetrahydrothiophen	1–10 ppm	30	Permanganat	violett → gelbbraun	—
Thioether	1 mg/m³	8	$AuCl_3$ + Chloramid	gelb → orange	
o-Toluidin	1–30 ppm	20	Chromat	hellgelb → blaugrau	(cancerogen)
Toluol	5–1000 ppm	5	$I_2O_5 + H_2SO_4$	weiß → rotbraun	100 ppm
Toluol	5–400 ppm	5	$I_2O_5 + H_2SO_4$	weiß → braun	
Toluol	0,5–7 mg/l	10	SeO_2/H_2SO_4	weiß → braunviolett	
Toluylendiisocyanat	0,02–0,2 ppm	25	Pyridylpyridin	weiß → orange	0,01 ppm
Trichlorethan	50–600 ppm	2	$IO_3^-/H_2S_2O_7$/Toluidin	grau → braunrot	10 ppm
Trichlorethylen	10–1000 ppm	5	$I_2O_5 + H_2S_2O_7$	weiß → bräunlichgrün	50 ppm
Trichlorethylen	10–500 ppm	5	o-Toluidin	grau → orange	
Trichlorethylen	2–50 ppm	5	Chromat, o-Toluidin	hellgrau → orange	
Triethylamin	5–60 ppm	5	Bromphenolblau + Säure	gelbgrau → blau	10 ppm
Vinylchlorid	1–15 ppm	10	Cr(VI), Aromat. Amin	weiß → orangebraun	5 mg/m³ (TRK)
Vinylchlorid	0,5–3 ppm	10	Cr(VI), Bromphenolblau	blaugrau → gelb	
Vinylchlorid	1–10 ppm	20	$KMnO_4$, o-Toluidin	weiß → schwach gelborange	
Wasserdampf	0,05–1 mg/L	3	Magnesiumperchlorat	gelb → blau	—
Wasserdampf	1–18 mg/L	2	Magnesiumperchlorat	gelb → türkisblau	
Wasserdampf	1–40 mg/L	10	$SeO_2 + H_2SO_4$	gelb → rotbraun	
Wasserstoff	0,2–2% (v/v)	1	O_2/Wasserindikator	gelbgrün → türkisblau	—
Wasserstoff	0,5–3% (v/v)	5	Pd, $SeO_2 + H_2SO_4$	gelbgrün → rosa	
Wasserstoffperoxid	0,1–3 ppm	20	Kaliumiodid	weiß → braun	1 ppm
o-Xylol	10–400 ppm	5	Formaldehyd, H_2SO_4	weiß → rotbraun	100 ppm

Tabelle 2. Prüfröhrchen für technische Gasanalysen (Prozeßkontrolle, Abgasuntersuchung) bei Kurzzeitmessungen (wenige Minuten). Zur technischen Gasanalyse sind auch sämtliche Röhrchen aus Tabelle 1 geeignet

Prüfröhrchen für	Meßbereich (20 °C, 1013 mbar)	Hubzahl	Reagenz	Farbumschlag (von → nach)
Ammoniak	0,1 bis 1,6%	10	Base-Indikator	orange-blau
	0,5 bis 10%	2		
Ammoniak	0,05 bis 1%	10	Bromphenolblau	gelb → violett
	0,5 bis 10%	1		
Benzol	15 bis 420 ppm	20 bis 2	HCHO und H_2SO_4	weiß → braun
Chlor	50 bis 500 ppm	1	o-Tolidin	hellgrau → dkl.-braun
Chlorwasserstoff (Hydrogenchlorid)	500 bis 5000 ppm	1	Bromphenolblau	blau → weiß
Erdgastest (CH_4)	0,5%	2	I_2O_5 und H_2SO_4	weiß → grauviolett
Ethylen	50 bis 2500 ppm	3	Palladium-Molybdatkomplex	hellgelb → blau
Formaldehyd	1,6 bis 40 ppm	5	Xylol und H_2SO_4	weiß → rosa
Kohlendioxid	0,5 bis 10%	1	Hydrazin u. Kristallviolett	weiß → blauviolett
Kohlendioxid	5 bis 60%	1	Hydrazin u. Kristallviolett	weiß → blaß-violett
Kohlendioxid	1 bis 20%	1	Hydrazin und Kristallviolett	weiß → blauviolett
Kohlenmonoxid	0,1 bis 1,2%	1	I_2O_5, SeO_2 und $H_2S_2O_7$	weiß → braungrün
Konlenmonoxid	0,3 bis 4%	1	I_2O_5, SeO_2 und $H_2S_2O_7$	weiß → braun
Kohlenmonoxid	0,5 bis 7%	1	I_2O_5 und $H_2S_2O_7$	weiß → braun
Kohlenmonoxid	0,3 bis 7%	1	I_2O_5, SeO_2 und $H_2S_2O_7$	weiß → braun
Kohlenwasserstoff (Butan, Propan)	0,1 bis 0,8%	15 bis 3	I_2O_5 und $H_2S_2O_7$	weiß → braungrau
	0,5 bis 1,3%			
Nitrose Gase (Stickstoffoxide $NO - NO_2$)	10 bis 300 ppm	2	Aromatisches Amin	weiß → blau/braun
Nitrose Gase ($NO - NO_2$)	50 bis 3000 ppm	1	Aromatisches Amin	weiß → blau/braun
Nitrose Gase ($NO - NO_2$)	2 bis 50 ppm	10	N,N'-Diphenylbenzidin	gelb → dkl.-blaugrau

Nitrose Gase ($NO - NO_2$)	20 bis 500 ppm	2	o-Dianisidin	hellgrau → rotbraun
Nitrose Gase ($NO - NO_2$)	300 bis 2000 ppm	10	Säure-Indikator	blau → weiß
	1000 bis 5000 ppm	3		
Nitrose Gase ($NO + NO_2$)	100 bis 5000 ppm	n = 5 bis 1	o-Dianisidin	grau → rotbraun
Ozon	10 bis 300 ppm	1	Indigo	blau → gelb
Perchlorethylen (Tetrachlorethen)	2 bis 150 g/m^3	2	I_2O_5 und $H_2S_2O_7$	weiß → braun
Perchlorethylen	0,1 bis 1,4%	5	I_2O_5, SeO_2 und $H_2S_2O_7$	weiß → braun
Phosgen (Carbonyldichlorid)	0,25 bis 15 ppm	5	Dimethylaminobenzaldehyd und Dimethylanilin	gelb → blaugrün
Phosphorwasserstoff (Phosphan, Phosphin)	50 bis 2000 ppm	1	Silbersalz	weiß → dkl.-braun
Phosphorwasserstoff	50 bis 1000 ppm	3	Goldverbindung	gelb → braunschwarz
Sauerstoff	5 bis 23%	1	$TiCl_3$	schwarz → hellgrau
Schwefeldioxid	100 bis 600 ppm	10	Iodat	weiß → gelbbraun
	500 bis 4000 ppm	2		
Schwefeldioxid	20 bis 200 ppm	10	Iod	braungelb → weiß
Schwefeldioxid	50 bis 500 ppm	10	Iodat und Säure-Indikator	blaugrau → gelb
Schwefeldioxid	0,2 bis 7%	1	Iod	braun → hellgelb
	0,02 bis 0,7%	10		
Schwefelkohlenstoff (Carbondisulfid)	32 bis 3200 ppm	6	Cu-Verbindung und Amin	hellblau → braun
Schwefelwasserstoff (Hydrogensulfid)	100 bis 4000 ppm	1	Silbersalz	weiß → braun
Schwefelwasserstoff	100 bis 2000 ppm	1	Pb-Verbindung	weiß → braun
Schwefelwasserstoff	0,1 bis 2%	1	Kupferverbindung	hellblau → dunkelbraun
Schwefelwasserstoff	0,2 bis 7%	1	Cu-Verbindung	hellblau → schwarz
Schwefelwasserstoff	2 bis 40%	1	Kupferverbindung	hellblau → schwarz
Toluol	25 bis 1860 ppm	10	SeO_2 und H_2SO_4	blaßgraubraun → braunviolett
Vinylchlorid (Chlorethen)	100 bis 3000 ppm	18 bis 1	$KMnO_4$	violett → hellbraum

Tabelle 3. Langzeit-Prüfröhrechen zur Bestimmung von Luftverunreinigungen (Dauer: mehrere Stunden; alle Angaben beziehen sich auf einen Volumenstrom von etwa 1 L/h)

Prüfröhrchen für	maximale Einsatz-zeit Std.	Meßbereich (Probevol.1L) µL	Reagens	Farbumschlag
Aceton	8	500–10000	Cr(VI)-Oxid	orange → dkl.-braun
Acrylnitril	8	2–40	Permanganat	violett → gelbbraun
Ammoniak	4	10–100	Bromphenolblau + Säure	gelb → blau
Benzol	4	20–200	Iodsäure + H_2SO_4	weiß → bräunl. grün
Blausäure (Cyanwasserstoff)	8	10–120	$HgCl_2$ + Methylrot	gelb → rot
Chlor	8	1–20	o-Toluidin	weiß → gelb-orange
Chloropren	4	5–100	Permanganat	violett → gelb-braun
Essigsäure	4	5–40	Säureindikator	blauviolett → gelb
Ethanol	8	500–8000	Cr(VI)-Oxide	orange → dkl.-braun
Ethylacetat	8	1000–9000	Cr(VI)-Oxid	orange → dkl.-braun
Fluorwasserstoff	8	2–30	Bromphenolblau	blau → gelb
Hydrazin	4	0,2–3	Bromphenolblau + Säure	gelb → blau
Kohlendioxid	4	1000–6000	Alkali + Indikator	orange → hellgelb
Kohlenmonoxid	4	10–100	I_2O_5, SeO_2, $H_2S_2O_7$	weiß → braun
Kohlenmonoxid	8	50–500	I_2O_5, SeO_2, $H_2S_2O_7$	weiß → braun
Kohlenwasserstoffe (ber. als n-Oktan)	4	100–3000	Cr(VI) + H_2SO_4	orange. → grünbraun
Monostyrol	2	20–250	Permanganat	violett → gelbbraun
Methylenchlorid	4	50–800	Cr(VI), I_2O_5, $H_2S_2O_7$	weiß → bräunl.grün
Perchlorethylen	4	50–300	Cr(VI) + Brom phenolblau	blau → gelbl.-weiß
Phosphorwasserstoff	4	0,1–1,5	Au-Verbindung	weiß → grauviolett
Salzsäure (Chlorwasserstoff)	8	10–50	Bromphenolblau	blau → gelbgrau
Schwefeldioxid	4	2–20	Säureindikator	blauviolett → gelb
Schwefeldioxid	4	5–50	$HgCl_2$ + Methylrot	gelb → rot
Schwefelkohlenstoff	8	10–100	I_2O_5, SeO_2, $H_2S_2O_7$	weiß (hellgrün) → braun
Schwefelwasserstoff	8	5–60	Pb-Verbindung	weiß → braun
Stickstoffdioxid	8	10–100	Diphenylbenzidin	gelb → blaugrau
Nitrose Gase	4	5–50	Cr(VI)/o-Di-anisidin	weiß → braun
Nitrose Gase	4	50–350	Cr(VI)/o-Di-phenylbenzidin	gelbl.-blau
Toluol	8	200–4000	Iodsäure + H_2SO_4	weiß → braun
Trichlorethan	4	10–200	Cr(VI), o-Toluidin	hellgrau → orange
Trichlorethylen	8	10–200	Cr(VI)/o-Toluidin	
Vinylchlorid	8	10–50	Cr(VI)/o-Toluidin	weiß → gelborange

Hubzahl: Pumpen für Kurzzeit-Prüfröhrchen fördern pro Hub 100 cm^3.
Maximale Einsatzzeit: bezieht sich auf Langzeit-Prüfröhrchen.
Reagenz: Anzeigereagenzien (soweit bekanntgegeben).
Farbumschlag: bezieht sich auf den Farbumschlag der Anzeigeschicht bei der Reaktion mit dem Gas.
MAK-Wert: Maximale Arbeitsplatzkonzentration eines Arbeitsstoffes in der Luft am Arbeitsplatz, die im allg. die Gesundheit der Beschäftigten nicht beeinträchtigt.

Für eine Reihe cancerogener Stoffe sind Technische Richtkonzentrationen (TRK) festgelegt; diese Grenzwerte sollen nur als Anhaltspunkt dienen, jedoch ist auch bei Einhaltung der TRK das Risiko einer Beeinträchtigung der Gesundheit nicht vollständig auszuschließen.

Informations- und Behandlungszentren für Vergiftungsfälle mit durchgehendem 24-Stunden-Dienst

im deutschsprachigen Raum
(überprüft im September 1992)
*Bundesrepublik Deutschland**)

Berlin: Beratungsstelle für Vergiftungserscheinungen
Pulsstraße 3–7, 1000 Berlin/Charlottenburg
Tel. (030) 3 02 30 22

Reanimationszentrum der Medizinischen Klinik und Poliklinik
der Freien Universität im Klinikum Westend
Spandauer Damm 130, 1000 Berlin 19
Tel. (030) Durchwahl 30 35 34 66 oder 30 35 22 15
Klinikzentrale 30351

Bonn: Universitäts-Kinderklinik und Poliklinik Bonn
Informationszentrale für Vergiftungen
Adenauerallee 119, 5300 Bonn
Tel. (0228) Durchwahl 2 87 32 11 oder 2 87 32 10
Zentrale 2870

* Telefonnummern von Giftinformationszentralen in den fünf neuen Bundesländern konnten wegen der noch im Gang befindlichen technischen Umstellung noch nicht zuverlässig ermittelt werden

Braunschweig: Medizinische Klinik des Städtischen Krankenhauses
Salzdahlumer Straße 90, 3300 Braunschweig
Tel. (0531) Durchwahl 6 22 90
Klinikzentrale 68 80

Bremen: Kliniken der Freien Hansestadt Bremen
Zentralkrankenhaus St.-Jürgen-Straße
Klinikum für innere Medizin, Intensivstation
St.-Jürgen-Straße, 2800 Bremen
Tel. (0421) Durchwahl 4 97 52 68 oder 4 97 36 88

Freiburg: Universitäts-Kinderklinik Freiburg
Informationszentrale für Vergiftungen
Mathildenstraße 1, 7800 Freiburg
(Tel. 0761) Durchwahl 2 70 43 61
Klinikzentrale 2701, Pforte 2704300/01 nach 16 Uhr

Göttingen: Universitäts-Kinderklinik und Poliklinik
Humboldtallee 38, 3400 Göttingen
Tel. (0551) Durchwahl 39 62 39 oder 39 62 10
Klinikzentrale 39 62 10 (Verm. a. d. diensthabenden Arzt)

Hamburg: I. Medizinische Abteilung des Krankenhauses Barmbek
Giftinformationszentrale
Rübenkamp 148, 2000 Hamburg 60
Tel. (040) Durchwahl 63 85 33 45/33 46

Homburg: Universitäts-Kinderklinik Hamburg/Saar
Informationszentrale für Vergiftungen
6650 Homburg/Saar
Tel. (06841) Durchwahl 16 22 57/16 28 46
Klinikzentrale 161

Kiel: I. Medizinische Universitätsklinik Kiel
Zentralstelle zur Beratung bei Vergiftungsfällen
Schittenhelmstraße 12, 2300 Kiel
Tel. (0431) Durchwahl 5 97 42 68
Klinikzentrale 5970, Pforte 5971393/94

Koblenz: Städtisches Krankenhaus Kemperhof, Koblenz
I. Medizinische Klinik
Koblenzer Straße 115–155, 5400 Koblenz
Tel. (0261) Zentrale 4991
Durchwahl: 499 2111

Ludwigshafen: Städtische Krankenanstalten Ludwigshafen
Entgiftungszentrale
Bremserstraße 79, 6700 Ludwigshafen
Tel. (0621) Durchwahl 50 34 31
Klinikzentrale 5030

Mainz: Beratungsstelle bei Vergiftungserscheinungen
II. Medizinische Klinik und Poliklinik der Universität
Langenbeckstraße 1, 6500 Mainz
Tel. (06131) 23 24 66
Klinikzentrale 171

München: Giftnotruf München
(Toxikologische Abteilung der II. Medizinischen Klinik rechts der Isar der Technischen Universität)
Ismaninger Straße 22, 8000 München 80
Tel. (089) Durchwahl 41 40 22 11
Telex: 50-24404 klire d

Münster: Institut für Pharmakologie und Toxikologie
Albert Schweitzer Straße 33, 4400 Münster
Tel. (0251) 83 55 10 (Mo–Fr 8^{15}–16^{00})

Nürnberg: II. Medizinische Klinik der Städtischen Krankenanstalten
Toxikologische Abteilung
Flurstraße 17, 8500 Nürnberg 5
Tel. (0911) Durchwahl 3 98 24 51

Papenburg: Marienhospital-Kinderabteilung
Hauptkanal rechts 75, 2990 Papenburg
Tel. (04961) Durchwahl 8 33 07
Klinikzentrale 831

Österreich

Wien: Vergiftungsinformationszentrale
Spitalgasse 23, A-1090 Wien
Tel. 0222/43 43 43

Schweiz

Zürich: Schweizerisches Toxikologisches Informationszentrum
Klosbachstraße 107, CH-8030 Zürich
Tel. 01/251 51 51

Organisationen der Analytischen Chemie im deutschsprachigen Raum

Internationale Organisationen

International Union of Pure and Applied Chemistry (IUPAC)
Analytical Chemistry Division
Vorsitzender: Professor Dr. G. den Boef, Amsterdam.

Federation of European Chemical Societies (FECS)
Working Party on Analytical Chemistry (WPAC)
Vorsitzender: Professor Dr. L. Niinistö, Helsinki

Nationale Organisationen

Deutschland

Gesellschaft Deutscher Chemiker

Fachgruppe „Analytische Chemie"
Vorsitzender: Prof. Dr. H. Günzler, Weinheim

mit folgenden Arbeitskreisen:

Deutscher Arbeitskreis für Spektroskopie (DASp)
Vorsitzender: Dr. K.-H. Koch, Hoesch Stahl AG, Dortmund

Arbeitskreis Chromatographie
Vorsitzender: Prof. Dr. H. Engelhardt, Universität Saarbrücken

Arbeitskreis Archäometrie
Vorsitzender: Prof. Dr. G. Schulze, Techn. Universität Berlin.

Arbeitskreis Mikro- und Spurenanalyse der Elemente (A.M.S.El.)
Vorsitzender: Prof. Dr. G. Schwedt, TU Clausthal (01.01.92–30.06.93)
Prof. Dr. G. Wünsch, Univ. Hannover (01.07.93–31.12.94)

Arbeitskreis Kristallstrukturanalyse von Molekülverbindungen (KSAM)
Vorsitzender: Neuwahl bei Red.-Schluß noch nicht abgeschlossen

Arbeitskreis Chemometrik und Datenverarbeitung
Vorsitzender: Prof. Dr. S. Ebel, Universität Würzburg

Diskussionsgruppe Analytik im Umweltschutz (DAU)
Vorsitzender: Prof. Dr. A. Kettrup, GSF-Ges, f. Strahlenforschung, München

Die Fachgruppe „Analytische Chemie" hält auf dem Gebiet der analytischen Chemie engen Kontakt mit den GDCh-Fachgruppen:

Lebensmittelchemische Gesellschaft, Fachgruppe in der GDCh
Vorsitzender: Dr. H. Lange, Nestlé-Deutschland AG, Frankfurt (Main)

Magnetische Resonanzspektroskopie
Vorsitzender: Prof. Dr. H. Günther, Siegen

Nuclearchemie
Vorsitzender: Prof. Dr. J.V. Kratz, Mainz

Waschmittelchemie
Vorsitzender: Dipl.-Chem. H.H. Kleiser, Lever GmbH, Hamburg

Wasserchemie
Vorsitzender: Prof. Dr. F.H. Frimmel, TU Karlsruhe

Arbeitsgemeinschaft Massenspektrometrie der Deutschen Physikalischen Gesellschaft, der GDCh und der Deutschen Bunsengesellschaft Vorsitzender: Dr. C. Brunnée, Finnigan MAT GmbH, Bremen

Umweltchemie und Ökotoxikologie
Vorsitzender: Prof. Dr. O. Hutzinger, Universität Bayreuth

sowie mit

dem Chemikerausschuß des Vereins Deutscher Eisenhüttenleute (VDEh)
Vorsitzender: Dr. G. Staats, Dillingen (Saar)

dem Chemikerausschuß der Gesellschaft Deutscher Metallhütten-u. Bergleute (GDMB)
Vorsitzender: Dr. D. Hirschfeld, Krupp GmbH Essen

der Deutschen Gesellschaft für Klinische Chemie e. V.
Präsident: Prof. Dr. H. Wisser, Stuttgart

der Senatskommission zur Prüfung gesundheitsschädlicher Arbeitsstoffe der Deutschen Forschungsgemeinschaft, Arbeitsgruppe „Analytische Chemie“
Leiter: Prof. Dr. J. Angerer, Zentralinstitut für Arbeits- und Sozialmedizin, Erlangen

Österreich

Gesellschaft Österreichischer Chemiker
Austrian Society for Analytical Chemistry (ASAC)
Präsident: Prof. Dr. J.F.K. Huber, Wien

Schweiz

Sektion Analytische Chemie der Schweizerischen Chemischen Gesellschaft
Vorsitzender: Prof. Dr. H.M. Widmer

Sachverzeichnis

Autorenverzeichnis

Springer-Verlag und Umwelt

Als internationaler wissenschaftlicher Verlag sind wir uns unserer besonderen Verpflichtung der Umwelt gegenüber bewußt und beziehen umweltorientierte Grundsätze in Unternehmensentscheidungen mit ein.

Von unseren Geschäftspartnern (Druckereien, Papierfabriken, Verpakkungsherstellern usw.) verlangen wir, daß sie sowohl beim Herstellungsprozeß selbst als auch beim Einsatz der zur Verwendung kommenden Materialien ökologische Gesichtspunkte berücksichtigen.

Das für dieses Buch verwendete Papier ist aus chlorfrei bzw. chlorarm hergestelltem Zellstoff gefertigt und im ph-Wert neutral.